高职高专“十一五”规划教材

★生物技术系列

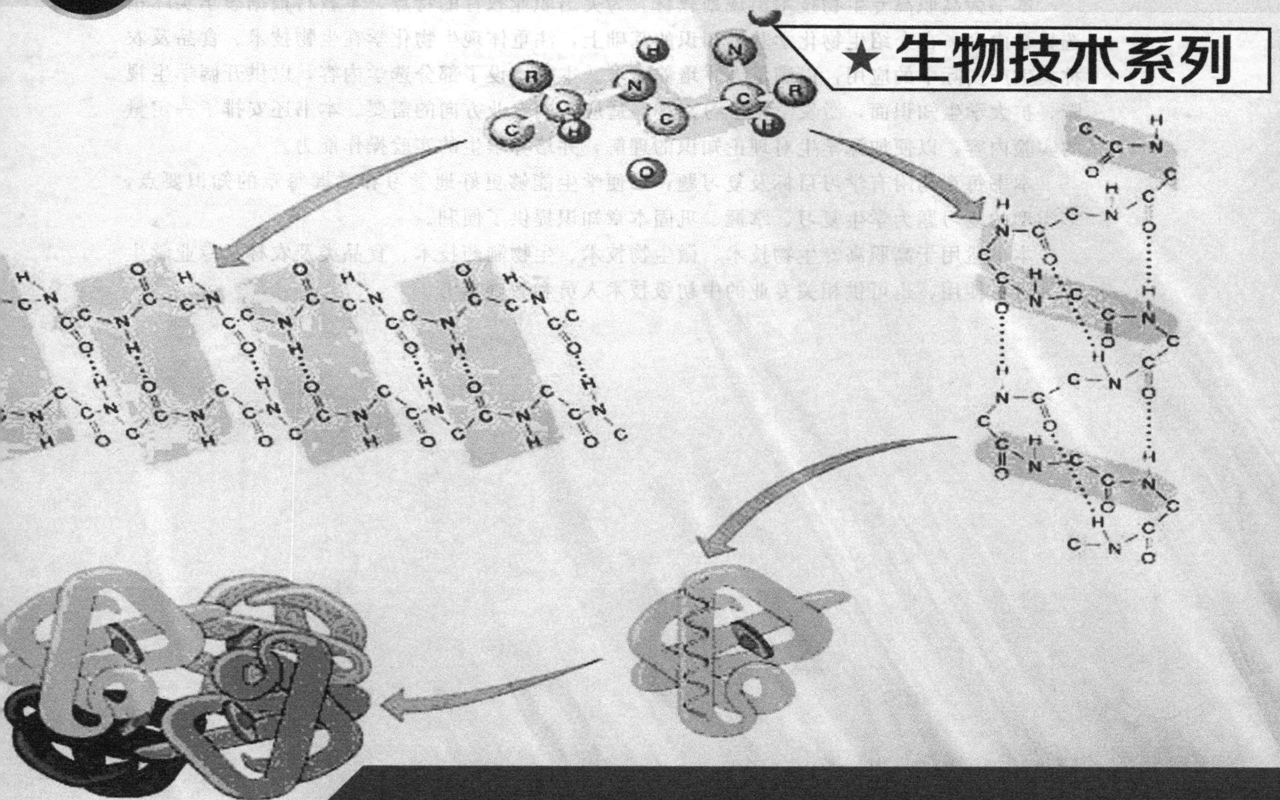

生物化学

张跃林　陶令霞　主编

SHENGWU HUAXUE

化学工业出版社

·北　京·

本书为高职高专生物技术类规划教材。为突出职业教育的特点，本教材根据教学实际精选教学内容，在介绍生物化学基本知识的基础上，注重体现生物化学在生物技术、食品及农林类生产实际中的应用，以满足人才培养需求。本书增设了部分选学内容，以供开阔学生视野，扩大学生知识面，激发学生学习兴趣，适应不同专业方向的需要。本书还安排了一定量的实验内容，以便加深学生对理论知识的理解，并培养学生的实验操作能力。

本书每章均附有学习目标及复习题，以便学生能够更好地学习和掌握每章的知识要点，多类型的复习题为学生复习、掌握、巩固本章知识提供了便利。

本书适用于高职高专生物技术、微生物技术、生物制药技术、食品类及农林类专业学生作为教材使用，也可供相关专业的中初级技术人员和教师参考。

图书在版编目（CIP）数据

生物化学/张跃林，陶令霞主编. —北京：化学工业出版社，2007.7（2024.1重印）
高职高专“十一五”规划教材★生物技术系列
ISBN 978-7-122-00565-6

Ⅰ.生… Ⅱ.①张…②陶… Ⅲ.生物化学-高等学校：技术学校-教材 Ⅳ.Q5

中国版本图书馆CIP数据核字（2007）第104335号

责任编辑：李植峰　梁静丽　郎红旗　　文字编辑：周　倜　焦欣渝
责任校对：凌亚男　　装帧设计：张　辉

出版发行：化学工业出版社（北京市东城区青年湖南街13号　邮政编码100011）
印　　装：北京盛通数码印刷有限公司
787mm×1092mm　1/16　印张14¼　字数353千字　　2024年1月北京第1版第13次印刷

购书咨询：010-64518888　　售后服务：010-64518899
网　　址：http://www.cip.com.cn
凡购买本书，如有缺损质量问题，本社销售中心负责调换。

定　　价：34.00元

高职高专生物技术类“十一五”规划教材
建设委员会委员名单

高职高专生物技术类“十一五”规划教材
编审委员会委员名单

高职高专生物技术类"十一五"规划教材
建设单位名单

（按汉语拼音排序）

安徽第一轻工业学校
安徽万博科技职业学院
安徽芜湖职业技术学院
安徽医学高等专科学校
北京城市学院
北京电子科技职业学院
北京吉利大学
北京协和医学院
北京医药器械学校
重庆工贸职业技术学院
重庆三峡职业学院
甘肃农业职业技术学院
广东科贸职业学院
广西职业技术学院
广州城市职业学院
贵州轻工职业技术学院
河北承德民族师范专科学校
河北承德职业技术学院
河北旅游职业学院
河南安阳工学院
河南工业大学
河南科技学院
河南漯河职业技术学院
河南濮阳职业技术学院
河南三门峡职业技术学院
河南信阳农业高等专科学校
黑龙江农业职业技术学院
呼和浩特职业学院
湖北大学知行学院
湖北恩施职业技术学院
湖北黄冈职业技术学院
湖北荆门职业技术学院
湖北荆州职业技术学院
湖北三峡职业技术学院
湖北生态工程职业技术学院
湖北十堰职业技术学院
湖北咸宁职业技术学院
湖北中医学院
湖南省药品检验所
湖南永州职业技术学院
华中农业大学
江苏常州工程职业技术学院
江西景德镇高等专科学校
江西应用技术职业学院
开封大学
山东滨州职业技术学院
山东博士伦福瑞达制药有限公司
山东东营职业学院
陕西杨凌职业技术学院
上海工程技术大学
四川工商职业技术学院
苏州农业职业技术学院
武汉软件工程职业学院
武汉马应龙药业有限公司
武汉生物工程学院
浙江大学
浙江金华职业技术学院
浙江经贸职业技术学院
浙江医药高等专科学校
郑州牧业工程高等专科学校
郑州职业技术学院
中国食品工业（集团）公司

《生物化学》编写人员

主　　编　张跃林（山东东营职业学院）
　　　　　陶令霞（河南濮阳职业技术学院）
副 主 编　张先淑（重庆工贸职业技术学院）
　　　　　张星海（浙江经贸职业技术学院）
参编人员（按姓氏笔画排序）
　　　　　吉仙枝（河南三门峡职业技术学院）
　　　　　张先淑（重庆工贸职业技术学院）
　　　　　张星海（浙江经贸职业技术学院）
　　　　　张跃林（山东东营职业学院）
　　　　　欧阳海平（江西应用技术职业学院）
　　　　　党　玮（河南漯河职业技术学院）
　　　　　郭培军（河南濮阳职业技术学院）
　　　　　陶令霞（河南濮阳职业技术学院）
　　　　　梁爱中（广西职业技术学院）
　　　　　董秀芹（北京吉利大学）

出 版 说 明

“十五”期间，我国的高职高专教育经历了跨越式发展，高职高专教育的专业建设、改革和发展思路进一步明晰，教育研究和教学实践都取得了丰硕成果。但我们也清醒地认识到，高职高专教育的人才培养效果与市场需求之间还存在着一定的偏差，课程改革和教材建设的相对滞后是导致这一偏差的两大直接原因。虽然“十五”期间各级教育主管部门、高职高专院校以及各类出版社对高职高专教材建设给予了较大的支持和投入，出版了一些特色教材，但由于整个高职高专教育尚未进入成熟期，教育改革尚处于探索阶段，故而现行的一些教材难免存在一定程度的不足。如某些教材仅仅注重内容上的增减变化，过分强调知识的系统性，没有真正反映出高职高专教育的特征与要求；编写人员缺少对生产实际的调查研究和深入了解，缺乏对职业岗位所需的专业知识和专项能力的科学分析，教材的内容脱离生产经营实际，针对性不强，新技术、新工艺、新案例、新材料不能及时反映到教材中来，与高职高专教育应紧密联系行业实际的要求不相适应；专业课程教材的编写缺少规划性，同一专业的各门课程所使用的教材缺乏内在的沟通衔接等。为适应高职高专教学的需要，在总结“十五”期间高职高专教学改革成果的基础上，组织编写一批突出高职高专教育特色，以培养适应行业需要的高级技能型人才为目标的高质量的教材不仅十分必要，而且十分迫切。

“十一五”期间，教育部将深化教学内容和课程体系改革作为工作重点，大力推进教材向合理化、规范化方向发展。2006 年，教育部不仅首次成立了高职高专 40 个专业类别的“教育部高等学校教学指导委员会”，加强了对高职高专教学改革和教材建设的直接指导，还组织了普通高等教育“十一五”国家级规划教材的申报工作。化学工业出版社申报的 200 余本教材经教育部专家评审，被列选为普通高等教育“十一五”国家级规划教材，为高等教育的发展做出了积极贡献。依照教育部的部署和要求，2006 年化学工业出版社与生物技术应用专业教育部教改试点高职院校联合，邀请 50 余家高职高专院校和生物技术相关企业作为教材建设单位，共同研讨开发生物技术类高职高专“十一五”规划教材，成立了“高职高专生物技术类‘十一五’规划教材建设委员会”和“高职高专生物技术类‘十一五’规划教材编审委员会”，拟在“十一五”期间组织相关院校的一线教师和相关企业的技术人员，在深入调研、整体规划的基础上，编写出版一套生物技术相关专业基础课及专门课的教材——“高职高专‘十一五’规划教材★生物技术系列”。该批教材将涵盖各类高职高专院校的生物技术及应用专业、生物化工工艺专业、生物实验技术专业、微生物技术及应用专业、生物科学专业、生物制药技术专业、生化制药技术专业、发酵技术专业等专业的核心课程，从而形成优化配套的高职高专教材体系。该套教材将于 2007～2008 年陆续出版。目前，该套教材的首批编写计划已顺利实施。首批编写的教材中，《化学》、《细胞培养技术》和《药品质量管理》已列选为“普通高等教育‘十一五’国家级规划教材”。

该套教材的建设宗旨是从根本上体现以应用性职业岗位需求为中心，以素质教育、创新教育为基础，以学生能力培养为本位的教育理念，满足高职高专教学改革的需要和人才培养的需求。编写中主要遵循以下原则：①理论教材和实训教材中的理论知识遵循“必需”、“够用”、“管用”的原则；②依据企业对人才的知识、能力、素质的要求，贯彻职业需求导向的原则；③坚持职业能力培养为主线的原则，多加入实际案例、技术路线、操作技能的论述，教材内容采用模块化形式组织，具有一定的可剪裁性和可拼接性，可根据不同的培养目标将内容模块剪裁、拼接成不同类型的知识体系；④考虑多岗位需求和学生继续学习的要求，在职业岗位现实需要的基础上，注重学生的全面发展，以常规技术为基础，关键技术为重点，先进技术为导向，体现与时俱进的原则；⑤围绕各种具体专业，制订统一、全面、规范性的教材建设标准，以协调同一专业相关课程教材间的衔接，形成有机整体，体现整套教材的系统性和规划性。同时，结合目前行业发展和教学模式的变化，吸纳并鼓励编写特色课程教材，以适应新的教学要求；并注重开发实验实训教材、电子教案、多媒体课件、网络教学资源等配套教学资源，方便教师教学和学生学习，满足现代化教学模式和课程改革的需要。

在该套教材的组织建设和使用过程中，欢迎高职高专院校的广大师生提出宝贵意见，也欢迎相关行业的管理人员、技术人员与社会各界关注高职高专教育和人才培养的有识之士提出中肯的建议，以便我们进一步做好该套教材的建设工作；更盼望有更多的高职高专院校教师和相关行业的管理人员、技术人员参加到教材的建设工作和编审工作中来，与我们共同努力，编写和出版更多高质量的教材。

化学工业出版社 教育分社

前　言

21世纪是生命科学的世纪。生物化学是生命科学的基础学科之一，是高职高专院校生物技术类相关专业一门必修的专业基础课。近年来，随着分子生物学和生物技术的迅速发展，生物化学的内容不断更新、充实并完善，生物化学教材也不断更新。目前，虽然生物化学教材品种繁多，但真正体现高职高专教育特色、符合教学实际、适应人才培养目标的教材却很少。在2006年召开的“全国高职高专生物技术及应用专业建设及人才培养研讨会”上，我们这些在高职高专院校从事了多年生物化学教学工作的教师们，经过认真思考，在充分研讨的基础上一致认为，应共同编写《生物化学》一书，以解决目前教学之需。

根据高职高专人才培养目标及职业教育的特点，本教材以突出专业的实际需要为目标。本着“必需、够用、实用”的原则进行内容的取舍，主要突出实用性。本书在编写过程中结合生物技术专业的实际需要与生物化学的特点，着重介绍生物化学的基本知识和某些新进展，以使本教材能够适应高等职业教育不断发展的需要，力求做到简明扼要、由浅入深、循序渐进、学以致用。每章均附有学习目标及复习题，以便学生能够更好地学习和掌握每章的知识要点，多类型的复习题为学生复习、掌握、巩固本章知识提供了便利。另外，还增设了部分选学内容，以供开阔学生视野，扩大学生知识面，激发学生学习兴趣，适应不同专业方向的需要，各院校可根据实际情况对部分教学内容做出取舍。本书还安排了一定量的实验内容，以便加深学生对理论知识的理解，并培养学生的实验操作能力。

参加本教材编写的人员都是各高职高专院校长期从事生物化学教学和科研的骨干教师，在安排编写任务时也是根据各位编写人员在各自专业领域的特长进行分工的，以便保证教材的质量和特色。

本书适用于高职高专生物技术、微生物技术、生物制药技术、食品类及农林类专业学生作为教材使用，也可供相关专业的中初级技术人员和教师参考。

本教材在编写过程中得到了各参编院校及有关专家的大力支持，在此一并表示感谢。

由于编者水平有限，加之成稿时间仓促，书中存有不足和疏漏之处在所难免，敬请读者批评指正。

张跃林

2007年4月

目　录

第一篇　生物化学理论

第二篇　生物化学实验

第一篇　生物化学理论

绪　论

一、生物化学的概念

生物化学（biochemistry）是利用化学的原理和方法去探讨生命的一门科学，它是介于化学、生物学及物理学之间的一门边缘学科。换句话说，生物化学就是运用化学的方法和原理，在分子水平上研究生命现象化学本质的一门科学。生物化学的研究对象是生物体，包括动物、植物和微生物。

二、生物化学的研究内容

1. 生物体物质的化学组成、结构、性质和功能

生物体是由蛋白质、核酸、糖、脂类、维生素、水和无机盐等按一定的组成规律连接成的复杂的生物大分子（biological macromolecule）、亚细胞结构、组织和器官，并在一定条件下表现出各种功能。蛋白质、核酸、糖类和脂类等是生物体所特有的大分子物质，可以称为生物分子，其中最重要的物质是蛋白质和核酸。各种蛋白质表现出的功能，体现了不同的生命活动现象；而核酸则指导着各种蛋白质的合成，并能将生命特征代代相传。因此，蛋白质和核酸是生命活动的物质基础。

2. 新陈代谢及代谢调控

生命现象的特点是能够进行新陈代谢（metabolism）。生物体不断从外界环境中摄取其生存和生活所必需的营养物质，以供其本身生长、发育、繁殖之需。生物体从环境中吸取营养物质进入体内以后，便在体内进一步把这些物质进行加工，把它们转化为构成生物体的各种成分，这便是所谓的同化作用（assimilation）。另一方面，生物体也经常把体内的物质分解，并把分解产物排泄到体外去，这便是所谓的异化作用（dissimilation）。随着生物体生长发育过程的进展，生物体内的各种组成成分也在不断发生分解、再合成和互相转化。所有上述变化统称为新陈代谢。

与生物体内物质转化相联系的新陈代谢的另一个重要方面是体内的能量转化过程，生命活动所需要的能量主要是通过氧化分解有机物所得到的。

机体通过新陈代谢来实现生长、发育和繁殖。如果新陈代谢失调，机体就会出现疾病；新陈代谢停止，生命就会终止。

机体代谢的调控主要是通过酶、激素和神经的共同作用来实现的。

3. 生物体的信息代谢

信息代谢是近代生物化学研究的核心，生物体可以在细胞间和世代间保证准确的复制和信息传递。现在已经知道，核酸是遗传信息的携带者，核酸的生物合成（包括 DNA 的生物合成和 RNA 的生物合成）及蛋白质的生物合成，是生物化学十分重要的内容。

4. 生物化学的应用

运用生物化学的原理和方法，为农业、工业、医药卫生、环境保护等服务，开拓富有经济价值的生物资源（酶制剂、药品、食品添加剂、杀虫剂等）。

三、生物化学的发展

从远古时代起，人类在长期的生产活动和社会实践中，累积了不少有关农牧业生产、食品加工和医药方面的知识。公元前 21 世纪，我国人民就利用曲造酒，实际上就是利用曲中

的酶将谷物中的糖类物质转化为乙醇。公元4世纪，已知道地方性甲状腺肿可用含碘的海带、紫菜、海藻等海产品防治。公元7世纪，已经知道用猪肝治疗夜盲症。夜盲症是由于缺乏维生素A引起的，而猪肝富含维生素A。

18世纪70年代以后，伴随着近代化学和生理学的发展，生物化学开始逐步形成。例如，1770～1774年，英国人J. Pristly发现了氧气，并指出动物消耗氧而植物产生氧；1770～1786年，瑞典人C. W. Scheele分离出甘油、柠檬酸、苹果酸、乳酸、尿酸等；1779～1796年，荷兰人J. Ingenbousz证明在光照条件下绿色植物吸收CO_2并放出O_2；1780～1789年，法国著名化学家A. L. Lavoisier证明动物呼吸需要氧气，并最先测定了人的耗氧量。进入19世纪后，化学、物理学、生物学都有了极大的进展，也推动了生物化学的进步。这一时期，尤其是法国著名生理学家C. Bernard(1812—1887)、法国著名微生物学家L. Pasteur(巴斯德，1822—1895)、德国化学家J. von Liebig（1803—1873）等人开拓性的研究工作，为现代生物化学的发展奠定了基础。1877年，Hoppe-Seyler首先使用了“biochemistry”这个词，生物化学作为一门新兴学科宣告诞生。

1. 近代生物化学发展的三个阶段

第一阶段为19世纪末～20世纪30年代，主要是静态的描述性阶段，对生物体各种组成成分进行分离、纯化、结构测定、合成及对其理化性质进行研究。其中菲舍尔测定了多糖和氨基酸的结构，确定了糖的结构，并指出蛋白质是肽键连接的。1926年Sumner（萨姆纳）制得了脲酶结晶，并证明它是蛋白质。

此后四五年间诺斯罗普等连续结晶了几种水解蛋白质的酶，指出它们都无一例外地是蛋白质，确立了酶是蛋白质这一概念。通过对食物的分析和营养的研究发现了一系列维生素，并阐明了它们的结构。

与此同时，人们又认识到另一类数量少而作用重大的物质——激素。它和维生素不同，不依赖外界供给，而由动物自身产生并在自身中发挥作用。肾上腺素、胰岛素及肾皮质所含的甾体激素都是在这一阶段发现的。此外，中国生物化学家吴宪在1931年提出了蛋白质变性的概念。

第二阶段约在20世纪30～50年代，主要特点是研究生物体内物质的变化，即代谢途径，所以称动态生化阶段。其间的突出成就是确定了糖酵解、三羧酸循环（TCA）以及脂肪分解等重要的分解代谢途径。对呼吸、光合作用以及腺苷三磷酸（ATP）在能量转换中的关键作用有了较深入的认识。

第三阶段是从20世纪50年代开始，主要特点是研究生物大分子的结构与功能。生物化学在这一阶段的发展，以及物理学、技术科学、微生物学、遗传学、细胞学等其他学科的渗透，产生了分子生物学，并成为生物化学的主体。

2. 生物化学的重大发展年代表

1897年，Buchner发现酵母细胞质能使糖发酵。1902年，Fischer创立了肽键理论。1926年，Sumner结晶得到了脲酶，并证明酶就是蛋白质。1935年，Schneider将同位素应用于代谢的研究。1944年，Avery等人证明遗传信息在核酸上。1953年，Sanger（桑格）进行了胰岛素的氨基酸序列测定，Watson（沃森）和Crick（克里克）提出DNA的双螺旋结构模型。1958年，Perutz等解明肌红蛋白的立体结构。1965年，中国首次人工合成结晶牛胰岛素。1970年，发现了DNA限制性内切酶。1972年，DNA重组技术的建立。1978年，DNA双脱氧测序法获得成功。1990年，人类基因组计划启动。1994年，日本科学家在*Nature Genetics*上发表了水稻基因组遗传图。1997年，Wilmut等首次不经过受精，用成年母羊体细胞的遗传物质成功地获得克隆羊多莉（Dolly）。2000年完成人类基因组结构草图，进入后基因组时代。2003年，Peter Agre和Roderck Mackinnon发现了真细胞膜水通道蛋白并描述了特征，阐述了钾离子通道结构及功能机制。

从以上所述的生物化学的发展中，可以看出20世纪50年代以来，是以核酸的研究为核心，带动着分子生物学向纵深发展，如50年代的双螺旋结构、60年代的操纵子学说、70年代的DNA重组、80年代的PCR技术、90年代的DNA测序，都具有里程碑的意义，将生命科学带向一个由宏观到微观再到宏观，由分析到综合的时代。现代生物化学正在进一步发展，其基本理论和实验方法均已渗透到科学的各个领域，无论哪个方面都在不断取得重大进展。

四、生物化学与其他生命科学的关系

生物化学既是现代生物学科的基础，又是其发展前沿。说它是基础，是由于生物科学发展到分子水平，必须借助于生物化学的理论和方法来探讨各种生命现象，包括生长、繁殖、遗传、变异、生理、病理、生命起源和进化等，因此，是各学科的共同语言；说它是前沿，是因为各生物学科要取得进一步发展和突破，在很大程度上依赖于生物化学研究的进展和所取得的成就。事实上，没有生物化学上生物大分子（核酸和蛋白质）结构与功能的阐明，没有遗传密码和信息传递途径的发现，就没有今天的分子生物学和分子遗传学。没有生物化学对限制性核酸内切酶的发现及纯化，也就没有今天的基因工程。

20世纪70年代，由于生物化学的迅速发展，形成一门独立的新学科——分子生物学。该学科被看成是生命科学以崭新的面目进入21世纪的带头学科，是从生物大分子和生物膜的结构、性质和功能的关系来阐明生物体繁殖、遗传等生命过程中的一些基本生化机理问题，如：生物进化，遗传变异，细胞增殖、分化、转化，个体发育，衰老等。

生物工程是在分子生物学的基础上发展起来的新兴技术学科，包括基因工程、酶工程、蛋白质工程、细胞工程、发酵工程和生化工程，其中基因工程是整个生物工程的核心。生物工程已经生产出人干扰素、生长素、肝炎疫苗等珍贵药物，是21世纪新兴产业的基础技术之一。

五、生物化学的应用和发展前景

生物化学的产生和发展源于生产实践，它的快速进步又有力地推动着生产实践的发展。生物化学在生产和生活中的作用主要体现在以下三方面。

首先是生化知识的应用。随着对生命活动分子机制的逐步了解，人们对各种生理和疾病过程的认识不断深化，并将这些知识应用于医疗保健和工农业生产。在医学上，人们根据疾病的发展机理以及病原体与人体在代谢上和调控上的差异，设计或筛选出各种高效低毒的药物；按照生长发育的不同需要，配制合理的饮食。在工业生产尤其是发酵工业上，人们根据某种产物的代谢规律，特别是它的代谢调节规律，通过控制反应条件，或用遗传手段改造生物，突破其限制步骤的调控，以大量生产所需要的生物产品。利用发酵法成功地生产出维生素C和许多氨基酸就是出色的例证。在农业上，对养殖动物和种植农作物代谢过程的深刻认识，成为制定合理的饲养和栽培措施的依据。人们根据农作物与病虫害和杂草在代谢和调控上的差异，设计各种农药和除草剂。此外，农产品、畜产品、水产品的贮藏、保鲜、加工业等也已广泛地利用了有关的生化知识。

其次是生化技术的应用。生化分析已经成为现代工业生产和医药实践中常规的检测手段，特别是酶法分析，专一性强、精度高，有广阔的应用前景。在工业生产上，利用生化分析检验产品质量，监测生产过程，指导工艺流程的改造。在农业上，利用生化分析进行品种鉴定，促进良种选育。在医学上，生化分析用于帮助临床诊断，跟踪和指导治疗过程，同时还为探讨疾病产生机制和药物作用机制提供了重要的线索。生化分离纯化技术和生物合成技术不仅极大地推动了近代生物化学，特别是分子生物学和生物工程的发展，而且必将给许多传统的生产领域带来一场深刻的变革。

再次是生化产品的广泛应用。这一方面最突出的当首推酶制剂的应用。例如，蛋白酶制剂被用作助消化和溶血栓的药物，还用于皮革脱毛和洗涤剂的添加剂；淀粉酶和葡萄糖异构酶用以生产高果糖浆；纤维素酶用作饲料添加剂；某些固定化酶被用来治疗相应的酶缺陷疾病；一些酶制剂已在工农业产品的加工和改造、工艺流程的革新和"三废"治理中得到应用。各种疫苗、血液制品、激素、维生素、氨基酸、核苷酸、抗生素和抗代谢药物等，已经广泛应用于医疗实践。此外，许多食品添加剂、营养补剂和某些饲料添加剂也是生化制品。

豆科植物的共生固氮作用是生物化学的一个重要课题，近年来对豆科植物与根瘤菌的共生固氮作用已经了解得更加清楚，如果进一步了解固氮机理，则有可能扩大优良根瘤菌种的共生寄主范围，促进豆科植物结瘤，从而增加豆科植物的固氮作用并提高产量。

植物的抗寒性、抗旱性、抗盐性以及抗病性的研究离不开生物化学。以抗寒性为例，抗寒性是作物的重要遗传性状，过去育种要在田间鉴定作物的抗寒性，现在已经知道作物的抗寒性与植物的生物膜有密切关系。生物膜上的膜脂流动性大的品种抗寒性强，反之抗寒性弱。抗寒品种膜脂中不饱和脂肪酸含量高，非抗寒品种不饱和脂肪酸含量低。另外，抗寒性还与膜上的许多种酶有密切关系，如 ATP 酶、超氧化物歧化酶等。所以现在可利用生物化学方法鉴定作物的抗寒性。

生物化学的理论可以作为病虫害防治和植物保护的理论基础，用于研究植物被病原微生物侵染以后的代谢变化、了解植物抗病性的机理、病菌及害虫的生物化学特征、化学药剂（如杀菌剂、杀虫剂和除草剂）的毒性机理，以提高植物对环境的适应能力，增强植物生产力，使植物资源更好地为人类服务。

目前，人们在生物化学、分子生物学、生物工程快速发展的基础上，试图像设计机器或建筑物一样，定向设计并构建具有特定优良性状的新物种、新品系，结合发酵和生化工程的原理和技术，生产出新的生物产品。尽管仍处于起步阶段，但目前用生物工程技术手段已经大规模生产出动植物体内含量少而为人类所需的蛋白质，如干扰素、生长素、胰岛素、肝炎疫苗等珍贵药物，展示出广阔的应用前景，对人类的生产和生活产生了巨大而深远的影响，是 21 世纪新兴技术产业之一。

另外，世人瞩目的人类基因组计划，其基因组序列工作框架草图的测绘已于 2000 年 6 月 26 日完成，并在 2000 年 10 月 1 日完成序列组装。此外，大肠杆菌、酵母、果蝇、拟南芥等模式生物的基因组测序也都在此之前完成。目前，水稻、家猪等基因组测序正在进行。人类迎来了生命科学发展的崭新阶段——后基因组时代。在这个时代，功能基因组学、蛋白质组学等新的学科相继诞生。许多新的技术、新的手段都被用来阐明基因的功能，如在 mRNA 水平上，通过 DNA 芯片（DNA chips）和微阵列分析法（microarray analysis）以及基因表达连续分析法（serial analysis of gene expression, SAGE）等技术检测到了成千上万个基因的表达。

因此，作为新世纪的科技工作者，学习生物化学的基础理论、基础知识和基本技能，掌握生物化学、分子生物学和基因工程的基本原理及操作技术，密切关注生物化学发展的前沿知识和发展动态，是十分必要的。

复 习 题

1. 阐述生物化学的涵义。
2. 阐述近代生物化学发展的三个阶段。

第一章　蛋白质化学

学习目标

① 了解氨基酸的分类、结构和一些重要的化学反应以及一些分析方法，要注意氨基酸是个具有两性性质的分子，并清楚氨基酸的 pK 值以及 pI。

② 掌握肽键、蛋白质一级结构的概念，蛋白质分离纯化的方法。

③ 掌握 α-螺旋、β-折叠的结构特征，二级结构、三级结构和四级结构概念，维持蛋白质空间结构的主要作用力。

④ 熟悉肌红蛋白和血红蛋白的结构特征和镰刀型细胞贫血病的起因。

蛋白质是以氨基酸为基本单位的生物大分子。许多种蛋白质已经分离得到纯粹的结晶。蛋白质存在于所有生物体中，从高等动植物到低等的微生物，从人类到最简单的病毒，都含有蛋白质。例如，人体的蛋白质含量占人体固体总量的 45%，皮肤、肌肉、内脏、毛发、韧带、血液等都是以蛋白质为主要成分的。动物体内蛋白质约占鲜重的 20%左右，微生物中蛋白质含量也很高，细菌含蛋白质约 50%～80%，干酵母含蛋白质约 46.6%。病毒中除了一小部分核酸外，其余几乎都是蛋白质。植物体内蛋白质含量一般较低，因为植物中淀粉和纤维素含量很高，但在植物细胞的原生质和种子中蛋白质含量较高。生物体的化学组成极其复杂，有各种高分子物质和低分子物质，有各种有机物和无机物，其中蛋白质起着非常重要的作用，各种生物功能及生命现象往往是通过蛋白质来体现的。生命的主要机能都与蛋白质有关，如消化、排泄、运动、收缩，以及对刺激的反应和繁殖等，因此蛋白质具有重要的生物功能。

根据蛋白质的元素分析，发现它们全都含有 C、H、O 和 N 四种元素，部分蛋白质含有 S，有的还含有少量的 P、Fe、I、Se 等元素。蛋白质的含氮量十分接近，约为 16%，且因该元素容易用凯氏定氮法进行测定，故蛋白质的含量可由氮的含量×6.25 计算出来。其公式为：

$$每克样品蛋白质含量\ (g) = 每克样品中含氮量 \times 6.25$$

第一节　蛋白质的基本结构单位——氨基酸

一、氨基酸的结构及分类

蛋白质经酸、碱、蛋白水解酶作用后，可水解成各种氨基酸，氨基酸是蛋白质的基本结构单位。组成天然蛋白质的氨基酸共有 20 种，除脯氨酸外，都为 α-氨基酸，也就是与羟基相邻的 α-碳原子上都有一个氨基。其结构通式如下：

$$H_2N-{}^{\alpha}\underset{R}{\overset{COOH}{C}}-H \quad 或 \quad H_3N^{+}-{}^{\alpha}\underset{R}{\overset{COO^{-}}{C}}-H$$

氨基酸分类的方法有多种，目前常以氨基酸 R 基团的结构和性质作为氨基酸分类的基础。

1. 按侧链 R 基团结构的不同分类

如果按侧链R基团的结构分类，可将20种氨基酸分为7类：①R为脂肪族基团的氨基酸，包括丙氨酸、缬氨酸、亮氨酸、异亮氨酸、甘氨酸、脯氨酸；②R为芳香族基团的氨基酸，包括苯丙氨酸、色氨酸、酪氨酸；③R为含硫基团的氨基酸，包括蛋氨酸、半胱氨酸；④R为含醇基基团的氨基酸，包括丝氨酸、苏氨酸；⑤R为碱性基团的氨基酸，包括赖氨酸、精氨酸、组氨酸；⑥R为酸性基团的氨基酸，包括天冬氨酸、谷氨酸；⑦R为含酰胺基团的氨基酸，包括天冬酰胺、谷氨酰胺。

2. 按侧链R基团极性的不同分类

根据R基团的极性可将氨基酸分为四大类：①非极性R基团氨基酸；②极性不带电荷R基团氨基酸；③R基团带负电荷的氨基酸；④R基团带正电荷的氨基酸。这种分类方法更有利于说明不同氨基酸在蛋白质结构和功能上的作用。氨基酸的名称常使用三字母的简写符号表示，有时也使用单个字母简写符号表示。

(1) 非极性R基团氨基酸　包括8种氨基酸（见表1-1）。

表1-1　非极性R基团氨基酸

氨基酸名称	结构式	三字母符号	单字母符号
丙氨酸(alanine)	$CH_3-\overset{H}{\underset{NH_3^+}{C}}-COO^-$	Ala	A
缬氨酸(valine)	$(CH_3)_2CH-\overset{H}{\underset{NH_3^+}{C}}-COO^-$	Val	V
亮氨酸(leucine)	$(CH_3)_2CH-CH_2-\overset{H}{\underset{NH_3^+}{C}}-COO^-$	Leu	L
异亮氨酸(isoleucine)	$CH_3-CH_2-\underset{CH_3}{CH}-\overset{H}{\underset{NH_3^+}{C}}-COO^-$	Ile	I
脯氨酸(proline)	H_2C-CH_2, H_2C, $CH-COO^-$, $\underset{H}{N}$（吡咯烷环）	Pro	P
苯丙氨酸(phenylalanine)	$C_6H_5-CH_2-\underset{NH_3^+}{CH}-COO^-$	Phe	F
色氨酸(tryptophan)	吲哚环$-C(=CH-NH)-CH_2-\underset{NH_3^+}{CH}-COO^-$	Trp	W
甲硫氨酸(methionine)	$CH_3-S-CH_2-CH_2-\underset{NH_3^+}{CH}-COO^-$	Met	M

（2）极性不带电荷 R 基团氨基酸　包括 7 种氨基酸（见表 1-2）。

表 1-2　极性不带电荷 R 基团氨基酸

氨基酸名称	结　构　式	三字母符号	单字母符号
甘氨酸(glycine)	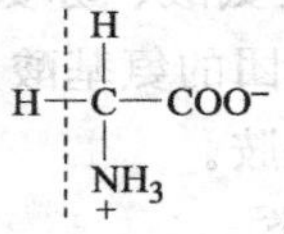 $H-C(H)(NH_3^+)-COO^-$	Gly	G
丝氨酸(serine)	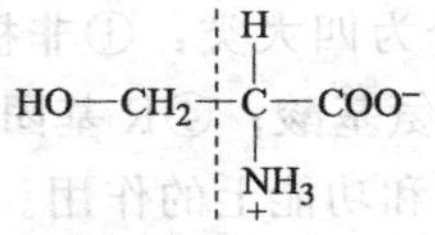 $HO-CH_2-C(H)(NH_3^+)-COO^-$	Ser	S
苏氨酸(threonine)	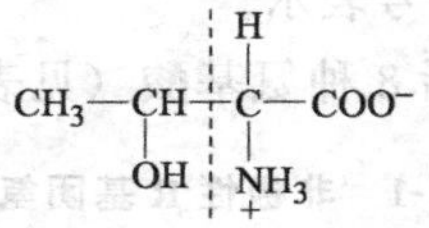 $CH_3-CH(OH)-C(H)(NH_3^+)-COO^-$	Thr	T
半胱氨酸(cysteine)	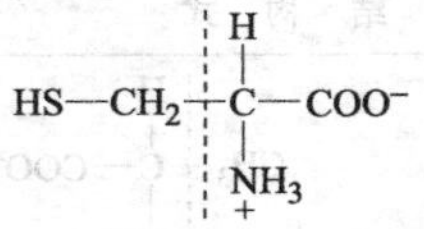 $HS-CH_2-C(H)(NH_3^+)-COO^-$	Cys	C
酪氨酸(tyrosine)	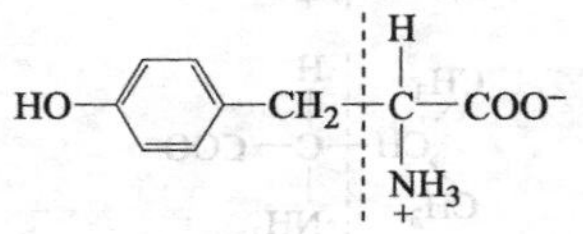 $HO-C_6H_4-CH_2-C(H)(NH_3^+)-COO^-$	Tyr	Y
天冬酰胺(asparagine)	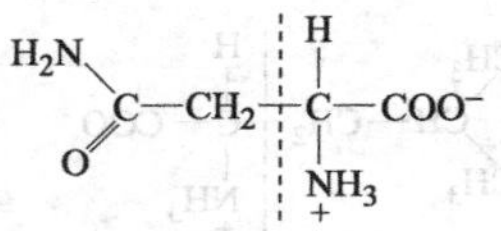 $H_2N-C(=O)-CH_2-C(H)(NH_3^+)-COO^-$	Asn	N
谷氨酰胺(glutamine)	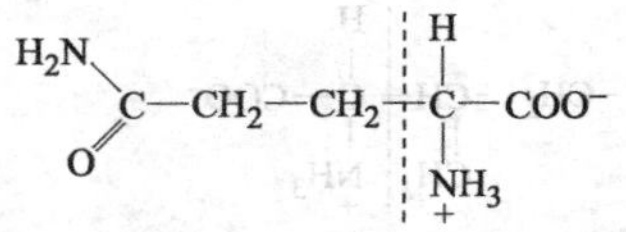 $H_2N-C(=O)-CH_2-CH_2-C(H)(NH_3^+)-COO^-$	Gln	Q

（3）R 基团带负电荷的氨基酸　包括 2 种酸性氨基酸（见表 1-3）。

（4）R 基团带正电荷的氨基酸　包括 3 种氨基酸（见表 1-4）。

表 1-3　R 基团带负电荷的氨基酸

氨基酸名称	结　构　式	三字母符号	单字母符号
天冬氨酸(aspartic acid)	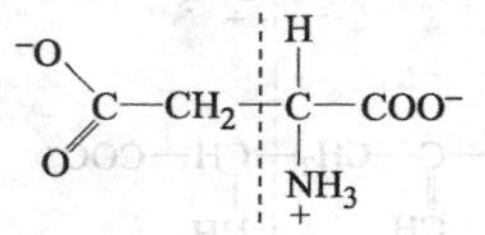 $^-O-C(=O)-CH_2-C(H)(NH_3^+)-COO^-$	Asp	D
谷氨酸(glutamic acid)	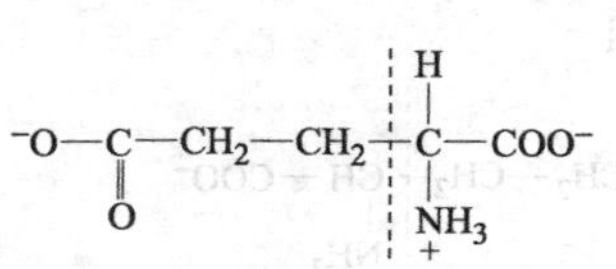 $^-O-C(=O)-CH_2-CH_2-C(H)(NH_3^+)-COO^-$	Glu	E

表 1-4　R 基团带正电荷的氨基酸

氨基酸名称	结构式	三字母符号	单字母符号
赖氨酸(lysine)	$\overset{+}{H_3N}-CH_2-CH_2-CH_2-CH_2-CH(\overset{+}{NH_3})-COO^-$	Lys	K
精氨酸(arginine)	$H_2N-C(=\overset{+}{NH_2})-NH-CH_2-CH_2-CH_2-CH(\overset{+}{NH_3})-COO^-$	Arg	R
组氨酸(histidine)(pH6.0时)	$HC=C(-HN-\overset{+}{C}H-NH-)-CH_2-CH(\overset{+}{NH_3})-COO^-$	His	H

从以上氨基酸的结构和极性可以看出，由于 R 侧链的结构不同，引起各种氨基酸的体积不同、形状不同，以及化学性质不同。

3. 从营养学角度分类

（1）必需氨基酸　人体必不可少，而机体内又不能合成，必须从食物中补充的氨基酸，称必需氨基酸。人体的必需氨基酸有 8 种，包括 L-赖氨酸、L-色氨酸、L-甲硫氨酸、L-苯丙氨酸、L-缬氨酸、L-亮氨酸、L-异亮氨酸、L-苏氨酸。正常成人所需要的必需氨基酸占氨基酸总量的比例为 20%。当人体缺乏这 8 种必需氨基酸中的任何一种时就会导致生长发育不良，甚至引起一些缺乏症。

（2）非必需氨基酸　构成人体蛋白质的 20 种氨基酸中，除以上 8 种必需氨基酸外，人体可以自身合成的氨基酸，称非必需氨基酸。

4. 非蛋白质氨基酸

除了参与蛋白质组成的 20 种氨基酸和少数稀有氨基酸外，在各种组织和细胞中还发现很多其他氨基酸，它们不存在于蛋白质中，而是以游离或结合状态存在于生物体内，所以称为非蛋白质氨基酸。这些氨基酸大多数是蛋白质中存在的 L 型 α-氨基酸的衍生物，如鸟氨酸、瓜氨酸、高丝氨酸、高半胱氨酸等，但也有一些是 β-氨基酸、γ-氨基酸或 δ-氨基酸，如 β-丙氨酸、γ-氨基丁酸。这些氨基酸虽然不参与蛋白质组成，但在生物体中往往具有一定的生理功能。一些非蛋白质氨基酸的分子结构如下：

$H_2NCH_2CH_2CH_2CH(NH_2)COOH$　L-鸟氨酸

$H_2NCH_2CH_2CH_2COOH$　γ-氨基丁酸

$H_2NCONHCH_2CH_2CH_2CH(NH_2)COOH$　L-瓜氨酸

$H_2NCH_2CH_2COOH$　β-丙氨酸

$HO_3S-CH_2-CH_2-NH_2$　牛磺酸

$CH_2(OH)-CH_2-CH(NH_2)-COOH$　高丝氨酸

$CH_2(SH)-CH_2-CH(NH_2)-COOH$　高半胱氨酸

二、氨基酸的理化性质

氨基酸具有很重要的物理化学性质，其中比较典型的有如下几种。

1. 两性性质及等电点

① 两性性质　氨基酸的结构特征为含有氨基和羧基。氨基可接受质子而形成 NH_3^+，具有碱性；羧基可释放质子而解离成 COO^-，具有酸性。这就是氨基酸的两性性质。其电离

式如下：

$$\mathrm{P}\begin{matrix}\mathrm{NH_2}\\\mathrm{COO^-}\end{matrix}\ \underset{\mathrm{OH^-}}{\overset{\mathrm{H^+}}{\rightleftharpoons}}\ \mathrm{P}\begin{matrix}\mathrm{^+NH_3}\\\mathrm{COO^-}\end{matrix}\ \underset{\mathrm{OH^-}}{\overset{\mathrm{H^+}}{\rightleftharpoons}}\ \mathrm{P}\begin{matrix}\mathrm{^+NH_3}\\\mathrm{COOH}\end{matrix}$$

$pH>pI$　　$pH=pI$　　$pH<pI$

② 等电点　当氨基酸溶液在某一定 pH 值时，某特定氨基酸分子上所带正负电荷相等，成为两性离子，在电场中既不向阳极移动也不向阴极移动，此时溶液的 pH 值即为该氨基酸的等电点（isoelectric point，pI）。

2. 紫外吸收性质

人体内的各种蛋白质均含有色氨酸和酪氨酸。而色氨酸和酪氨酸等芳香族氨基酸在 280nm 波长处具有特征吸收峰，可用作蛋白质含量测定的简便方法。

3. 化学性质

(1) 茚三酮反应　α-氨基酸与水合茚三酮一起在水溶液中加热，可发生反应生成蓝紫色物质。这个反应可以用来测定极少量的氨基酸。

$$\text{水合茚三酮} + H_2N-\underset{R}{CH}-COOH \longrightarrow \text{还原茚三酮} + RCHO + NH_3 + CO_2$$

$$\text{还原茚三酮} + 2NH_3 + \text{氧化茚三酮} \longrightarrow \text{蓝色产物} + 2H_2O$$

(2) 桑格（Sanger）反应　在弱碱性（pH 8～9）、暗处、室温或 40℃条件下，氨基酸的 α-氨基很容易与 2,4-二硝基氟苯（FDNB）反应，生成黄色的 2,4-二硝基氨基酸（DNP-氨基酸）。2,4-二硝基氟苯法可用于鉴定多肽或蛋白质的 N 末端氨基酸。

$$O_2N-C_6H_3(NO_2)-F + H_2N-\underset{CH_3}{\overset{H}{C}}-C(=O)-Gly-Asp-Phe-Arg-Gly-C(=O)O^-$$

$$\downarrow \text{pH 8～9}$$

$$O_2N-C_6H_3(NO_2)-\overset{H}{N}-\underset{CH_3}{\overset{H}{C}}-C(=O)-Gly-Asp-Phe-Arg-Gly-C(=O)O^-$$

$$\downarrow \text{6mol/L盐酸}$$

$$O_2N-C_6H_3(NO_2)-\overset{H}{N}-\underset{CH_3}{\overset{H}{C}}-C(=O)-O^- + Gly-Phe-Asp-Arg-Gly$$

第二节　肽

蛋白质的基本结构单位是氨基酸，由 20 种氨基酸组成了各种各样的蛋白质。研究证明，蛋白质是由许多氨基酸按照一定的排列顺序通过肽键连接起来的生物大分子。

一、肽和肽键

肽键是蛋白质分子中氨基酸之间的主要连接方式，它是由一个氨基酸的α-羧基与另一个氨基酸的α-氨基缩合脱水而形成的酰胺键。

$$^{+}H_3N-CH(R^1)-CO-NH-CH(R^2)-CO-NH-CH(R^3)-CO-NH-CH(R^4)-CO-NH-CH(R^5)-COO^-$$

氨基端————→羧基端

一个氨基酸的α-羧基与另一个氨基酸的α-氨基之间失去一分子水相互连接而成的化合物称为肽。由 2 个氨基酸缩合形成的肽叫二肽，由 3 个氨基酸缩合形成的肽叫三肽，少于 10 个氨基酸的肽称为寡肽，由 10 个以上氨基酸形成的肽叫多肽。因此蛋白质的结构就是多肽链结构。每个肽在其一端有一自由氨基，称为氨基端或 N 末端；在另一端有一自由羧基，称为羧基端或 C 末端。

二、天然存在的重要活性肽

除了蛋白质的部分水解可以产生各种简单的多肽外，生物体中还广泛存在着许多长短不同的游离肽，有些肽具有特殊的生理功能。如谷胱甘肽（GSH）是一种存在于动植物和微生物细胞中的重要三肽。它是由谷氨酸、半胱氨酸和甘氨酸组成的，结构如下：

$$H_2N-CH(COOH)-CH_2-CH_2-CO-NH-CH(CH_2SH)-CO-NH-CH_2-COOH$$

谷胱甘肽（GSH）分子中有一个特殊的γ-肽键，是由谷氨酸的γ-羧基与半胱氨酸的α-氨基缩合而成的，这与蛋白质分子中的肽键不同。由于谷胱甘肽中含有一个活泼的巯基，所以很容易氧化，则两分子谷胱甘肽脱氢以二硫键相连形成氧化型的谷胱甘肽（GSSG）。

$$2GSH \underset{+2H}{\overset{-2H}{\rightleftharpoons}} GSSG$$

谷胱甘肽参与细胞内的氧化还原作用，它是一种抗氧化剂，对许多酶具有保护作用。生物体中还有许多其他的多肽，也具有重要的生理意义。如牛加压素、催产素、舒缓激肽都是具有激素作用的多肽。

脑啡肽为五肽，具有镇痛作用，它们在中枢神经系统中形成，是体内自己产生的一类阿片剂。已发现几十种，其中以下两种具有镇痛作用。

Met-脑啡肽：Tyr—Gly—Gly—Phe—Met

Leu-脑啡肽：Tyr—Gly—Gly—Phe—Leu

1982 年，中国科学院上海生物化学研究所用蛋白质工程技术合成了 Leu-脑啡肽，它既有镇痛作用，又不会像吗啡那样使人上瘾。

第三节　蛋白质的分子结构

蛋白质按照不同的结构水平通常分一级结构、二级结构、三级结构及四级结构。一级结构是指多肽链具有共价键的直链结构，尤其是指氨基酸残基的排列顺序。在一级结构的基础上可形成二级结构、三级结构、四级结构。二级结构、三级结构、四级结构为空间结构，也称空间构象。

一、蛋白质的一级结构

蛋白质的一级结构又称化学结构，是指氨基酸在肽链中的排列顺序。

一级结构是蛋白质分子结构的基础，它包含了决定蛋白质分子所有结构层次构象的全部信息。蛋白质一级结构研究的内容包括蛋白质的氨基酸组成、氨基酸的排列顺序和二硫键的位置、肽链数目、末端氨基酸的种类等。图 1-1 是蛋白质肽链内和钛链间二硫键示意图。

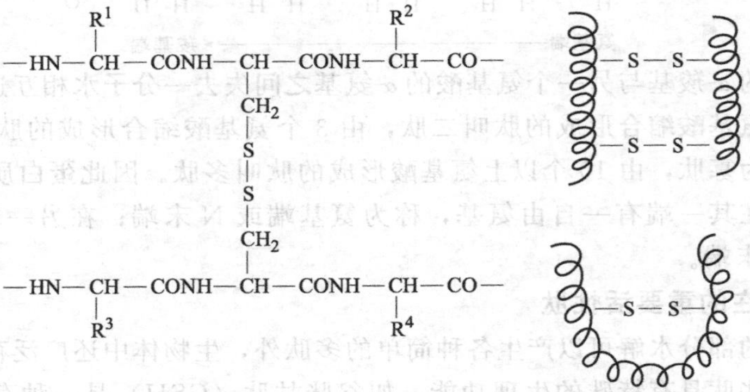

R^1 R^2
—HN—CH—CONH—CH—CONH—CH—CO— —S—S—
CH_2 —S—S—
S
S
CH_2
—HN—CH—CONH—CH—CONH—CH—CO— —S—S—
R^3 R^4

图 1-1 蛋白质肽链内和肽链间二硫键示意图

在生物化学及其相关领域中，许多问题都需要知道蛋白质的一级结构。有些蛋白质不是简单的一条肽链，而是由 2 条以上肽链组成的，肽链之间通过二硫键连接起来，还有的在一条肽链内部形成二硫键。二硫键在蛋白质分子中起着稳定空间结构的作用。一般二硫键越多，蛋白质的结构越稳定。蛋白质的氨基酸排列顺序对蛋白质的空间结构以及生物功能起着决定作用。

胰岛素是一级结构首先被揭示的蛋白质。它的主要功能是促进糖原的生成和加速葡萄糖的氧化，并促使葡萄糖进入肌肉及脂肪细胞，因此胰岛素可降低体内的血糖含量。胰岛素不足时，肝中糖原分解加速，血糖升高并从尿中排出，即导致糖尿病。胰岛素分子是由 51 个氨基酸残基组成的，其氨基酸顺序见图 1-2。

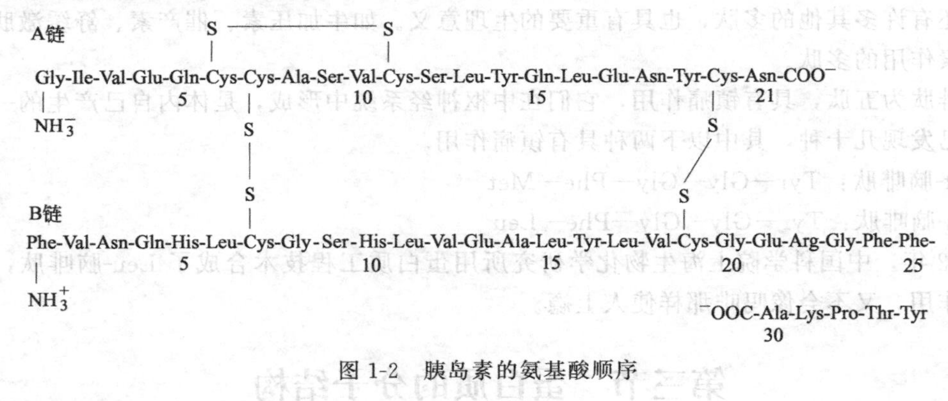

图 1-2 胰岛素的氨基酸顺序

二、蛋白质的二级结构

蛋白质的二级结构是指蛋白质分子中多肽链本身的折叠方式。在二级结构中有氢键参加维持其稳定性。二级结构有 α-螺旋、β-折叠、β-转角和无规则卷曲。

1. α-螺旋

一切蛋白质，无论是纤维蛋白还是球状蛋白，其分子中肽键虽然各有不同，但肽链都可以卷曲或折叠，Pauling 及 Corey 发现肽链的最简单排列是螺旋结构，在这种螺旋结构中，平均 3.6 个氨基酸残基旋转一周，称为 α-螺旋。α-螺旋结构具有以下主要特征。

（1）α-螺旋是一个类似棒状的结构，从外观看，紧密卷曲的多肽链主链构成了螺旋棒的中心部分，所有氨基酸残基的 R 侧链伸向螺旋的外侧，这样可以减少立体障碍。肽链围绕其长轴盘绕成右手螺旋体。

（2）α-螺旋每圈包含 3.6 个氨基酸残基，螺距为 0.54nm，即螺旋每上升一圈相当于向上平移 0.54nm。

（3）α-螺旋结构的稳定主要靠链内的氢键维持。螺旋中每个氨基酸残基的羰基氧与它后面第 4 个氨基酸残基的 α-氨基氮上的氢之间形成氢键，所有氢键与长轴几乎平行。螺旋内的一个氢键对结构的稳定性作用并不大，但 α-螺旋内的许多氢键的总体效应却能稳定螺旋的构象。实际上，α-螺旋结构是最稳定的二级结构。

迄今研究过的所有天然蛋白质都是由 L-氨基酸组成的，而 L-氨基酸形成的 α-螺旋都是右手螺旋。左手 α-螺旋和右手 α-螺旋的结构见图 1-3。

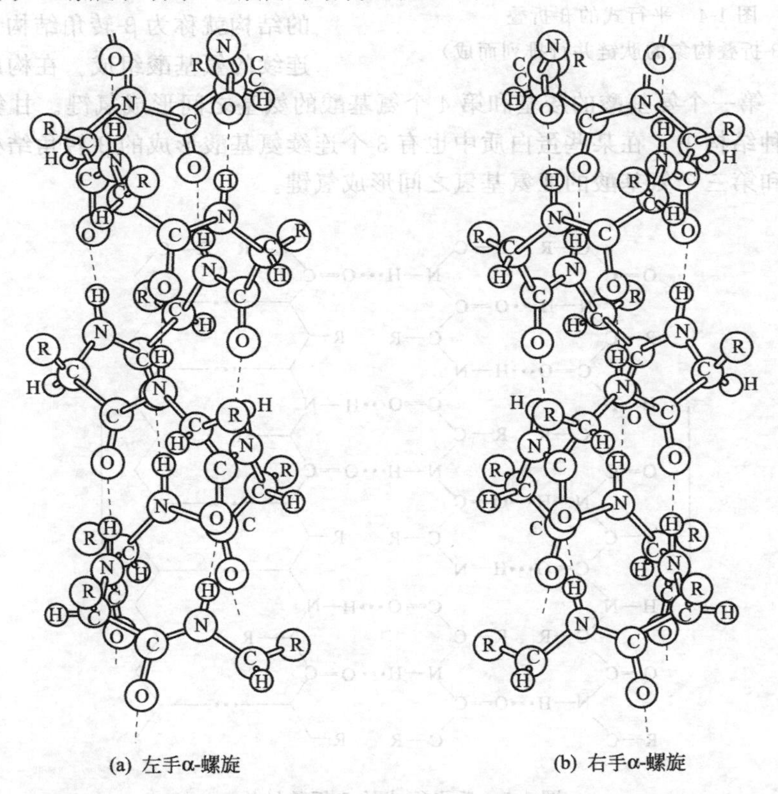

图 1-3　左手 α-螺旋和右手 α-螺旋的结构

2. β-折叠

β-折叠结构又称为 β-片层。这是 Pauling 和 Corey 继发现 α-螺旋结构后在同年又发现的另一种蛋白质二级结构。β-折叠结构是一种肽链相当伸展的结构，多肽链呈扇面状折叠。

β-折叠结构的形成一般需要两条或两条以上的肽段共同参与，即两条或多条几乎完全伸展的多肽链侧向聚集在一起，相邻肽链主链上的氨基和羰基之间形成有规则的氢键，维持这种结构的稳定。

β-折叠结构也是蛋白质构象中经常存在的一种结构方式。如蚕丝丝心蛋白几乎全部由堆积起来的反平行 β-折叠结构组成。

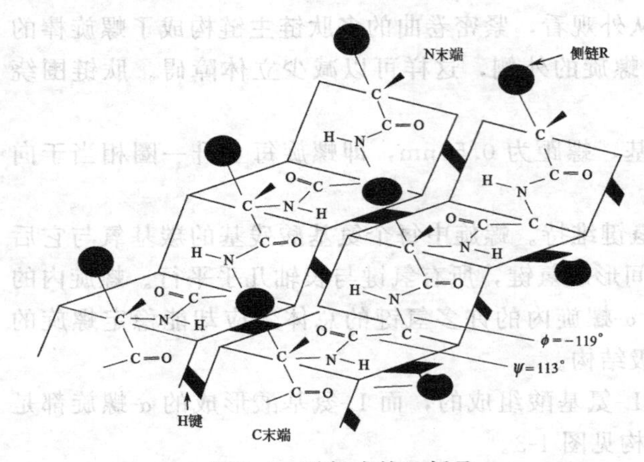

图 1-4 平行式的 β-折叠

（由 β-折叠构象的肽链并行排列而成）

β-折叠可分为平行式及反平行式，如果将 α-角蛋白用湿热处理并拉长，即产生 β-角蛋白，它具有平行的 β-折叠结构，其相邻的肽链为平行式；而丝心蛋白的相邻肽链方向相反，称为反平行式。β-折叠的结构见图 1-4、图 1-5。

3. β-转角

β-转角结构又称为 β-弯曲、β-回折、发夹结构和 U 形转折等。蛋白质分子多肽链在形成空间构象的时候，经常会出现 180°的回折（转折），回折处的结构就称为 β-转角结构，一般由 4 个连续的氨基酸组成。在构成这种结构的 4 个氨基酸中，第一个氨基酸的羧基和第 4 个氨基酸的氨基之间形成氢键。甘氨酸和脯氨酸容易出现在这种结构中。在某些蛋白质中也有 3 个连续氨基酸形成的 β-转角结构，第一个氨基酸的羰基氧和第三个氨基酸的亚氨基氢之间形成氢键。

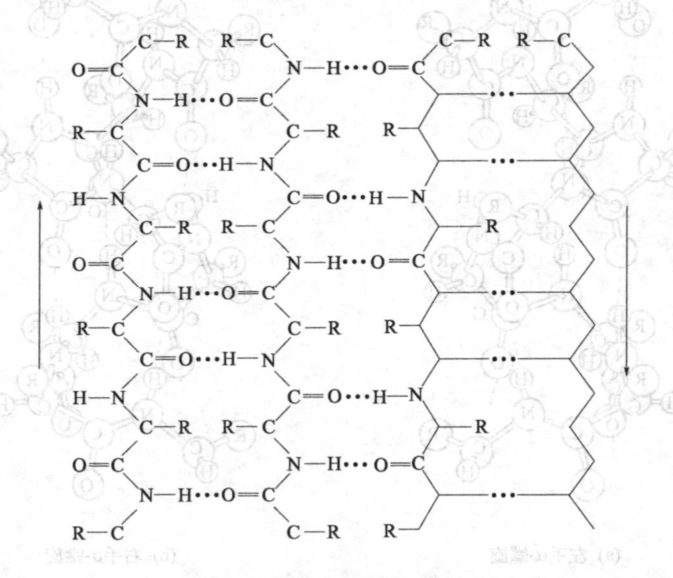

图 1-5 反平行式的 β-折叠结构

4. 无规则卷曲

此结构指一些没有规律的松散的肽链构象，是局部肽链结构。又称为自由回转，这种结构对蛋白质的生物功能也有着重要作用。

三、蛋白质的三级结构

蛋白质的三级结构是指上述蛋白质的 α-螺旋、β-折叠以及线状等二级结构受侧链和各主链构象单元的相互作用，从而进一步卷曲、折叠成具有一定规律性的三维空间结构。蛋白质的三级结构包括每一条肽链内全部二级结构的总和及所有侧基原子的空间排布，以及它们相互作用的关系。稳定三级结构的因素，除了主键肽键外，还有副键，如氢键、盐键、疏水键和二硫键等作用。肌红蛋白的空间结构清楚显示了蛋白质的一级结构为氨基酸排列顺序，二级结构为局部肽段构象和三级结构为多肽链整体构象的结构层次之间的相互关系。图 1-6 是肌红蛋白的三级结构。

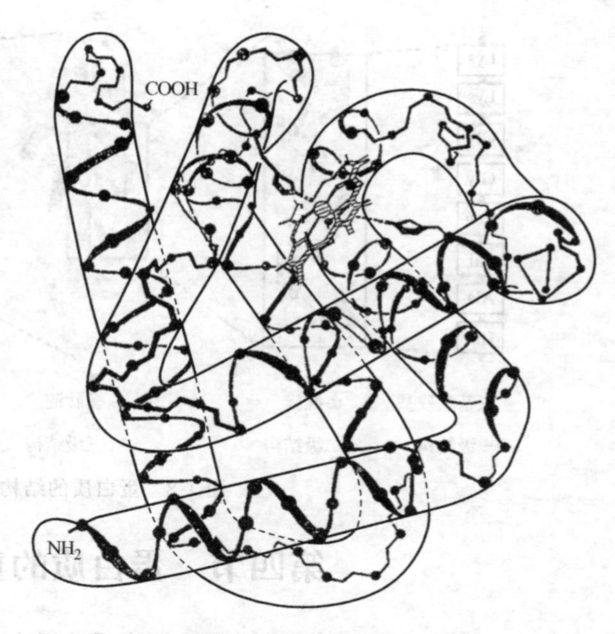

图 1-6 肌红蛋白的三级结构

根据大量研究的结果发现，蛋白质的三级结构有以下共同特点。

(1) 具备三级结构的蛋白质一般都是球蛋白，都有近似球状或椭球状的外形，而且整个分子排列紧密，内部有时只能容纳几个水分子。

(2) 大多数疏水性氨基酸侧链都埋藏在分子内部，它们相互作用形成一个致密的疏水核，这对稳定蛋白质的构象有十分重要的作用，而且这些疏水区域常是蛋白质分子的功能部位或活性中心。

(3) 大多数亲水性氨基酸侧链都分布在分子的表面，它们与水接触并强烈水化，形成亲水的分子外壳，从而使球蛋白分子可溶于水。

四、蛋白质的四级结构

具有独立三级结构的多肽链彼此通过非共价键相互连接而形成的聚合体结构就是蛋白质的四级结构。在具有四级结构的蛋白质中，每一个具有独立的三级结构的多肽链称为该蛋白质的亚单位或亚基。亚基单独存在时没有活性。亚基之间通过其表面的次级键连接在一起，形成完整的寡聚蛋白质分子。由两个以上亚基组成的蛋白质称为寡聚蛋白质或多体蛋白质

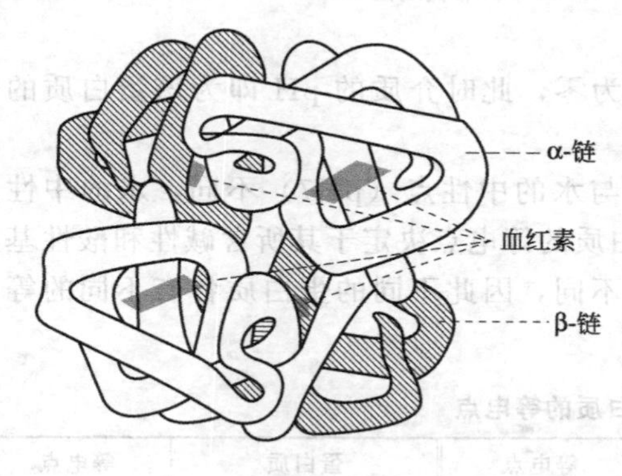

图 1-7 血红蛋白的四级结构示意图

血红蛋白就是由 4 条肽链组成的具有四级结构的蛋白质分子。血红蛋白的功能是在血液中运输 O_2 和 CO_2，由 2 条 α-链（含 141 个氨基酸残基）和 2 条 β-链（含 146 个氨基酸残基）组成（见图 1-7）。每个亚级具有和肌红蛋白相似的三级结构，都是外圆中空的球形，中间含有一个血红素辅基。血红素是一个取代的卟啉，在其中央有一个铁原子，血红素中的铁原子可以处在亚铁（Fe^{2+}）或高铁（Fe^{3+}）状态中，只有亚铁形式才能结合 O_2。血红蛋白的亚基和肌红蛋白在结构上的相似性与它们在功能上的相似性是一致的。

维持四级结构的作用力与维持三级结构的力是相同的。蛋白质的结构层次见图 1-8。

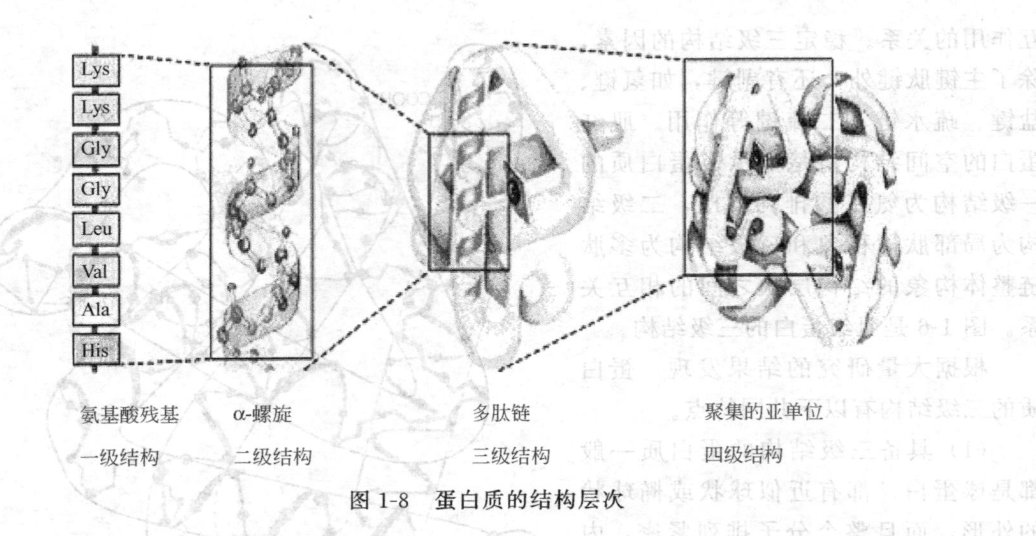

图 1-8 蛋白质的结构层次

第四节 蛋白质的重要性质

蛋白质分子是由氨基酸组成的。在蛋白质分子中保留有自由的末端α-氨基和α-羧基，以及侧链上的各种官能团。因此，它的化学和物理化学性质有些是与氨基酸相同的。

一、蛋白质的两性性质及等电点

1. 蛋白质的两性性质

蛋白质具有许多游离的氨基和羧基，在化学性质上也和氨基酸一样，既能像酸一样解离，也能像碱一样解离，这就是蛋白质的两性性质。蛋白质的两性解离反应可简示如下：

$$\mathrm{Pr}\begin{cases}NH_2\\COO^-\end{cases} \underset{OH^-}{\overset{H^+}{\rightleftharpoons}} \mathrm{Pr}\begin{cases}NH_3^+\\COO^-\end{cases} \underset{OH^-}{\overset{H^+}{\rightleftharpoons}} \mathrm{Pr}\begin{cases}NH_3^+\\COOH\end{cases}$$

负离子(pH>pI) 移向阳极　两性离子(pH=pI) 不移动　正离子(pH<pI) 移向阴极

2. 等电点

当蛋白质解离的阴阳离子浓度相等即净电荷为零，此时介质的 pH 即为该蛋白质的等电点。

与氨基酸相似，蛋白质在水溶液中的等电点与水的中性点（pH7）不同，水的中性点（pH7）决定于其游离 H^+ 及 OH^- 的情况，而蛋白质的等电点决定于其所含碱性和酸性基团的数量及解离的程度，由于蛋白质本身的酸碱度不同，因此不同的蛋白质各有不同的等电点。表 1-5 为几种常见蛋白质的等电点。

表 1-5 几种常见蛋白质的等电点

蛋白质	等电点	蛋白质	等电点	蛋白质	等电点
卵清蛋白	4.6	胸腺蛋白	10.8	胃蛋白酶	1.0～2.5
胰岛素	5.3	大豆球蛋白	5.0	鱼精蛋白	12.0～12.4
玉米醇溶蛋白	6.2	麦麸蛋白	7.1	溶菌酶	11.0～11.2
血红蛋白	6.7	丝蛋白	2.0～2.4	细胞色素 C	9.8～10.3

3. 电泳

带电粒子在电场中向与其电性相反的电极方向泳动的现象称为电泳。

在碱性介质中，蛋白质解离成酸，使蛋白质带负电荷；而在酸性介质中，蛋白质解离成碱，使蛋白质带正电荷。在外电场的作用下，处于不等电状态的蛋白质分子，将向着与其电性相反的电极移动，这种现象称蛋白质的电泳。

二、蛋白质的紫外吸收性质

蛋白质分子普遍含有酪氨酸和色氨酸，这两种氨基酸分子中的共轭双键在 280nm 波长处有特征性吸收峰。在此波长处，蛋白质的光密度值与其浓度成正比关系，且各种蛋白质中这两种氨基酸的含量比较接近，因此蛋白质在 280nm 波长处的光密度值常被用作蛋白质的定量测定指标。

三、蛋白质的胶体性质

蛋白质的相对分子质量很大，一般在 $10^4 \sim 10^6$ 之间，因此它的水溶液必然具有胶体性质，如布朗运动、丁达尔现象、电泳现象等。

蛋白质是与水有很大亲和力的胶体。在一定条件下，蛋白质溶液可以变为凝胶，豆腐、奶酪等就是用蛋白质制成的凝胶体。

在酸性或碱性溶液中，蛋白质分子解离成带正电荷或负电荷的离子，如果将蛋白质胶体溶液的 pH 调节到等电点，此时胶体颗粒很不稳定，再经脱水作用就发生沉淀。

四、蛋白质的沉淀

蛋白质胶体溶液的稳定性决定于其颗粒表面的水化膜和电荷，当这两个因素遭到破坏后，蛋白质溶液就失去稳定性，并发生凝聚作用，沉淀析出，这种作用称为蛋白质的沉淀作用。其沉淀方法有以下几种。

1. 盐析与盐溶

在蛋白质溶液中加入一定量的中性盐（如硫酸铵、硫酸钠、氯化钠等）使蛋白质溶解度降低并沉淀析出的现象称为盐析。这是由于这些盐类离子与水的亲和性大，又是强电解质，可与蛋白质争夺水分子，破坏蛋白质颗粒表面的水膜。另外，大量中和了蛋白质颗粒上的电荷，使蛋白质成为既不含水膜又不带电荷的颗粒而聚集沉淀。盐析时所需的盐浓度称为盐析浓度，用百分数表示。由于不同蛋白质的分子大小及带电状况各不相同，盐析所需的盐浓度不同，因此，可以通过调节盐浓度使混合液中几种不同蛋白质分别沉淀析出，从而达到分离的目的，这种方法称为分段盐析。硫酸铵是最常用于盐析的中性盐。

另外，当在蛋白质溶液中加入中性盐的浓度较低时，蛋白质的溶解度会增加，这种现象称为盐溶。这是由于蛋白质颗粒上吸附某种无机盐离子后，使蛋白质颗粒带同种电荷而相互排斥，并且与水分子的作用加强，从而溶解度增加。

盐析法在实践中得到广泛应用，微生物发酵生产酶制剂就是采用盐析法的作用原理，从发酵液中把目的酶分离提取出来的。

2. 有机溶剂沉淀

有些与水互溶的有机溶剂（如甲醇、乙醇、丙酮等）可使蛋白质产生沉淀，这是由于这些有机溶剂和水的亲和力大，能夺取蛋白质表面的水化膜，从而使蛋白质的溶解度降低而产生沉淀。此法也可用于蛋白质的分离、纯化。

以上方法分离制备得到的蛋白质一般仍保持天然蛋白质的生物活性，将其重新溶解于水仍然能成为稳定的胶体溶液。但用有机溶剂来沉淀分离蛋白质时，需在低温下进行，在较高温度下会破坏蛋白质的天然构象。

有机溶剂沉淀蛋白质在生产实践和科学实验中应用较广，如食品级酶制剂的生产，中草药注射液、胰岛素的制备大都用此种方法。

3. 重金属盐沉淀

重金属盐如 $HgCl_2$、$AgNO_3$、$FeCl_3$ 等都能与蛋白质结合成不溶解的蛋白质。

医疗工作中常用汞试剂的稀水溶液消毒灭菌，就是利用汞离子进入微生物细胞内后，能使微生物细胞内的各种蛋白质产生沉淀而达到杀灭微生物的目的。抢救误服重金属盐（如升汞）的患者，可迅速给予大量富含蛋白质的牛乳或鸡蛋清，能达到解毒的作用，这也是因为服入的蛋白质与重金属盐在胃中形成了不溶的变性蛋白质，阻止了有毒的金属盐离子被机体吸收而导致中毒。

4. 生物碱试剂与某些酸类试剂沉淀

生物碱是植物组织中具有显著生理作用的一类含氮的碱性物质。能够沉淀生物碱的试剂称为生物碱试剂。生物碱试剂都能沉淀蛋白质，如单宁酸、苦味酸、三氯乙酸等都能沉淀生物碱。因为一般生物碱试剂都为酸性物质，而蛋白质在酸性溶液中带正电荷，所以能和生物碱试剂的酸根离子结合形成溶解度较小的盐类而沉淀。

生化检验工作中，常用此类试剂沉淀蛋白质。在啤酒生产工艺中有麦芽汁加啤酒花煮沸的工序，其目的之一就是借酒花中的单宁类物质与变性蛋白质和盐形成沉淀，使麦汁得以澄清，从而防止成品啤酒产生蛋白质浑浊。

5. 加热沉淀

在一定的温度范围内，约 30～40℃之间，大部分球状蛋白质的溶解度随温度升高而增加（但也有例外，如人的血红蛋白在 0～25℃之间，溶解度随温度升高而降低温度再升高，蛋白质会变性而沉淀），这就是蛋白质的加热沉淀。其原因可能是由于变性蛋白质的空间结构解体，疏水基团外露，水膜破坏，同时由于等电点破坏了带电状态等而发生絮结沉淀。例如，我国传统的做豆腐工艺就是将豆浆煮沸，点入少量的盐卤或石膏，将 pH 调节至等电点，热变性的大豆蛋白便很快絮结凝固，再经过滤成型而制成豆腐。

五、蛋白质的变性与复性

蛋白质因受某些物理或化学因素的影响，分子的空间构象被破坏，从而导致其理化性质发生改变并失去原有的生物学活性的现象称为蛋白质的变性作用。变性作用并不引起蛋白质一级结构的破坏，而是二级结构以上的高级结构的破坏，变性后的蛋白质称为变性蛋白。

引起蛋白质变性的因素很多，物理因素有高温、紫外线、X 射线、超声波、高压、剧烈搅拌、振荡等；化学因素有强酸、强碱、尿素、胍盐、去污剂、重金属盐（如 Hg^{2+}、Ag^{+}、Pb^{2+}等)、三氯乙酸、浓乙醇等。不同蛋白质对各种因素的敏感程度不同。

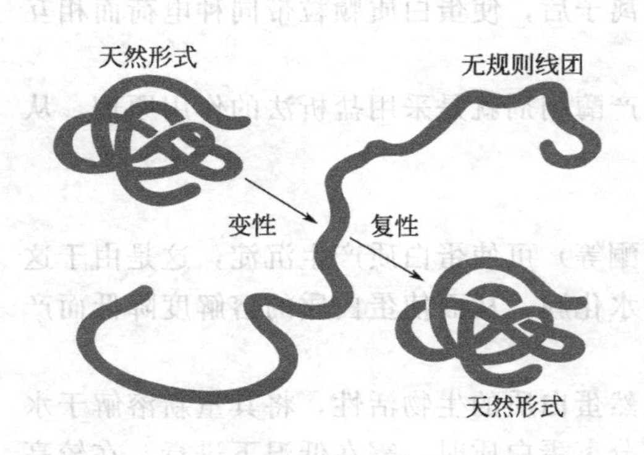

图 1-9 球蛋白的变性与复性

若蛋白质变性程度轻，除去变性因素后，蛋白质仍可全部或部分恢复原有构象和生物活性，这一过程叫复性。如球蛋白的变性和复性过程（见图 1-9）。

六、蛋白质的呈色反应

蛋白质分子中所含的肽键、苯环、酚以及分子中的某些氨基酸能与某些试剂起作用发生颜色反应，应用这些颜色反应可以确定蛋白质的存在。

(1) 双缩脲反应 双缩脲在碱性溶液中能与硫酸铜反应产生红紫色配合物，此反应称双缩脲反应。蛋白质分子中含有许多肽键，结构与双缩脲相似，因此也能产生双缩脲反应，所以可用此反应来定性定量地测定蛋白质。凡含有 2 个或 2 个以上肽键结构的化合物都可有双缩脲反应。

(2) 酚试剂反应　酚试剂又称福林试剂。酪氨酸中的酚基能将酚试剂中的磷钼酸及磷钨酸还原成蓝色化合物（钼蓝和钨蓝的混合物）。由于蛋白质分子中一般都含有酪氨酸，所以可用此反应来测定蛋白质含量。

(3) 乙醛酸反应　将乙醛酸加入蛋白质溶液，然后沿试管壁慢慢注入浓硫酸，则在两液层之间会出现紫色环。凡含有吲哚基的化合物都有此反应，所以凡含有色氨酸的蛋白质及色氨酸都有此反应。

(4) 乙酸铅反应　凡含有半胱氨酸、胱氨酸的蛋白质都能与乙酸铅起反应，生成黑色的硫化铅沉淀，因为其中含有—S—S—或—SH。

第五节　蛋白质的分离纯化与测定

自然界的蛋白质通常出现在复杂的混合物中。要把一种蛋白质从混合物里分离出来，首先要把蛋白质与非蛋白质物质分开，然后再把许多同时存在的蛋白质彼此分开。分离蛋白质的目的是多种多样的。例如，研究具有生物活性的蛋白质，需要把它和其他活性物质分开，并且尽可能不使所需的生物活性受到损失。在制药工业中需要把某种具有特殊功能的蛋白质提纯到规定的纯度，特别要注意把一些具有干扰或拮抗性质的成分除去。总之，在实际工作中，具体情况应做具体分析，根据生产和研究工作的具体目的和要求选择一种或几种方法来分离、提纯蛋白质。

一、蛋白质的分离与纯化

蛋白质的分离纯化过程就是巧妙利用蛋白质分子在大小、形状、所带电荷种类与数量、极性与非极性氨基酸比例、溶解度、吸附性质以及对其他生物大分子亲和力上的差异，将杂蛋白除去的过程。即利用蛋白质物理、化学性质的差异，将不同的蛋白质采用恰当的方法分开。常用的方法如下。

1. 根据蛋白质两性电离的性质及等电点分离的方法

(1) 等电点沉淀法　因为蛋白质在其等电点附近的 pH 值溶液中易沉淀析出，故利用各种蛋白质等电点的不同，即可将蛋白质从混合溶液中分开。

(2) 电泳　指蛋白质在一定 pH 情况下带电荷，在电场中能由电场一极向另一极移动的现象。这实际上也利用了蛋白质带电性质、分子大小与形状的不同，因为游动快慢与蛋白质所带电荷的性质和数目、分子大小和形状有关，对带相同性质电荷的蛋白质来说，带电多、分子小及为球状分子的蛋白质游动速率大，故不同蛋白质得以分离。根据支撑物的不同，可分为薄膜电泳和凝胶电泳等。不同的支持物分辨率不同，如正常人血清蛋白薄膜电泳仅分出 5 条区带，而聚丙烯酰胺凝胶电泳可分出 30 多条带。电泳结束后，用蛋白质显色剂呈色，即可看到一条条已经分离的蛋白质条带。

(3) 离子交换色谱　在某一特定 pH 值时，混合蛋白质溶液中各种蛋白质所带电荷数目及性质不同，事先在色谱柱中装上离子交换剂，其所带电荷性质与蛋白质电荷性质相反，当蛋白质混合溶液流经色谱柱时，即可被吸附于柱上，随后用与蛋白质带相同性质电荷的洗脱剂洗脱，蛋白质可被置换下来。由于各种蛋白质带电量不同，离子交换剂结合的紧密度不同，带电量小的蛋白质先被洗脱下来；增加洗脱液的离子强度，带电量多的也被洗脱下来，可将蛋白质分离。

2. 利用蛋白质的分子量不同进行分离的方法

(1) 透析 利用特殊膜制成透析袋，此膜只允许小分子化合物透过，而蛋白质是高分子化合物，故留在袋内。把袋置于水中，蛋白质溶液中的小分子杂质可被去除，如去除盐析后蛋白质中混杂的盐类。也常利用此方法浓缩蛋白质，即袋外放吸水剂，小分子的水即可透出，蛋白质溶液可被浓缩。

(2) 分子筛 也叫凝胶过滤，是色谱的一种。色谱柱内填充带有网孔的凝胶颗粒。蛋白质溶液加于柱上，小分子蛋白进入孔内，大分子蛋白不能进入孔内而直接流出，小分子因在孔内被滞留而随后流出，从而蛋白质得以分离。

(3) 超速离心 蛋白质胶体溶液与氯化钠等真溶液的不同之处在于：蛋白质在强大离心场中，在溶液中会逐渐沉降，各种蛋白质沉降所需离心力场不同，故可用超速离心法分离蛋白质及测定其分子量，因其结果准确又不使蛋白质变性，故是目前分离生物高分子常用的方法。

3. 与蛋白质的沉淀的性质相关的分离方法

(1) 盐析 硫酸铵、硫酸钠等中性盐因能破坏蛋白质在溶液中稳定存在的两大因素，故能使蛋白质发生沉淀。不同蛋白质分子颗粒大小不同，亲水程度不同，故盐析所需要的盐浓度不同，从而可将蛋白质分离。如用硫酸铵分离清蛋白和球蛋白，在半饱和的硫酸铵溶液中，球蛋白即可从混合溶液中沉淀析出除掉，而清蛋白在饱和硫酸铵中才会沉淀。盐析的优点是不会使蛋白质发生变性。

(2) 丙酮沉淀 丙酮可溶于水，故能与蛋白质争水破坏其水化膜，使蛋白质沉淀析出，在 pH 值和离子强度适当的情况下更佳。但丙酮可使蛋白质变性，故应低温快速分离。还可用其他有机溶剂。

(3) 重金属盐沉淀 因其带正电荷，可与蛋白质负离子结合形成不溶性蛋白盐沉淀，可利用此性质以大量清蛋白抢救重金属盐中毒的人。

二、蛋白质的分析检测

在蛋白质分离提纯的过程中，经常需要测定蛋白质的含量和检查某一蛋白质的提纯程度。这些分析工作包括：测定蛋白质的总量，测定蛋白质混合物中某一特定蛋白质的含量和鉴定最后制品的纯度。

测定蛋白质总量常用的方法有：凯氏定氮法、双缩脲法、苯酚试剂法、紫外吸收法以及双缩脲-苯酚试剂法。

测定蛋白质混合物中某一特定蛋白质的含量通常要用具有高度特异性的生物学方法。具有酶或激素性质的蛋白质可以利用它们的酶活性或激素活性来测定含量。蛋白质制品纯度的鉴定通常采用物理化学方法，如电泳分析、沉降分析、扩散分析等。其检测步骤如下。

(1) 纯化蛋白质 用于序列分析的蛋白质应是分子大小均一、电泳呈现一条带的具有一定纯度的样品。

(2) 分析蛋白质的氨基酸组成 用酸、碱等将蛋白质肽链水解为游离氨基酸，再用电泳、色谱等方法分离、鉴定所有游离氨基酸的种类和含量，现在可用氨基酸自动分析仪来快速测定。

(3) 测定肽链中 N 末端和 C 末端为何种氨基酸 若蛋白质由 2 条以上的肽链组成，通过末端氨基酸的测定还可估计蛋白质中的肽链数目。

① N 末端氨基酸测定 二硝基氟苯、丹磺酰氯都可与末端氨基反应，再用盐酸等将肽链水解，将带有二硝基氟苯或丹磺酰氯的氨基酸水解下来，即可分离鉴定出为何种氨基酸，因丹磺酰氯具强烈荧光更易鉴别。

② C末端氨基酸测定 用相应的羧肽酶将C末端氨基酸水解下来，因各种羧肽酸水解氨基酶的专一性不同，故可对C末端氨基酸做出鉴定。

（4）将链间、链内二硫键打开，否则会阻碍蛋白水解作用，常用巯基化合物还原法。

（5）选择适当的酶或化学试剂将肽链部分水解成适合作序列分析的小肽段，常用的方法有如下几种。

① 胰蛋白酶法 水解赖氨酸或精氨酸的羧基形成的肽键，故若蛋白质分子中有4个精氨酸或赖氨酸残基，可得5个肽段。

② 胰凝乳蛋白酶法 水解芳香族氨基酸羧基侧的肽键。

③ 溴化氰法 水解甲硫氨酸羧基侧的肽键。

（6）测定各肽段的氨基酸排列顺序 一般采用Edman降解法。因异硫氰酸苯酯（PITC）只与N末端氨基酸作用，用冷稀酸将此末端残基水解下来，鉴定为何种氨基酸衍生物，残留的肽段N末端可继续与PITC反应，依次逐个鉴定出氨基酸的排列顺序。

（7）用两种方法将多肽链分别裂解成几组肽段，并测定每一方法中每一肽段的氨基酸排列顺序，肽段重叠法确定整条肽链的氨基酸顺序，若用两种方法找不出重叠肽段，就需用第三种、第四种方法，直到找出重叠肽段。

（8）确定二硫键的位置 用电泳法将拆开二硫键的肽段条带与未拆开二硫键的条带进行对比，即可定位二硫键的位置。如此以来，一个完整蛋白质分子的一级结构即可被测定。

三、蛋白质的空间结构测定

常用的方法有X射线晶体衍射法和二维核磁共振技术，还可根据蛋白质的氨基酸序列预测其三维空间结构。

四、蛋白质的分类

按照化学组成，蛋白质通常可以分为两大类：简单蛋白质和结合蛋白质。简单蛋白质是水解时只产生氨基酸的蛋白质；结合蛋白质是水解时不仅产生氨基酸，还产生其他有机化合物或无机化合物的蛋白质。

按照构象蛋白质也可以分为两大类：一类是纤维蛋白，另一类是球蛋白。纤维蛋白是动物结缔组织的基本结构成分，如胶原、毛发、角、皮革、指甲及羽毛的α-角蛋白等；球蛋白包括上千种不同的酶、抗体、动物激素、血清蛋白和血红蛋白等。

复 习 题

一、名词解释

必需氨基酸、等电点、蛋白质的一级结构、蛋白质的二级结构、蛋白质的三级结构、蛋白质的四级结构、盐析、蛋白质的变性、蛋白质的复性

二、填空题

1. 蛋白质多肽链中的肽键是通过一个氨基酸的________基和另一氨基酸的________基连接而形成的。

2. 大多数蛋白质中氮的含量较恒定，平均为______%，如测得1g样品含氮量为10mg，则蛋白质含量为________%。

3. 在20种氨基酸中，酸性氨基酸有________和________两种，具有羟基的氨基酸是________和________，能形成二硫键的氨基酸是________。

4. 蛋白质中的________和________两种氨基酸具有紫外吸收特性，因而使蛋白质在280nm处有最大吸收值。

5. 精氨酸的pI值为10.76，将其溶于pH7的缓冲液中，并置于电场中，则精氨酸应向电场的________方向移动。

6. 组成蛋白质的20种氨基酸中，含有咪唑环的氨基酸是________，含硫的氨基酸有________和________。

7. 蛋白质的二级结构最基本的有两种类型，它们是________和________。

8. α-螺旋结构是由同一肽链的________和________间的____键维持的，螺距为________，每圈螺旋含________个氨基酸残基，每个氨基酸残基沿轴上升高度为______。

9. 维持蛋白质一级结构的化学键有______和______；维持二级结构靠______键；维持三级结构和四级结构靠________键，其中包括________、________、________和______。

10. GSH的中文名称是________，它的活性基团是________，它的生化功能是________。

11. 稳定蛋白质胶体的因素是________和________。

12. 加入低浓度的中性盐可使蛋白质溶解度______，这种现象称为________，而加入高浓度的中性盐，当达到一定的盐饱和度时，可使蛋白质的溶解度______并______，这种现象称为______，蛋白质的这种性质常用于______。

13. 今有甲、乙、丙3种蛋白质，它们的等电点分别为8.0、4.5和10.0，当在pH8.0缓冲液中，它们在电场中电泳的情况为：甲________，乙________，丙________。

三、问答题

1. 蛋白质的α-螺旋结构有何特点？

2. 举例说明蛋白质的结构与其功能之间的关系。

3. 简述蛋白质变性作用的机制。

第二章　酶

学习目标

① 了解酶的分类和命名，酶与一般催化剂的异同。

② 掌握一些概念：活化能、活性中心、反应初速率、K_m、酶原、别构酶、同工酶、竞争性抑制、非竞争性抑制、最适 pH 等。

③ 了解米式方程的意义。

④ 影响酶促反应的各种因素。

第一节　酶的概念、化学本质及作用特点

一、酶的概念

酶（enzyme）是生物体活细胞产生的在细胞内外都具有生物催化活性的一类特殊蛋白质，又称生物催化剂。没有酶，代谢就会停止，生命亦就停止。

酶在活细胞中产生，但也有些酶被分泌到细胞外发挥作用。如人和动物消化管中以及某些细菌所分泌的水解淀粉、脂肪和蛋白质的酶，这类酶通称胞外酶。其他大部分酶在细胞内起催化作用，称为胞内酶，它在细胞内常与颗粒体结合，并有着一定的分布。如线粒体上分布着三羧酸循环酶系和氧化磷酸化酶系，而蛋白质生物合成的酶系则分布在内质网的核糖体上。

酶存在于所有的细胞和组织中，并不断地进行自我更新。组成代谢体系的生化反应绝大多数是在酶的催化下进行的，称为酶促反应。而且，生物体能够通过多方面因素对酶的活性进行调节和控制，使极其复杂的代谢活动不断有条不紊地进行。因此酶在生命活动中占有极为突出的地位。

由于酶是生物催化剂，与化学催化剂相比，既有共性，又有个性。因此，对酶的研究成果必然能充实、发展催化剂理论，而且，还能为催化剂设计、药物设计、疾病的诊断治疗提供重要的依据和新思想、新概念。

二、酶的化学本质

酶的化学本质问题曾经在历史上被长时间激烈地争论过。直到 1926 年，Sumner 从刀豆种子中分离、纯化得到了脲酶结晶，首次证明酶是具有催化活性的蛋白质。这是一个导火索，争论从此开始了，焦点是酶的化学本质是否是蛋白质。由于 Sumner 继续进行的实验，以及 J. Northrop 等人陆续获得数种酶的结晶也都被证明是蛋白质，才使得这场历时近十年的争论以 Sumner 获胜而告终。从此确立了所有的酶几乎都是蛋白质的观念。

之后的半个多世纪，酶是蛋白质的观念深入人心。直到 1982 年，Cech 从对四膜虫的研究中发现 RNA 具有催化作用。近年来，发现其他生物体中的一些 RNA 和 DNA 亦具有催化作用，具有类似酶的性质，被称为核酶（ribozyme）。核酶亦是生物催化剂，是可切割具有特异性 RNA 序列的 RNA 分子。这一重大发现，不仅打破了生物催化剂是蛋白质这一传统观念，而且对于生命起源和生物进化的研究，对于基因、病毒和肿瘤的治疗，均具有重大的意义。

所以，今天应该科学地说，绝大多数酶是蛋白质，但“核酶”（ribozyme）的化学本质是核酸。

三、酶的作用特点

酶既然是生物催化剂，它就具有催化剂的一般特征。首先，酶和一般催化剂一样，只能催化热力学上允许进行的反应。其次，可以缩短反应到达平衡态的时间，但不能改变反应的平衡点。

酶和一般催化剂比较，又有其不同之处。

酶最突出的特点是催化效率极高。同一个反应，酶催化反应的速率比一般催化剂催化的速率要大 $10^6 \sim 10^{13}$ 倍。有极少量的酶就可以催化大量反应物发生转变。如过氧化氢酶催化以下反应：

$$2H_2O_2 \longrightarrow 2H_2O + O_2$$

该反应用 Fe^{3+} 催化，效率为 6×10^{-4} mol/(mol·s)，而用过氧化氢酶催化，效率为 6×10^6 mol/(mol·s)。

酶的另一个特点是它对底物具有高度的专一性。酶对其所作用的物质（称为底物）有着严格的选择性。一种酶只能作用于某一类或某一种特定结构的物质，甚至只能作用于一种化合物而发生一定的反应，亦即酶只能催化某一类或某一种化学反应。其专一性大体分为：结构专一性（绝对专一性、相对专一性）和立体异构专一性。例如，蛋白酶只能催化蛋白质的水解，酯酶只能催化酯类的水解，而核酸酶只催化核酸的水解。若改用一般催化剂（如酸、碱），对作用物的要求不那么严格，则以上 3 种大分子物质都可以被催化水解。

大多数酶是蛋白质，对环境极为敏感。所以酶促反应一般在 pH5～8 的水溶液中进行，反应温度范围为 20～40℃。即以酶作为催化剂的反应要求温和的反应条件，如常温、常压和接近中性的酸碱度。高温、强酸或强碱、重金属等能使蛋白质变性的条件或其他苛刻的物理或化学条件，将引起酶的失活。

同时，一些特效抑制剂的存在也会使酶的活性发生变化。可以利用酶的这一特点对其活性进行人为的调节控制，如抑制剂调节、共价修饰调节、反馈调节、酶原激活及激素控制等。另外，酶的催化活力还与辅酶、辅基及金属离子有关。有的酶则需要一些特定的金属在酶分子中或作为酶活性部位的组成成分，或帮助形成酶活性所必需的构象。

第二节 酶的命名及分类

一、酶的命名

1. 习惯命名法

习惯命名法要求较为简单，使用方便，较常用。通常依据酶所催化的反应底物及其反应类型来命名。如根据其催化底物来命名的，蛋白酶、淀粉酶等；根据所催化反应的性质来命名的，水解酶、转氨酶、裂解酶等；还有结合上述两个原则来命名的，琥珀酸脱氢酶、草酰乙酸脱羧酶、乳酸脱氢酶等；有时在这些命名的基础上加上酶的来源或其他特点，胃蛋白酶、胰蛋白酶、碱性磷酸酯酶和酸性磷酸酯酶、木瓜蛋白酶等。

2. 国际系统命名法（国际酶学委员会 1961 年提出）

系统名要求确切地表明底物的化学本质及酶的催化性质，因此它包括底物名称、构型、反应性质、反应类型，最后加一个酶字。若酶反应中有两种底物起反应，则这两种底物均需表明，当中用“：”分开。

例如，习惯名称：谷丙转氨酶；系统名称：丙氨酸：α-酮戊二酸氨基转移酶；酶催化的反应：α-酮戊二酸＋丙氨酸⟶谷氨酸＋丙酮酸。

二、酶的分类

1. 国际系统分类法与酶的标码

1961年国际酶学委员会（Enzyme Committee，EC）根据酶所催化的反应类型和机理，把酶分成6大类。

（1）氧化-还原酶类　氧化-还原酶催化氧化-还原反应。主要包括脱氢酶和氧化酶。

反应通式：

$$AH_2 + B \rightleftharpoons A + BH_2$$

如乳酸脱氢酶催化乳酸的脱氢反应：

$$CH_3CHOHCOOH + NAD^+ \longrightarrow CH_3COCOOH + NADH + H^+$$

（2）转移（移换）酶类　转移酶催化基团转移反应，即将一个底物分子的基团或原子转移到另一个底物的分子上。

反应通式：

$$AR + B \rightleftharpoons A + BR$$

例如，谷丙转氨酶催化的氨基转移反应：

$$\underset{\text{丙氨酸}}{CH_3CHNH_2COOH} + \underset{\alpha\text{-酮戊二酸}}{HOOCCH_2CH_2COCOOH} \xrightleftharpoons{\text{谷丙转氨酶}}$$

$$\underset{\text{丙酮酸}}{CH_3COCOOH} + \underset{\text{谷氨酸}}{HOOCCH_2CH_2CHNH_2COOH}$$

（3）水解酶类　水解酶催化底物的加水分解反应。主要包括淀粉酶、蛋白酶、核酸酶及脂肪酶等。

反应通式：

$$AB + H_2O \rightleftharpoons AOH + BH$$

例如，脂肪酶（lipase）催化的酯的水解反应：

$$RCOOCH_2CH_3 + H_2O \longrightarrow RCOOH + CH_3CH_2OH$$

（4）裂合（裂解）酶类　主要包括醛缩酶、水化酶（脱水酶）及脱氨酶等。裂合酶催化从底物分子中移去一个基团或原子而形成双键的反应及其逆反应。

反应通式：

$$AB \rightleftharpoons A + B$$

例如，苹果酸裂合酶即延胡索酸水合酶催化的反应：

$$HOOCCH{=}CHCOOH + H_2O \longrightarrow HOOCCH_2CHOHCOOH$$

（5）异构酶类　异构酶催化各种同分异构体的相互转化，即底物分子内基团或原子的重排过程。

反应通式：

$$A \rightleftharpoons B$$

例如，6-磷酸葡萄糖异构酶、磷酸甘油酸磷酸变位酶等。

（6）合成酶类　合成酶又称为连接酶，能够催化C—C、C—O、C—N以及C—S键的形成反应。这类反应必须与ATP分解反应相互偶联。

反应通式：

$$A + B + ATP + H{-}O{-}H \rightleftharpoons AB + ADP + Pi$$

例如，丙酮酸羧化酶催化的反应：

$$\text{丙酮酸} + CO_2 \rightleftharpoons \text{草酰乙酸}$$

在每一大类酶中，又可根据不同的原则，分为几个亚类。每一个亚类再分为几个亚亚类。然后再把属于这一亚亚类的酶按着顺序排好，这样就把已知的酶分门别类地排成一个表，称为酶表。每一种酶在这个表中的位置可用一个统一的编号来表示。这种编号包括4个数字。第1个数字表示此酶所属的大类，第2个数字表示此大类中的某一亚类，第3个数字表示亚类中的某一亚亚类，第4个数字表示此酶在此亚亚类中的顺序号。用EC代表酶学委员会。如乳酸脱氢酶（EC1.1.1.27）催化如下反应：

$$\underset{\displaystyle\text{OH}}{\underset{|}{CH_3CHCOOH}} + NAD^+ \longrightarrow \underset{\displaystyle\text{O}}{\underset{\|}{CH_3CCOOH}} + NADH + H^+$$

其编号可解释如下：

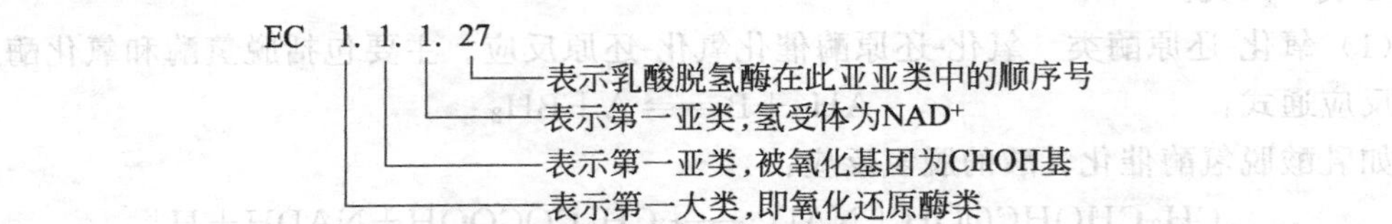

这个分类方法的显著优点就是新发现的酶能被其适当地编号，同时不破坏原来已有的系统，这也就为不断发现的新酶的编号留下了无限的余地。

2. 根据酶的组成分类

由于绝大多数酶的化学本质是蛋白质，一般按照化学组成将其分为单纯酶和结合酶两大类。

这里单纯酶指完全由蛋白质组成的酶，即分子的基本组成单位只有氨基酸，没有辅助因子。如胃蛋白酶、淀粉酶、脂肪酶、脲酶和核糖核酸酶等多种水解酶都属于单纯酶。而结合酶是指除了蛋白质组分外，还含有对热稳定的非蛋白小分子物质。前者称为酶蛋白，后者称为辅助因子。酶蛋白与辅助因子单独存在时均无催化活性，只有二者结合成完整的分子时才具有催化活性。此完整的酶分子称为全酶。

结合酶(全酶)＝酶蛋白(脱辅酶)＋辅助因子

结合酶的辅助因子通常是金属离子或是有机小分子。也有这两种物质都存在时酶的活性才能体现的情况。金属在酶分子中一般是作为酶活性部位的组成成分或帮助形成酶活性所必需的构象。而这些小分子有机化合物惯称为辅酶或辅基。在酶的催化过程中，辅酶或辅基的作用是作为电子、原子或某些基团的载体参与反应并促进整个催化过程。

辅酶和辅基并没有本质的区别，它们只是与酶蛋白结合的牢固程度不同。通常辅酶和酶蛋白结合疏松，能用超滤或透析法除去。辅基和酶蛋白结合紧密，不能用超滤或透析法除去。一般来说，一种酶蛋白必须与某一特定的辅酶结合，才能成为有活性的酶。如果该辅酶被另一种辅酶所替换，此时酶即不表现活力。反之，一种辅酶常可和多种不同的酶蛋白结合，组成有不同专一性的全酶。例如，辅酶Ⅰ（全称烟酰胺腺嘌呤二核苷酸，来自维生素PP，简称NAD）可与不同的酶蛋白结合，组成乳酸脱氢酶、苹果酸脱氢酶和3-磷酸甘油醛脱氢酶等。由此可见，决定酶催化专一性的是酶的蛋白质部分。

3. 根据酶的分子特点分类

(1) 单体酶　只含一条肽链，相对分子质量小，为13000～35000。大多数水解酶属于此类。常见的有溶菌酶、核糖核酸酶、木瓜蛋白酶、胰蛋白酶和羧肽酶A等。

(2) 寡聚酶　由相同或不同的若干亚基组成的酶称为寡聚酶。每条肽链是一个亚基，单独的亚基无酶活力。如乳酸脱氢酶含4个亚基。亚基之间以非共价键结合，在4mol/L尿素溶液中或通过其他方法可以把它们分开。已知的寡聚酶大多为糖代谢酶，其相对分子质量为35000至数百万。常见的有醛缩酶、烯醇化酶、丙酮酸激酶、磷酸化酶a、果糖磷酸激酶等。

(3) 多酶复合体　若干个功能相关的酶彼此嵌合形成的复合体。一般由2～6个功能相关的酶组成，每个单独的酶都具有活性，当它们形成复合体时，可催化某一特定的链式反应，如脂肪酸合成酶复合体含有6个酶及1个非酶蛋白质。这样的组合也更有利于化学反应的进行，以提高酶的催化效率，同时便于机体对酶的调控。多酶复合物的相对分子质量都在几百万以上。

第三节　酶的作用机制

一、酶的活性中心

与酶的催化活性有关的空间构型叫酶的活性中心。

1. 活性部位和必需基团

大多数酶具有蛋白质本质，但是生物体内的蛋白质并非都具有催化活性。那么，为什么构成酶的蛋白质具有催化活性而非酶蛋白质就没有呢？现代研究发现酶之所以具有催化活性是由它的分子结构决定的。

蛋白质是生物大分子，具有蛋白质本质的酶必然也是大分子，而酶的作用底物却是小分子，由此可见，在反应过程中酶与底物的接触只限于酶分子上的少数基团或较小的部位。大量研究表明，酶分子中虽然有许多基团，但并不是所有的基团都与酶的活性有关。其中某些基团如果用化学修饰（如还原、氧化、烷化等）使其改变，则酶的活性丧失，这些基团就称为必需基团。常见的此类基团有Ser的羟基，Cys的巯基和Asp、Glu的侧链羧基等。

在必需基团中包含着活性部位（或称活性中心），是指酶分子中直接与底物结合，并和酶催化作用直接有关的部位。对于单纯酶来说，活性部位由几个在一级结构中相距很远而在空间构象中十分接近的氨基酸残基的侧链基团组成（有时还包括某些氨基酸残基主链骨架上的基团）。对于结合酶来说，除了上述氨基酸残基之外，辅酶或辅基上的某一部分结构和金属离子往往也是活性部位的组成部分。构成酶活性部位的这些基团，虽然在一级结构上可能相距很远，甚至不位于同一条肽链上，但是由于肽链的盘绕折叠使它们在空间结构上彼此靠近，形成具有一定空间结构的区域。这个区域在所有已知的酶中都是位于酶分子的表面，呈裂隙状。

活性部位上的功能基团可分为两类。能与底物结合的基团称为结合基团，直接参与催化反应的基团称为催化基团。但是，研究发现也有些基团同时具有这两种作用。一般情况下，结合基团决定酶的专一性，催化基团决定酶的催化性质。并且，活性部位的基团都是必需基团，但是必需基团也还包括那些活性部位以外的，对维持酶的空间构象必需的基团。换句话说，酶除了活性部位以外，其他部分并不是可有可无的。

2. 酶原的激活

有些酶，被生物体分泌出来时没有催化活性，只有在一定条件下经适当的物质作用后才能转变成为有活性的酶。这种还没有酶活性的酶前体称为“酶原”。生命体内与消化作用有关的酶大多以酶原的形式被分泌出来。酶原转变为酶的过程就是酶原的激活，其实质是酶活性部位的形成和暴露过程。

例如，胃蛋白酶在刚被胃黏膜细胞分泌出来时，是没有活性的酶原。只有在食物到达胃中后，酶原在胃液中盐酸的作用下才转变成有活性的胃蛋白酶。胰蛋白酶刚从胰脏细胞中被分泌出来时，也是没有活性的胰蛋白酶原，它是随着胰液进入小肠后，被肠液中的肠激酶激活的。

生物体中这些酶以酶原的形式存在，具有重要的生物学意义，这是对生物体（分泌酶原的组织细胞）自身的保护。因为生物体本身就含有蛋白质，酶原不具催化活性的特点可以保护组织细胞不被水解破坏。

二、酶作用的专一性机制

化学反应自由能方程式：$\Delta G=\Delta H-T\Delta S$

式中，ΔG 是总自由能的变化；ΔH 是总热能的变化；ΔS 是熵的变化。

当 $\Delta G>0$，反应不能自发进行。

当 $\Delta G<0$，反应能自发进行。

可见，一个化学反应要能够发生，关键是反应体系中的分子必须具备一定能量，即分子处于活化状态。反应体系中活化分子越多，反应就越快。因此，设法增加活化分子的数量，是加快化学反应的唯一途径。增加反应体系的活化分子数有两条途径：一是向反应体系中加入能量，如加热、加压、光照等；另一途径是使用催化剂降低反应的活化能。（活化能是指在一定温度下，1mol 反应物全部进入活化状态所需的自由能，指分子由常态转变为活化状态所需的能量。）酶的作用就在于降低化学反应的活化能。那么，酶究竟是怎样使反应的活化能降低的呢？目前解释这一问题的是中间产物学说。

设一反应 $$\underset{\text{底物}}{S}\longrightarrow\underset{\text{产物}}{P} \tag{1}$$

酶在催化该反应时，它首先与底物结合成一个不稳定的中间产物 ES（也称为中间配合物），然后 ES 再分解成产物和原来的酶。

$$E+S\rightleftharpoons ES\longrightarrow E+P \tag{2}$$

由于酶催化的反应（2）的能垒比没有酶参与的反应（1）的低，反应（2）需要的活化能亦比反应（1）低，所以反应速率加快。

中间产物学说是否正确决定于中间产物是否确实存在。

目前，已有不少间接证据表明中间产物确实存在。例如，通过光谱法可以证实过氧化物酶和其底物过氧化氢所形成的中间产物的存在。而且除了间接证据外，还有直接证据证明中间产物的存在。比如，用电子显微镜可以直接看到核酸和它的聚合酶形成的中间产物，甚至在某些情况下还可以把酶和底物的中间产物分离出来。

中间产物学说的正确性确定无疑后，另一个问题凸现了出来。即酶和底物如何结合成中间产物？又如何完成其催化作用呢？

1. 锁钥学说

由于酶具有高度专一性的特点，酶对它所作用的底物有严格的选择性。即酶只能催化一定结构或一些结构相似的化合物发生反应。于是，有的学者认为酶和底物结合时，底物的结构必须和酶活性部位的结构非常吻合，就像钥匙和锁一样，紧密结合才能形成中间产物。1890 年 Fisher 就提出了风靡一时的“锁钥学说”：酶的活性中心结构与底物的结构互相吻合，紧密结合成中间配合物。

但是，随着研究的进一步发展人们发现，当酶与底物结合时，酶分子上的某些基团常发生明显的变化。且在可逆反应中，酶常能催化正逆两个方向的反应，“锁钥学说”不能解释酶活性部位的结构怎样与底物和产物的结构都非常吻合的事实。所以，“锁钥学说”把酶的结构看成固定不变是不切实际的。

2. 诱导契合学说

于是，有的学者认为酶分子活性部位的结构并非一开始就和底物的结构互相吻合，但酶的活性部位不是僵硬的结构，它具有一定的柔性。在此基础上，1958 年 D. E. Koshland 提出了诱导契合学说。该学说认为：酶活性中心的结构有一定的灵活性，当底物（激活剂或抑制剂）与酶分子结合时，酶蛋白的构象发生了有利于与底物结合的变化，使反应所需的催化基团和结合基团正确地排列和定向，转入有效的作用位置，这样才能使酶与底物完全吻合，结合成中间产物。后来，对羧肽酶等进行X射线衍射研究的结果也有力地支持了这个学说。可以说，诱导契合学说比较好地解释了酶作用的专一性。

三、酶作用的高效性机制

酶催化作用另一个吸引人们研究的亮点是它具有高效性。随着酶学的发展和对酶作用原理的深入研究，目前对于酶为什么比一般催化剂具有更高催化效率的看法主要有如下几点。

1. 酶反应的过渡态学说

20世纪40年代，Linus Pauling把过渡态概念从化学动力学引入生化领域来解释酶催化反应的原理。他的过渡态理论认为酶与底物的过渡态互补，亲和力最强，释放出的结合能可使ES的过渡态能级降低，有利于底物分子跨越能垒，加速酶促反应速率。20世纪70年代以来，大量研究酶作用的过渡态的工作不断开展。通过对很多酶促反应的过渡态类似物（人工设计出的类似过渡态的稳定分子）的研究发现这些过渡态类似物与酶结合比底物紧密10^2～10^6倍，有力地证明了酶与反应过渡态互补的概念是正确的。

2. 邻近效应与定向效应

邻近效应与定向效应是指酶与底物结合成中间产物的过程中，底物分子从稀溶液中密集到活性中心区，底物和酶活性部位邻近（对于双分子反应来说也包含酶活性部位上底物分子之间的邻近），并且互相靠近的底物分子之间以及酶活性中心的基团与底物的反应基团之间还要有严格的定向（正确的立体化学排列）。这样就大大提高了活性部位上底物的有效浓度，使分子之间的反应近似于分子内的反应，同时还为分子轨道交叉提供了有利条件，使底物进入过渡态的熵变负值减小，反应活化能降低，从而大大地增加了酶-底物中间产物进入过渡态的概率。

另外，酸碱催化、“张力”和“变形”、共价催化以及酶活性中心的低介电环境等都是酶具有高催化效率的因素。

第四节　影响酶促反应速率的因素

一、酶反应速率与酶活力

酶反应速率是酶加速其所催化的化学反应的实际速率，与酶的活力正相关。即酶的活力就是酶加速其所催化的化学反应速率的能力。酶促反应速率越大，酶的活力就越强；反之，反应速率越小，酶的活力就越弱。

酶反应速率一般用单位时间里底物的消耗量或者单位时间里产物的生成量表示。因此，当酶与底物结合，开始反应后，于不同时间由反应混合物中取出一定量样品，使酶失活后分析样品中底物或产物的量，即可计算酶反应进行的速率和酶的活力。如果酶反应的底物或产物之一具有光吸收性质，就可使酶反应直接在分光光度计中进行，进行数据的连续读取，省略了提取和使被提取样品中的酶瞬时失活的步骤，更方便地计算出酶的活力。

这里要特别注意的是，大量数据分析证明，随着反应时间的延长，反应速率会逐渐降低。这是诸多因素影响的结果，如随着反应的进行底物浓度降低，产物的生成逐渐增大了逆反应的发生，酶本身在反应中失活，产物的抑制等。所以，为了正确测定酶促反应速率并避免以上因素的干扰，就必须测定酶促反应初期以上因素还来不及作用时的速率，即“反应初速率”（即［S］消耗<5%［S_0］时的速率）。

酶活力的大小用统一的酶活力单位来表示。1964年，国际生化协会酶学委员会规定：在最适的反应条件下（温度、底物浓度和溶液的pH均处于最适值），每分钟内催化1μmol

底物转化为产物的酶量定为一个酶活力单位（U），即：

$$1U=1\mu mol/min$$

如果底物有一个以上可以被作用的键，则一个酶单位表示1min使1μmol有关基团转化的酶量。如果是两个相同的分子参加反应，则每分钟催化2μmol底物转化的酶量称为1个酶单位。

1972年国际生化协会酶学委员会推荐了一个新的单位“katal”（kat），即在最适条件下，每秒钟内使1mol底物转化为产物所需的酶量定为1kat单位，即：

$$1kat=1mol/s=6\times10^7U$$

$$1U=16.67nkat$$

在酶学研究和生产中，为了比较不同厂家生产的同种酶制剂的纯度，引入了酶的另一个活力单位，即比活力，是指每单位质量样品中的酶活力，即1mg蛋白质中所含的单位数或1kg蛋白质中含的kat数。一般情况下，酶的比活力随酶纯度的提高而提高。

比活力=活力单位/毫克蛋白质(氮)=U/mg蛋白质

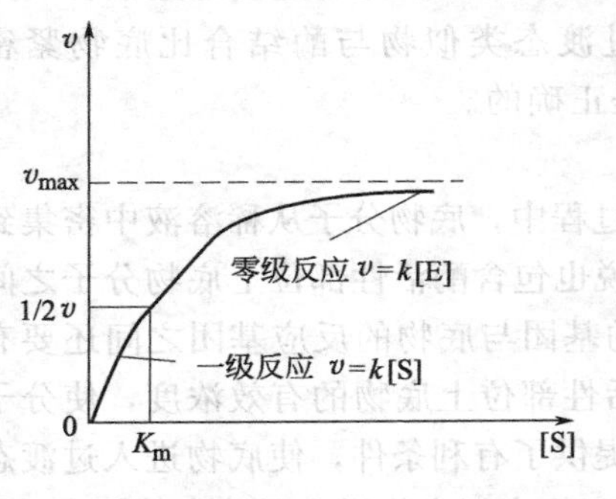

图2-1 底物浓度对酶反应速率的影响

二、底物浓度对酶反应速率的影响

在酶浓度、pH、温度等条件固定不变的情况下，可以绘制底物浓度与反应速率的关系曲线（见图2-1）。

当底物浓度较低时，反应速率与底物浓度近乎成正比，反应为一级反应。

$$\frac{d[P]}{dt}=k[S]$$

随着底物浓度的增高，反应速率虽然仍然随着底物浓度的增加而升高，但是不再成正比例加速，反应为混合级反应。

当底物浓度高达一定程度，反应速率不再增加，达到了一个极限值，即最大速率，反应为零级反应。

$$\frac{d[P]}{dt}=k[E]$$

式中，[E]代表酶的总浓度。

底物浓度和酶促反应速率所呈现的上述情况，可以用中间产物学说加以说明。中间产物学说的表达式为：

$$E+S\longrightarrow ES\longrightarrow E+P$$

分析可知：当酶浓度一定，底物浓度低时，酶相对于底物分子是过量的，只要增加底物分子的数量，即增加底物浓度，就会有更多的ES生成，反应速率就随之增加。但是，随着底物浓度的增加，酶逐渐被底物结合完全，这时再增加底物浓度，体系中已经没有游离的酶能与之结合了，所以也就不会有更多的ES生成，反应速率几乎不变，此时的酶促反应速率就是该反应达到零级反应时的最大速率。

1. 米-曼氏方程式

1913年Michaelis和Menten提出反应速率与底物浓度关系的数学方程式，即米-曼氏方程式，简称米氏方程式（Michaelis equation）。

即：

$$v=\frac{v_{max}[S]}{K_m+[S]}$$

式中，[S]代表底物浓度；v代表不同[S]时的反应速率；v_{max}代表最大反应速率；

K_m 代表米氏常数。

2. K_m 的意义

K_m 值即米氏常数，等于酶促反应速率为最大反应速率一半时的底物浓度。

米氏常数是酶的特征性常数之一，只与酶的性质、酶所催化的底物和酶促反应条件（如温度、pH、有无抑制剂等）有关，与酶的浓度无关。酶的种类不同，K_m 值不同，同一种酶与不同底物作用时，K_m 值也不同。各种酶的 K_m 值范围很广，大致在 10^{-6}～10^{-1} mol/L。

利用一种酶在一定的条件下对某一底物有一定的 K_m 值的特点，实际应用中常通过测定 K_m 的数值来鉴定酶。且因为同一酶对于不同底物有不同的 K_m 值，K_m 可近似表示酶对底物的亲和力。K_m 值大，表示酶对底物的亲和力弱，K_m 值小，表示酶对底物的亲和力强。

三、酶浓度对酶反应速率的影响

在一定温度和 pH 下，反应体系中不含抑制酶活性的物质和其他不利因素，酶促反应在底物浓度大大超过酶浓度时，[S]≫[E]，速率与酶的浓度呈正比（图 2-2）。

四、温度对酶反应速率的影响

酶促反应与其他化学反应一样，在一定温度范围内，随温度的升高，反应速率加快。酶催化活性最大时的环境温度称为酶促反应的最适温度（图 2-3）。一般动物组织中的酶其最适温度为 35～40℃，植物与微生物中的酶其最适温度为 30～60℃。

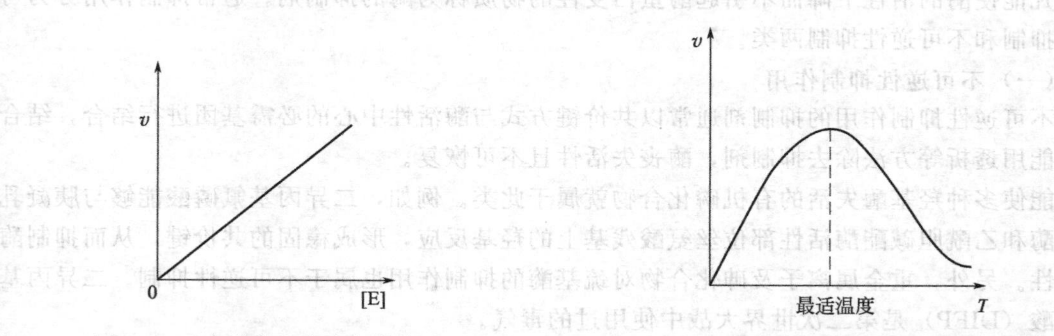
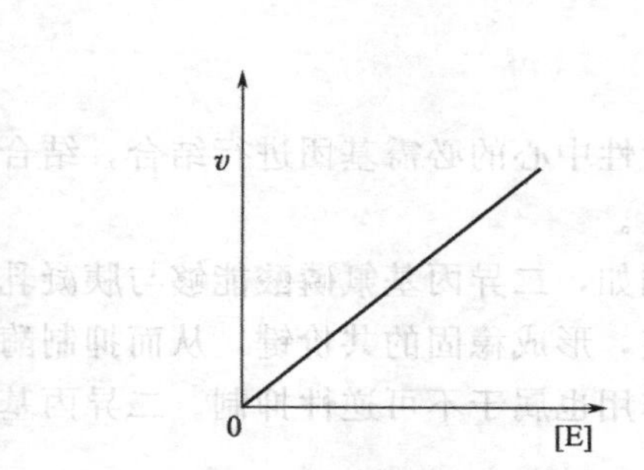

图 2-2　反应速率和酶浓度的关系　　图 2-3　温度对酶反应速率的影响

五、pH 对酶反应速率的影响

大多数酶的活性受 pH 影响显著，每种酶只能在一定限度的 pH 范围内才具有活性，超出这个限度就会失活，而且在某一 pH 下表现最大活力，高于或低于此 pH，酶活力显著下降（见图 2-4）。酶表现最大活力的 pH 称为酶的最适 pH，它不是一个固定的常数，受酶纯度、底物种类和浓度、缓冲液种类和浓度等诸多因素的影响，只有在一定的反应条件下才有意义。

一般情况下，大多数酶的最适 pH 接近 7。动物体内多数酶的最适 pH 在 6.5～8，植物和微生物在 4.5～6.5。不过，胃蛋白酶的最适 pH 约 1.8，肝精氨酸酶的最适 pH 约为 9.8。

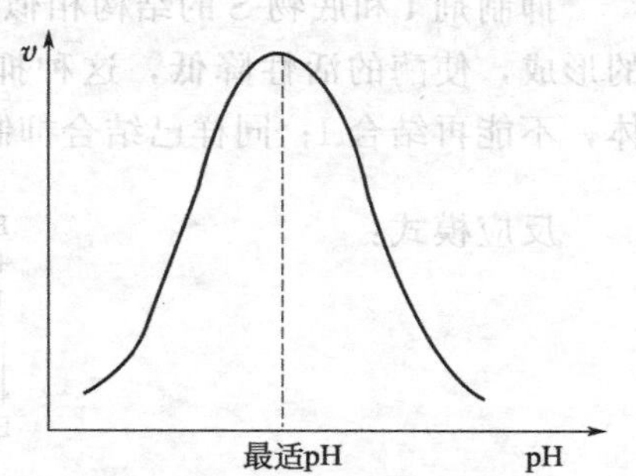

图 2-4　pH 对酶促反应速率的影响

六、激活剂对酶反应速率的影响

凡是能提高酶活性的物质，都称激活剂，其中大部分是离子或简单的有机化合物。激活剂按分子大小不同可分为3类。

1. 无机离子

有阳离子，如K^+、Na^+、Mg^{2+}、Zn^{2+}、Fe^{2+}、Ca^{2+}等，其中Mg^{2+}是多种激酶及合成酶的激活剂；也有阴离子，如经透析获得的唾液淀粉酶活性不高，加入Cl^-后则活性增高，故Cl^-是唾液淀粉酶的激活剂。

2. 中等大小的有机分子

某些还原剂，如半胱氨酸、还原型谷胱甘肽、抗坏血酸（维生素C）等能激活某些酶，使含巯基酶中被氧化的二硫键还原成巯基，从而提高酶活性，如木瓜蛋白酶及D-3-磷酸甘油醛脱氢酶。

3. 具有蛋白质性质的大分子

这类激活剂专指可对某些无活性的酶原起作用的酶。

$$\text{无活性的酶原}\xrightarrow{\text{激活作用}}\text{有活性的酶}$$

在酶的提取或纯化过程中，酶会因为金属离子激活剂丢失或活性基团巯基被氧化而活性降低，因此要注意补充金属离子激活剂或加入巯基乙醇等还原剂，使酶恢复活性。

通常，酶对激活剂有一定的选择性，且有一定的浓度要求，一种酶的激活剂对另一种酶来说可能是抑制剂，当激活剂的浓度超过一定的范围时，它就成为抑制剂。

七、抑制剂对酶反应速率的影响

凡能使酶的活性下降而不引起酶蛋白变性的物质称为酶的抑制剂。通常抑制作用分为可逆性抑制和不可逆性抑制两类。

（一）不可逆性抑制作用

不可逆性抑制作用的抑制剂通常以共价键方式与酶活性中心的必需基团进行结合，结合后不能用透析等方法除去抑制剂，酶丧失活性且不可恢复。

能使多种羟基酶失活的有机磷化合物就属于此类。例如，二异丙基氟磷酸能够与胰凝乳蛋白酶和乙酰胆碱酯酶活性部位丝氨酸残基上的羟基反应，形成稳固的共价键，从而抑制酶的活性。另外，重金属离子及砷化合物对巯基酶的抑制作用也属于不可逆性抑制。二异丙基氟磷酸（DIFP）是第二次世界大战中使用过的毒气。

（二）可逆性抑制作用

抑制剂通常以非共价键与酶或酶-底物复合物可逆性结合，使酶的活性降低或丧失；抑制剂可用透析、超滤等方法除去。根据抑制剂的结合对象不同，可以分为竞争性抑制、非竞争性抑制和反竞争性抑制三大类。

1. 竞争性抑制

抑制剂I和底物S的结构相似，能与底物竞争酶的活性中心，从而阻碍酶-底物复合物的形成，使酶的活性降低，这种抑制作用称为竞争性抑制作用。即已结合底物的ES复合体，不能再结合I；同样已结合抑制剂的EI复合体，不能再结合S。

反应模式：

$$\begin{array}{l}E + S \longrightarrow ES \longrightarrow E + P\\ + \\ I \\ \big\updownarrow \\ EI\end{array}$$

该类型抑制作用的特点为：首先I与S结构类似，竞争酶的活性中心；其抑制程度取决于抑制剂与酶的相对亲和力及底物浓度，当底物浓度很高时，抑制作用可以被解除。它的动力学计算结果是，v_{max}不变，表观K_m增大（图 2-5）。

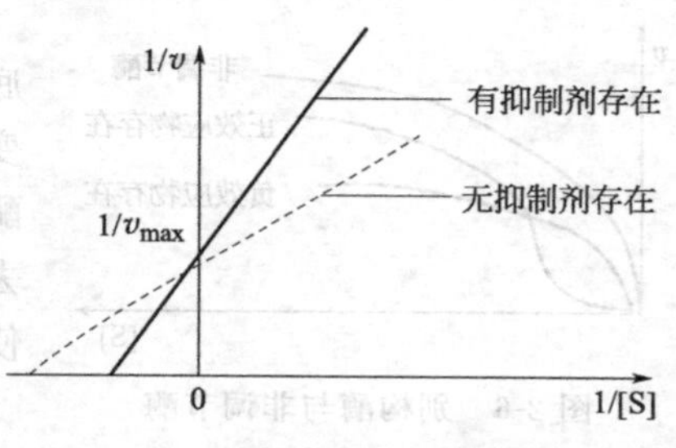

图 2-5　竞争性抑制双倒数曲线

最典型的竞争性抑制的例子是丙二酸、草酰乙酸、苹果酸对琥珀酸脱氢酶的抑制作用。琥珀酸脱氢酶可催化琥珀酸脱氢变成延胡索酸，是糖在有氧代谢时三羧酸循环中的一步反应。丙二酸、草酰乙酸、苹果酸与琥珀酸的结构式如下：

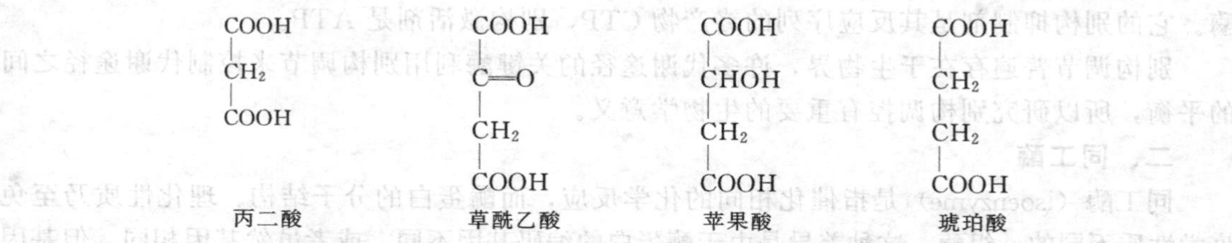

显然，这 4 个二元羧酸，在结构上非常相似，所以丙二酸、草酰乙酸、苹果酸可作为琥珀酸的竞争性抑制剂，竞相与琥珀酸脱氢酶结合。

2. 非竞争性抑制

非竞争性抑制剂分子的结构与底物分子的结构通常相差很大。酶可以同时与底物及抑制剂结合，两者没有竞争作用。酶与非竞争抑制剂结合后，酶分子活性中心处的结合基团依然存在，故酶分子还可与底物继续结合。但是结合生成的抑制剂-酶-底物三元复合物（IES）不能进一步分解为产物，从而降低了酶活性。非竞争性抑制作用可用下面的反应式表示：

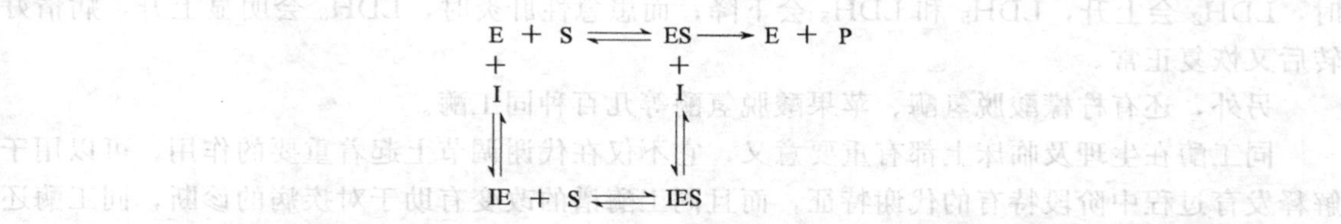

底物和非竞争性抑制剂在与酶分子结合时，互不排斥，无竞争性，因而不能用增加底物浓度的方法来消除这种抑制作用。大部分非竞争性抑制作用都是由一些可以与酶的活性中心之外的巯基可逆结合的试剂引起的。这种巯基对于酶活性来说也是很重要的，因为它们帮助维持了酶分子的天然构象。

第五节　别构酶与同工酶

一、别构酶

酶分子的非催化部位与某些化合物可逆地非共价结合后导致酶分子发生构象改变，进而改变酶的活性状态，称为酶的别构调节，具有这种调节作用的酶称为别构酶，常为多个亚基构成的寡聚酶，具有协同效应，是一类调节酶，对代谢反应起调节作用，v对［S］的双倒数作图不呈直角双曲线（图 2-6）。

凡能使酶分子发生别构作用的物质称为效应物，通常为小分子代谢物或辅助因子。习惯上称因别构导致酶活性增加的物质为正效应物或别构激活剂，反之称负效应物或别构抑制剂。

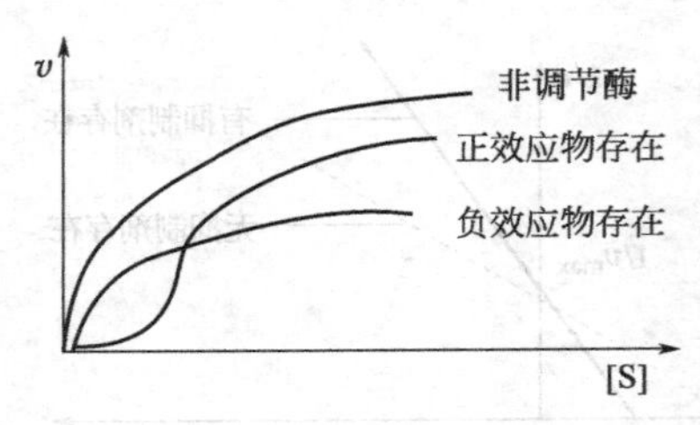

图 2-6 别构酶与非调节酶动力学曲线的比较

由图 2-6 可见，在正效应物存在时，酶促反应速率对底物浓度的变化极为敏感，即使底物浓度只发生很小的变化，别构酶极大地控制着反应速率。而具有负效应的酶在底物浓度较低的范围内酶活力上升快，但是继续下去，底物浓度虽有较大的提高，反应速率升高却很小，使得酶促反应的速率对底物浓度的变化不敏感。

目前，从大肠杆菌（*E. coli*）分离出来的 ATCase（天冬氨酸转氨甲酰酶）是一个研究得比较透彻的别构酶。它的别构抑制剂是其反应序列的终产物 CTP，别构激活剂是 ATP。

别构调节普遍存在于生物界，许多代谢途径的关键酶利用别构调节来控制代谢途径之间的平衡，所以研究别构调控有重要的生物学意义。

二、同工酶

同工酶（isoenzyme）是指催化相同的化学反应，而酶蛋白的分子结构、理化性质乃至免疫学性质不同的一组酶。这种差异是由于酶蛋白的编码基因不同，或者虽然基因相同，但基因的转录产物 mRNA 或者其翻译产物是经过不同的加工过程产生的。而具有不同分子形式的同工酶之所以能够催化相同的化学反应是因为它们的活性部位在结构上相同或者非常相似。

例如，乳酸脱氢酶（LDH_1～LDH_5）1959 年被发现，是具有 5 种四聚体的一组同工酶。它们在不同的基因控制下产生，可以组装成 H_4、H_3M、H_2M_2、HM_3、M_4 五种形式。这 5 种分子虽然在结构、理化性质和电泳行为上各不相同，但是催化同一化学反应。

$$CH_3CHOHCOO^- + NAD^+ \rightleftharpoons CH_3COCOO^- + NADH + H^+$$

医学上常使用血清中 LDH 同工酶的变化规律来诊断和分析病情。比如，患心脏类疾病时，LDH_2 会上升，LDH_5 和 LDH_3 会下降；而患急性肝炎时，LDH_5 会明显上升，病情好转后又恢复正常。

另外，还有柠檬酸脱氢酶、苹果酸脱氢酶等几百种同工酶。

同工酶在生理及临床上都有重要意义，它不仅在代谢调节上起着重要的作用，可以用于解释发育过程中阶段特有的代谢特征，而且同工酶谱的改变有助于对疾病的诊断，同工酶还可以作为遗传标志，用于遗传分析研究。所以说对同工酶的研究具有很大的应用价值。

第六节 酶的应用

一、酶工程简介

酶工程又称为酶技术。随着酶学研究的迅速发展，特别是酶应用的推广，使酶学的基本原理与化学工程相结合，从而形成了酶工程。酶工程是酶制剂的大批量生产和应用的技术。它是从应用的目的出发，将酶学理论与化学工程相结合研究酶，并在一定的反应装置中利用酶的催化特性，将原料转化为产物的一门新技术。就酶工程本身的发展来说，包括下列主要内容。

1. 酶的产生

酶制剂的来源有微生物、动物和植物，但是，主要的来源是微生物。由于微生物比动植物具有更多的优点，因此，一般选用优良的产酶菌株，通过发酵来产生酶。为了提高发酵液中的酶浓度，应选育优良菌株，研制基因工程菌，优化发酵条件。工业生产需要特殊性能的新型酶，如耐高温的 α-淀粉酶、耐碱性的蛋白酶和脂肪酶等，因此，需要研究、开发生产特殊性能的新型酶菌株。

2. 酶的制备

酶的分离提纯技术是当前生物技术“后处理工艺”的核心。可采用各种分离提纯技术，从微生物细胞及其发酵液，或动植物细胞及其培养液中分离提纯酶，制成高活性的不同纯度的酶制剂。为了使酶制剂更广泛地应用于国民经济的各个方面，必须提高酶制剂的活性、纯度和收率，需要研究新的分离提纯技术。

3. 酶和细胞的固定化

酶和细胞的固定化研究是酶工程的中心任务。为了提高酶的稳定性，重复使用酶制剂，扩大酶制剂的应用范围，采用各种固定化方法对酶进行固定化，制备了固定化酶，如固定化葡萄糖异构酶、固定化氨基酰化酶等，测定固定化酶的各种性质，并对固定化酶做各方面的应用与开发研究。目前固定化酶仍具有强大的生命力。它受到生物化学、化学工程、微生物、高分子、医学等各领域的高度重视。

固定化细胞是在固定化酶的基础上发展起来的。用各种固定化方法对微生物细胞、动物细胞和植物细胞进行固定化，可制成各种固定化生物细胞。研究固定化细胞的酶学性质，特别是动力学性质，研究与开发固定化细胞在各方面的应用，是当今酶工程的一个热门课题。

固定化技术是酶技术现代化的一个重要里程碑，克服了天然酶在工业应用方面的不足之处，而又发挥了酶反应特点的突破性技术。可以说没有固定化技术的开发，就没有现代的酶技术。

4. 酶分子改造

酶分子改造又称为酶分子修饰。为了提高酶的稳定性，降低抗原性，延长药用菌在机体内的半衰期，可采用各种修饰方法对酶分子的结构进行改造，以便创造出天然酶所不具备的某些优良特性（如较高的稳定性、无抗原性、抗蛋白酶水解等），甚至于创造出新的酶活性，扩大酶的应用，从而提高酶的应用价值，达到较大的经济效益和社会效益。

酶分子改造可以从两个方面进行。

① 用蛋白质工程技术对酶分子的结构基因进行改造，期望获得一级结构和空间结构较为合理的具有优良特性、高活性的新酶（突变酶）。

② 用化学法或酶法改造酶蛋白的一级结构，或者用化学修饰法对酶分子中的侧链基团进行化学修饰．以便改变酶学性质。这类酶在酶学基础研究上和医药上特别有用。

5. 有机介质中的酶反应

由于酶在有机介质中的催化反应具有许多优点，因此，近年来酶在有机介质中催化反应的研究已受到不少人的重视，成为酶工程中一个新的发展方向。酶在有机介质中要呈现很高的活性，必须具备哪些条件，有机介质对酶的性质有哪些影响，如何影响？近年来，对以上这些问题的研究已取得重要进展。

6. 酶传感器

酶传感器又称为酶电极。酶电极是由感受器（如固定化酶）和换能器（如离子选择性电极）所组成的一种分析装置，用于测定混合物溶液中某种物质的浓度，其研究内容包括：酶电极的种类、结构与原理；酶电极的制备、性质及应用。

7. 酶反应器

酶反应器是完成酶促反应的装置。其研究内容包括：酶反应器的类型及特性；酶反应器的设计、制造及选择等。

8. 抗体酶、人工酶和模拟酶

抗体酶是一类具有催化活性的抗体，是抗体的高度专一性与酶的高效催化能力二者巧妙结合的产物。其研究内容包括：抗体酶的制备、结构、特性、作用机理、催化反应类型、应用等。

人工酶是用人工合成的具有催化活性的多肽或蛋白质。据1977年Dhar等人报道，人工合成的Glu—Phe—Ala—Glu—Glu—Ala—Ser—Phe八肽具有溶菌酶的活性。其活性为天然溶菌酶的50%。

利用有机化学合成的方法合成了一些比酶结构简单得多的具有催化功能的非蛋白质分子。这些物质分子可以模拟酶对底物的结合和催化过程，既可以达到酶催化的高效率，又能够克服酶的不稳定性。这样的物质称为模拟酶。用环糊精已成功地模拟了胰凝乳蛋白酶等多种酶。

9. 酶技术的应用

研究与开发酶、固定化酶、固定化细胞等在医学、食品、发酵、纺织、制革、化学分析、氨基酸合成、有机酸合成、半合成抗生素合成、能源开发以及环境工程等方面的应用。

二、酶法分析的应用

酶法分析具有灵敏、准确、快速、简便等优点，在临床化验和化学分析方面，已发挥了越来越重要的作用。例如，测定血液中谷丙转氨酶活性，可以为诊断肝炎活动期及病情严重程度提供重要的依据；利用葡萄糖氧化酶电极测定血液和尿中的葡萄糖浓度，以为糖尿病的诊断提供重要的依据；用辣根过氧化物酶标记乙肝病毒表面抗原或抗体，然后用酶标免疫测定法测定人体血液中乙肝病毒的含量，为诊断乙肝及病情提供重要的依据。

三、酶制剂的应用

酶制剂在工农业生产上已有日益广泛的应用，产生了较大的经济效益和社会效益。其作用有三个方面。

（1）运用酶制剂生产有重要价值的产品　例如，利用固定化氨基酰化酶拆分DL-酰化氨基酸，自动连续地生产L-氨基酸；利用固定化青霉素酰化酶合成半合成青霉素；利用固定化木瓜蛋白酶合成高甜度低热量的甜味二肽；利用α-淀粉酶、糖化酶以及固定化葡萄糖异构酶从淀粉生产果葡糖浆。

（2）利用酶制剂改进生产工艺，提高产品的质量和产率，降低生产成本　例如，用新的酶法代替老的石灰硫化钠法，使动物皮脱毛、软化，提高了皮革的质量；用新的酶法代替老的碱皂法，使蚕丝脱胶，提高了丝织物的质量；在洗衣粉中加入碱性蛋白酶，加强了洗衣粉的去污能力；用乳糖酶从牛奶中除去乳糖，提高了牛奶的质量；在水果加工过程中加入果胶酶，使果汁易于过滤，果汁澄清，并提高了果汁产率。

（3）酶制剂在医疗卫生和环保方面亦发挥着极其重要的作用　在治疗疾病方面，不少酶制剂可以作为治疗疾病的药用酶，有很好的疗效。例如，来自男人尿的尿激酶在治疗各种血栓病方面有特效；天冬酰胺酶能治疗白血病，抗肿瘤；人尿胰蛋白酶抑制剂能使急性胰腺炎患者转危为安；猪、牛凝血酶在外科手术过程中用于止血，效果很好。

复习题

一、名词解释

米氏常数（K_m值）、激活剂、辅基、抑制剂、同工酶、酶原、活性中心

二、填空题

1. 酶是________产生的，具有催化活性的______________。

2. 酶具有________、________、________和________等催化特点。

3. 影响酶促反应速率的因素有________、________、________、________、________和________。

4. 丙二酸和戊二酸都是琥珀酸脱氢酶的__________抑制剂。

5. 全酶由________和________组成，在催化反应时，二者所起的作用不同，其中______决定酶的专一性和高效率，________起传递电子、原子或化学基团的作用。

6. 辅助因子包括________和________。其中________与酶蛋白结合紧密，需要________除去，________与酶蛋白结合疏松，可以用________除去。

7. 根据国际系统分类法，所有的酶按所催化的化学反应的性质可分为________、________、________、________、________和______6类。

8. 酶的活性中心包括________和________两个功能部位，其中________直接与底物结合，决定酶的专一性，________是发生化学变化的部位，决定催化反应的性质。

三、简答题

1. 什么是酶？其化学本质是什么？

2. 酶作为生物催化剂有什么特点？

3. 米氏方程中米氏常数有何意义？

4. 何谓竞争性抑制和非竞争性抑制？两者有何异同？

5. 何谓酶工程？酶的分离纯化在酶制剂生产工艺中具有什么样的地位？

第三章　维生素和辅酶

学习目标

① 掌握维生素的概念与其分类方法。

② 掌握主要水溶性维生素的名称、结构、生理作用和它们的辅酶形式。

③ 了解 4 种脂溶性维生素的生理作用

维生素（vitamin）是一类有机化合物，不同于糖类、脂类和蛋白质。维生素是人和动物维持机体正常的生命活动及生理功能所不可缺少的，必须从食物中获得的一类小分子有机物。在天然食物中维生素含量极少，然而这极微小的量对人体和动物的生长和健康却是必需的，人体和动物体自身不能合成它们，只能从食物中摄取。

已知绝大多数维生素作为酶的辅酶或辅基的组成成分，在物质代谢中起重要作用，机体缺乏维生素时，物质代谢发生障碍，叫维生素缺乏症。

维生素的名称一般是按发现的先后，在“维生素”（用“V”表示）之后加上 A、B、C、D 等拉丁字母来命名。最初发现以为是一种，后来证明是多种维生素混合存在时，便在拉丁字母右下方注以 1、2、3 等数字加以区别，如维生素 B_1、维生素 B_2、维生素 B_6 及维生素 B_{12} 等。维生素在生物体内既不是构成各种组织的主要原料，也不是体内能量的来源，它们的生理功能主要是对物质代谢过程起调节作用，因为代谢过程离不开酶。对双成分酶，即结合蛋白酶而言，其中的辅酶或辅基绝大多数都含有维生素的成分。

维生素的种类很多，它们的化学结构差别很大，通常按溶解性质将其分为水溶性维生素和脂溶性维生素两大类。水溶性维生素有维生素 B_1、维生素 B_2、维生素 B_3、维生素 B_5、维生素 B_6、维生素 B_{12}、生物素、叶酸、维生素 C 和硫辛酸等；脂溶性维生素有维生素 A、维生素 D、维生素 E、维生素 K 等。

第一节　水溶性维生素

水溶性维生素包括维生素 B 族、硫辛酸和维生素 C。属于维生素 B 族的主要有维生素 B_1、维生素 B_2、维生素 PP、维生素 B_6、泛酸、生物素、叶酸及维生素 B_{12} 等。

一、维生素 B_1 和羧化辅酶

（1）名称　维生素 B_1 即抗神经炎维生素（又名抗脚气病维生素），也称硫胺素。

（2）化学结构　硫胺素的化学结构是由含硫的噻唑环和含氨基的嘧啶环组成的，故称硫胺素。一般使用的维生素 B_1 都是化学合成的硫胺素盐酸盐。在生物体内常以硫胺素焦磷酸（TPP^+）的辅酶形式存在，硫胺素在氧化剂存在时易被氧化产生脱氢硫胺素，后者在紫外线照射下呈现蓝色荧光，利用这一特性可进行定量分析。硫胺素的结构如下：

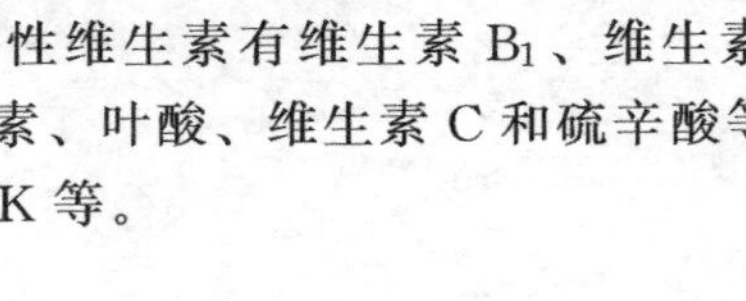

嘧啶环　噻唑环

NH_2　Cl^-　N^+　CH_2　CH_3　H_3C　N　N　S　CH_2CH_2OH

硫胺素

（3）辅酶形式　维生素 B_1 在体内经硫胺素激酶催化，可与 ATP 作用转变成硫胺素焦磷酸。

$$硫胺素+ATP \xrightarrow{硫胺素激酶} 硫胺素焦磷酸+AMP$$

（4）生化功能　TPP^+ 作为丙酮酸或 α-酮戊二酸氧化脱羧反应的辅酶。丙酮酸在丙酮酸脱氢酶系催化下，经脱羧、脱氢，生成乙酰 CoA 进入三羧酸循环。整个反应中，除 TPP^+ 外，还需要硫辛酸、CoA—SH、NAD^+ 和 FAD 等多种辅酶参加。硫胺素焦磷酸（TPP^+）是涉及糖代谢中羰基碳（醛和酮）合成与裂解反应的辅酶。特别是 α-酮酸的脱羧和 α-羟酮的形成与裂解都依赖于硫胺素焦磷酸。

TPP^+ 之所以具有辅酶功能是由于 TPP^+ 中噻唑环上 C2 上的氢可以解离成 H^+ 和负碳离子。因而负碳离子可以和 α-酮酸的羰基碳结合，进一步脱去 CO_2 而生成乙醛。丙酮酸的脱羧机理如图 3-1 所示。

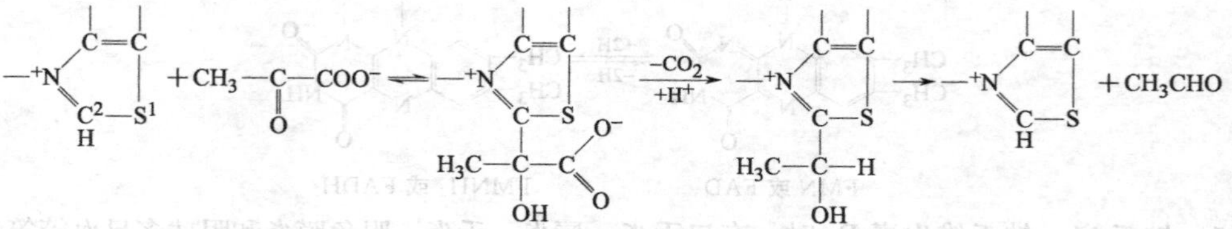

图 3-1　丙酮酸的脱羧机理

TPP^+ 是 α-酮酸脱羧酶、转酮酶、磷酸酮糖酶等的辅酶。

（5）缺乏症　由于维生素 B_1 与糖代谢关系密切，所以当维生素 B_1 缺乏时，体内 TPP^+ 含量减少，从而使丙酮酸氧化脱羧作用发生障碍，易患脚气病。

（6）主要来源　许多植物种子内，尤其是在谷物种子的外皮中、胚芽中含量丰富，酵母中含量也较多。

二、维生素 B_2 和黄素辅酶

（1）名称　维生素 B_2 又称核黄素。

（2）化学结构　核黄素的化学结构中含有核糖醇和二甲基异咯嗪两部分。核黄素的化学结构式及异咯嗪、咯嗪的化学结构式一并列在下面：

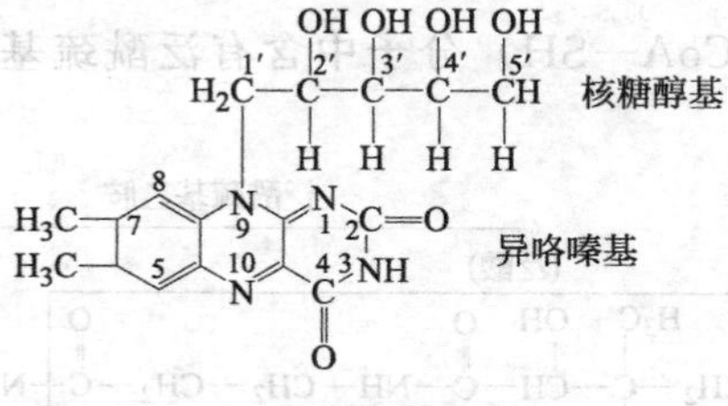

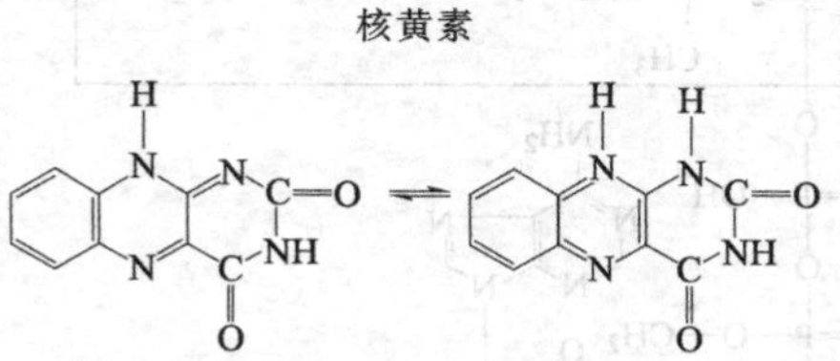

（3）辅酶形式　在生物体内维生素 B_2 以黄素单核苷酸（FMN）和黄素腺嘌呤二核苷酸（FAD）的形式存在，它们是多种氧化还原酶（黄素蛋白）的辅基，一般与酶蛋白结合较紧，不易分开。FMN 及 FAD 的结构式如下：

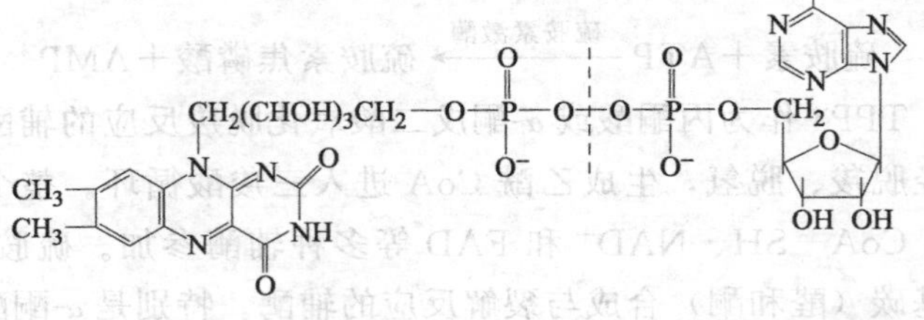

FMN FAD

(4) 生化功能 在生物氧化过程中，FMN 和 FAD 通过分子中异咯嗪环上的 1 位和 10 位氮原子的加氢和脱氢，把氢从底物传递给受体。FAD 是琥珀酸脱氢酶、磷酸甘油脱氢酶等的辅基，FMN 是羟基乙酸氧化酶等的辅基。式中 R 代表黄素辅基的其他部分。

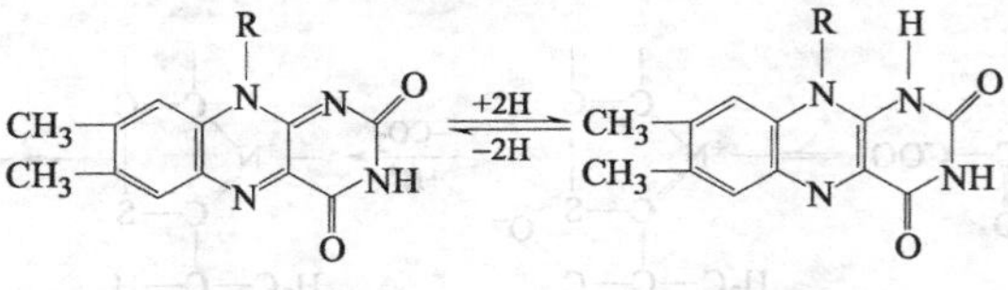

FMN 或 FAD $\underset{-2H}{\overset{+2H}{\rightleftharpoons}}$ $FMNH_2$ 或 $FADH_2$

(5) 缺乏症 缺乏维生素 B_2 时，有口舌炎、唇炎、舌炎、眼角膜炎和眼球多呈血管等症状。

(6) 主要来源 动物肝脏、酵母中含量较多，大豆、小麦、青菜、蛋黄、胚和米糠中也含有核黄素。

三、泛酸和辅酶

(1) 名称 泛酸又称遍多酸或维生素 B_3，它在自然界中广泛存在。

(2) 化学结构 泛酸是含有肽键的酸性物质，其结构式如下：

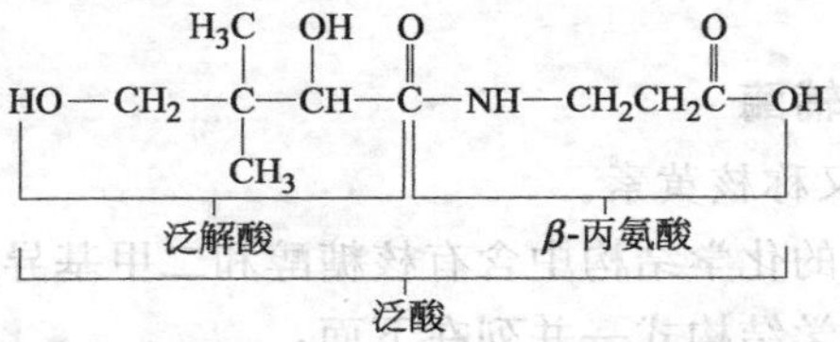

泛解酸 β-丙氨酸

泛酸

(α, γ-二羟基-β, β-二甲基-丁酰-β-丙氨酸)

(3) 辅酶形式 辅酶 A(CoA—SH) 分子中含有泛酰巯基乙胺，是含泛酸的复合核苷酸，其结构式如下：

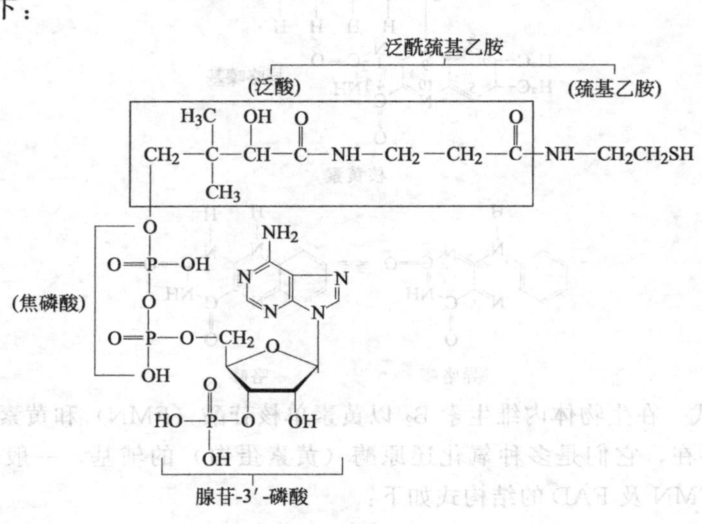

泛酰巯基乙胺

(泛酸) (巯基乙胺)

(焦磷酸)

腺苷-3′-磷酸

（4）生化功能　辅酶A是酰基转移酶的辅酶。它的巯基与酰基形成硫酯，其重要的生化功能是在代谢过程中作为酰基载体起传递酰基的作用。

泛酸也是酰基载体蛋白（ACP）的组成成分。在ACP中，4-磷酸泛酰巯基乙胺与蛋白质中一个丝氨酸残基的羟基呈共价连接：

$$\cdots\text{Ala—Asp—}\underbrace{\text{NH—CH—CO}}_{\text{Ser}}\text{—Leu—Asp—}\cdots$$

$$\text{CH—}CH_2\text{—O—}P(=O)(OH)\text{—O—}CH_2\text{—}C(CH_3)_2\text{—CH(OH)—C(=O)—NH}CH_2CH_2\text{C(=O)—NH}CH_2CH_2\text{SH}$$

4-磷酸泛酰巯基乙胺

此分子以一种类似于辅酶A的方式，以其巯基形成硫酯而起着酰基载体的作用。ACP在脂肪酸的生物合成中起重要作用。

泛酸分子中β-丙氨酸的羧基与巯基乙胺的氨基缩水后形成泛酰巯基乙胺，它是乳酸菌等的必需营养素。

（5）缺乏症　人类未发现缺乏症。

（6）主要来源　动物和植物细胞中均含有，存在广泛。

四、维生素B_5和辅酶Ⅰ、辅酶Ⅱ

（1）名称　维生素B_5又称维生素PP，包括烟酸（又称尼克酸）和烟酰胺（又称尼克酰胺）两种物质。

（2）化学结构　维生素B_5在体内主要以烟酰胺形式存在，烟酸是烟酰胺的前体，它们的结构式如下：

烟酸（3-COOH-吡啶）　烟酰胺（3-$CONH_2$-吡啶）

（3）辅酶形式　已知的烟酰胺核苷酸类辅酶有两种：一个是烟酰胺腺嘌呤二核苷酸，简称NAD^+，又称为辅酶Ⅰ；另一个是烟酰胺腺嘌呤二核苷酸磷酸，简称$NADP^+$，又称为辅酶Ⅱ。NAD^+及$NADP^+$的结构如下：

NAD^+（烟酰胺腺嘌呤二核苷酸）　$NADP^+$（烟酰胺腺嘌呤二核苷酸磷酸）

（4）生化功能　NAD^+和$NADP^+$都是脱氢酶的辅酶，它们与酶蛋白的结合非常松，容易脱离酶蛋白而单独存在。从脱氢酶对辅酶的要求来看，有的酶需要NAD^+为其辅酶，如醇脱氢酶、乳酸脱氢酶、苹果酸脱氢酶、3-磷酸甘油醛脱氢酶等；有的酶需要$NADP^+$为其辅酶，如6-磷酸葡萄糖脱氢酶、谷胱甘肽还原酶等；但有些酶，NAD^+或$NADP^+$二者皆可，如异柠檬酸脱氢酶、谷氨酸脱氢酶。

NAD^+和$NADP^+$的分子结构中都含有烟酰胺的吡啶环，可通过它可逆地进行氧化还原，在代谢反应中起递氢作用。

氧化型及还原型 NAD^+（$NADP^+$）可写成：

$$NAD(P)^+ \underset{-2H}{\overset{+2H}{\rightleftharpoons}} NAD(P)H + H^+$$

从底物脱去的两个氢原子，其中一个 H^+ 和两个电子转给 NAD^+ 的烟酰胺环上，使氮原子由 5 价变为 3 价，同时环上 N 原子的对位第 4 位碳原子上添加了一个氢原子，变成还原的 NADH；底物的另一个 H^+ 则释放到溶液中。

（5）缺乏症　缺乏时出现癞皮病的症状。

（6）主要来源　在肉类、谷物和花生等中含量丰富。

五、维生素 B_6 和磷酸吡哆醛

（1）名称　维生素 B_6 包括 3 种物质：吡哆醇、吡哆醛和吡哆胺。在体内这 3 种物质可以互相转化。

（2）化学结构及辅酶形式　维生素 B_6 在体内经磷酸化作用转变为相应的磷酸酯，即维生素 B_6 的辅酶形式：磷酸吡哆醛、磷酸吡哆胺，它们之间也可以相互转变。维生素 B_6 类物质的结构及转化如图 3-2。

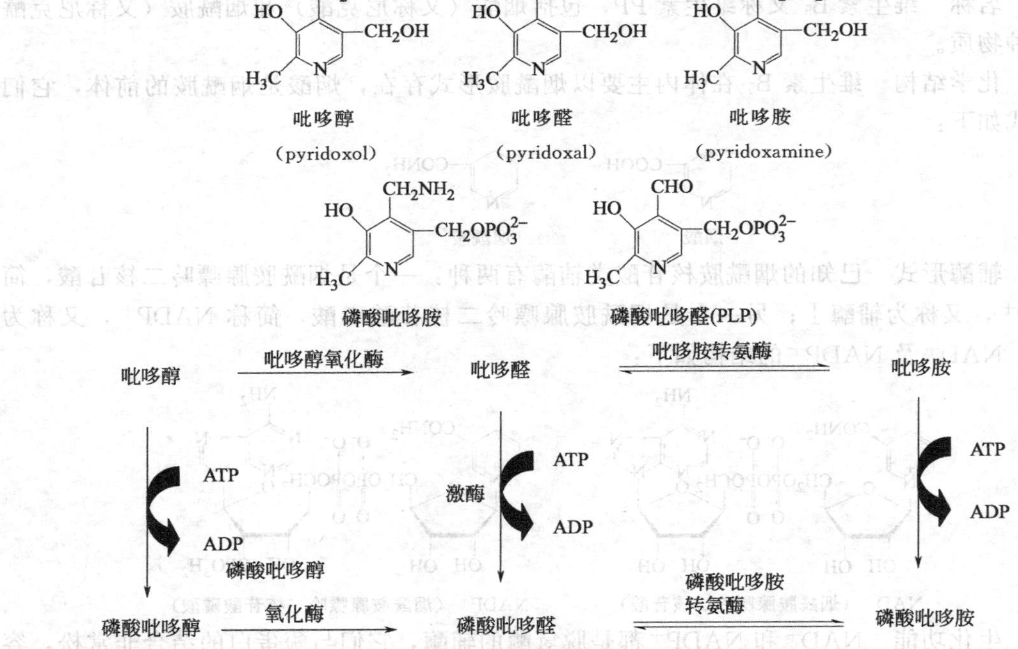

图 3-2　维生素 B_6 类物质的结构及转化

（3）生化功能　磷酸吡哆醛和磷酸吡哆胺在氨基酸代谢中非常重要，它是氨基酸转氨作用、脱羧作用及消旋作用的辅酶。在反应中，磷酸吡哆醛的醛基与底物 α-氨基酸的氨基结合成一种复合物，称为醛亚胺，又称席夫（Schiff）碱。醛亚胺再根据不同酶蛋白的特性使氨基酸发生转氨、脱羧或消旋作用。

（4）缺乏症　人类未发现典型的缺乏症。

（5）主要来源　酵母、蛋黄、肝脏、谷类等中含量丰富，肠道细菌可以合成。

六、生物素

（1）名称　生物素是酵母的生长因素。生物素又称为维生素 B_7 或维生素 H。

（2）化学结构　生物素的化学结构中，包括并合着的 2 个杂五元环和 1 个五碳的羧酸侧链。

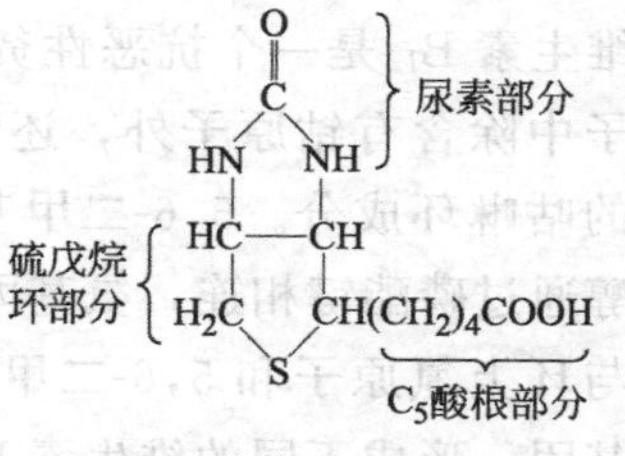

尿素部分
硫戊烷环部分
C_5酸根部分

生物素（biotin）

（3）辅酶形式及生化功能　生物素与酶蛋白结合催化体内 CO_2 的固定以及羧化反应，它是多种羧化酶的辅酶。生物素与其专一的酶蛋白通过生物素的羧基与酶蛋白中赖氨酸的 ε-氨基以酰胺键相连。首先 CO_2 与尿素环上的一个氮原子结合，然后再将生物素上结合的 CO_2 转给适当的受体，因此生物素在代谢过程中起 CO_2 载体的作用。

（4）缺乏症　人类未发现典型的缺乏症。

（5）主要来源　生物素在自然界中存在广泛，肝脏和酵母中含量较丰富。因为生鸡蛋清中含抗生素羧基载体蛋白，所以长期食用生鸡蛋则缺乏生物素。

七、叶酸及叶酸辅酶

（1）名称　叶酸是一个在自然界广泛存在的维生素，因为在绿叶中含量丰富，故名叶酸，亦称蝶酰谷氨酸。

（2）化学结构　叶酸的结构如下：

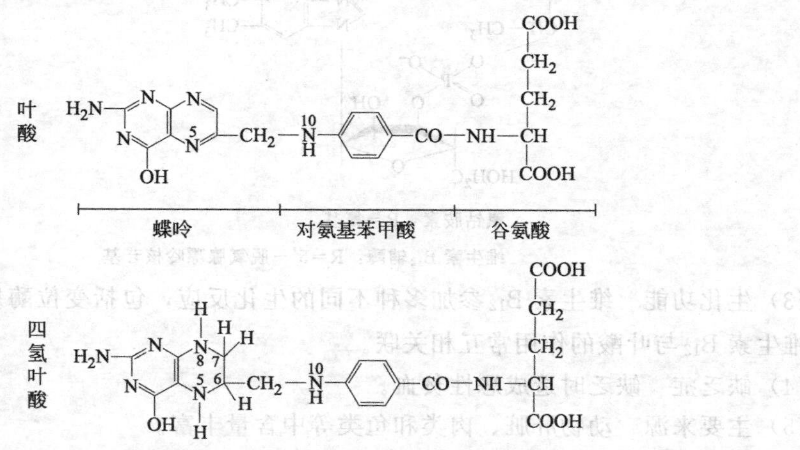

（3）辅酶形式　在体内作为辅酶的是叶酸加氢的还原产物 5,6,7,8-四氢叶酸（THFA 或 FH_4）。叶酸还原反应是由肠壁、肝、骨髓等组织中的叶酸还原酶所促进的。

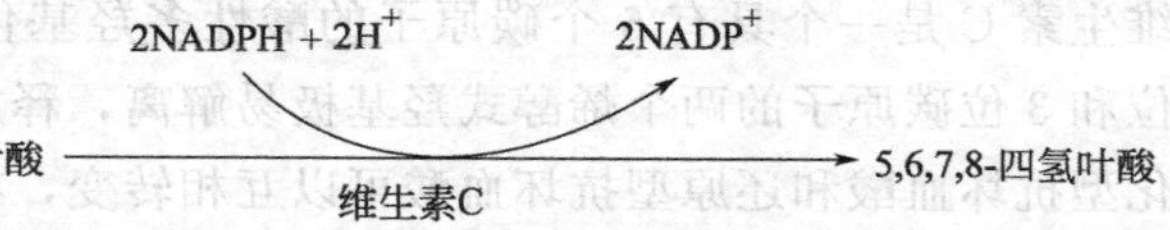

$$\text{叶酸}\xrightarrow[\text{维生素C}]{2NADPH+2H^+\ \rightarrow\ 2NADP^+}\text{5,6,7,8-四氢叶酸}$$

（4）生化功能　四氢叶酸是转一碳基团酶系的辅酶，它是甲基、亚甲基、甲酰基、次甲基的载体，其携带甲酰基等一碳单位的位置在四氢叶酸 N5 和 N10 上，在嘌呤、嘧啶、丝氨酸、甲硫氨酸的生物合成中起作用。

(5) 缺乏症 叶酸能治疗营养障碍性贫血，又是许多微生物生长的专一因素。

(6) 主要来源 青菜、肝脏和酵母中含量丰富。

八、维生素 B_{12} 和维生素 B_{12} 辅酶

(1) 名称 维生素 B_{12} 分子中含有金属元素钴，又称（氰）钴胺素。

(2) 化学结构及辅酶形式 维生素 B_{12} 是一个抗恶性贫血的维生素，又是一些微生物的生长因素。其结构非常复杂。分子中除含有钴原子外，还含有 5,6-二甲基苯并咪唑、3′-磷酸核糖、氨基丙醇和类似卟啉环的咕啉环成分。5,6-二甲基苯并咪唑的氮原子与 3′-磷酸核糖形成糖苷键，后者又和氨基丙醇通过磷酯键相连，氨基丙醇的氨基再与咕啉环的丙酸支链联结。钴位于咕啉环的中央，并与环上氮原子和 5,6-二甲基苯并咪唑的氮原子以配位键结合。在钴原子上可再结合不同的基团，形成不同的维生素 B_{12}，主要有 5′-脱氧腺嘌呤核苷钴胺素、氰钴胺素、羟钴胺素和甲基钴胺素等。其中 5′-脱氧腺嘌呤核苷钴胺素是维生素 B_{12} 在体内的主要存在形式，又称为维生素 B_{12} 辅酶。维生素 B_{12} 及维生素 B_{12} 辅酶结构如下：

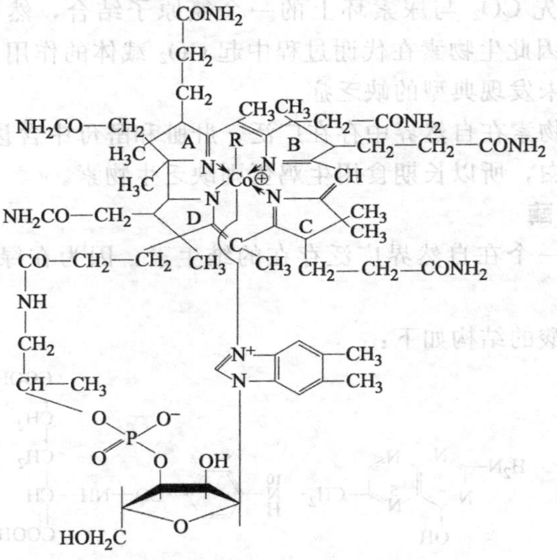

氰钴胺素：R＝氰基

维生素 B_{12} 辅酶：R＝5′－脱氧腺嘌呤核苷基

(3) 生化功能 维生素 B_{12} 参加多种不同的生化反应，包括变位酶反应、甲基活化反应等。维生素 B_{12} 与叶酸的作用常互相关联。

(4) 缺乏症 缺乏时造成恶性贫血。

(5) 主要来源 动物肝脏、肉类和鱼类等中含量丰富。

九、维生素 C

(1) 名称 维生素 C 能防治坏血病，故又称抗坏血酸。

(2) 化学结构 维生素 C 是一个具有 6 个碳原子的酸性多羟基化合物，它是一种己糖酸内酯，其分子中 2 位和 3 位碳原子的两个烯醇式羟基极易解离，释放出 H^+，而被氧化成为脱氢抗坏血酸。氧化型抗坏血酸和还原型抗坏血酸可以互相转变，在生物组织中自成一氧化还原体系（图 3-3）。

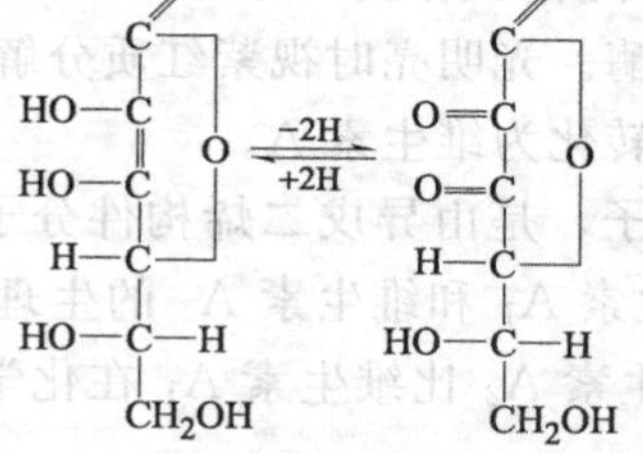

图 3-3　抗坏血酸的脱氢转化形式

（3）辅酶形式及生化功能　抗坏血酸的生化功能可以是通过它本身的氧化和还原在生物氧化过程中作氢的载体。

抗坏血酸是脯氨酸羟基化酶的辅酶。因为胶原蛋白中含有较多的羟脯氨酸，所以抗坏血酸可促进胶原蛋白的合成。

已知许多含巯基的酶，在体内需要有自由的巯基才能发挥其催化活性，而抗坏血酸能使这些酶分子中的巯基处于还原状态，从而维持其催化活性。

此外，抗坏血酸尚有许多其他生理功能，但其机制还不清楚。

（4）缺乏症　缺乏时可造成坏血病。

（5）主要来源　新鲜蔬菜和水果中含量丰富。

十、硫辛酸

（1）名称及化学结构　硫辛酸是一种含硫的脂肪酸。硫辛酸呈氧化型和还原型存在，可以传递氢，其氧化型和还原型之间可互相转化（图 3-4）。

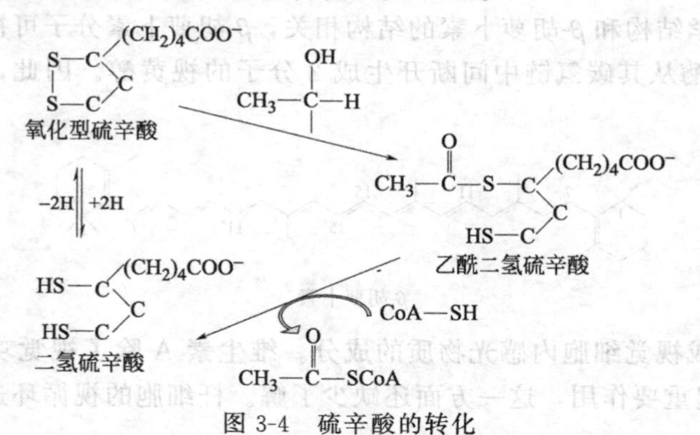

图 3-4　硫辛酸的转化

（2）辅酶形式及生化功能　硫辛酸是丙酮酸脱氢酶系和 α-酮戊二酸脱氢酶系的多酶复合物中的一种辅助因素，在此复合物中，硫辛酸起着转酰基作用，同时在这个反应中硫辛酸被还原以后又重新被氧化。在糖代谢中有重要作用。

（3）缺乏症　人类未发现缺乏症。

（4）主要来源　动物的肝脏和酵母中含量丰富。

第二节　脂溶性维生素

一、维生素 A

维生素 A 的化学名称为视黄醇，是一个具有脂环的不饱和一元醇，通常以视黄醇酯的形式存在，跟视觉有关。视网膜中有棒状细胞，含有视紫红质，这是一种糖蛋白，可以分解为视蛋白和视黄醛。棒状细胞能分辨明暗光。视黄醛和视黄醇之间可相互转化，涉及的酶类有脱氢酶和辅酶，以及同分异构酶。光明亮时视紫红质分解为视蛋白和视黄醛，光暗时两者联合为视紫红质。胡萝卜素可以转化为维生素 A。

视黄醇是一种类异戊二烯分子，是由异戊二烯构件分子生物合成的。维生素 A 包括维生素 A_1 和维生素 A_2 两种。维生素 A_1 和维生素 A_2 的生理功能相同，但维生素 A_2 的生理活性只有维生素 A_1 的一半，维生素 A_2 比维生素 A_1 在化学结构上多一个双键，维生素 A_1 和维生素 A_2 的结构如下：

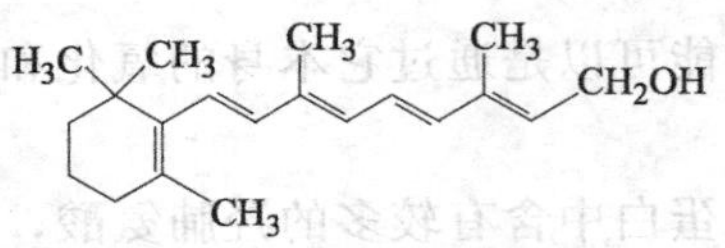

维生素A_1(全反型) 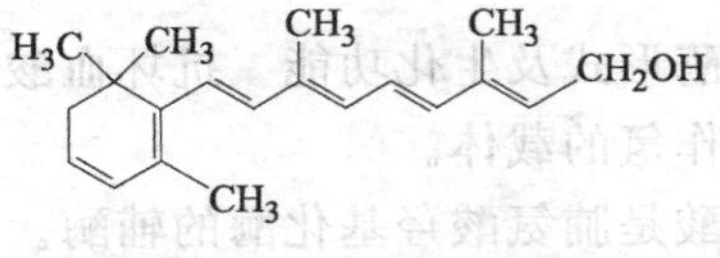　　维生素A_2(3-脱氢视黄醇)

在体内视黄醇可被氧化成视黄醛。视黄醛中最重要的为 9-顺视黄醛及 11-顺视黄醛。

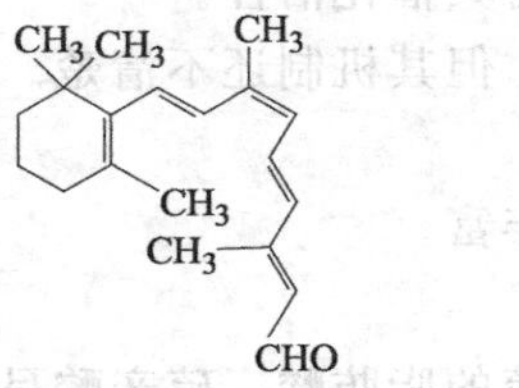

9-顺视黄醛 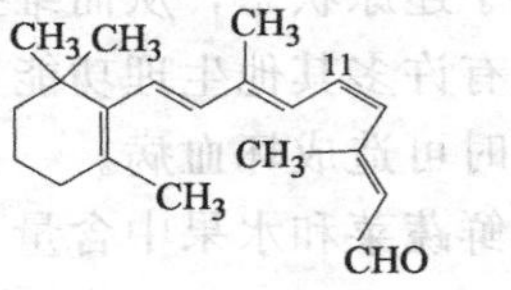　　11-顺视黄醛

维生素 A 的化学结构和 β-胡萝卜素的结构相关，β-胡萝卜素分子可被小肠黏膜的 β-胡萝卜素-15,15′-二加氧酶从其碳氢链中间断开生成 2 分子的视黄醇。因此，β-胡萝卜是维生素 A 原。

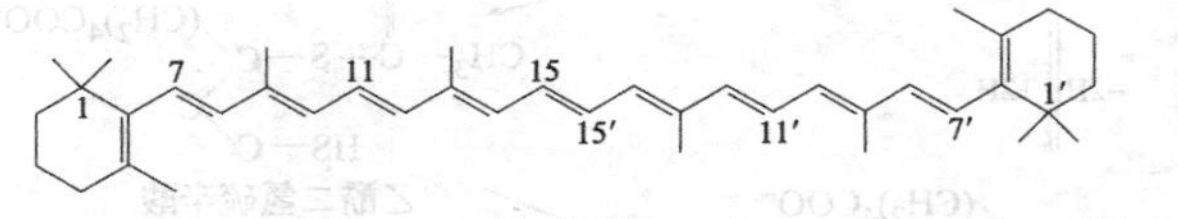

β-胡萝卜素

维生素 A 是构成视觉细胞内感光物质的成分。维生素 A 除了视觉功能之外，在刺激组织生长及分化中也起重要作用，这一方面还缺少了解。杆细胞的视循环过程如图 3-5。

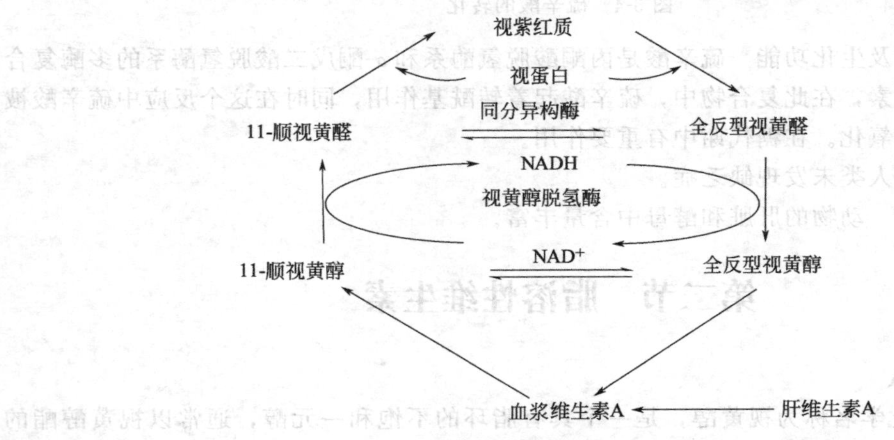

图 3-5　杆细胞的视循环

维生素A主要来自动物性食品，以肝脏、乳制品及蛋黄中含量最多。维生素A原主要来自植物性食品，以胡萝卜、绿叶蔬菜及玉米等含量较多。正常人每日维生素A生理需要量为2600～3300IU（国际单位）；过多摄入维生素A，长期每日超过500 000IU可以引起中毒症状，严重危害健康。

二、维生素D

维生素D和胆固醇的化学结构中具有环戊烷多氢菲的结构。维生素D包括维生素D_3和维生素D_2两种。它们的维生素原经过紫外线照射后激活为相应的维生素D_3或维生素D_2。人的皮肤含有的维生素原为7-脱氢胆固醇，得到阳光中的紫外线激活后转化为维生素D_3，化学名称为胆钙化醇。麦角、酵母或其他真菌中含有维生素D_2原为麦角固醇，经过紫外线照射后，激活为维生素D_2，化学名称为麦角钙化醇。维生素D通式的结构如下：

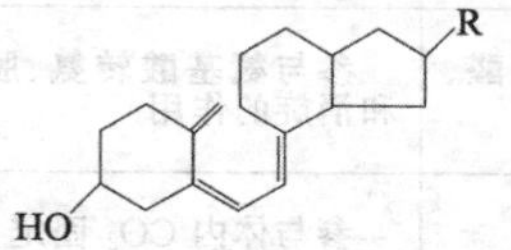

三、维生素E

维生素E又名生育酚。有8种天然生育酚，化学结构大同小异。缺乏维生素E时，雌鼠生殖不育，雄鼠睾丸退化，大鼠、豚鼠、兔、犬和猴等则出现营养性肌肉萎缩，猴缺乏维生素E时还出现贫血、血细胞和骨髓细胞形态异常。维生素E是一个抗氧化剂，可保护线粒体膜上的磷脂，有抗自由基的作用。生育酚的结构如下：

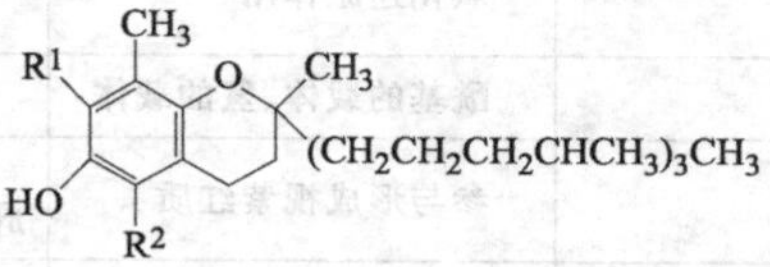

	R^1	R^2
α-生育酚	$-CH_3$	$-CH_3$
β-生育酚	$-H$	$-CH_3$
γ-生育酚	$-CH_3$	$-H$
δ-生育酚	$-H$	$-H$

四、维生素K

维生素K又称血凝维生素。缺乏时，出现皮下出血、肌肉间出血、贫血和凝血时间延长等症状。

维生素K是2-甲基萘醌的衍生物。人体维生素K的来源有食物和肠道微生物合成两种途径。食物中绿色蔬菜、动物肝和鱼等含量较多，牛奶、大豆等也含有维生素K。肠道中的大肠杆菌、乳酸菌等能合成维生素K，可被肠壁吸收。

维生素K的生理功能与血凝有关，血凝过程中有许多血凝因子的生物合成与维生素K有关。维生素K_1和维生素K_2的结构如下：

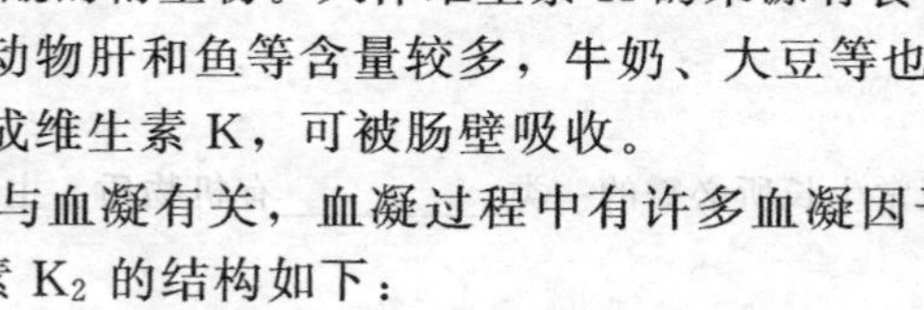

维生素K_1

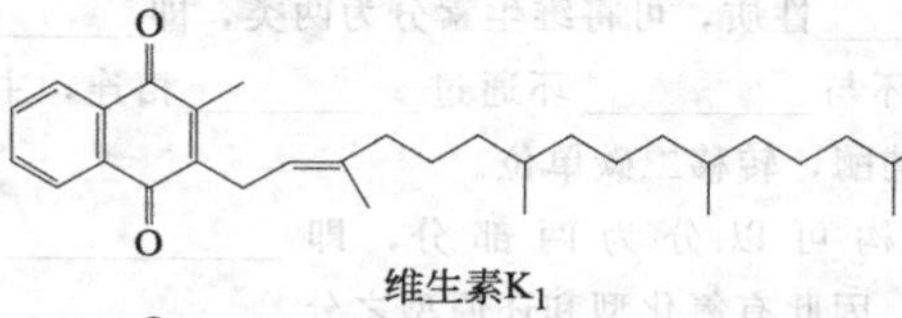

$CH_2[CHC(CH_3)CH_2CH_2]_5CHC(CH_3)_2$

维生素K_2

维生素的名称、别名、辅酶形式、主要生化功能、来源及人类缺乏症列于表3-1。

表 3-1 维生素与辅酶

名称	别名	辅酶形式	主要生化功能和机制	来源	缺乏症
维生素 B_1	硫胺素	TPP^+	参与 α-酮酸氧化脱羧作用	酵母及各类种子的外皮和胚芽	脚气病、多发性神经炎
维生素 B_2	核黄素	FMN 与 FAD	氢的载体	小麦、青菜、黄豆、蛋黄、胚等	口角炎、眼角膜炎等
维生素 B_3	泛酸/遍多酸	CoA—SH	酰基的载体	动植物细胞中均含有	人类未见缺乏症
维生素 B_5	维生素PP/烟酸/烟酰胺	NAD 与 NADP	氢的载体	肉类、谷物、花生等	癞皮病
维生素 B_6	吡哆醇/吡哆醛/吡哆胺	磷酸吡哆醛、磷酸吡哆胺	参与氨基酸转氨、脱羧和消旋的作用	酵母、蛋黄、肝、谷类等	人类未见典型缺乏症
生物素	维生素 B_7/维生素 H	羧化辅酶	参与体内 CO_2 固定	动植物组织含有	人类未见典型缺乏症
叶酸	蝶酰谷氨酸	FH_4(THFA)	一碳基团的载体	青菜、肝、酵母	恶性贫血
维生素 B_{12}	钴胺素	5′-脱氧腺嘌呤核苷钴胺素	参与某些变位反应、甲基转移反应	肝、肉、鱼等	恶性贫血
维生素 C	抗坏血酸	脯氨酸羟化酶辅酶	氧化还原作用	新鲜蔬菜和水果	坏血病
硫辛酸			酰基的载体、氢的载体	肝、酵母等	人类未见缺乏症
维生素 A	视黄醇		参与形成视紫红质	胡萝卜、肝脏、鱼肝油等	干眼病、夜盲症
维生素 D			促进钙、磷代谢	鱼肝油、蛋黄、肝、奶等	佝偻病、软骨病
维生素 E	生育酚		维持生殖机能、抗氧化作用	麦胚油及其他植物油	人类未见典型缺乏症
维生素 K	凝血维生素		凝血酶原的生物合成	肝、菠菜等	凝血时间延长

复 习 题

一、名词解释

维生素缺乏症

二、填空题

1. 维生素是维持生物体正常生长所必需的一类________有机物质。主要作用是作为________的组分参与体内代谢。

2. 根据维生素的________性质，可将维生素分为两类，即________和________。

3. 维生素 B_1 由________环与________环通过________相连，主要功能是以________形式，作为________和________的辅酶，转移二碳单位。

4. 维生素 B_2 的化学结构可以分为两部分，即________和________，其中________原子上可以加氢，因此有氧化型和还原型之分。

5. 维生素 B_3 由________与________通过________相连而成，可以与________、________和________共同组成辅酶________，作为各种________反应的辅酶，传递________。

6. 维生素 B_5 是________衍生物，有________、________两种形式，其辅酶形式是________与________，作为________酶的辅酶，起________作用。

7. 生物素可看作由__________、__________、__________三部分组成，是__________的辅酶，在__________的固定中起重要的作用。

8. 维生素 B_{12} 是唯一含__________的维生素，由__________、__________和氨基丙酸三部分组成，有多种辅酶形式。其中__________是变位酶的辅酶，__________是转甲基酶的辅酶。

9. 维生素 C 是______________的辅酶，另外还具有______________作用等。

三、简答题

1. 维生素有哪些特点？

2. 引起维生素变化和损失的因素有哪些？

第四章 核酸化学

学习目标

① 了解 DNA 和 RNA 在组成、结构和功能上的差异。
② 掌握 DNA 双螺旋模型的要点，以及模型在生物学上的意义。
③ 了解 DNA 超螺旋形成的过程和特点。
④ 了解几种类型 RNA 的结构特征。了解核酸分离与提纯的基本方法。
⑤ 了解核酸变性和复性以及核酸杂化原理。

核酸是生物特有的重要的大分子化合物，广泛存在于各类生物细胞中。“种瓜得瓜，种豆得豆”的遗传现象即源于核酸上所携带的遗传信息，核酸的组成单位——核苷酸还是生物体各种生物化学成分代谢转换过程中的能量“货币”（如 ATP）。而具有传递激素及其他细胞外刺激的化学信号能力的环化核苷酸（如 cAMP），被誉为生物体的第二信使。核苷酸还是一系列酶的辅助因子和代谢中间体。因此，核酸及其组成单位在生物的个体发育、生长、繁殖、遗传和变异等生命过程中起着重要的作用。1953 年，Watson 和 Crick 建立的 DNA 分子双螺旋结构模型，被认为是 20 世纪自然科学中的重大突破之一。它揭开了分子生物学研究的序幕，尤其是 DNA 重组技术及 DNA 测序技术的出现，使生命科学成为自然科学中最为引人注目的领域。核酸的研究成果启动了分子生物学的突破性进程，从此生命现象和生命过程的研究开始全面进入分子水平。

第一节 核酸概述

人们对核酸的研究已经有 100 多年的历史。早在 1868 年，瑞士的一位科学家米歇尔（F. Miescher）从外科绷带上脓细胞的核中分离出了一种有机物质，当时定名为“核素”。后来又发现它含磷很高，并且呈酸性，就改称“核酸”。以后证明任何有机体，包括病毒、细菌、动物及植物，无一例外地都含有核酸。

一、核酸的种类与分布

核酸按组成成分戊糖的不同分为脱氧核糖核酸（DNA）和核糖核酸（RNA）两大类。

DNA 是生物体主要的遗传物质，通过复制将遗传信息由亲代传给子代。原核细胞中 DNA 集中在核区。真核细胞中 DNA 主要集中在核内，组成染色体（染色质），占总量的 95%～98%；线粒体、叶绿体等细胞器中也含有少量的 DNA。病毒由核酸和蛋白质外壳组成，核酸要么是 DNA，要么是 RNA。

RNA 参与蛋白质的合成，与遗传信息在子代的表达有关。它主要存在于细胞质中，约占 90%，少量存在于细胞核中。细胞中的 RNA 有 3 种：信使 RNA（mRNA）、核糖体 RNA（rRNA）和转移 RNA（tRNA）。无论是原核生物还是真核生物都有此 3 类 RNA。mRNA 约占细胞总 RNA 的 5%，它在蛋白质合成中起模板作用；rRNA 约占细胞总 RNA 的 80%，它与蛋白质结合构成核糖体，核糖体是合成蛋白质的场所；tRNA 约占细胞总 RNA 的 10%～15%，它在蛋白质合成时携带活化氨基酸并起着解译的作用。线粒体、叶绿体中也有各自的 mRNA、rRNA、tRNA。

二、核酸的生物学功能

核酸的发现虽然较早，但其生物学功能却在很长的时期未被人们所认识。直到 1944 年艾弗里（O. Avery）等人在肺炎链球菌的转化实验中，才首次证明 DNA 是细菌遗传性状的转化因子。以后大量实验表明，DNA 是遗传物质，是遗传信息的载体，负责遗传信息的贮存和发布，并通过复制将遗传信息传给子代。RNA 则负责遗传信息的表达，它转录 DNA 的遗传信息，直接参与蛋白质的生物合成，将遗传信息翻译成各种蛋白质，使生物体进行一系列的代谢活动，从而能够生长、发育、繁殖和遗传。

总体来说，核酸的生物学功能有三：一是作为遗传的物质基础，具有贮存和传递遗传信息的功能，在生命的延续中占特殊的地位；二是作为所有生物体最基本的成分，是生命活动的重要物质基础之一；三是随着对核酸研究的深入，发现核酸的功能是多方面的，近年来的研究发现少数 RNA 也具有催化活性。

第二节 核酸的化学组成

一、核酸的元素组成

经元素分析证明，核酸由碳、氢、氧、氮、磷 5 种元素组成，其中磷的含量在各种核酸中变化范围不大，大约占整个核酸质量的 9.5%左右，即 1g 磷相当于 10.5g 核酸。因此在核酸的定量分析中可通过磷含量的测定来估算核酸的含量。这是定磷法的理论基础。

$$核酸含量=磷含量\times 10.5$$

二、核酸的分子组成

实验证明，采用不同的水解方法（酶解或酸解、碱解）可将核酸降解成核苷酸，核苷酸可再分解生成核苷和磷酸，而核苷可进一步分解生成戊糖和碱基。

核酸 → 核苷酸 → {磷酸；核苷 → {戊糖；碱基}}

由此可见，核酸的基本组成单位是核苷酸，基本组成成分是磷酸、戊糖和碱基。

1. 碱基

核酸中的碱基有两类，即嘌呤碱和嘧啶碱。它们均为含氮的杂环化合物，因具有弱碱性，又称含氮碱。无论是 DNA 还是 RNA 中，碱基都只有 4 种，2 种嘌呤，2 种嘧啶。

（1）嘌呤碱　核酸中的嘌呤碱有两种：腺嘌呤（A）和鸟嘌呤（G）。它们是在 RNA 和 DNA 分子中均出现的碱基。其结构式如下：

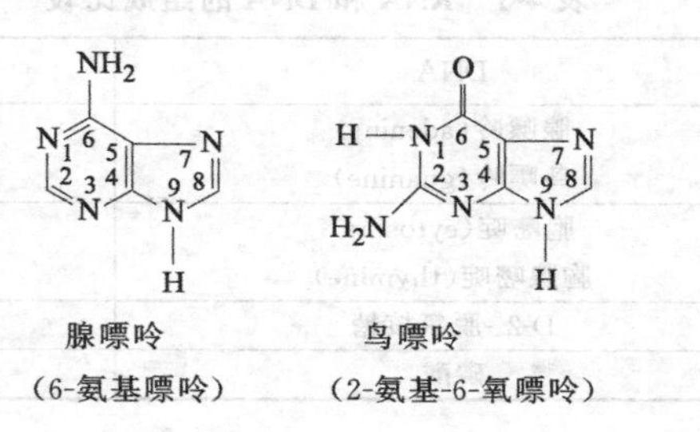

腺嘌呤（6-氨基嘌呤）　鸟嘌呤（2-氨基-6-氧嘌呤）

(2) 嘧啶碱　核酸中的嘧啶碱主要有 3 种：胞嘧啶（C）、尿嘧啶（U）、胸腺嘧啶（T）。在 RNA 中含尿嘧啶和胞嘧啶，在 DNA 中含胞嘧啶和胸腺嘧啶。其结构式如下：

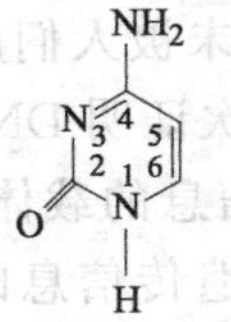

胞嘧啶（2-氧-4-氨基嘧啶）　尿嘧啶（2,4-二氧嘧啶）　胸腺嘧啶（5-甲基-2,4-二氧嘧啶）

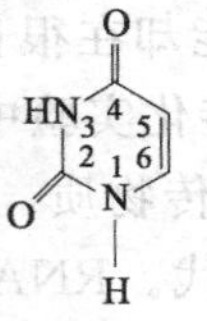

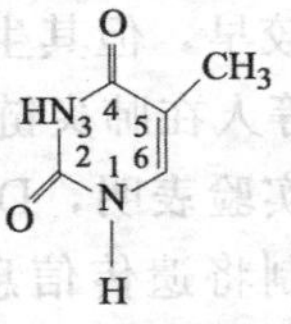

除以上 5 种基本碱基外，核酸分子中还有一些含量很少的其他碱基，称稀有碱基。这些稀有碱基有很多是甲基化碱基，如 5-甲基胞嘧啶、次黄嘌呤、二氢尿嘧啶等。结构式如下：

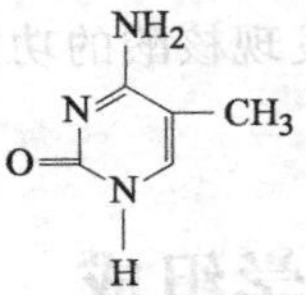

5-甲基胞嘧啶 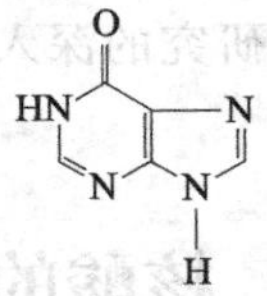　次黄嘌呤 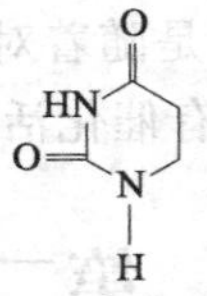　二氢尿嘧啶

2. 戊糖

核酸中的戊糖包括核糖和脱氧核糖两种。RNA 分子中含 D-核糖，DNA 分子中含 D-脱氧核糖，它们在核酸中均以 β-呋喃型存在。戊糖分子中的碳原子位置用 1′至 5′标记，以示与碱基碳原子的区别。结构式如下：

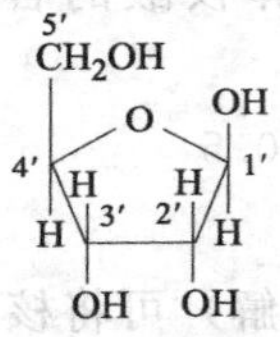

β-D-核糖 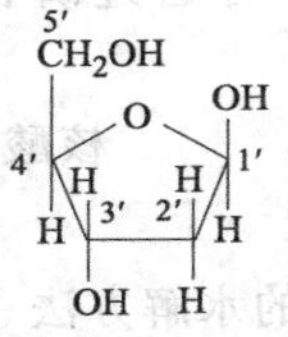　β-D-2′-脱氧核糖

3. 磷酸

RNA 和 DNA 中都含有磷酸。磷酸是中等强度的三元酸。磷酸和戊糖以酯键结合，形成磷酸酯。磷酸也可与另一分子磷酸以焦磷酸键组合，形成焦磷酸。磷酸分子脱去氢氧基以后的原子团（$—PO_3H_2$）称为磷酰基。结构式如下：

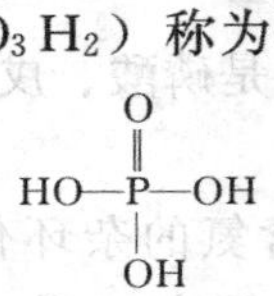

磷酸(Pi) 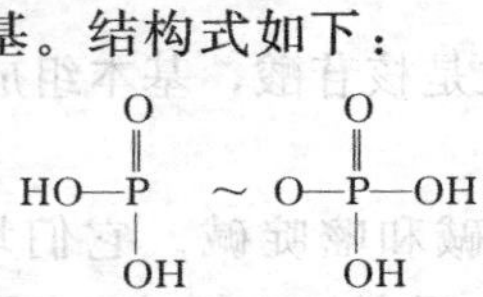　焦磷酸(PPi) 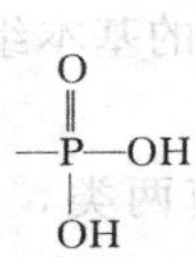　磷酰基(—Ⓟ)

由上述可知 RNA 和 DNA 的组成有共同点，也有不同点。RNA 和 DNA 的组成比较如表 4-1 所示。

表 4-1　RNA 和 DNA 的组成比较

项　目	DNA	RNA
嘌呤碱	腺嘌呤(adenine) 鸟嘌呤(guanine)	腺嘌呤(adenine) 鸟嘌呤(guanine)
嘧啶碱	胞嘧啶(cytosine) 胸腺嘧啶(thymine)	胞嘧啶(cytosine) 尿嘧啶(uracil)
戊糖	D-2′-脱氧核糖	D-核糖
磷酸	磷酸	磷酸

4. 核苷

戊糖和碱基缩合成的糖苷称为核苷。其连接方式是戊糖第 1 位碳原子（C′1）上的羟基与嘌呤碱第 9 位氮原子（N9）或嘧啶碱第 1 位氮原子（N1）上的氢脱水形成 N-C 核苷键。腺嘌呤核苷（简称腺苷）及胞嘧啶脱氧核苷（简称脱氧胞苷）的结构式如下：

腺苷　　　　脱氧胞苷

核苷按其所含戊糖不同，分为核糖核苷和脱氧核糖核苷两类。核糖核苷是 RNA 的组成成分，脱氧核糖核苷是 DNA 的组成部分。核酸中常见核苷的碱基、全称、简称及代号如表 4-2 所示。

表 4-2　核酸中常见核苷的碱基、全称、简称及代号

碱　基	核糖核苷(在 RNA 中)			脱氧核糖核苷(在 DNA 中)		
	全称	简称	代号	全称	简称	代号
腺嘌呤	腺嘌呤核苷	腺苷	A	腺嘌呤脱氧核苷	脱氧腺苷	dA
鸟嘌呤	鸟嘌呤核苷	鸟苷	G	鸟嘌呤脱氧核苷	脱氧鸟苷	dG
胞嘧啶	胞嘧啶核苷	胞苷	C	胞嘧啶脱氧核苷	脱氧胞苷	dC
尿嘧啶	尿嘧啶核苷	尿苷	U	—	—	—
胸腺嘧啶	—	—	—	胸腺嘧啶脱氧核苷	脱氧胸苷	dT

5. 核苷酸

核苷酸是由核苷戊糖的羟基和磷酸脱水缩合成的磷酸酯。由核糖核苷生成的磷酸酯称为核糖核苷酸，由脱氧核糖核苷生成的磷酸酯称为脱氧核糖核苷酸。下面是几种核苷酸的结构式：

腺苷一磷酸
(5′-腺苷酸，AMP)　　　　脱氧胞苷一磷酸
(5′-脱氧胞苷酸，dCMP)

核糖核苷戊糖环上的 2′、3′、5′位各有一个自由羟基，这些羟基均可与磷酸生成酯，故可形成 3 种核苷酸。脱氧核糖核苷只在脱氧核糖环上的 3′、5′位有自由羟基，故只能形成两种脱氧核苷酸。在生物体内的核苷酸多是 5′-核苷酸，是组成核酸的基本单位。

腺苷一磷酸（AMP）、鸟苷一磷酸（GMP）、胞苷一磷酸（CMP）、尿苷一磷酸

(UMP) 是构成 RNA 的基本单位；脱氧腺苷一磷酸（dAMP)、脱氧鸟苷一磷酸（dGMP)、脱氧胞苷一磷酸（dCMP)、脱氧胸苷一磷酸（dTMP）是构成 DNA 的基本单位。

在核酸中的各种核苷酸全称、简称及代号如表 4-3 所示。

表 4-3 核酸中常见的核苷酸

核糖核酸(在 RNA 中)			脱氧核糖核酸(在 DNA 中)		
全称	简称	代号	全称	简称	代号
腺嘌呤核苷酸	腺苷酸	AMP	腺嘌呤脱氧核苷酸	脱氧腺苷酸	dAMP
鸟嘌呤核苷酸	鸟苷酸	GMP	鸟嘌呤脱氧核苷酸	脱氧鸟苷酸	dGMP
胞嘧啶核苷酸	胞苷酸	CMP	胞嘧啶脱氧核苷酸	脱氧胞苷酸	dCMP
尿嘧啶核苷酸	尿苷酸	UMP	胸腺嘧啶脱氧核苷酸	脱氧胸苷酸	dTMP

6. 几种重要的单核苷酸及其衍生物

① 多磷酸核苷酸 核苷一磷酸还可以进一步磷酸化而生成核苷二磷酸和核苷三磷酸。例如，腺苷一磷酸（AMP）再结合 1 分子磷酸，可生成腺苷二磷酸（ADP)，腺苷二磷酸再结合 1 分子磷酸可生成腺苷三磷酸（ATP)。

在 ADP 和 ATP 分子之中，磷酸和磷酸之间以焦磷酸键相连。当焦磷酸键水解时，可释放出大量的能量供机体利用。这种由于水解而释放很高能量的焦磷酸键称为高能磷酸键，简称高能键，用“～”表示。因此，ATP 在细胞的能量代谢过程中起着非常重要的作用。ADP 的高能键很少被利用，它主要是接受能量转化为 ATP。

AMP、ADP 和 ATP 的结构式如下：

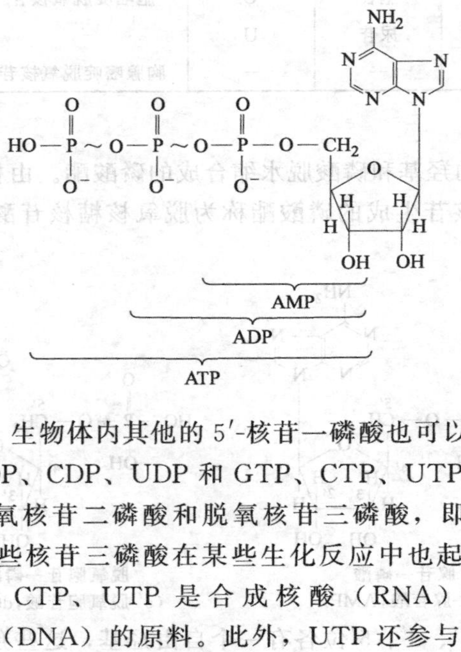

$$HO-P\sim O-P\sim O-P-O-CH_2$$

AMP
ADP
ATP

除了 ADP 和 ATP 外，生物体内其他的 5′-核苷一磷酸也可以进一步磷酸化形成核苷二磷酸和核苷三磷酸，即 GDP、CDP、UDP 和 GTP、CTP、UTP。5′-脱氧核苷一磷酸也可以进一步磷酸化，形成脱氧核苷二磷酸和脱氧核苷三磷酸，即 dGDP、dCDP、dTDP 和 dGTP、dCTP、dTTP。这些核苷三磷酸在某些生化反应中也起传递能量的作用，但远没 ATP 普遍。ATP、GTP、CTP、UTP 是合成核酸（RNA）的原料，dATP、dGTP、dCTP、dTTP 是合成核酸（DNA）的原料。此外，UTP 还参与体内糖原的合成，CTP 参与磷脂的生物合成，GTP 参与蛋白质的生物合成等。

② 环化核苷酸 在动植物及微生物细胞中，还普遍存在一类环化核苷酸，主要是3′,5′-环腺苷酸（cAMP）和 3′,5′-环鸟苷酸（cGMP)。其结构式如下所示：

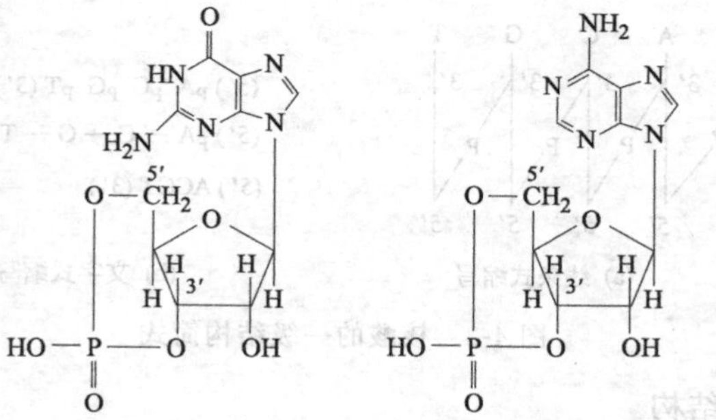

3′,5′-环鸟苷酸(cGMP)　　3′,5′-环腺苷酸(cAMP)

环化核苷酸不是核酸的组成成分，在细胞中含量很少，但有重要的生理功能。现已证明，二者均作为激素的第二信使，在细胞的代谢调节中有重要作用。

③ 辅酶类核苷酸　一些核苷酸或其衍生物还是重要的辅酶或辅基的组成成分，如 NAD^+（辅酶Ⅰ，烟酰胺腺嘌呤二核苷酸）、$NADP^+$（辅酶Ⅱ，烟酰胺腺嘌呤二核苷酸磷酸）、FAD（黄素单核苷酸）等（见维生素与辅酶一章）。

第三节　核酸的分子结构

核酸是由许多核苷酸按一定顺序连接起来的多核苷酸链，它和蛋白质一样具有一级结构和空间构象。

一、DNA 的分子结构

（一）DNA 的一级结构

很多实验证明 DNA 和 RNA 都是没有分支的多核苷酸链。DNA 链中一个脱氧核苷酸的 3′-羟基和下一个脱氧核苷酸的 5′-磷酸脱水以酯键相连。因此核酸中各核苷酸间的连接键是 3′,5′-磷酸二酯键。由相间排列的磷酸和戊糖构成了核酸大分子的主链；而代表其生物学特性的碱基则可看成是有次序连接在主链上的侧链基团。每个多核苷酸链都有一个 3′末端和一个 5′末端。在 5′位有游离磷酰基的一端叫 5′端，在 3′位有游离羟基的一端叫 3′端。

DNA 链和 RNA 链都具有方向性，不管是书写还是读向一般都是从 5′端到 3′端。图 4-1 是 DNA 中多核苷酸链的片段。

各核苷酸残基沿多核苷酸链的排列顺序，称核酸的一级结构。核苷酸的种类虽不多，但因核苷酸的数目、比例和序列的不同构成了多种结构不同的核酸。核酸分子的一级结构相当复杂，为了书写的方便，一般采用简化的表示方法。通常 5′末端写在左侧，用垂直线表示戊糖的碳链，碱基写在垂直线上端，P 代表磷酸基，垂直线间含 P 的斜线代表 3′,5′-磷酸二酯键 [图 4-2(a)]。由于磷酸和戊糖两种成分在核酸主链上不断重复，也可用碱基序列表示核酸的一级结构 [图 4-2(b)]。

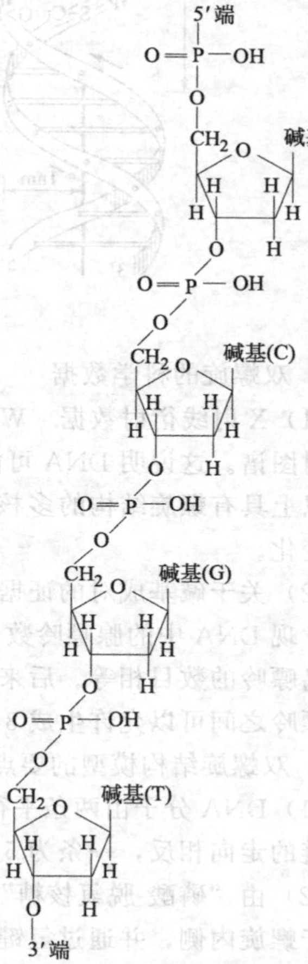

图 4-1　DNA 中多核苷酸链的片段

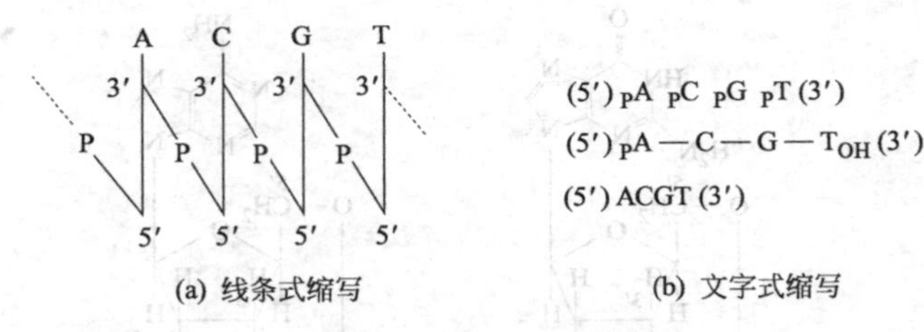

图 4-2 核酸的一级结构简式

（二）DNA 的二级结构

在前人工作的基础上，Watson 和 Crick 于 1953 年提出了 DNA 的双螺旋结构模型。后人的许多工作证明这个模型是正确的（图 4-3）。

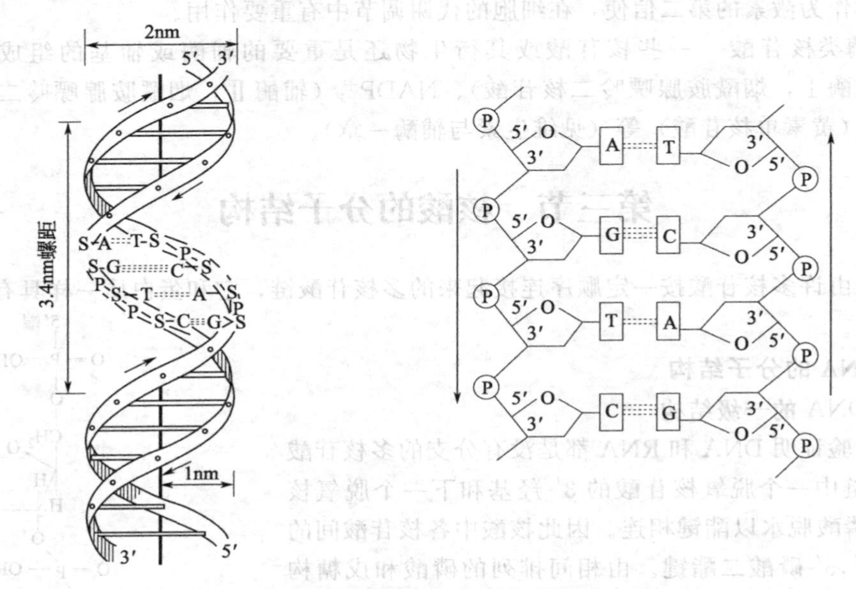

图 4-3 DNA 的双螺旋结构模型

1. 双螺旋的科学数据

(1) X 射线衍射数据 Wilkins 和 Franklin 发现不同来源的 DNA 纤维具有相似的 X 射线衍射图谱。这说明 DNA 可能有共同的分子模型。X 射线衍射数据说明 DNA 含有两条或两条以上具有螺旋结构的多核苷酸链，而且沿纤维长轴有 0.34nm 和 3.4nm 两个重要的周期性变化。

(2) 关于碱基成对的证据 Chargaff 等应用色谱法对多种生物 DNA 的碱基组成进行分析，发现 DNA 中的腺嘌呤数目与胸腺嘧啶的数目相等，胞嘧啶（包括 5-甲基胞嘧啶）的数目和鸟嘌呤的数目相等。后来又有人证明腺嘌呤和胸腺嘧啶间可以生成 2 个氢键；而胞嘧啶和鸟嘌呤之间可以允许生成 3 个氢键。

2. 双螺旋结构模型的要点

(1) DNA 分子由两条平行的多核苷酸链围绕同一中心轴向右盘旋形成双螺旋结构。且两条链的走向相反，一条为 5′→3′走向，另一条是 3′→5′走向。螺旋的直径为 2nm。

(2) 由“磷酸-脱氧核糖”交替排列形成的两条主链作为骨架，位于螺旋外侧，侧链碱基位于螺旋内侧，并通过氢键连接形成碱基对。各碱基对平面相互平行，并与中心轴垂直。碱基对之间的距离为 0.34nm，螺旋一圈含 10 个碱基对（bp），螺距为 3.4nm。

（3）碱基成对具有一定的规律性，即A与T配对，G与C配对，这种配对规律称为碱基互补规律。碱基对中的两个碱基称为互补碱基，通过互补碱基而结合的两条链彼此称为互补链。

（4）形成碱基对时，A与T之间形成两个氢键，G与C之间形成3个氢键（图4-4）。

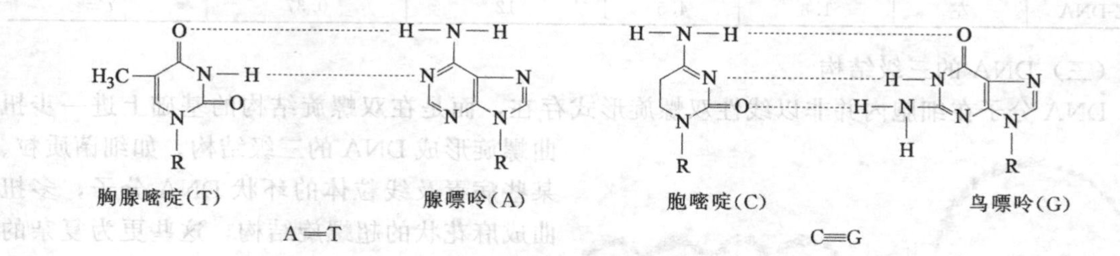

图4-4　碱基对之间的氢键

Watson和Crick的DNA双螺旋结构模型最主要的特点是碱基互补配对。碱基配对规律具有十分重要的生物学意义。它是DNA复制、RNA转录和逆转录的分子基础，关系到生物遗传特性的传递与表达。

3. 双螺旋结构稳定的因素

DNA双螺旋结构很稳定。碱基对之间的氢键是稳定DNA结构的因素之一，但相对较弱。其主要的稳定因素是碱基堆积力。碱基堆积力是层层堆积的芳香族碱基上π电子云交错而形成的一种力，其结果是在DNA分子内部不存在水分子，有利于互补碱基间形成氢键。再者，双螺旋外侧带负电荷的磷酸基团同带正电荷的阳离子之间形成的离子键可以减少双链间的静电斥力，因而对DNA双螺旋结构也有一定的稳定作用。

4. 双螺旋结构的其他类型

应用X射线衍射技术对DNA结构进一步研究发现，含水量不同，DNA纤维的二级结构就不同。

Watson和Crick所描述的DNA双螺旋结构称B-DNA。它是DNA在正常状态下的一种形式，相对湿度为92%。B-DNA在相对失水（湿度为75%）的状态下，转变为A-DNA，其碱基平面倾斜20°，每转一圈需11个碱基对。另外发现一些人工合成的DNA，主链呈锯齿形向左盘绕而成，命名为Z-DNA。DNA双螺旋结构的多态性见图4-5，其结构参数见表4-4。

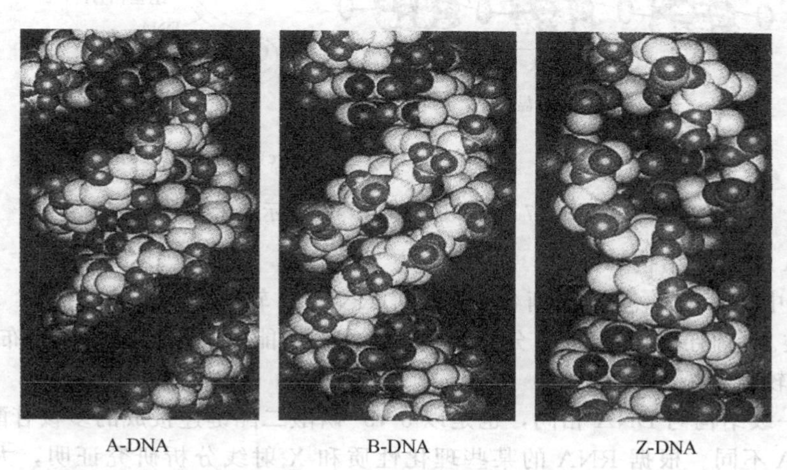

图4-5　DNA双螺旋结构的多态性

表 4-4 DNA 双螺旋的结构参数

类型	旋转方向	螺旋直径/nm	螺距/nm	每转碱基对数目	碱基对间垂直距离/nm	碱基对与水平面倾角
A-DNA	右	2.3	2.8	11	0.255	20°
B-DNA	右	2.0	3.4	10	0.34	0°
Z-DNA	左	1.8	4.5	12	0.37	7°

（三）DNA 的三级结构

DNA 分子在细胞内并非以线性双螺旋形式存在，而是在双螺旋结构的基础上进一步扭曲螺旋形成 DNA 的三级结构。如细菌质粒、某些病毒及线粒体的环状 DNA 分子，多扭曲成麻花状的超螺旋结构，这些更为复杂的结构即 DNA 的三级结构（图 4-6）。

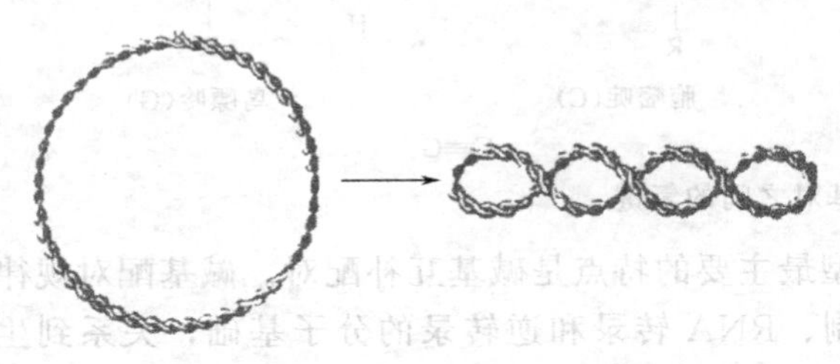

图 4-6 DNA 三级结构模式图

在真核细胞中，线状的双螺旋 DNA 分子先与组蛋白结合，盘绕形成核小体。许多核小体由 DNA 链连在一起构成念珠状结构。由核小体构成的念珠状结构进一步盘绕压缩成更高层次的结构（图 4-7）。据估算，人的 DNA 分子在染色质中反复折叠盘绕共压缩 8000～10000 倍。

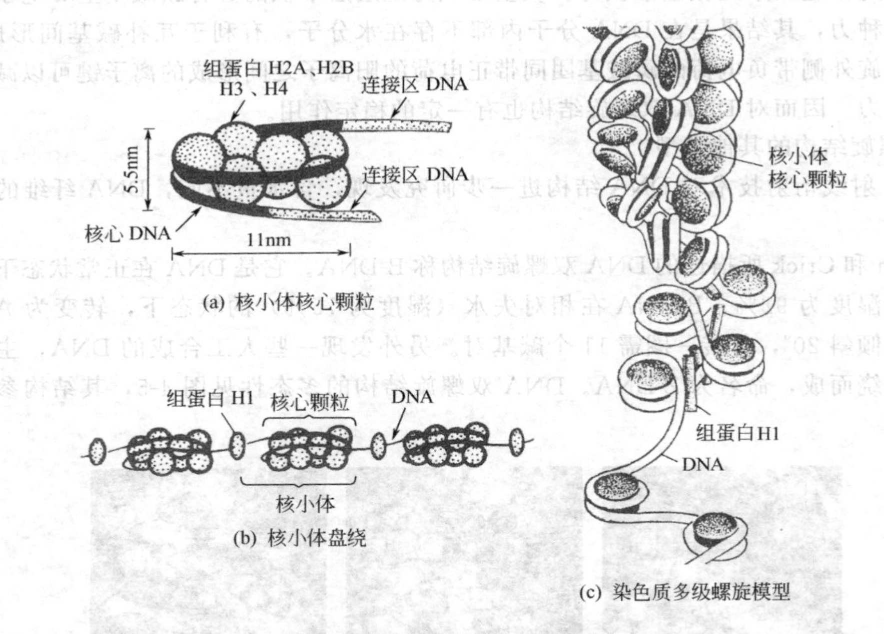

图 4-7 核小体盘绕及染色质示意图

二、RNA 的分子结构

生物细胞中的 RNA 包括核糖体 RNA（rRNA）、转移 RNA（tRNA）和信使 RNA（mRNA）3 类。它们的碱基组成、分子大小、生物学功能以及在细胞中的分布都有所不同，因此结构也比较复杂。

RNA 的一级结构与 DNA 相同，也是以 3′,5′-磷酸二酯键连接成的多核苷酸长链。但二级结构与 DNA 不同。根据 RNA 的某些理化性质和 X 射线分析研究证明，大多数的天然 RNA 分子是一条单链，其许多区域自身发生回折，使可以配对的一些碱基相遇，而由 A 与

U、G与C之间的氢键连接起来，构成如DNA那样的双螺旋区；不能配对的碱基则形成环状突起（图4-8）。约有40%～70%核苷酸参与了双螺旋的形成。RNA分子是一条含短的不完全双螺旋区的多核苷酸链（图4-9）。

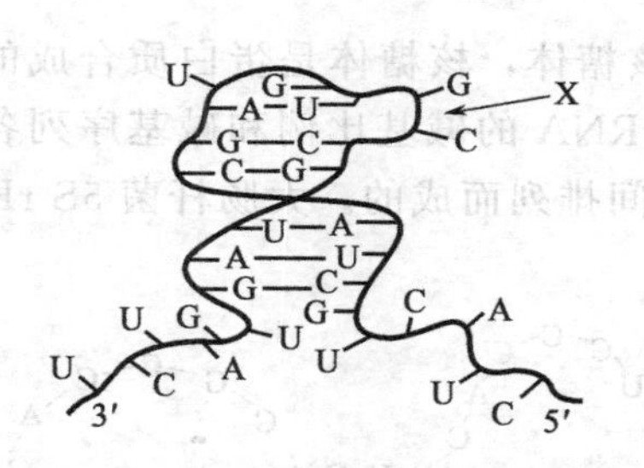

图4-8 RNA的双螺旋区（X是环状突起）

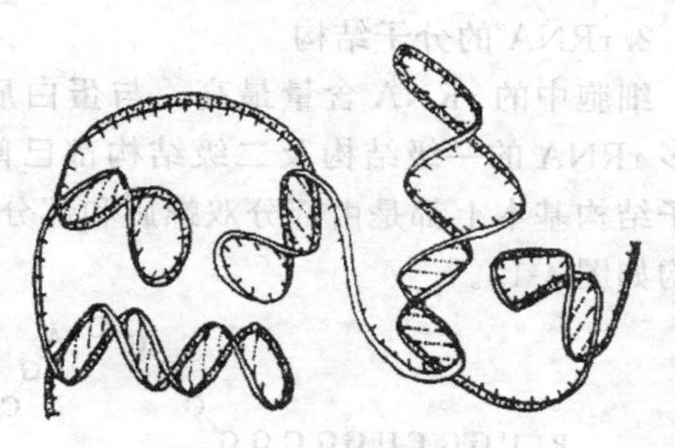

图4-9 RNA的二级结构

1. tRNA的分子结构

目前对tRNA二级结构了解得比较清楚。tRNA的分子较小，多由70～90个核苷酸(nt)构成。有些区段经过自身回折形成双螺旋区，从而形成三叶草式的二级结构（图4-10）。这类三叶草式结构具有以下特征。

（1）分子中由A-U、C-G碱基对组成的双螺旋区称为臂，不能配对的部分称为环，大多数tRNA都由4个臂和4个环组成。

（2）三叶草的叶柄叫氨基酸臂，含有5～7个碱基对，3′末端均为CCA序列，其中腺苷的3′-OH结合活化的氨基酸。

（3）左臂连接一个二氢尿嘧啶环（DHU环），由8～12个核苷酸构成，此环的特征是含有2个二氢尿嘧啶，因此得名。

（4）位于氨基酸臂对面的环叫反密码环。由7个核苷酸组成，环中部由3个核苷酸组成反密码子。在蛋白质生物合成时，tRNA通过反密码子识别mRNA上相应的遗传密码。

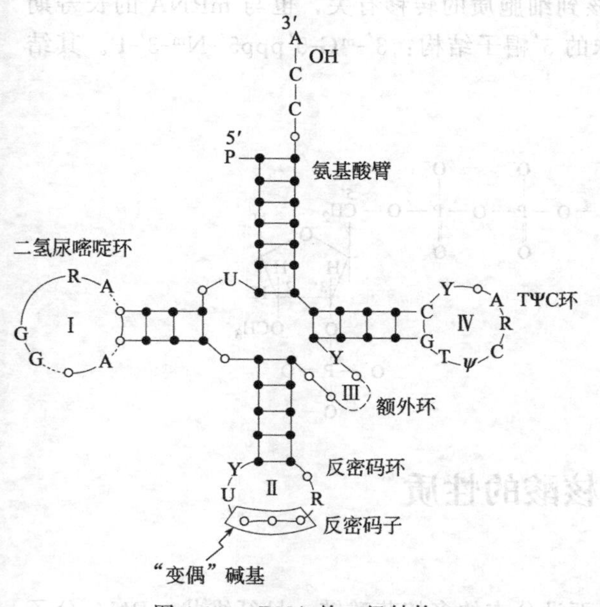

图4-10 tRNA的二级结构

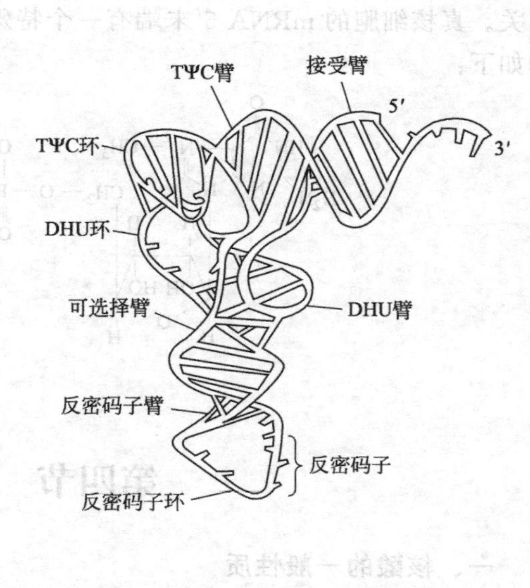

图4-11 tRNA的三级结构

(5) 右侧有一个 TΠC 环（含有 TΠC 序列，Π 代表假尿苷）和一个可变环。TΠC 序列对于 tRNA 与核糖体的结合有重要作用，不同 tRNA 的可变环上核苷酸的数目变化较大。tRNA 通过二级结构的折叠，形成倒 L 形的三级结构（图 4-11）。

2. rRNA 的分子结构

细胞中的 rRNA 含量最高，与蛋白质一起构成核糖体，核糖体是蛋白质合成的场所。许多 rRNA 的一级结构及二级结构都已阐明，不同 rRNA 的碱基比例和碱基序列各不同，分子结构基本上都是由部分双螺旋和部分单链突环相间排列而成的。大肠杆菌 5S rRNA 的结构如图 4-12。

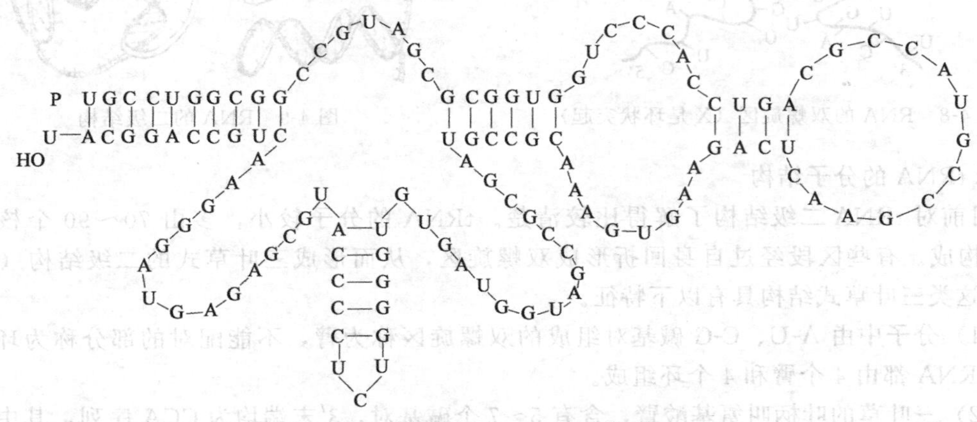

图 4-12 大肠杆菌 5S rRNA 的结构

3. mRNA 的分子结构

mRNA 是蛋白质合成的模板。在细胞内，mRNA 含量很低，但种类非常多。细胞在发育的不同时期有不同种类的 mRNA。真核细胞 mRNA 的结构有明显的特征：在其 3′末端有长约 200nt 的 poly(A)。poly(A) 是在转录后经 poly(A) 聚合酶的作用添加上去的。原核生物的 mRNA 一般无 3′-poly(A)。另外，某些真核生物病毒 mRNA 也有 3′-poly(A)。poly(A) 的功能是多方面的，与 mRNA 从细胞核到细胞质的转移有关，也与 mRNA 的长寿期有关。真核细胞的 mRNA 5′末端有一个特殊的 5′帽子结构：$3'\text{-}{}^{m}G\text{-}5'ppp5'\text{-}N^{m}\text{-}3'\text{-}P$。其结构如下：

第四节 核酸的性质

一、核酸的一般性质

核酸都是白色固体物质，DNA 分子是长而没分支的多核苷酸链，呈纤维状；RNA 分子短，局部螺旋，呈粉末状。它们都微溶于水，形成有一定黏度的溶液。DNA 溶液比 RNA 溶液黏度大。DNA 和 RNA 都易溶于碱金属的盐溶液中，不溶于一般的有机溶剂。常用酒精从溶液中沉淀核酸。

核酸和核苷酸既有磷酰基，又有碱基，所以都是两性电解质。因磷酰基比碱基更易解离，通常表现为酸性。核酸和蛋白质一样具有等电点，能进行电泳，利用这一性质可将分子量大小不同的核酸分开。

核酸可被酸、碱或酶水解成各种组分，其水解程度因水解条件而异。RNA 能在室温条件下被稀碱水解成核苷酸，而 DNA 对碱较稳定，常利用此性质测定 RNA 的碱基组成或除去溶液中的 RNA 杂质。

RNA 与浓盐酸和甲基间苯二酚一起加热，即可生成绿色化合物；DNA 与二苯胺在酸性条件下加热，产生蓝色化合物。可利用这两种特殊颜色反应区别 DNA 和 RNA 或作为两者定量测定的基础。

二、核酸的紫外吸收性质

核酸中的嘌呤和嘧啶碱基具有共轭双键，能强烈吸收紫外光，因此核酸具有紫外吸收性质。其最大的吸收峰在 260nm 处。DNA 和 RNA 的紫外吸收光谱无明显差异。

核酸的紫外吸收值比其各核苷酸成分的吸收值之和少 30%～40%，这是由于核酸有规律的双螺旋结构中碱基紧密堆积在一起造成的。当核酸变性或降解时，其碱基暴露，紫外吸收值增高。因此根据核酸紫外吸收值的变化可判断其变性或水解程度（图 4-13）。

由于蛋白质在 260nm 处仅有很弱的吸收，因此可利用核酸的这一光学特性来定量测定它在细胞和组织中的含量。

另外，DNA 吸收紫外光后能引起突变，这在抗生素工业育种中具有很重要的作用。目前已用此法筛选出许多好的菌种。

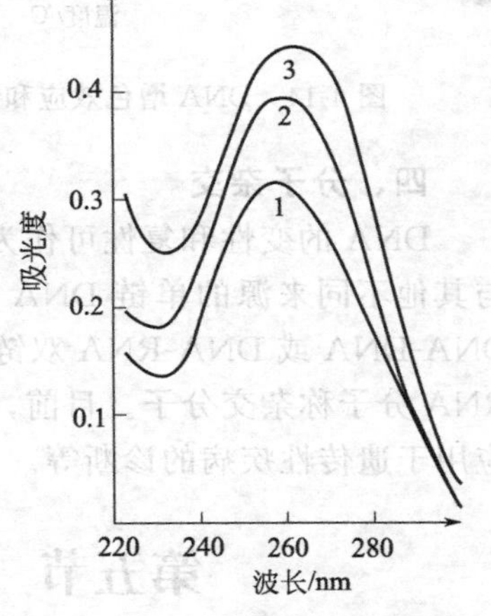

图 4-13 DNA 的紫外吸收光谱
1—天然 DNA；2—变性 DNA；
3—核苷酸总吸光度值

三、核酸的变性和复性

在某些理化因素作用下，核酸分子中碱基对之间的氢键断裂，有规律的双螺旋结构变成单链无规律的“线团”，空间结构被破坏，但一级结构不变，分子量不减小，这种变化过程称为核酸的变性。

核酸变性后，因双链解开，碱基暴露，所以 260nm 的紫外吸收值明显增强，这种现象称为增色效应。同时黏度下降，生物活性丧失。

DNA 变性的因素有化学因素（强酸、强碱、尿素）和物理因素（高温）。由温度升高而引起的 DNA 变性称为 DNA 的热变性。DNA 热变性的特点主要是加热引起双螺旋结构的解体，所以又称 DNA 的解链或溶解作用。

实验表明，DNA 的加热变性一般在较窄的温度范围内发生，就像晶体在熔点时突然熔化一样。通常将 DNA 变性所需的狭窄温度范围的中点，即熔解曲线中点所对应的温度，称解链温度或熔解温度，用 T_m 表示（图 4-14）。T_m 的大小与 DNA 的碱基组成有关，G-C 碱基对的含量越多，T_m 值越高，反之越低。这是因为 G-C 碱基对之间有 3 个氢键，含 G-C 碱基对多的 DNA 分子更为稳定的缘故。

变性 DNA 在适宜条件下，两条彼此分开的互补链可重新恢复成双螺旋结构，这个过程称 DNA 的复性。热变性的 DNA 经缓慢冷却即可复性，这一过程称为退火处理（图 4-15）。最适宜的复性温度比 T_m 值约低 25℃。

DNA 复性后，其生物活性和理化性质得以恢复，而其紫外吸收值也随之变小，这种现象叫减色效应。

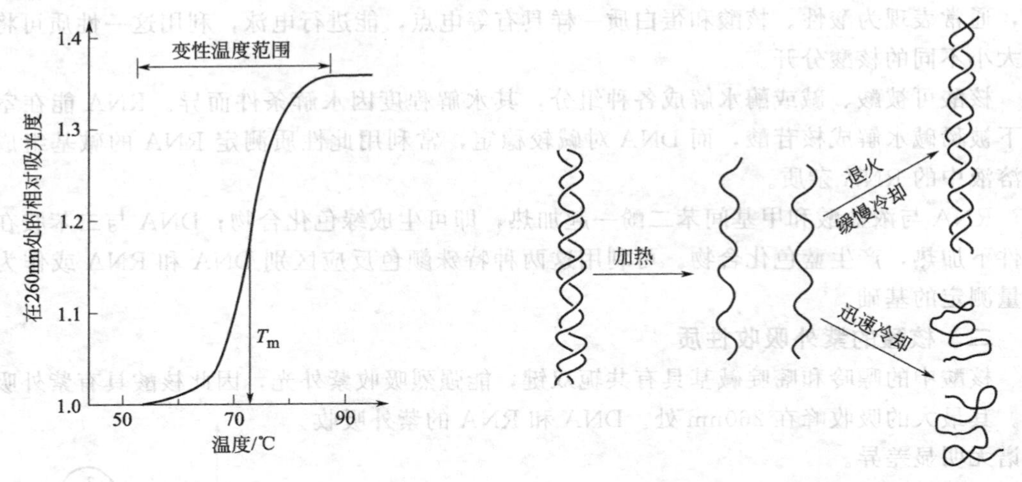

图 4-14 DNA 增色效应和解链温度　　图 4-15 DNA 的复性过程

四、分子杂交

DNA 的变性和复性可作为分子杂交的基础。DNA 热变性后，双链变成单链，然后让它与其他不同来源的单链 DNA 或 RNA 一起作退火处理，若它们之间碱基互补，则可形成 DNA-DNA 或 DNA-RNA 双链分子，这种过程称为分子杂交。所形成的 DNA-DNA、DNA-RNA 分子称杂交分子。目前，分子杂交技术已广泛应用于基因结构和基因定位的研究，也应用于遗传性疾病的诊断等。

第五节 核酸的提取、分离和含量测定

核酸的制备、定量测定及组分分析是研究核酸的基础。

一、核酸的提取和分离

从动植物组织和微生物中提取核酸的一般原则是首先要破碎细胞，提取核蛋白，然后把核酸和蛋白质分离，再沉淀核酸进行纯化。

破碎细胞 ⟶ 提取核蛋白 ⟶ 分离 ⟶ 核酸 —乙醇⟶ 核酸(粗品) ⟶ 纯化
　　　　　　　　　　　　　　　　　分离 ⟶ 蛋白质

核酸属于大分子化合物，具有复杂的空间三维结构，为了使得到的核酸保持天然状态，在提取分离时要注意避免强酸、强碱对核酸的降解，避免高温、机械剪切力对核酸空间结构的破坏，操作时在溶液中加入强酸酶抑制剂，整个过程要在低温（0℃左右）条件下进行，同时还要避免剧烈的搅拌。

1. 核蛋白的提取

核酸在自然状态下往往以核蛋白的形式存在。根据 DNA 蛋白和 RNA 蛋白在不同浓度的氯化钠溶液中溶解度不同的特点，可将它们从细胞匀浆中提取出来，并把它们

分离。在1～2mol/L氯化钠溶液中DNA蛋白溶解度很高，而在0.14mol/L氯化钠溶液中，DNA蛋白几乎不溶解；对于RNA蛋白来说则刚好相反。因此，可用1～2mol/L氯化钠溶液和0.14mol/L氯化钠溶液从细胞匀浆中分别将DNA蛋白和RNA蛋白提取出来。

2. 核蛋白中蛋白质的去除

提取到核蛋白后，还要除去其分子中的蛋白质成分，才能得到游离的核酸。去除核蛋白中的蛋白质成分常用的方法有变性法和酶解法。变性法常用氯仿-戊醇混合液、苯酚、十二烷基磺酸钠（SDS）等作为蛋白质的变性剂，蛋白质发生变性后，经沉淀与核酸分离出来。酶解法常选用广谱蛋白酶催化蛋白质水解，使核酸游离于溶液中。

在提取过程中，为了防止核酸酶对核酸的降解，常加入核酸酶的抑制剂。如提取DNA时，加入乙二胺四乙酸（EDTA）、柠檬酸、氟化物等来抑制脱氧核糖核酸酶的活性。提取RNA时，则加入硅藻土作为酶的抑制剂，抑制核糖核酸酶的活性。作用机制是硅藻土可吸附核糖核酸酶，将其从溶液中除去。

3. 核酸的纯化

核蛋白除去蛋白质后，得到的核酸需要进一步分离纯化。先用酒精沉淀核酸，得到核酸粗品，再将不同种类的核酸进行分离，如将线形DNA与环状DNA分离，将不同分子量的DNA分离。因核酸种类较多，同类核酸性质相似，纯化方法无通则可以遵循，应根据不同的核酸采用不同的纯化方法。常用的分离纯化方法有蔗糖密度梯度后氯化铯梯度超离心法、凝胶电泳法、纤维素色谱法、凝胶过滤法和超滤法等。

二、核酸含量的测定

核酸含量常用紫外分光光度法、磷法、定糖法等进行测定。在此仅介绍定磷法和定糖法。

1. 定磷法

核酸分子中磷的含量比较接近和恒定，DNA的平均含磷量为9.9%，RNA的平均含磷量为9.4%。故可通过测定核酸样品的含磷量计算出核酸的含量。

用强酸将核酸样品分子中的有机磷转变为无机磷酸，无机磷酸与钼酸反应生成磷钼酸，磷钼酸在还原剂如抗坏血酸、氯化亚锡等的作用下，还原成钼蓝。反应式如下：

$$\underset{\text{钼酸铵}}{(NH_4)_2MoO_4} + H_2SO_4 \longrightarrow \underset{\text{钼酸}}{H_2MoO_4} + (NH_4)_2SO_4$$

$$\underset{\text{钼酸}}{12H_2MoO_4} + H_3PO_4 \longrightarrow \underset{\text{磷钼酸}}{H_3PO_4 \cdot 12MoO_3} + 12H_2O$$

$$\underset{\text{磷钼酸}}{H_3PO_4 \cdot 12MoO_3} \longrightarrow \underset{\text{钼蓝}}{(MoO_2 \cdot 4MoO_3)_3 \cdot H_3PO_4 \cdot 4H_2O}$$

钼蓝于660nm处有最大吸收值，在一定浓度范围内，钼蓝溶液的颜色深浅和无机磷酸的含量成正比，可用比色法测定。

该法测得的磷含量为总磷量，需要减去无机磷的含量才是核酸磷的真实含量。

最后，根据无机磷的含量推算出核酸的含量。

2. 定糖法

核酸中的戊糖在浓硫酸或浓盐酸作用下可脱水生成醛类化合物，醛类化合物与某些呈色剂缩合生成有色化合物，可用比色法或分光光度法测定其溶液的吸收值。在一定浓度范围内，溶液的吸收值与核酸的含量成正比。

复 习 题

一、名词解释

磷酸二酯键、碱基互补规律、反密码子、核酸的变性与复性、增色效应、退火

二、填空题

1. DNA双螺旋结构模型是________于____年提出的。

2. 核酸的基本结构单位是______。

3. 两类核酸在细胞中的分布不同，DNA主要位于______中，RNA主要位于______中。

4. ______RNA分子指导蛋白质合成，______RNA分子用作蛋白质合成中活化氨基酸的载体。

5. DNA变性后，紫外吸收______，黏度______，浮力密度______，生物活性将______。

6. DNA在水溶解中热变性之后，如果将溶液迅速冷却，则DNA保持______状态；若使溶液缓慢冷却，则DNA重新形成______。

7. 维持DNA双螺旋结构稳定的主要因素是______，其次，大量存在于DNA分子中的弱作用力如______、______和______也起一定作用。

8. RNA的二级结构大多数是以单股________的形式存在，但也可局部盘曲形成________结构。典型的tRNA结构是________型结构，其特点是具________环________臂，其中氨基酸臂的功能是__________，反密码环的功能是__________。

三、简答题

1. 简述DNA双螺旋结构的发现、特点及意义。

2. 简述tRNA分子二级结构及三级结构的特征。

第五章　糖类代谢

学习目标

① 了解糖的种类、结构和生理功能。

② 掌握糖酵解、有氧氧化的概念、作用部位、反应过程、关键酶和生物学意义。

③ 了解磷酸戊糖途径的特点和生物学意义。

④ 会分析和计算酵解和柠檬酸循环中产生的能量。

⑤ 了解糖原合成与分解的基本反应过程，掌握其生理意义。

糖类是自然界分布最广的物质之一，从细菌到高等动物的机体都含有糖类物质，其中植物体中含量最为丰富。植物可通过光合作用把二氧化碳和水同化成葡萄糖，葡萄糖可进一步合成寡糖和多糖，如蔗糖、淀粉和糖原，还有构成植物细胞壁的纤维素和肽聚糖等。

糖类代谢为生物体提供重要的能源和碳源。生物体生存活动所需的能量，主要由糖类物质分解代谢提供，1g 葡萄糖经彻底氧化分解可释放约 16.74kJ 的能量。糖类代谢的中间产物还为氨基酸、核苷酸、脂肪酸、甘油的合成提供了碳原子或碳骨架，进而合成蛋白质、核酸、脂类等生物大分子。

第一节　生物体内的糖类

一、单糖

单糖是不能被水解的糖类，为多羟基的醛或酮。含有 3 个、4 个、5 个、6 个、7 个碳原子的糖分别称为三碳糖、四碳糖、五碳糖、六碳糖和七碳糖。最常见的三碳糖是甘油醛和二羟丙酮，甘油醛有一个不对称的碳原子，因此有两种立体异构体，其结构如下：

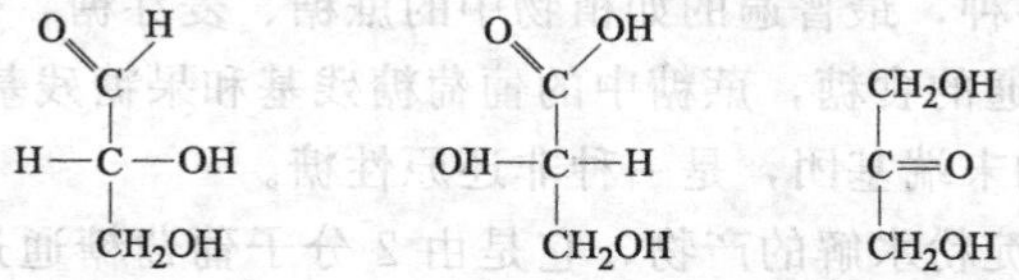

D-甘油醛　　L-甘油酸　　二羟丙酮

常见的六碳糖是 D-葡萄糖和 D-果糖。葡萄糖是醛糖，果糖是酮糖，其结构如下：

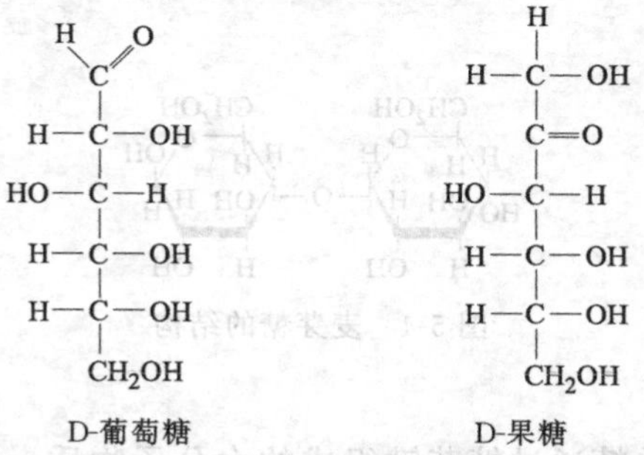

D-葡萄糖　　D-果糖

葡萄糖和果糖在溶液中的主要形式并不是开链式结构，而是环式结构。一般来说，醛会和醇反应形成半缩醛，因此葡萄糖中 C1 的醛基与 C5 的羟基反应，形成分子内的半缩醛，形成的糖环称为吡喃糖（图 5-1）。果糖分子上的 C2 酮基与 C5 羟基反应，也可形成分子内的半缩酮，形成的糖环称为呋喃糖（图 5-2）。

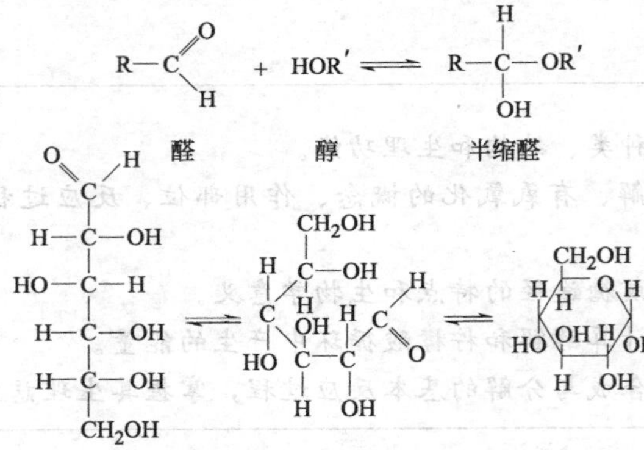

R—C(=O)—H + HOR′ ⇌ R—C(H)(OH)—OR′

醛 醇 半缩醛

H—C=O, H—C—OH, HO—C—H, H—C—OH, H—C—OH, CH_2OH ⇌ CH_2OH ... ⇌ CH_2OH (吡喃环)

图 5-1 吡喃葡萄糖的开链式和环式结构

R(R′)C=O + HOR″ ⇌ R(R′)C(OR″)(OH)

酮 醇 半缩酮

CH_2OH, C=O, HO—C—H, H—C—OH, H—C—OH, CH_2OH ⇌ $HOCH_2$ ... CH_2OH ⇌ $HOCH_2$ ... CH_2OH (呋喃环)

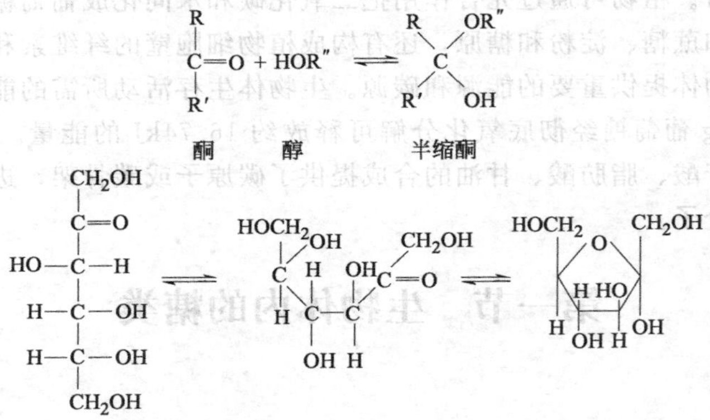

图 5-2 呋喃果糖的开链式和环式结构

二、双糖

生物体中的双糖有多种，最普遍的如植物中的蔗糖、麦芽糖，牛乳中的乳糖等。

蔗糖（图 5-3）即普通的食糖，蔗糖中的葡萄糖残基和果糖残基通过 α-1,4-糖苷键连接，所以，蔗糖没有还原性的末端基团，是一种非还原性糖。

麦芽糖（图 5-4）是淀粉水解的产物，它是由 2 分子葡萄糖通过 α-1,4-糖苷键连接而成的糖。麦芽糖还保留 1 个游离的半缩醛羟基，所以是一种还原糖。

乳糖（图 5-5）是乳中的双糖，由 1 分子半乳糖和 1 分子葡萄糖组成。乳糖也具有还原性。

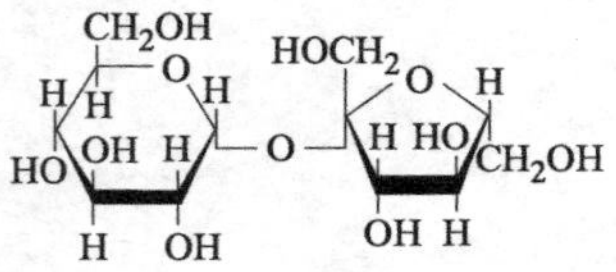

图 5-3 蔗糖的结构

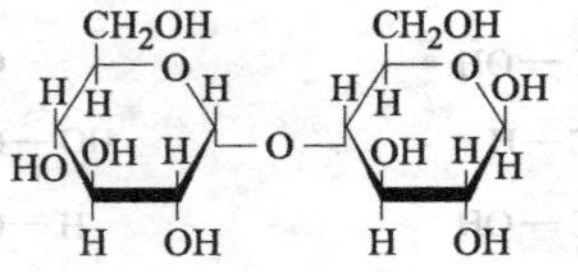

图 5-4 麦芽糖的结构

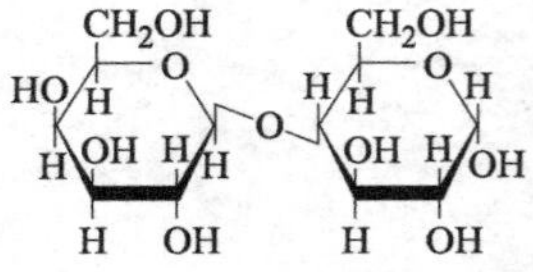

图 5-5 乳糖的结构

三、多糖

多糖是由 20 到上万个单糖通过糖苷键组成的大分子物质。各种生物体都含有多糖，最普遍的如淀粉、糖原和纤维素等，都具有重要的生物学功能。

淀粉是植物中普遍存在的多糖，它是植物体内养分的库存。淀粉有两种结构形式：一种是直链淀粉（图 5-6）；另一种是支链淀粉（图 5-7）。直链淀粉是由 α-葡萄糖通过 α-1,4-糖苷键连接组成的，是不分支类型的淀粉。支链淀粉中除有 α-1,4-糖苷键外，还有 α-1,6-糖苷键，大约每间隔 30 个 α-1,4-糖苷键就有一个 α-1,6-糖苷键，所以是分支类型的淀粉。

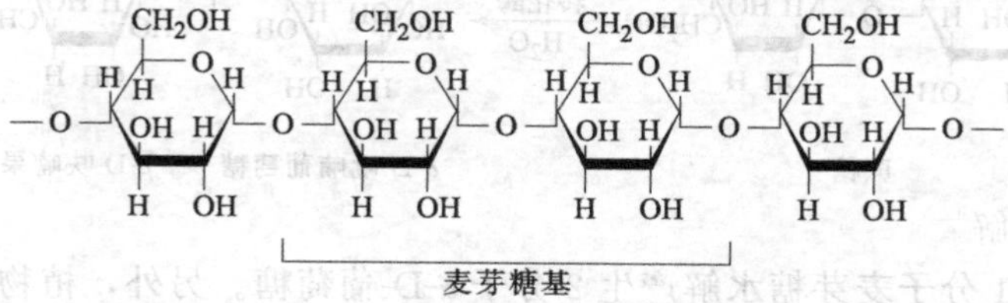

麦芽糖基

图 5-6 直链淀粉的部分结构

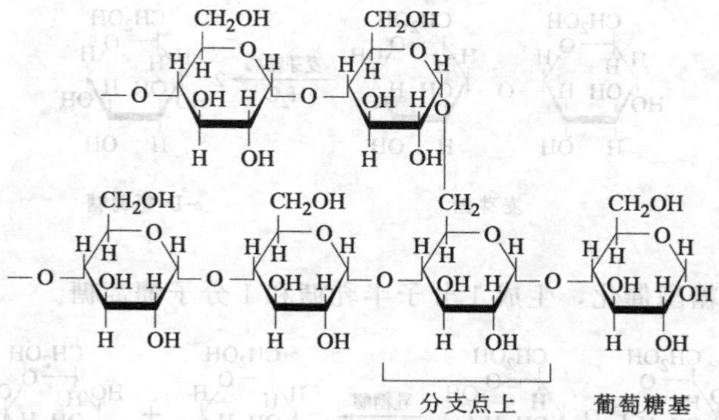

分支点上　葡萄糖基

图 5-7 支链淀粉的部分结构

糖原是人和动物体内的贮藏多糖。它的结构类似于淀粉，只是分支程度更高，大约每 10 个 α-1,4-糖苷键就有一个 α-1,6-糖苷键。糖原大量存在于肌肉和肝脏中。

纤维素是植物组织中主要的多糖，也是生物圈中最丰富的有机化合物，它占所有的有机碳一半以上。纤维素是由大约上千个葡萄糖通过 β-1,4-糖苷键连接组成的不分支的葡聚糖（图 5-8）。

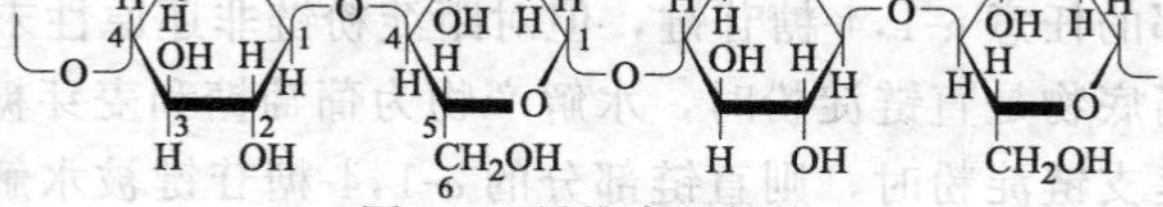

图 5-8 纤维素的结构

第二节 糖的酶促降解

生物体中的双糖和多糖都是在相应酶的催化下被水解的。

一、双糖的酶促降解

生物体中的双糖在相应酶的催化下被降解为单糖，然后进一步被氧化分解，或转化为其他化合物。例如，人和高等动物的肠黏膜细胞中有蔗糖酶、乳糖酶和麦芽糖酶，可以将相应的双糖降解。

1. 蔗糖的水解

蔗糖的水解由蔗糖酶催化，此酶也称转化酶，在植物体内广泛存在。蔗糖水解后产生1分子葡萄糖和1分子果糖。

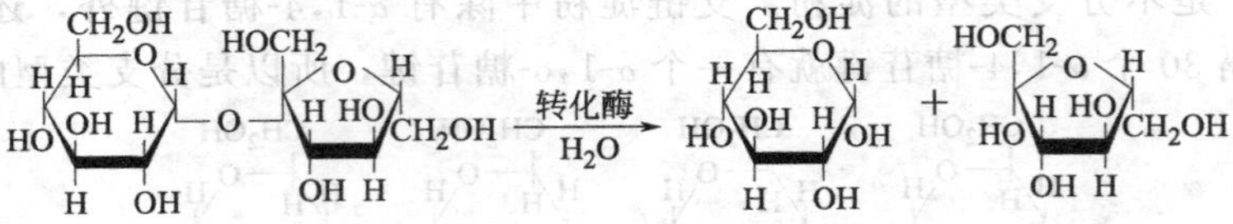

蔗糖 $\xrightarrow[H_2O]{转化酶}$ α-D-吡喃葡萄糖 + β-D-呋喃果糖

2. 麦芽糖的水解

麦芽糖酶催化1分子麦芽糖水解产生2分子α-D-葡萄糖。另外，植物中还存在α-葡萄糖苷酶，此酶也可催化麦芽糖的水解，在含淀粉种子萌发时最丰富。

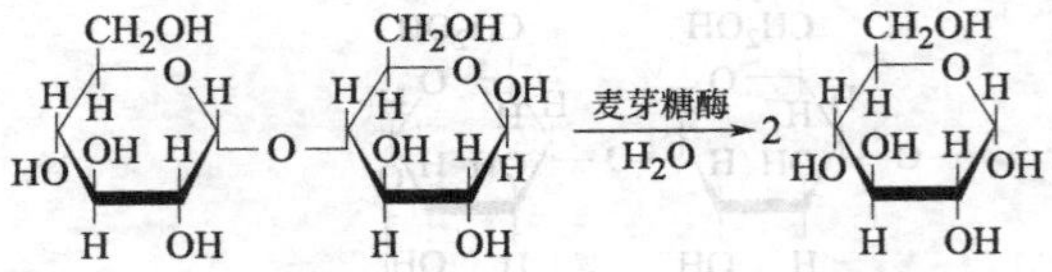

麦芽糖 $\xrightarrow[H_2O]{麦芽糖酶}$ 2 α-D-葡萄糖

3. 乳糖的水解

乳糖的水解由乳糖酶催化，生成1分子半乳糖和1分子葡萄糖。

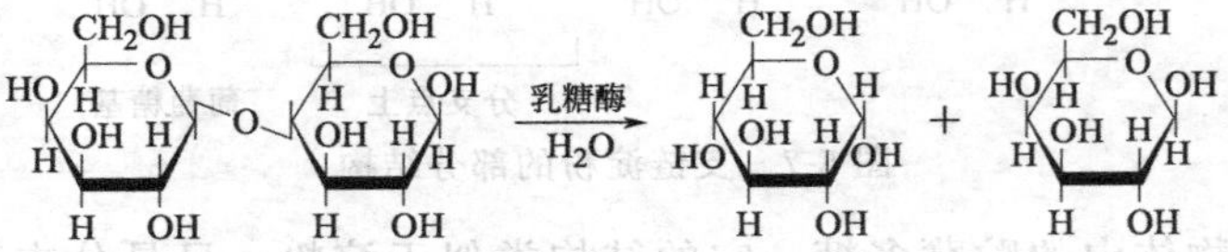

乳糖 $\xrightarrow[H_2O]{乳糖酶}$ α-D-葡萄糖 + α-D-半乳糖

二、淀粉的酶促降解

1. 淀粉的水解

能够催化淀粉α-1,4-糖苷键以及α-1,6-糖苷键水解的酶叫淀粉酶，主要包括α-淀粉酶、β-淀粉酶、R-酶。

（1）α-淀粉酶　α-淀粉酶又称α-1,4-葡聚糖水解酶。这是一种内切淀粉酶，可以水解直链淀粉或糖原分子内部的任意α-1,4-糖苷键，但对距淀粉链非还原性末端第5个以后的糖苷键的作用受到抑制。当底物是直链淀粉时，水解产物为葡萄糖和麦芽糖、麦芽三糖以及低聚糖的混合物；当底物是支链淀粉时，则直链部分的α-1,4-糖苷键被水解，而α-1,6-糖苷键不被水解，水解产物为葡萄糖和麦芽糖、麦芽三糖等寡聚糖类，以及含有α-1,6-糖苷键的短的分支部分极限糊精（α-极限糊精）的混合物。

（2）β-淀粉酶　β-淀粉酶又称α-1,4-葡聚糖基-麦芽糖基水解酶。这是一种外切淀粉酶，从淀粉分子外围的非还原性末端开始，每间隔一个糖苷键进行水解，生成产物为麦芽糖。如果底物是直链淀粉，水解产物几乎都是麦芽糖；如果底物是支链淀粉，水解产物则为麦芽糖和多分支糊精（β-极限糊精）。要需说明的是，α-淀粉酶和β-淀粉酶中的α和β并不是指其作用的α-糖苷键或β-糖苷键，而只是表明对淀粉水解作用不同的两种酶，实际上，这两种酶都只作用于淀粉的α-1,4-糖苷键，水解的终产物以麦芽糖为主（图5-9）。

（3）R-酶　R-酶又称为脱支酶，它可作用于淀粉的α-1,6-糖苷键，但它不能水解支链淀

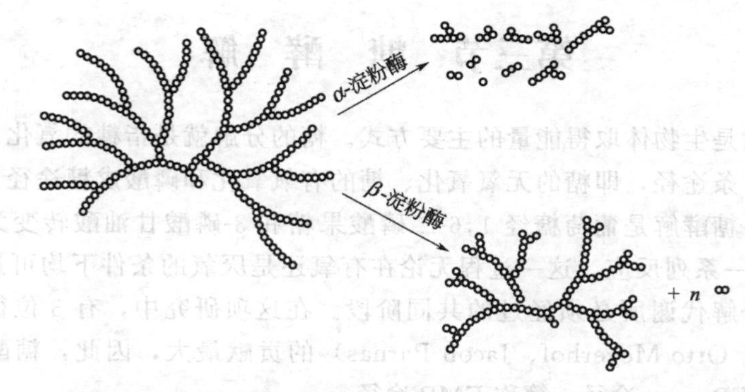

图 5-9 α-淀粉酶和β-淀粉酶对支链淀粉的分解作用

粉内部的分支，只能水解支链淀粉的外围分支。所以，支链淀粉的完全降解需要有α-淀粉酶、β-淀粉酶和R-酶的共同作用。

2. 淀粉的磷酸解

淀粉除了可以被水解外，也可以被磷酸解。

（1）α-1,4-糖苷键的降解 淀粉磷酸化酶可作用于淀粉的α-1,4-糖苷键，从非还原端依次进行磷酸解，每次释放1分子1-磷酸葡萄糖。生成的1-磷酸葡萄糖不能扩散到细胞外，可进一步在磷酸葡萄糖变位酶的催化下转化为6-磷酸葡萄糖，最后转化为葡萄糖。

（2）α-1,6-糖苷键的降解 支链淀粉经磷酸解完全降解需3种酶的共同作用。这3种酶是磷酸化酶、转移酶和α-1,6-糖苷酶。首先，磷酸化酶从非还原性末端依次降解并释放出1分子1-磷酸葡萄糖，直到在分支点以前还剩4个葡萄糖残基为止。然后转移酶将一个分支上剩下的4个葡萄糖残基中的3个葡萄糖残基转移到另一个分支上，并形成一个新的α-1,4-糖苷键。最后，α-1,6-糖苷酶降解暴露在外的α-1,6-糖苷键。这样，原来的分支结构就变成了直链结构，磷酸化酶可继续催化其磷酸解，生成1-磷酸葡萄糖。糖原的降解也是通过磷酸解，由磷酸化酶和转移酶以及α-1,6-糖苷酶共同作用将糖原完全降解。支链淀粉（或糖原）彻底磷酸解的过程见图5-10。

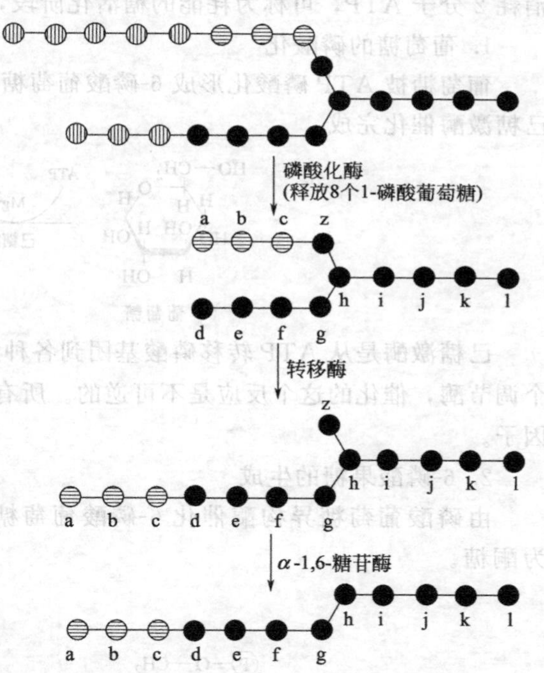

图 5-10 支链淀粉（或糖原）彻底磷酸解的过程

三、纤维素的酶促降解

纤维素是由β-1,4-葡萄糖苷键组成的多糖，虽然也以葡萄糖为基本组成单位，但其性质与淀粉有很大差异。纤维素是一种结构多糖而不起营养作用。纤维素的降解是在纤维素酶的催化下进行的。有些微生物（包括真菌、放线菌、细菌）及反刍动物的消化系统瘤胃中的某些细菌能产生纤维素酶，所以能降解与消化纤维素。而哺乳动物没有纤维素酶，所以不能消化植物纤维。

第三节 糖 酵 解

糖的分解代谢是生物体取得能量的主要方式。糖的分解就是指糖的氧化。生物体中糖的氧化分解主要有3条途径，即糖的无氧氧化、糖的有氧氧化和磷酸戊糖途径。其中糖的无氧氧化又称糖酵解。糖酵解是葡萄糖经1,6-二磷酸果糖和3-磷酸甘油酸转变为丙酮酸，同时产生少量ATP的一系列反应。这一过程无论在有氧还是厌氧的条件下均可进行，是所有生物体进行葡萄糖分解代谢所必须经过的共同阶段。在这项研究中，有3位德国生物化学家（Gustav Embden、Otto Meyerhof、Jacob Parnas）的贡献最大，因此，糖酵解过程又称为Embden-Meyerhof-Parnas途径，简称EMP途径。

一、糖酵解的过程

糖酵解在细胞质中进行，全部过程从葡萄糖开始，共包括10步反应，这10个步骤可划分为3个阶段，即己糖的磷酸化、磷酸己糖的裂解、丙酮酸和ATP的生成。

（一）己糖的磷酸化（活化阶段）

在第一阶段中，通过两次磷酸化反应，将葡萄糖活化为1,6-二磷酸果糖。这一阶段共消耗2分子ATP，可称为耗能的糖活化阶段，包括3步反应。

1. 葡萄糖的磷酸化

葡萄糖被ATP磷酸化形成6-磷酸葡萄糖（6-P-G），即第一个磷酸化反应，这个反应由己糖激酶催化完成。

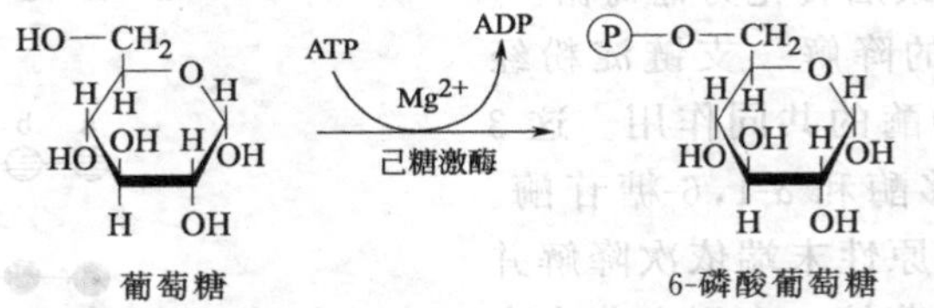

葡萄糖 + ATP —(Mg^{2+}，己糖激酶)→ 6-磷酸葡萄糖 + ADP

己糖激酶是从ATP转移磷酸基团到各种六碳糖上去的酶，该酶是糖酵解过程中的第一个调节酶，催化的这个反应是不可逆的。所有激酶的活性都需要Mg^{2+}等金属离子作为激活因子。

2. 6-磷酸果糖的生成

由磷酸葡萄糖异构酶催化6-磷酸葡萄糖异构化为6-磷酸果糖（6-P-F），即醛糖转变为酮糖。

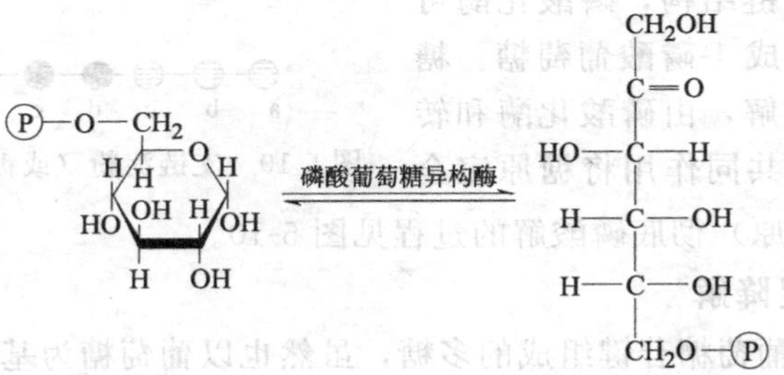

6-磷酸葡萄糖 ⇌(磷酸葡萄糖异构酶) 6-磷酸果糖

3. 1,6-二磷酸果糖的生成

6-磷酸果糖被ATP磷酸化为1,6-二磷酸果糖，即第二个磷酸化反应，这个反应由磷酸果糖激酶催化，是糖酵解过程中的第二个不可逆反应。

6-磷酸果糖 $\xrightarrow[\text{磷酸果糖激酶}]{ATP \quad Mg^{2+} \quad ADP}$ 1,6-二磷酸果糖

（二）磷酸己糖的裂解（降解阶段）

第二阶段反应是1,6-二磷酸果糖裂解为2分子磷酸丙糖以及磷酸丙糖的相互转化，此阶段包括两步反应。

4. 1,6-二磷酸果糖的裂解

1,6-二磷酸果糖裂解为3-磷酸甘油醛和磷酸二羟丙酮，反应由醛缩酶催化。醛缩酶的名称取自于其逆向反应的性质，即醛醇缩合反应。

1,6-二磷酸果糖 $\xrightarrow{\text{醛缩酶}}$ 磷酸二羟丙酮 + 3-磷酸甘油醛

5. 磷酸丙糖的同分异构化

磷酸二羟丙酮不能继续进入糖酵解途径，但它可以在磷酸丙糖异构酶的催化下迅速异构化为3-磷酸甘油醛，进入糖酵解的后续反应。所以1分子1,6-二磷酸果糖相当于形成了2分子3-磷酸甘油醛。

磷酸二羟丙酮 $\underset{}{\overset{\text{磷酸丙糖异构酶}}{\rightleftharpoons}}$ 3-磷酸甘油醛

（三）丙酮酸和ATP的生成

第三阶段包括5步反应。

6. 1,3-二磷酸甘油酸的生成

3-磷酸甘油醛被3-磷酸甘油醛脱氢酶催化，进行氧化脱氢，生成1,3-二磷酸甘油酸。

3-磷酸甘油醛 $\xrightarrow[\text{3-磷酸甘油醛脱氢酶}]{Pi \quad NAD^+ \quad NADH+H^+}$ 1,3-二磷酸甘油酸

该反应是糖酵解中唯一的一次氧化还原反应，同时又是磷酸化反应。在这步反应中产生了1个高能磷酸键，NAD^+ 被还原为NADH。

7. 3-磷酸甘油酸和第一处 ATP 的生成

磷酸甘油酸激酶催化 1,3-二磷酸甘油酸分子 C1 上的高能磷酸基团到 ADP 上，生成 3-磷酸甘油酸和 ATP。

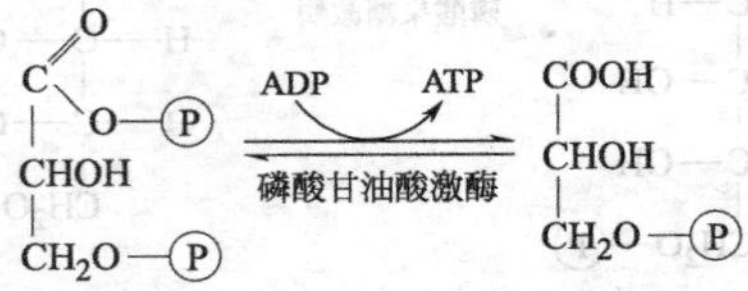

1,3-二磷酸甘油酸 ⇌（磷酸甘油酸激酶；ADP→ATP）3-磷酸甘油酸

8. 3-磷酸甘油酸异构化为 2-磷酸甘油酸

磷酸甘油酸变位酶催化 3-磷酸甘油酸 C3 上的磷酸基团转移到分子内的 C2 原子上，生成 2-磷酸甘油酸。

3-磷酸甘油酸 ⇌（磷酸甘油酸变位酶）2-磷酸甘油酸

9. 磷酸烯醇式丙酮酸的生成

由烯醇化酶催化 2-磷酸甘油酸脱去 1 分子水，生成磷酸烯醇式丙酮酸（PEP）。

2-磷酸甘油酸 ⇌（烯醇化酶；Mg^{2+}；$-H_2O$）磷酸烯醇式丙酮酸（PEP）

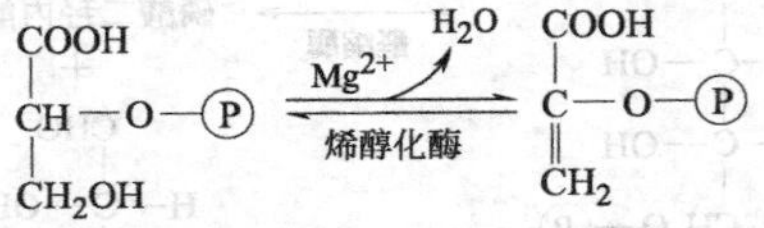

这一脱水反应，使分子内部能量重新分布，C2 上的磷酸基团转变为高能磷酸基团。

10. 丙酮酸和第二处 ATP 的生成

丙酮酸激酶催化磷酸烯醇式丙酮酸的磷酸基团转移到 ADP 上，生成烯醇式丙酮酸和 ATP。而烯醇式丙酮酸很不稳定，迅速重排形成丙酮酸。

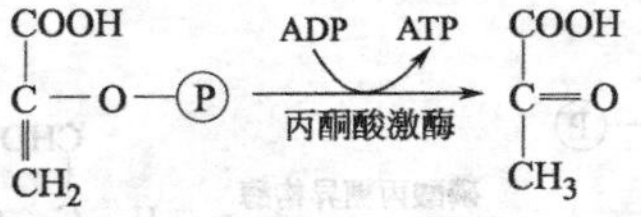

磷酸烯醇式丙酮酸 →（丙酮酸激酶；ADP→ATP）丙酮酸

在糖酵解中，除己糖激酶、磷酸果糖激酶（PFK）和丙酮酸激酶所催化的反应是不可逆反应外，其余反应都是可逆反应。因此上述 3 种酶是限速酶，调节着糖酵解的速率，以满足细胞对 ATP 和合成原料的需要。

糖酵解的过程可概括如图 5-11。

二、丙酮酸的去路

糖酵解生成的丙酮酸在无氧条件下不能进一步氧化，只能进行乳酸发酵或酒精发酵而生成为乳酸或乙醇（如图 5-12 所示）。在有氧条件下，丙酮酸则进一步氧化脱羧生成乙酰 CoA，经三羧酸循环和电子传递链彻底氧化为 CO_2 和 H_2O。

1. 丙酮酸形成乳酸

在许多种厌氧微生物（如乳酸杆菌）中，或高等生物细胞供氧不足（如剧烈运动的肌肉细胞）时，利用 EMP 途径中 3-磷酸甘油醛氧化时所产生的 NADH，丙酮酸被还原为乳酸。反应由乳酸脱氢酶催化。

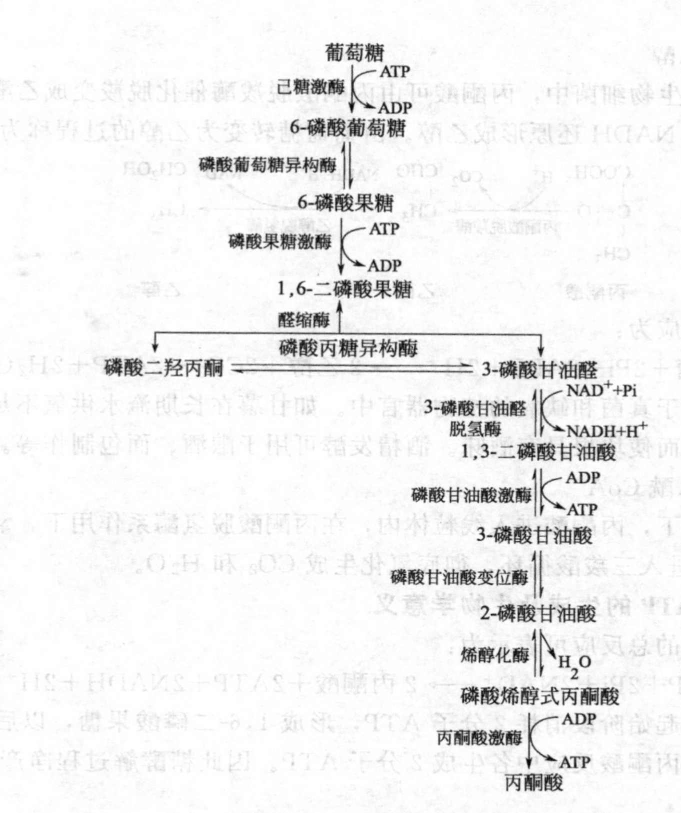

图 5-11 糖酵解的过程

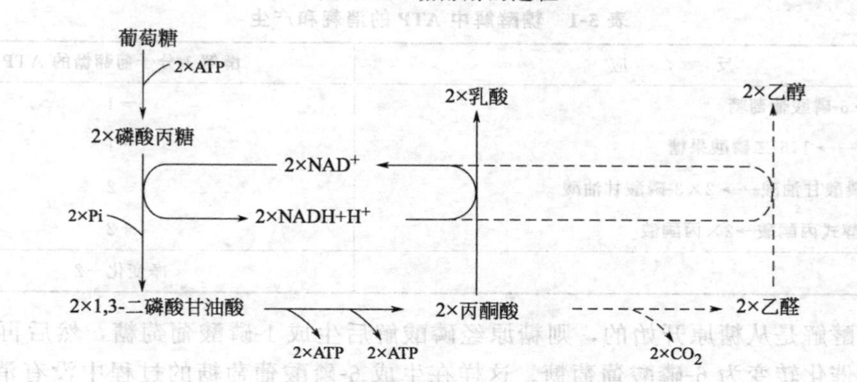

图 5-12 丙酮酸在无氧条件下的去路

$$\begin{array}{c}CH_3\\|\\C{=}O\\|\\COOH\end{array} + NADH + H^+ \xrightarrow{\text{乳酸脱氢酶}} \begin{array}{c}CH_3\\|\\CHOH\\|\\COOH\end{array} + NAD^+$$

丙酮酸　　　　　　　　　　乳酸

葡萄糖转变为乳酸的总反应为：

$$\text{葡萄糖} + 2Pi + 2ADP \longrightarrow 2\ \text{乳酸} + 2ATP + 2H_2O$$

动物、植物及微生物都可进行乳酸发酵。如果动物缺氧时间过长，将大量积累乳酸，造成代谢性酸中毒，严重时会导致死亡。乳酸发酵可用于生产奶酪、酸奶、食用泡菜及青贮饲料等。如食用泡菜的腌制就是乳酸杆菌大量繁殖，产生的乳酸积累导致酸性增强，抑制了其他细菌的活动，因而使泡菜不致腐烂。

2. 丙酮酸形成乙醇

在酵母和某些微生物细菌中，丙酮酸可由丙酮酸脱羧酶催化脱羧变成乙醛。乙醛继而在乙醇脱氢酶催化下被 NADH 还原形成乙醇。由葡萄糖转变为乙醇的过程称为酒精发酵。

$$\underset{\text{丙酮酸}}{\begin{matrix}COOH\\|\\C=O\\|\\CH_3\end{matrix}} \xrightarrow[\text{丙酮酸脱羧酶}]{H^+ \;\; CO_2} \underset{\text{乙醛}}{\begin{matrix}CHO\\|\\CH_3\end{matrix}} \xrightarrow[\text{乙醇脱氢酶}]{NADH+H^+ \;\; NAD^+} \underset{\text{乙醇}}{\begin{matrix}CH_2OH\\|\\CH_3\end{matrix}}$$

酒精发酵的总反应为：

$$\text{葡萄糖}+2Pi+2ADP+2H^+ \longrightarrow 2\,\text{乙醇}+2CO_2+2ATP+2H_2O$$

酒精发酵也存在于真菌和缺氧的植物器官中。如甘薯在长期淹水供氧不足时，块根进行无氧呼吸，产生乙醇而使块根具有酒味。酒精发酵可用于酿酒、面包制作等。

3. 丙酮酸形成乙酰 CoA

如果在有氧条件下，丙酮酸进入线粒体内，在丙酮酸脱氢酶系作用下，氧化脱羧生成乙酰 CoA，乙酰 CoA 进入三羧酸循环，彻底氧化生成 CO_2 和 H_2O。

三、糖酵解中 ATP 的生成及生物学意义

糖酵解整个过程的总反应可表示为：

$$\text{葡萄糖}+2ADP+2Pi+2NAD^+ \longrightarrow 2\,\text{丙酮酸}+2ATP+2NADH+2H^+ +2H_2O$$

在糖酵解过程的起始阶段消耗 2 分子 ATP，形成 1,6-二磷酸果糖，以后在 1,3-二磷酸甘油酸及磷酸烯醇式丙酮酸反应中各生成 2 分子 ATP。因此糖酵解过程净产生 2 分子 ATP (表 5-1)。

表 5-1 糖酵解中 ATP 的消耗和产生

反　　应	酵解 1 分子葡萄糖的 ATP
葡萄糖⟶6-磷酸葡萄糖	−1
6-磷酸果糖⟶1,6-二磷酸果糖	−1
2×1,3-二磷酸甘油酸⟶2×3-磷酸甘油酸	+2
2×磷酸烯醇式丙酮酸→2×丙酮酸	+2
	净变化+2

如果糖酵解是从糖原开始的，则糖原经磷酸解后生成 1-磷酸葡萄糖，然后再经磷酸葡萄糖变位酶催化转变为 6-磷酸葡萄糖。这样在生成 6-磷酸葡萄糖的过程中没有消耗 ATP，所以相当于每分子葡萄糖经糖酵解可净产生 3 分子 ATP。

糖酵解在生物体中普遍存在，从单细胞生物到高等动植物都存在糖酵解过程，并且在无氧及有氧条件下都能进行，是葡萄糖进行有氧或无氧分解的共同代谢途径。通过糖酵解，生物体获得生命活动所需的部分能量。当生物体在相对缺氧（如高原氧气稀薄）或氧的供应不足（如激烈运动）时，糖酵解是糖分解的主要形式，也是获得能量的主要方式，但糖酵解只将葡萄糖分解为三碳化合物，释放的能量有限，因此是肌体供氧不足或有氧氧化受阻（呼吸、TCA 机能障碍）时补充能量的应急措施。此外，糖酵解途径中形成的许多中间产物，可作为合成其他物质的原料，如磷酸二羟丙酮可转变为甘油，丙酮酸可转变为丙氨酸或乙酰 CoA，后者是脂肪酸合成的原料，这样就使糖酵解与蛋白质代谢及脂肪代谢途径联系起来，实现物质间的相互转化。糖酵解途径除 3 步不可逆反应外，其余反应步骤均可逆转，这就为糖异生作用提供了基本途径。

第四节 糖的有氧氧化

大部分生物的糖分解代谢是在有氧条件下进行的，糖的有氧分解实际上是酵解生成的丙酮酸在有氧条件下的彻底氧化。丙酮酸的氧化可分为两个阶段：丙酮酸氧化为乙酰 CoA 和乙酰 CoA 经过三羧酸循环被彻底氧化为 CO_2 和 H_2O，同时释放出大量能量。

三羧酸循环不仅是糖代谢的主要途径，也是蛋白质、脂肪氧化分解代谢的最终途径，该途径在动植物和微生物细胞中普遍存在，具有重要的生理意义。三羧酸循环进行的场所是线粒体。

一、丙酮酸的氧化脱羧

丙酮酸的氧化脱羧是糖酵解产物丙酮酸在有氧条件下，由丙酮酸脱氢酶系催化生成乙酰 CoA 的不可逆反应。该反应既脱氢又脱羧，故称氧化脱羧。

$$\underset{\text{丙酮酸}}{CH_3-CO-COOH} + NAD^+ + CoA \xrightarrow[\text{复合体}]{\text{丙酮酸脱氢酶}} \underset{\text{乙酰 CoA}}{CH_3-CO\sim SCoA} + NADH + H^+ + CO_2$$

丙酮酸脱氢酶系是一个多酶复合体，位于线粒体内膜上，由丙酮酸脱氢酶（E_1）、二氢硫辛酸转乙酰酶（E_2）和二氢硫辛酸脱氢酶（E_3）3 种酶组成，在多酶复合体中还包含有硫胺素焦磷酸 TPP^+、硫辛酸、CoA—SH、FAD、NAD^+ 和 Mg^{2+} 等 6 种辅助因子。

整个丙酮酸氧化脱羧的反应过程如图 5-13 所示。

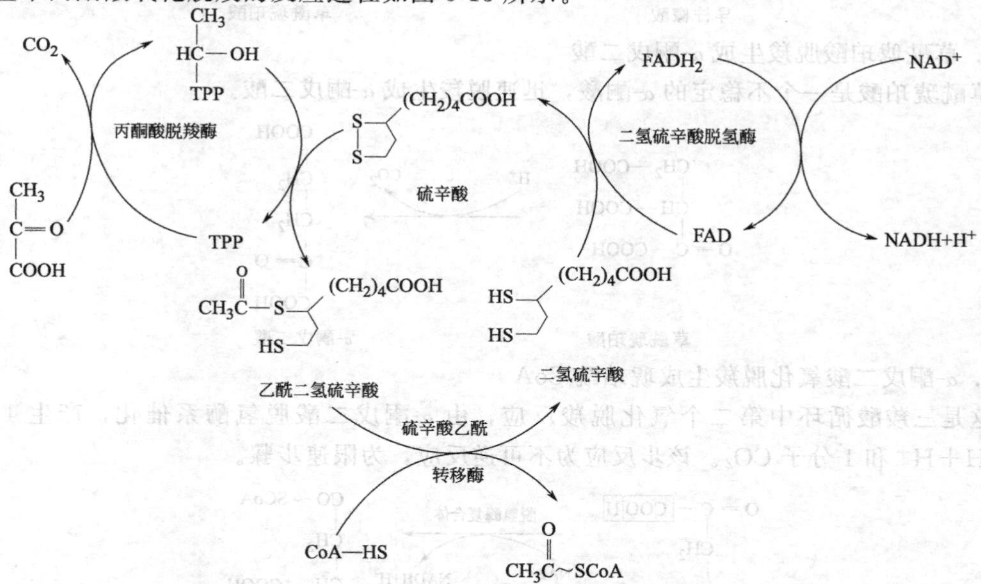

图 5-13 丙酮酸氧化脱羧的反应过程

该反应生成的 $NADH+H^+$ 进入呼吸链，产生 ATP。而乙酰 CoA 则进入三羧酸循环被彻底氧化。

二、三羧酸循环的反应过程

在有氧条件下，乙酰 CoA 中的乙酰基经过三羧酸循环（TCA 循环）被彻底氧化为 CO_2 和 H_2O，整个过程包括合成、加水、脱氢、脱羧等 9 步反应。

1. 乙酰 CoA 与草酰乙酸缩合生成柠檬酸

在柠檬酸合成酶的催化下，乙酰 CoA 与草酰乙酸缩合生成柠檬酸与 CoA—SH，此反应不可逆。柠檬酸合成酶是三羧酸循环途径的关键酶、限速酶。

$$\underset{\text{乙酰 CoA}}{CH_3-\underset{\|}{C}(=O)\sim SCoA} + \underset{\text{草酰乙酸}}{O=C(-COOH)-CH_2-COOH} \xrightarrow[H_2O\quad CoA-SH]{\text{柠檬酸合成酶}} \underset{\text{柠檬酸}}{HO-C(-COOH)(-CH_2-COOH)-CH_2-COOH}$$

2．柠檬酸异构化生成异柠檬酸

柠檬酸先脱水生成顺乌头酸，然后再加水生成异柠檬酸。反应由顺乌头酸酶催化。

$$\underset{\text{柠檬酸}}{CH_2(-COOH)-C(OH)(-COOH)-CH_2-COOH} \underset{}{\xrightarrow[H_2O]{\text{顺乌头酸酶}}} \underset{\text{顺乌头酸}}{CH(-COOH)=C(-COOH)-CH_2-COOH} \xrightarrow{H_2O} \underset{\text{异柠檬酸}}{HO-CH(-COOH)-CH(-COOH)-CH_2-COOH}$$

3．异柠檬酸氧化脱羧生成 α-酮戊二酸

在异柠檬酸脱氢酶的催化下，异柠檬酸被氧化脱氢，生成草酰琥珀酸，这是三羧酸循环的第一次氧化还原反应。

$$\underset{\text{异柠檬酸}}{CH_2(-COOH)-CH(-COOH)-CH(OH)-COOH} \xrightarrow[\text{异柠檬酸脱氢酶}]{NAD^+\quad NADH+H^+} \underset{\text{草酰琥珀酸}}{CH_2(-COOH)-CH(-COOH)-C(=O)-COOH}$$

4．草酰琥珀酸脱羧生成 α-酮戊二酸

草酰琥珀酸是一个不稳定的 α-酮酸，迅速脱羧生成 α-酮戊二酸。

$$\underset{\text{草酰琥珀酸}}{CH_2(-COOH)-CH(-COOH)-C(=O)-COOH} \xrightarrow{H^+\quad CO_2} \underset{\alpha\text{-酮戊二酸}}{COOH-CH_2-CH_2-C(=O)-COOH}$$

5．α-酮戊二酸氧化脱羧生成琥珀酰 CoA

这是三羧酸循环中第二个氧化脱羧反应，由 α-酮戊二酸脱氢酶系催化，产生 1 分子 NADH＋H^+ 和 1 分子 CO_2。该步反应为不可逆反应，为限速步骤。

$$\underset{\alpha\text{-酮戊二酸}}{O=C(-COOH)-CH_2-CH_2-COOH} \xrightarrow[NAD^+\ CoA-SH\quad NADH+H^+\ CO_2]{\text{脱氢酶复合体}} \underset{\text{琥珀酰 CoA}}{CO\sim SCoA-CH_2-CH_2-COOH}$$

α-酮戊二酸脱氢酶系与丙酮酸脱氢酶系的结构和催化机制相似，由 α-酮戊二酸脱氢酶、转琥珀酰酶和二氢硫辛酸脱氢酶 3 种酶组成；都是氧化脱羧反应，也需要 TPP、硫辛酸、CoA—SH、FAD、NAD^+ 及 Mg^{2+} 6 种辅助因子的参与。

6．琥珀酰 CoA 生成琥珀酸

琥珀酰 CoA 含有一个高能硫酯键，是高能化合物，在琥珀酸硫激酶催化下，高能硫酯键水解释放的能量使 GDP 磷酸化生成 GTP，同时生成琥珀酸。GTP 很容易将磷酸基团转移给

ADP 形成 ATP。这是三羧酸循环中唯一的底物水平磷酸化直接产生高能磷酸化合物的反应。

$$\begin{array}{l} CO\sim SCoA \\ | \\ CH_2 \\ | \\ CH_2-COOH \end{array} \xrightleftharpoons[GDP+Pi \quad GTP+CoA-SH]{\text{琥珀酰CoA合成}} \begin{array}{l} CH_2-COOH \\ | \\ CH_2-COOH \end{array}$$

琥珀酰 CoA　　　　　　　　　　　琥珀酸

$$GTP+ADP \rightleftharpoons GDP+ATP$$

7．琥珀酸氧化生成延胡索酸

在琥珀酸脱氢酶的催化下，琥珀酸被氧化脱氢生成延胡索酸，酶的辅基 FAD 是氢受体，这是三羧酸循环中的第三次氧化还原反应。

$$\begin{array}{l} CH_2-COOH \\ | \\ CH_2-COOH \end{array} \xrightleftharpoons[FAD \quad FADH_2]{\text{琥珀酸脱氢酶}} \begin{array}{l} HOOC-CH \\ \quad\quad \| \\ \quad\quad HC-COOH \end{array}$$

琥珀酸　　　　　　　　　　　延胡索酸

8．延胡索酸加水生成苹果酸

在延胡索酸酶的催化下，延胡索酸水化生成苹果酸。

$$\begin{array}{l} HOOC-CH \\ \quad\quad \| \\ \quad\quad HC-COOH \end{array} \xrightleftharpoons[H_2O]{\text{延胡索酸酶}} \begin{array}{l} HO-CH-COOH \\ \quad\quad | \\ \quad\quad CH_2-COOH \end{array}$$

延胡索酸　　　　　　　　　　　苹果酸

9．苹果酸氧化生成草酰乙酸

在苹果酸脱氢酶的催化下，苹果酸氧化脱氢生成草酰乙酸，NAD^+ 是氢受体，这是三羧酸循环中的第 4 次氧化还原反应，也是循环的最后一步反应。

$$\begin{array}{l} HO-CH-COOH \\ \quad\quad | \\ \quad\quad CH_2-COOH \end{array} \xrightleftharpoons[NAD^+ \quad NADH+H^+]{\text{苹果酸脱氢酶}} \begin{array}{l} O=C-COOH \\ \quad\quad | \\ \quad\quad CH_2-COOH \end{array}$$

苹果酸　　　　　　　　　　　草酰乙酸

至此，草酰乙酸得以再生，又可接受进入循环的乙酰 CoA 分子，进行下一轮三羧酸循环反应。三羧酸循环的反应历程如图 5-14。

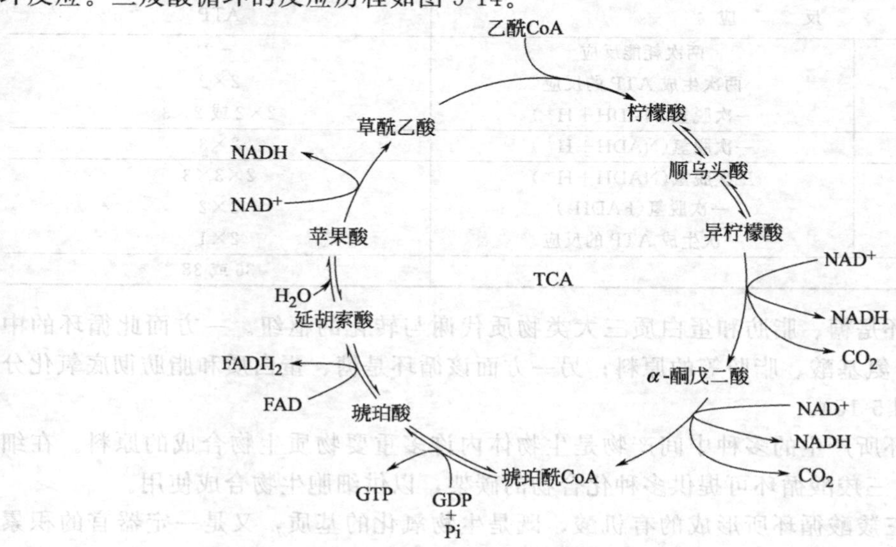

图 5-14　三羧酸循环的反应历程

三、三羧酸循环的特点

三羧酸循环中8种酶催化9步反应的总反应式为：

$$乙酰CoA + 3NAD^+ + FAD + GDP + Pi + 2H_2O \longrightarrow 2CO_2 + 3NADH + 3H^+ + FADH_2 + GTP + CoA—SH$$

整个反应过程可概括总结出如下特点。

① 乙酰CoA进入三羧酸循环后，两个碳原子被氧化成CO_2离开循环。

② 在整个循环中消耗了两分子水，一分子用于合成柠檬酸，另一分子用于延胡索酸的水合作用。

③ 在三羧酸循环的反应过程的第3步、第5步、第7步、第9步四个氧化还原反应中各脱下一对氢原子，其中三对氢原子交给NAD^+，生成$NADH + H^+$，另一对氢原子交给FAD生成$FADH_2$。

④ 在琥珀酰CoA生成琥珀酸时，偶联有底物水平磷酸化，生成1分子GTP，可转化为ATP。

⑤ 丙酮酸脱氢酶系催化的反应是不可逆的，所以整个三羧酸循环单向进行。

⑥ $NADH + H^+$和$FADH_2$在电子传递链中被氧化，在电子经过电子传递体传递给O_2时偶联ATP的生成。在线粒体中每个$NADH + H^+$产生3个ATP，每个$FADH_2$产生2个ATP，再加上直接生成的1分子GTP，1分子乙酰CoA通过三羧酸循环被氧化共产生12个ATP。

⑦ TCA的中间产物可转化为其他物质，故需不断补充。

四、三羧酸循环的生物学意义

生物界中的动物、植物及微生物都普遍存在三羧酸循环途径，所以三羧酸循环具有普遍的生物学意义。

① 三羧酸循环是机体将糖或其他物质氧化而获得能量的最有效方式。在糖代谢中，糖经此途径氧化产生的能量最多。每分子葡萄糖经有氧氧化生成H_2O和CO_2时，可净生成38分子ATP或36分子ATP（见表5-2）。

表5-2 糖有氧氧化过程中ATP的生成

反应		ATP
第一阶段	两次耗能反应	−2
	两次生成ATP的反应	2×2
	一次脱氢($NADH + H^+$)	2×2或2×3
第二阶段	一次脱氢($NADH + H^+$)	2×3
第三阶段	三次脱氢($NADH + H^+$)	2×3×3
	一次脱氢($FADH_2$)	2×2
	一次生成ATP的反应	2×1
净生成		36或38

② 三羧酸循环是糖、脂肪和蛋白质三大类物质代谢与转化的枢纽。一方面此循环的中间产物是合成糖、氨基酸、脂肪等的原料；另一方面该循环是糖、蛋白质和脂肪彻底氧化分解的共同途径（图5-15）。

③ 三羧酸循环所产生的多种中间产物是生物体内许多重要物质生物合成的原料。在细胞迅速生长时期，三羧酸循环可提供多种化合物的碳架，以供细胞生物合成使用。

④ 植物体内三羧酸循环所形成的有机酸，既是生物氧化的基质，又是一定器官的积累物质。

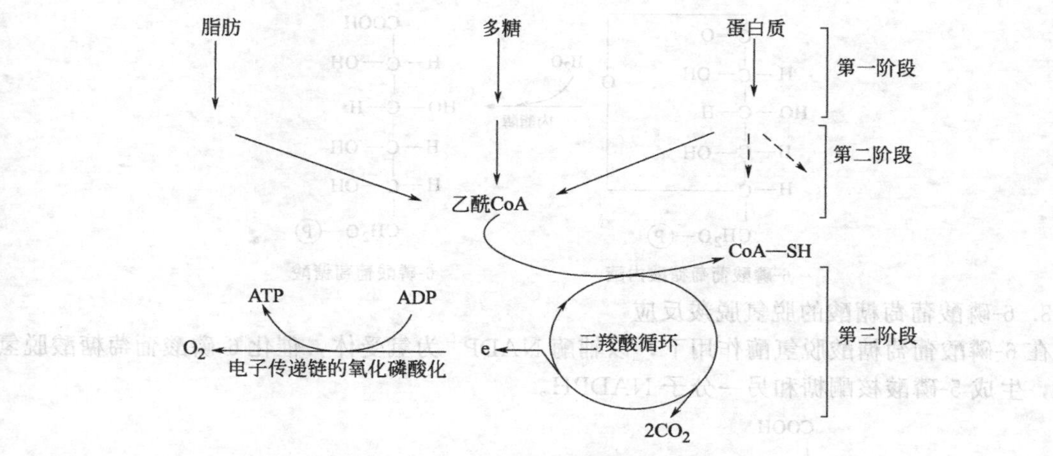

图 5-15　生物获得能量的 3 个阶段

第五节　磷酸戊糖途径

糖的无氧酵解和有氧氧化过程是生物体内糖分解代谢的主要途径，但并非唯一途径。在组织匀浆中加入糖酵解的抑制剂，如碘乙酸或氟化钠后，糖酵解过程被抑制，但葡萄糖仍有一定量的消耗，说明葡萄糖还有其他分解代谢途径。1954 年 Racker、1955 年 Gunsalus 等人发现了磷酸戊糖途径，又称磷酸已糖支路（HMP）。

一、磷酸戊糖途径的过程

磷酸戊糖途径在细胞溶质中进行，整个途径可分为氧化阶段和非氧化阶段。氧化阶段从 6-磷酸葡萄糖氧化开始，直接氧化脱氢脱羧形成 5-磷酸核酮糖；非氧化阶段是磷酸戊糖分子在转酮酶和转醛酶的催化下互变异构及重排，产生 6-磷酸果糖和 3-磷酸甘油醛。

（一）氧化脱羧阶段

第一阶段包括 3 种酶催化的 3 步反应，即脱氢、水解和脱氢脱羧反应。是不可逆的氧化阶段，由 $NADP^+$ 作为氢的受体，脱去 1 分子 CO_2，生成五碳糖。

1．6-磷酸葡萄糖的脱氢反应

在 6-磷酸葡萄糖脱氢酶作用下，以 $NADP^+$ 为辅酶，催化 6-磷酸葡萄糖脱氢，生成 6-磷酸葡萄糖酸内酯及 NADPH。

6-磷酸葡萄糖 $\xrightarrow{NADP^+ \rightarrow NADPH+H^+}$ 6-磷酸葡萄糖酸内酯

2．6-磷酸葡萄糖酸内酯的水解反应

在 6-磷酸葡萄糖酸内酯酶催化下，6-磷酸葡萄糖酸内酯水解，生成 6-磷酸葡萄糖酸。

$$\text{6-磷酸葡萄糖酸内酯} \xrightarrow[\text{内酯酶}]{H_2O} \text{6-磷酸葡萄糖酸}$$

6-磷酸葡萄糖酸内酯：C=O / H—C—OH / HO—C—H / H—C—OH / H—C—（O环）/ CH_2O—Ⓟ

6-磷酸葡萄糖酸：COOH / H—C—OH / HO—C—H / H—C—OH / H—C—OH / CH_2O—Ⓟ

3. 6-磷酸葡萄糖酸的脱氢脱羧反应

在6-磷酸葡萄糖酸脱氢酶作用下，以辅酶 $NADP^+$ 为氢受体，催化6-磷酸葡萄糖酸脱氢脱羧，生成5-磷酸核酮糖和另一分子 NADPH。

$$\text{6-磷酸葡萄糖酸} \xrightarrow{NADP^+ \rightarrow NADPH+H^+,\ CO_2} \text{5-磷酸核酮糖}$$

6-磷酸葡萄糖酸：COOH / H—C—OH / HO—C—H / H—C—OH / H—C—OH / CH_2O—Ⓟ

5-磷酸核酮糖：CH_2OH / C=O / H—C—OH / H—C—OH / CH_2O—Ⓟ

（二）非氧化分子重排阶段

第二阶段是可逆的非氧化阶段，包括异构化、转酮反应和转醛反应，使糖分子重新组合，分五步进行。

4. 磷酸戊糖的异构化反应

磷酸戊糖异构酶催化5-磷酸核酮糖转变为5-磷酸核糖，而磷酸戊糖差向异构酶催化5-磷酸核酮糖转变为5-磷酸木酮糖。

$$\text{5-磷酸木酮糖} \underset{}{\overset{\text{差向异构酶}}{\rightleftharpoons}} \text{5-磷酸核酮糖} \overset{\text{异构酶}}{\rightleftharpoons} \text{5-磷酸核糖}$$

5-磷酸木酮糖：CH_2OH / C=O / HO—C—H / H—C—OH / CH_2O—Ⓟ

5-磷酸核酮糖：CH_2OH / C=O / H—C—OH / H—C—OH / CH_2O—Ⓟ

5-磷酸核糖：CHO / H—C—OH / H—C—OH / H—C—OH / CH_2O—Ⓟ

5. 转酮反应

转酮酶催化5-磷酸木酮糖上的乙酮醇基（羟乙酰基）转移到5-磷酸核糖的第一个碳原子上，生成3-磷酸甘油醛和7-磷酸景天庚酮糖。在此，转酮酶转移1个二碳单位，二碳单位的供体是酮糖，而受体是醛糖。

$$\text{5-磷酸木酮糖} + \text{5-磷酸核糖} \underset{TPP}{\overset{\text{转酮酶}}{\rightleftharpoons}} \text{3-磷酸甘油醛} + \text{7-磷酸景天庚酮糖}$$

5-磷酸木酮糖：CH_2OH / C=O / HO—C—H / H—C—OH / CH_2O—Ⓟ

5-磷酸核糖：CHO / H—C—OH / H—C—OH / H—C—OH / CH_2O—Ⓟ

3-磷酸甘油醛：CHO / H—C—OH / CH_2O—Ⓟ

7-磷酸景天庚酮糖：CH_2OH / C=O / HO—C—H / H—C—OH / H—C—OH / H—C—OH / CH_2O—Ⓟ

转酮醇酶以硫胺素焦磷酸为辅酶，其作用机理与丙酮酸脱氢酶系中的 TPP 类似。

6. 转醛反应

转醛酶催化 7-磷酸景天庚酮糖上的二羟丙酮基转移给 3-磷酸甘油醛，生成 4-磷酸赤藓糖和 6-磷酸果糖。转醛酶转移 1 个三碳单位，三碳单位的供体也是酮糖，受体也是醛糖。

3-磷酸甘油醛 ＋ 7-磷酸景天庚酮糖 $\xrightleftharpoons{\text{转醛酶}}$ 4-磷酸赤藓糖 ＋ 6-磷酸果糖

7. 转酮反应

转酮酶催化 5-磷酸木酮糖上的乙酮醇基（羟乙酰基）转移到 4-磷酸赤藓糖的第一个碳原子上，生成 3-磷酸甘油醛和 6-磷酸果糖。此步反应与第 5 步相似，转酮酶转移的二碳单位供体是酮糖，受体是醛糖。

4-磷酸赤藓糖 ＋ 5-磷酸木酮糖 $\xrightleftharpoons[\text{TPP}]{\text{转酮酶}}$ 6-磷酸果糖 ＋ 3-磷酸甘油醛

8. 磷酸已糖的异构化反应

6-磷酸果糖经异构化形成 6-磷酸葡萄糖。

磷酸戊糖途径的全过程可概括为图 5-16。

二、磷酸戊糖途径的化学计量和反应特点

如果从 6 分子 6-磷酸葡萄糖开始进入反应，那么经过第一阶段的两次氧化脱氢及脱羧后，产生 6 分子 CO_2 和 6 分子 5-磷酸核酮糖与 12 分子的 $NADPH+H^+$。总反应为：

6×6-磷酸葡萄糖＋$12NADP^+$＋$6H_2O$ ⟶

6×5-磷酸核酮糖＋$6CO_2$＋12（$NADPH+H^+$）

在非氧化阶段反应中，其 6 分子 5-磷酸核酮糖经过异构化作用形成 4 分子 5-磷酸木酮糖和 2 分子 5-磷酸核糖，之后经过转酮酶和转醛酶的催化生成 4 分子 6-磷酸果糖和 2 分子 3-磷酸甘油醛。而这 2 分子 3-磷酸甘油醛可以在磷酸丙糖异构酶、醛缩酶和二磷酸果糖磷酸酯酶的催化下生成 1 分子 6-磷酸果糖。

6×5-磷酸核酮糖＋H_2O ⟶ 5×6-磷酸葡萄糖＋H_3PO_4

因此，由 6 分子 6-磷酸葡萄糖开始，经过 6 次磷酸戊糖途径的一系列反应，可转化为 5 分子 6-磷酸果糖（可进一步转化为 6-磷酸葡萄糖）和 6 分子 CO_2，相当于 1 分子 6-磷酸葡萄糖被彻底氧化。此途径的总反应可用下式表示：

6-磷酸葡萄糖＋$12NADP^+$＋$7H_2O$ ⟶ $6CO_2$＋$12NADPH$＋$12H^+$＋H_3PO_4

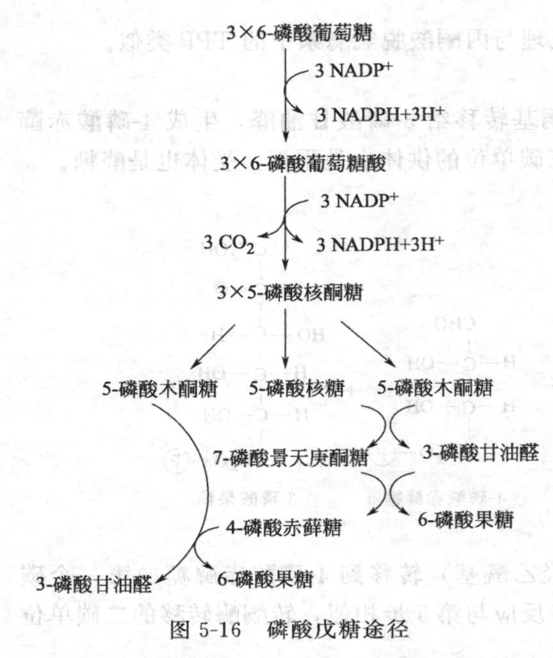

图 5-16 磷酸戊糖途径

磷酸戊糖途径的主要特点是葡萄糖直接氧化脱氢和脱羧，不必经过糖酵解和三羧酸循环，脱氢酶的辅酶不是NAD^+而是$NADP^+$，产生的NADPH作为还原力以供生物合成用，而不是传递给O_2，无ATP的产生与消耗。

三、磷酸戊糖途径的生物学意义

磷酸戊糖途径是生物中普遍存在的一种糖代谢途径，具有多种生物学意义。

① 产生大量的NADPH，为细胞的各种合成反应提供还原力。$NADPH+H^+$作为氢和电子供体，是脂肪酸合成、氨同化，以及丙酮酸羧化还原成苹果酸等反应所必需的。

② 磷酸戊糖途径的中间产物为许多化合物的合成提供原料。如5-磷酸核糖是合成核苷酸的原料，也是NAD^+、$NADP^+$、FAD等的组分；4-磷酸赤藓糖可用于合成芳香族氨基酸。

③ 磷酸戊糖途径与光合作用有密切关系。在磷酸戊糖途径的非氧化分子重排阶段中，一系列中间产物C_3、C_4、C_5、C_7及酶类与光合作用中卡尔文循环的大多数中间产物和酶相同。

④ 磷酸戊糖途径与糖的有氧分解、无氧分解是相互联系的。磷酸戊糖途径的中间产物3-磷酸甘油醛是3种代谢途径的枢纽点。如果磷酸戊糖途径受阻，3-磷酸甘油醛则进入无氧分解或有氧分解途径。磷酸戊糖途径在整个代谢过程中没有氧的参与，但可使葡萄糖降解，这在种子萌发的初期作用很大；植物感病或受伤时，磷酸戊糖途径增强，所以该途径与植物的抗病能力有一定关系。糖分解途径的多样性，是物质代谢上所表现出的生物对环境的适应性。通常，磷酸戊糖途径在机体内可与三羧酸循环同时进行，但在不同生物及不同组织器官中所占比例不同。如在植物中，有时可占50%以上，在动物及多种微生物中约有30%的葡萄糖经此途径氧化。

第六节 糖的生物合成

糖作为生物体物质组成的重要成分之一，一方面通过不同途径不断地进行分解代谢，为细胞活动及物质合成提供能源和碳源；另一方面，生物体可以通过不同途径合成各种糖，如单糖、双糖及多糖。

一、葡萄糖的异生作用

葡萄糖的生物合成可以通过光合作用和葡萄糖异生作用完成，其中的光合作用是某些光合微生物及植物体所特有的合成途径（参见微生物学及植物生理学的有关内容），生成的葡萄糖可进一步转化为寡糖和多糖，如蔗糖、淀粉和糖原，还有构成植物细胞壁的纤维素和肽聚糖等。因为葡萄糖异生作用普遍存在于生物体中，因此作为重点介绍。

葡萄糖异生作用是由非糖化合物合成葡萄糖的过程。能够进行葡萄糖异生作用的非糖前体化合物有多种，如丙酮酸、草酰乙酸、乳酸、某些氨基酸以及甘油等。在剧烈运动的肌肉中，当糖酵解的速率超过三羧酸循环和呼吸链的速率时就会积累乳酸；在饥饿时，肌肉中的蛋白质分解就产生氨基酸，脂肪水解便产生甘油和脂肪酸。

在糖酵解中，葡萄糖转变为丙酮酸，而在葡萄糖异生作用中则是由丙酮酸转变为葡萄糖。但葡萄糖异生并不是糖酵解的简单逆转。因为在糖酵解中，由己糖激酶、磷酸果糖激酶和丙酮酸激酶催化的三步反应释放大量的自由能，是不可逆的，所以必须通过另一些酶催化，绕过这 3 个反应步骤，葡萄糖异生作用才能顺利进行（图 5-17）。

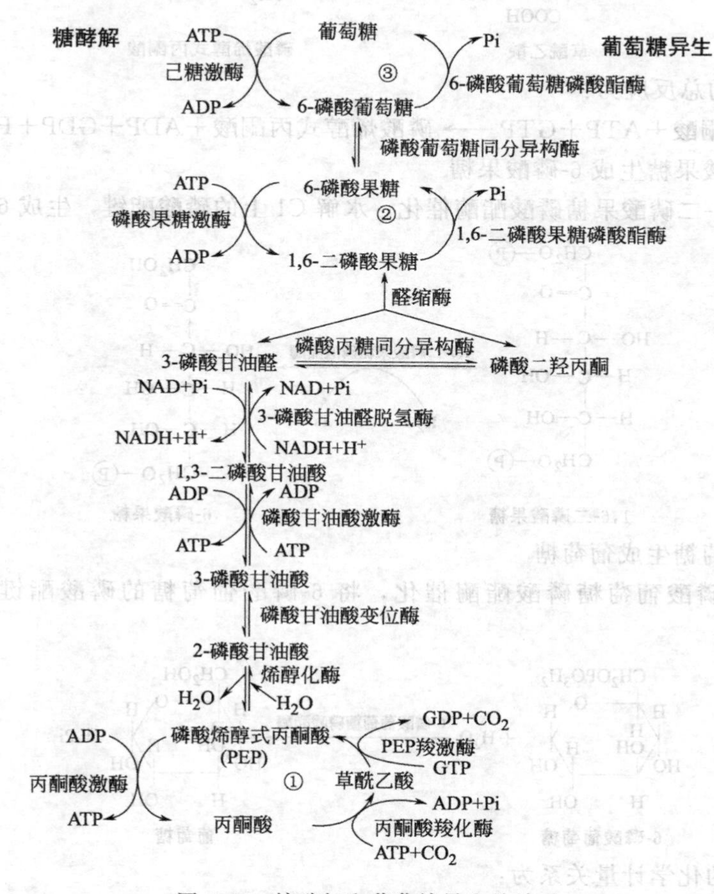

图 5-17 糖酵解和葡萄糖异生的关系

糖酵解的 3 个不可逆反应的酶（丙酮酸激酶、磷酸果糖激酶、己糖激酶）分别被如下 3 种酶取代后而可逆转：①丙酮酸羧化酶或 PEP 羧激酶；②1,6-二磷酸果糖磷酸酯酶；③6-磷酸葡萄糖磷酸酯酶

1．丙酮酸生成磷酸烯醇式丙酮酸

该反应通过两步完成。

（1）丙酮酸羧化酶催化丙酮酸羧化成草酰乙酸。

$$\underset{\text{丙酮酸}}{\begin{array}{c}COOH\\|\\C=O\\|\\CH_3\end{array}} \xrightarrow[ATP \qquad ADP+Pi]{CO_2 \quad \text{丙酮酸羧化酶}} \underset{\text{草酰乙酸}}{\begin{array}{c}COOH\\|\\C=O\\|\\CH_2\\|\\COOH\end{array}}$$

丙酮酸羧化酶是一个生物素蛋白，以生物素为辅酶，另外还需乙酰 CoA 和 Mg^{2+} 作为辅助因子，反应消耗1分子ATP。

(2) 磷酸烯醇式丙酮酸羧激酶催化草酰乙酸形成PEP 草酰乙酸在磷酸烯醇式丙酮酸羧激酶的催化下由GTP提供磷酸基，脱羧生成磷酸烯醇式丙酮酸。

$$\text{HOOC-CH}_2\text{-CO-COOH}\ (\text{草酰乙酸}) \xrightarrow[\text{GTP}\ \rightarrow\ \text{GDP}]{-CO_2} \text{CH}_2\text{=C(O-Ⓟ)-COOH}\ (\text{磷酸烯醇式丙酮酸})$$

这两个步骤的总反应为：

丙酮酸＋ATP＋GTP ⟶ 磷酸烯醇式丙酮酸＋ADP＋GDP＋Pi

2. 1,6-二磷酸果糖生成6-磷酸果糖

该反应由1,6-二磷酸果糖磷酸酯酶催化，水解C1上的磷酸酯键，生成6-磷酸果糖。

$$\text{1,6-二磷酸果糖} + H_2O \xrightarrow{\text{1,6-二磷酸果糖磷酸酯酶}} \text{6-磷酸果糖} + \text{Pi}$$

3. 6-磷酸葡萄糖生成葡萄糖

该反应由6-磷酸葡萄糖磷酸酯酶催化，将6-磷酸葡萄糖的磷酸酯键水解，生成葡萄糖。

$$\text{6-磷酸葡萄糖} + H_2O \xrightarrow{\text{6-磷酸葡萄糖磷酸酯酶}} \text{葡萄糖} + \text{Pi}$$

葡萄糖异生的化学计量关系为：

2丙酮酸＋4ATP＋2GTP＋2NADH＋6H_2O ⟶ 葡萄糖＋4ADP＋2GDP＋6Pi＋2NAD^+

在葡萄糖异生中，由丙酮酸合成葡萄糖需要6个高能磷酸键，所以此过程是一个吸能过程。只要完成以上3步反应，糖异生作用就可基本沿糖酵解途径逆转，使非糖化合物转化为葡萄糖。

二、蔗糖的生物合成

蔗糖在植物中分布最广，它是高等植物光合作用的重要产物，也是植物体内糖类贮藏和运输的主要形式。在高等植物体中蔗糖的合成主要有两种途径，分别由蔗糖合成酶及磷酸蔗糖合成酶催化。

用于合成寡糖和多糖的葡萄糖分子，首先要转变为活化形式，该形式是糖与核苷酸相结合的化合物，称为糖核苷酸。

(一) 糖核苷酸的作用

Leloir最早在高等植物中发现第一个糖核苷酸：尿苷二磷酸葡萄糖（UDPG），并在

1970 年获诺贝尔奖。后来又发现腺苷二磷酸葡萄糖（ADPG）和鸟苷二磷酸葡萄糖（GDPG）都是葡萄糖的活化形式，它们分别在寡糖和多糖的生物合成中作为葡萄糖的供体。核苷二磷酸葡萄糖的结构通式如下：

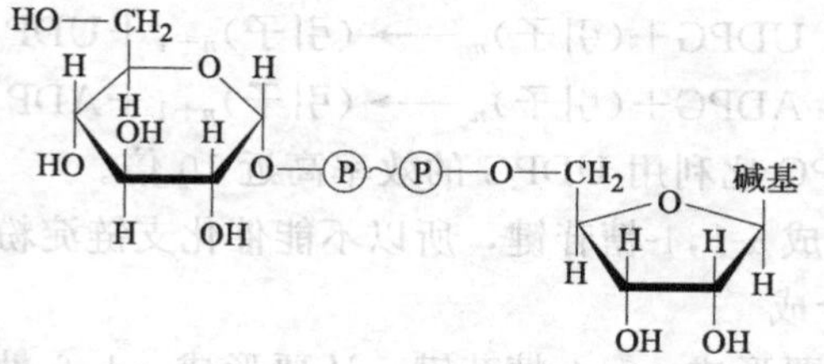

（二）蔗糖的生物合成途径

蔗糖在植物体内的代谢作用中占有重要地位。目前公认的植物体中蔗糖合成有下列两条途径（图 5-18）。

1. 蔗糖合成酶途径

蔗糖合成酶能利用 UDPG 作为葡萄糖的供体与果糖合成产生蔗糖。

$$\text{UDPG}+\text{果糖}\xrightarrow{\text{蔗糖合成酶}}\text{UDP}+\text{蔗糖}$$

这种酶除了可利用 UDPG 外，也可利用 ADPG、GDPG 等糖核苷酸作为葡萄糖的供体。UDPG 和 ADPG 可在相应酶的催化下生成：UDPG 是在 UDPG 焦磷酸化酶的催化下由 1-磷酸葡萄糖和 UTP 生成的，而 ADPG 是在 ADPG 焦磷酸化酶的催化下由 1-磷酸葡萄糖和 ATP 生成的。

$$\text{1-磷酸葡萄糖}+\text{UTP}\xrightarrow{\text{UDPG 焦磷酸化酶}}\text{UDPG}+\text{PPi}$$

$$\text{1-磷酸葡萄糖}+\text{ATP}\xrightarrow{\text{ADPG 焦磷酸化酶}}\text{ADPG}+\text{PPi}$$

虽然蔗糖合成酶可以利用多种糖核苷酸合成蔗糖，但该途径不是蔗糖合成的主要途径。

2. 磷酸蔗糖合成酶途径

磷酸蔗糖合成酶在光合组织中活性高，其特点是只利用 UDPG 作为葡萄糖的供体。此合成途径包括两步反应，首先由 6-磷酸蔗糖合成酶催化 UDPG 与 6-磷酸果糖生成 6-磷酸蔗糖，再经磷酸酯酶作用，水解脱去磷酸基团，形成蔗糖。此途径是蔗糖生物合成的主要途径。

$$\text{UDPG}+\text{6-磷酸果糖}\xrightleftharpoons{\text{6-磷酸蔗糖合成酶}}\text{6-磷酸蔗糖}+\text{UDP}$$

$$\text{6-磷酸蔗糖}+H_2O\longrightarrow\text{蔗糖}+\text{Pi}$$

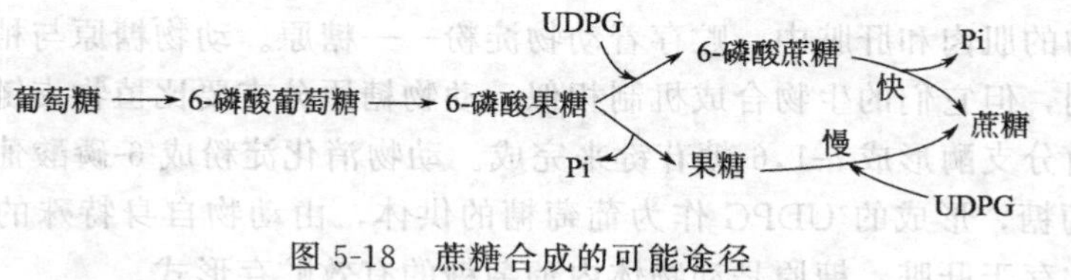

图 5-18 蔗糖合成的可能途径

三、淀粉的生物合成

植物经光合作用合成的糖大部分转化为淀粉。淀粉有直链淀粉和支链淀粉两种。

1. 直链淀粉的生物合成

（1）淀粉磷酸化酶 淀粉磷酸化酶催化 1-磷酸葡萄糖与引子合成淀粉。动物、植物、酵母和某些微生物细菌中都有淀粉磷酸化酶存在，该酶在离体条件下催化如下可逆反应：

$$1\text{-磷酸葡萄糖}+(\text{引子})_n \xrightarrow{\text{淀粉磷酸化酶}} (\text{引子})_{n+1}+\text{Pi}$$

（2）淀粉合成酶　淀粉合成酶催化 UDPG 或 ADPG 与引子合成淀粉。UDPG（或 ADPG）在此作为葡萄糖的供体，此途径是淀粉合成的主要途径。

$$\text{UDPG}+(\text{引子})_n \longrightarrow (\text{引子})_{n+1}+\text{UDP}$$

或

$$\text{ADPG}+(\text{引子})_n \longrightarrow (\text{引子})_{n+1}+\text{ADP}$$

淀粉合成酶利用 ADPG 比利用 UDPG 的效率高近 10 倍。

上述几种途径只能形成 α-1,4-糖苷键，所以不能催化支链淀粉的形成。

2. 支链淀粉的生物合成

支链淀粉的合成除了要形成 α-1,4-糖苷键，还要形成 α-1,6-糖苷键。催化 α-1,6-糖苷键形成的酶为 Q 酶。此酶能从直链淀粉的非还原端处切下一段 6～7 个残基的寡聚糖碎片，并将其转移到一段直链淀粉的一个葡萄糖残基的 6-羟基处，形成 α-1,6-糖苷键，这样就形成分支结构。因此，Q 酶与形成 α-1,4-糖苷键的淀粉合成酶共同作用就可合成支链淀粉（图 5-19）。

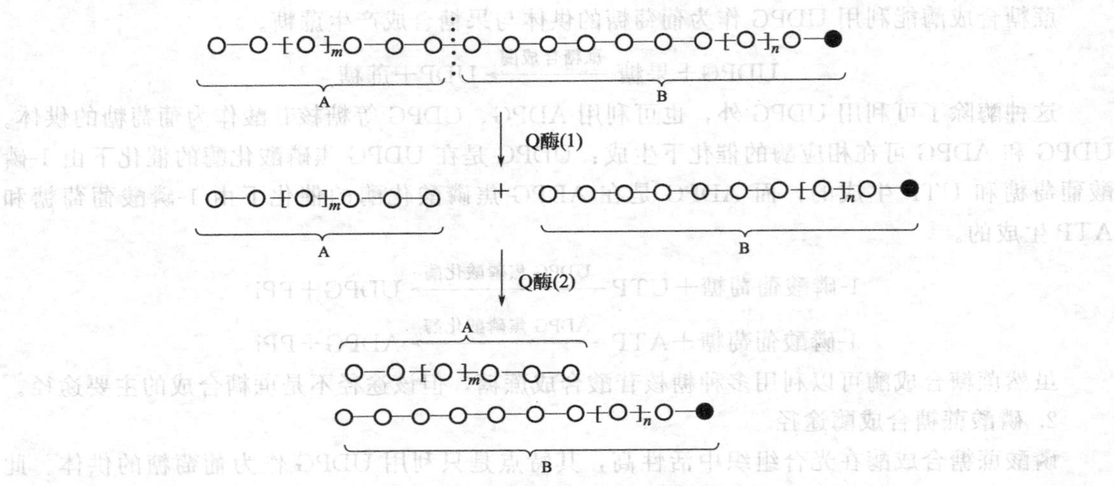

图 5-19　在 Q 酶作用下支链淀粉的形成

○ 葡萄糖残基；● 还原端葡萄糖残基；

— 1,4-糖苷键连接；→ 1,6-糖苷键连接

在反应（1）中，Q 酶将直链淀粉在虚线处切断，生成 A、B 两段直链；

在反应（2）中，Q 酶将 A 段直链以 1,6-糖苷键连接到 B 段直链上，形成分支

四、糖原的生物合成

在高等动物的肌肉和肝脏中，贮存着动物淀粉——糖原。动物糖原与植物淀粉虽然其结构复杂程度不同，但它们的生物合成机制相似。动物糖原分支要比植物支链淀粉多得多。糖原的分支主要由分支酶形成 α-1,6-糖苷键来完成。动物消化淀粉成 6-磷酸葡萄糖，再将其转化成 1-磷酸葡萄糖，形成的 UDPG 作为葡萄糖的供体，由动物自身特殊的酶类——糖原合成酶合成糖原贮存于肝脏。糖原是动物体内葡萄糖的有效贮存形式。

五、纤维素的生物合成

纤维素的合成和蔗糖、淀粉一样都是以糖核苷酸作为葡萄糖的供体。催化 β-1,4-糖苷键形成的酶为纤维素合成酶，同时需要一段由 β-1,4-糖苷键连接的葡聚糖作为“引物”。

$$\text{NDPG}+(\text{葡萄糖})_n \longrightarrow \text{NDP}+(\text{葡萄糖})_{n+1}$$

在不同植物细胞中，糖基供体有所不同。有些植物（如玉米、绿豆、豌豆及茄子）以

GDPG作为糖基供体，有些植物（如棉花）则以UDPG为糖基供体，而细菌只能利用UDPG为糖基供体来合成纤维素。

复　习　题

一、名词解释

糖异生、糖酵解途径、糖的有氧氧化、磷酸戊糖途径

二、填空题

1. α-淀粉酶和β-淀粉酶只能水解淀粉的__________键，所以不能够使支链淀粉完全水解。
2. 1分子葡萄糖转化为2分子乳酸净生成__________分子ATP。
3. 糖酵解过程中有3个不可逆的酶促反应，这些酶是__________、__________和__________。
4. 2分子乳酸异生为葡萄糖要消耗__________ATP。
5. 延胡索酸在__________酶作用下，可生成苹果酸，该酶属于EC分类中的__________酶类。
6. 磷酸戊糖途径可分为__________阶段，分别称为__________和__________，其中两种脱氢酶是__________和__________，它们的辅酶是__________。
7. 糖酵解在细胞的__________中进行，该途径是将__________转变为__________，同时生成__________和__________的一系列酶促反应。
8. TCA循环中有两次脱羧反应，分别由__________和__________催化。

三、简答题

1. 糖类物质在生物体内起什么作用？
2. 三羧酸循环的概念和特点。
3. 为什么说三羧酸循环是糖、脂和蛋白质三大物质代谢的共同通路？
4. 列表比较糖无氧分解和有氧氧化的不同（从概念、进行部位、过程、生成ATP的方式和数量、生理意义等方面）。
5. 磷酸戊糖途径有什么生理意义？

第六章 生物氧化与氧化磷酸化

学习目标

① 了解生物氧化的方式、特点及其在生物学上的意义。
② 熟悉呼吸链的概念及生物氧化过程中水生成的过程。
③ 掌握氧化磷酸化的概念及电子传递与 ADP 磷酸化偶联的部位。

生物的一切活动都需要能量。生物主要通过细胞呼吸作用把有机化合物氧化成 CO_2 和 H_2O，同时产生 ATP，供机体代谢所需。

第一节 生物氧化概述

一、生物氧化的概念、特点和方式

1. 生物氧化的概念

生物活动的能量主要来源是有机物质糖、蛋白质或脂肪在生物体内的氧化。糖、蛋白质、脂肪等有机物质在生物活细胞里进行氧化分解，最终生成 CO_2 和 H_2O，同时释放大量能量的过程称广义的生物氧化。高等动物通过肺部进行呼吸，微生物则以细胞直接进行呼吸，因此生物氧化又称组织呼吸、细胞呼吸。

糖、蛋白质、脂肪等有机物在生物体内彻底氧化之前，总是先进行分解代谢。它们的分解代谢途径是复杂而又不相同的，但它们在彻底氧化为 CO_2 和 H_2O 时，都经历一段相同的终端氧化过程，也就是狭义的生物氧化，即代谢中间物脱氢生成的还原型辅酶（NADH 和 $FADH_2$）经电子传递链（呼吸链）传递给分子氧生成水，电子传递过程伴随着 ADP 磷酸化生成 ATP。

2. 生物氧化的特点

生物氧化与有机物质在体外燃烧（或非生物氧化）的化学本质是相同的，都是加氧、去氢、失去电子，最终的产物都是 CO_2 和 H_2O，并且有机物质在生物体内彻底氧化伴随的能量释放与在体外完全燃烧释放的能量总量相等，但二者表现的形式和氧化条件不同。生物氧化有其自身特点。

① 生物氧化是在生物细胞内进行的酶促反应过程，反应条件温和，即在常温、常压、近中性 pH 值条件下进行的。

② 在生物氧化中，代谢物脱下来的氢质子和电子，通常由各种载体，如 NADH 等传递到氧并生成水。

③ 生物氧化是一个分步进行的过程。每一步都由特殊的酶催化。这种逐步进行的反应模式有利于在温和的条件下释放能量，提高能量的利用率。

④ 生物氧化释放的能量，通过与 ATP 合成相偶联，转换成生物体能够直接利用的生物能 ATP。ATP 相当于生物体内的能量“转运站”。

3. 生物氧化的方式

生物氧化与体外的化学氧化实质相同，即一种物质丢失电子为氧化，得到电子为还原。化学上的氧化作用包括加氧、脱氢和脱电子等作用。细胞内物质进行氧化也是采用加氧、脱氢和脱电子方式。

（1）加氧反应　物质分子中直接加入氧分子或氧原子，这种物质即被氧化。如：

$$\text{苯丙氨酸}\ (C_6H_5-CH_2-CH(NH_2)-COOH) + \frac{1}{2}O_2 \longrightarrow \text{酪氨酸}\ (HO-C_6H_4-CH_2-CH(NH_2)-COOH)$$

苯丙氨酸　　　　酪氨酸

（2）脱氢反应　从作用物分子中脱下一对质子和一对电子。如：

$$CH_2-CH(OH)-COOH \longrightarrow CH_2-C(=O)-COOH + 2H^+ + 2e$$

（3）加水脱氢反应　向作用物分子中加入水分子，同时脱去两个质子和两个电子，其总结果是底物分子中加入一个来自水分子的氧原子。如：

$$CH_3CHO + H_2O \longrightarrow CH_3CH(OH)_2 \longrightarrow CH_3COOH + 2H^+ + 2e$$

（4）脱电子（e）反应　从作用物分子中脱下一个电子。如：

$$Fe^{2+} \longrightarrow Fe^{3+} + e$$

还原反应与氧化反应相反，即脱氧、加氢、加电子。氧化反应与还原反应不能孤立地进行，一种物质被氧化，必有另一种物质被还原，所以氧化反应和还原反应总是偶联进行的。被氧化的物质失去电子或氢原子，必有物质得到电子或氢原子而被还原。被氧化的物质是还原剂，是电子或氢的供体，被还原的物质则是氧化剂，是电子或氢的受体。在生物氧化中，既能接受氢（或电子），又能供给氢（或电子）的物质，起传递氢（或电子）的作用，称为传递氢载体。

二、高能磷酸化合物

磷酸化合物在生物机体的能量转换过程中起着重要作用。在机体内有许多磷酸化合物，其磷酸键中贮存大量的能量，这种能量称为磷酸键能。

一般将含有 20.9kJ/mol 以上能量的磷酸化合物称为高能磷酸化合物，含有高能的键称为高能键。高能键常以符号“～”表示。

在生物化学中所说的“高能键”和物理化学中的“高能键”的含意是根本不同的。物理化学中的高能键是指该键很稳定，要使其断裂则需大量的能量。而生物化学中的“高能键”指的是随着水解反应或基团转移反应可放出大量自由能的键，此处高能键是不稳定的键，如具有高的磷酸基团转移势能或水解时释放较多自由能的磷酸酐键或硫酸键。

1. 高能磷酸化合物的类型

在生物体内具有高能键的化合物是很多的，根据键的特性，可以分成几种类型。

（1）焦磷酸化合物

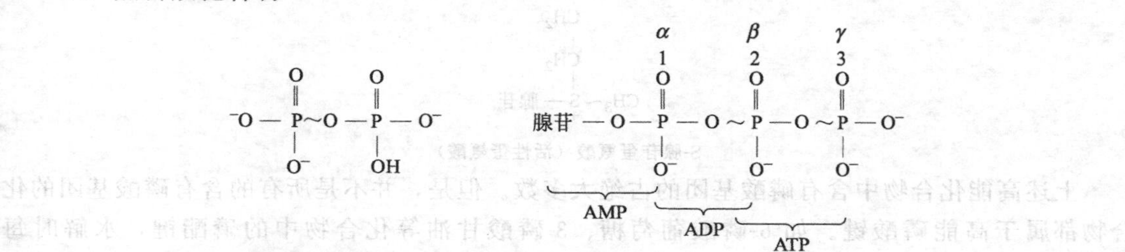

(2) 烯醇式磷酸化合物

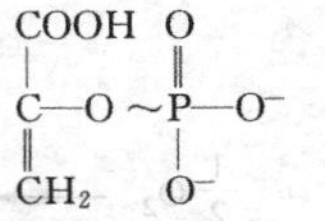

磷酸烯醇式丙酮酸

(3) 酰基磷酸化合物

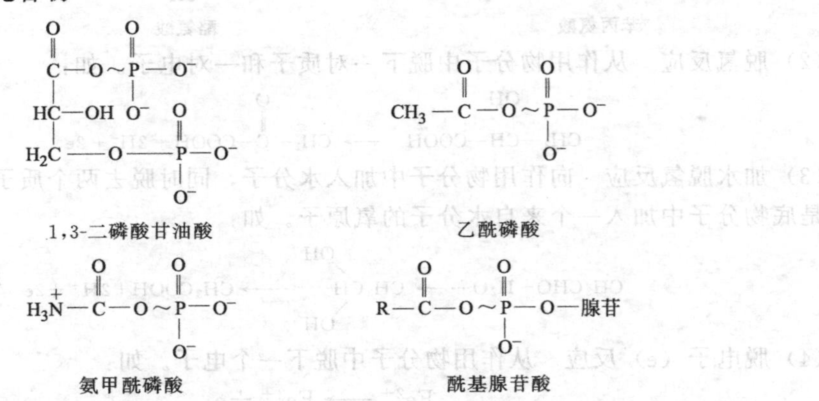

1,3-二磷酸甘油酸　　乙酰磷酸

氨甲酰磷酸　　酰基腺苷酸

(4) 胍基磷酸化合物

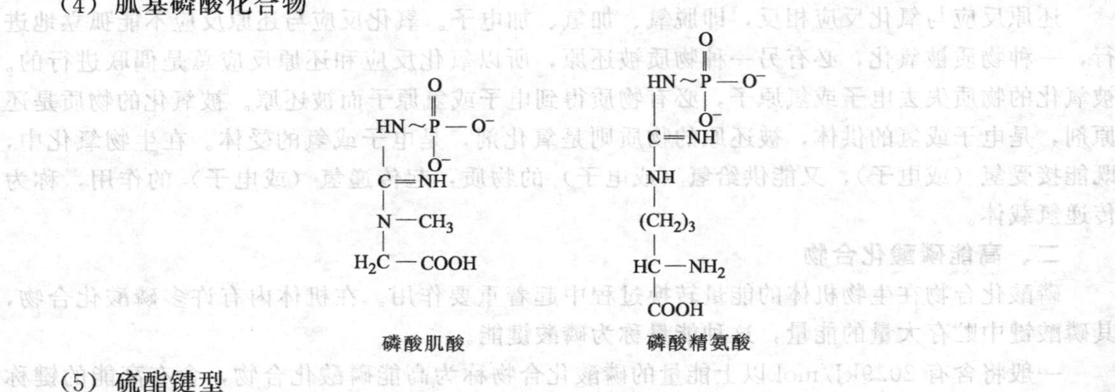

磷酸肌酸　　磷酸精氨酸

(5) 硫酯键型

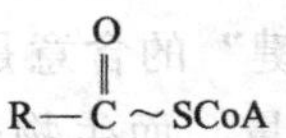

酰基 CoA 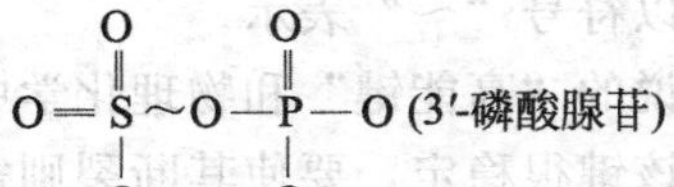　　3′-磷酸腺苷-5′磷酰硫酸（活性硫酸基）

(6) 甲硫键型

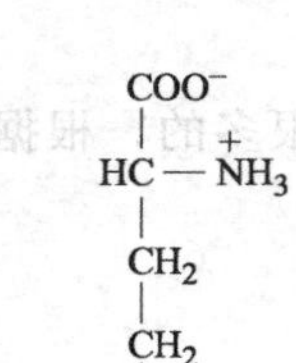

S-腺苷蛋氨酸（活性蛋氨酸）

上述高能化合物中含有磷酸基团的占绝大多数。但是，并不是所有的含有磷酸基团的化合物都属于高能磷酸键。如 6-磷酸葡萄糖、3-磷酸甘油等化合物中的磷酯键，水解时每 1mol 只能释放出 4.184～12.552kJ 能量，因此属于低能磷酸键。表 6-1 为一些磷酸化合物水解的标准自由能变化，由此可见ATP处于中间位置，它在细胞的酶促磷酸基团转移中起着“共同中间体”的作用。

表6-1 一些磷酸化合物水解的标准自由能变化

化合物	$\Delta G^{0\prime}$/(kJ/mol)	化合物	$\Delta G^{0\prime}$/(kJ/mol)
磷酸烯醇式丙酮酸	61.9	ADP	27.2
1,3-二磷酸甘油酸	49.4	1-磷酸葡萄糖	20.9
磷酸肌酸	43.1	6-磷酸果糖	15.9
乙酰磷酸	42.3	6-磷酸葡萄糖	13.8
磷酸精氨酸	32.2	1-磷酸甘油	9.2
ATP(→ADP+Pi)	30.5		

2. ATP在能量转换中的作用

ATP是高能磷酸化合物中的典型代表。ATP作为能量的即时供体，在传递能量方面起着转运站的作用。它既接受代谢反应释放的能量，又可供给代谢反应所需要的能量。它是能量的携带者或传递者，而不是化学能量的贮存库。以高能磷酸形式贮存能量的物质称为“磷酸原”，磷酸原在无脊椎动物中是磷酸精氨酸，在脊椎动物中是磷酸肌酸。磷酸肌酸可以与ATP相互转化。ATP多时，以磷酸肌酸的形式贮存能量；ATP不足时，磷酸肌酸转化为ATP。ATP的水解放能反应可以和细胞内吸能的反应偶联起来，从而推动吸能的反应进行，以完成合成代谢、肌肉收缩、物质的吸收、分泌、运输等生理生化过程，使ATP又转化为ADP及磷酸（见图6-1）。

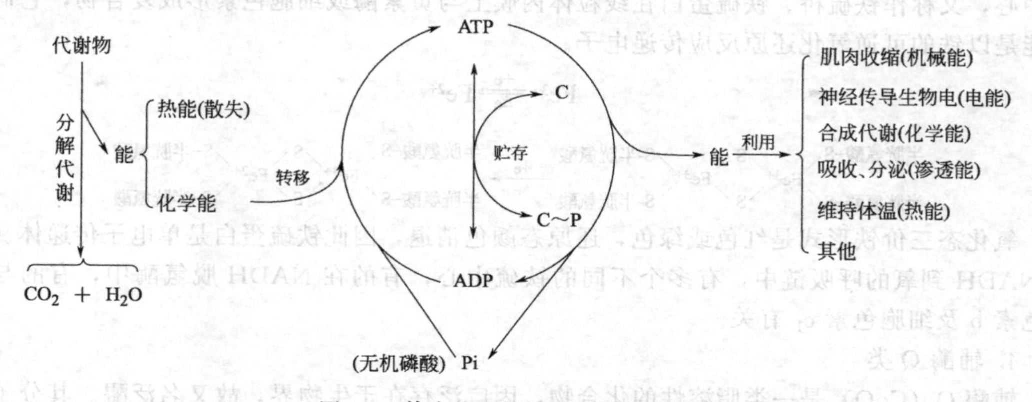

图6-1 体内能量的转移、贮存和利用
C为肌酸；C～P为磷酸肌酸

第二节 电子传递链

生物氧化作用主要是通过脱氢反应来实现的。脱氢是氧化的一种方式，生物氧化中所生成的水是代谢物脱下的氢经呼吸链与氧结合而成的。

一、电子传递链的组成及其功能

代谢物上的氢原子被脱氢酶激活脱落后，经过一系列的传递体，最后传递给被激活的氧分子而生成水的全部体系称为电子传递链或电子传递体系，又称呼吸链。

电子传递链主要由下列5类电子传递体组成：烟酰胺脱氢酶类、黄素脱氢酶类、铁硫蛋白类、细胞色素类及辅酶Q（又称泛醌）。它们都是疏水性分子。除脂溶性辅酶Q外，其他组分都是结合蛋白质，通过其辅基的可逆氧化还原传递电子。

1. 烟酰胺脱氢酶类

烟酰胺脱氢酶类以 NAD^+ 和 $NADP^+$ 为辅酶。这类酶催化脱氢时，其辅酶 NAD^+ 或 $NADP^+$ 先和酶的活性中心结合，然后再脱下来。它与代谢物脱下的氢结合而还原成 NADH 或 NADPH。当有受氢体存在时，NADH 或 NADPH 上的氢可被脱下而氧化为 NAD^+ 或 $NADP^+$。

$$AH_2 + NAD^+/NADP^+ \rightleftharpoons A + NADH/NADPH + H^+$$

在糖代谢中，许多底物脱氢是由以 NAD^+ 或 $NADP^+$ 为辅酶的脱氢酶催化的，如异柠檬酸脱氢酶、苹果酸脱氢酶、丙酮酸脱氢酶、α-酮戊二酸脱氢酶、乳酸脱氢酶、3-磷酸甘油醛脱氢酶等。

2. 黄素脱氢酶类

黄素脱氢酶类是以 FMN 或 FAD 作为辅基。FMN 或 FAD 与酶蛋白结合是较牢固的。这些酶所催化的反应是将底物脱下的一对氢原子直接传递给 FMN 或 FAD 而形成 $FMNH_2$ 或 $FADH_2$。因此 FMN、FAD 同 NAD^+、$NADP^+$ 的作用一样，也是递氢体。其反应可表示如下。

$$SH_2 + E-FMN \rightleftharpoons S + E-FMNH_2$$

$$SH_2 + E-FAD \rightleftharpoons S + E-FADH_2$$

3. 铁硫蛋白类

铁硫蛋白类的分子中含非卟啉铁与对酸不稳定的硫，二者成等量关系，排列成硫桥，然后再与蛋白质中的半胱氨酸连接。因其活性部分含有 2 个活泼的硫和 2 个铁原子，故称为铁硫中心，又称作铁硫桥。铁硫蛋白在线粒体内膜上与黄素酶或细胞色素形成复合物，它们的功能是以铁的可逆氧化还原反应传递电子。

$$Fe^{3+} \underset{-e}{\overset{+e}{\rightleftharpoons}} Fe^{2+}$$

半胱氨酸–S＼ Fe^{3+} (S, S) Fe^{3+} ／S-半胱氨酸 —+e→ 半胱氨酸–S＼ Fe^{3+} (S, S) Fe^{2+} ／S-半胱氨酸
半胱氨酸–S／ ＼S-半胱氨酸 　　　　半胱氨酸–S／ ＼S-半胱氨酸

氧化态三价铁形式是红色或绿色，还原态颜色消退，因此铁硫蛋白是单电子传递体。在从 NADH 到氧的呼吸链中，有多个不同的铁硫中心，有的在 NADH 脱氢酶中，有的与细胞色素 b 及细胞色素 c_1 有关。

4. 辅酶 Q 类

辅酶 Q（CoQ）是一类脂溶性的化合物，因广泛存在于生物界，故又名泛醌。其分子中的苯醌结构能可逆地加氢和脱氢，故 CoQ 也属于递氢体。它的结构和传递氢机制可参看“维生素和辅酶”一章内容。

5. 细胞色素类

细胞色素（Cyt）是一类以铁卟啉衍生物为辅基的结合蛋白质，因有颜色，所以称为细胞色素。细胞色素的种类较多，已经发现存在于高等动物线粒体电子传递链中的细胞色素有 Cytb、$Cytc_1$、Cytc、Cyta 和 $Cyta_3$。不同种类细胞色素的辅基结构与蛋白质的连接方式是不同的。细胞色素中的辅基与酶蛋白的关系以细胞色素 c 研究得最清楚（图 6-2）。在典型的线粒体呼吸链中，细胞色素的排列顺序依次是：Cytb→$Cytc_1$→Cytc→$Cytaa_3$→O_2，其中仅最后一个 $Cyta_3$ 可被分子氧直接氧化，但现在还不能把 Cyta 和 $Cyta_3$ 分开，故把 Cyta 和 $Cyta_3$ 合称为 Cyt 细胞色素氧化酶，由于它是有氧条件下电子传递链中最末端的载体，故又称末端氧化酶。在 $Cytaa_3$ 分子中除铁卟啉外，尚含有 2 个铜原子，依靠其化合价的变化，把电子从 $Cyta_3$ 传到氧，故在细胞色素体系中也呈复合体排列。

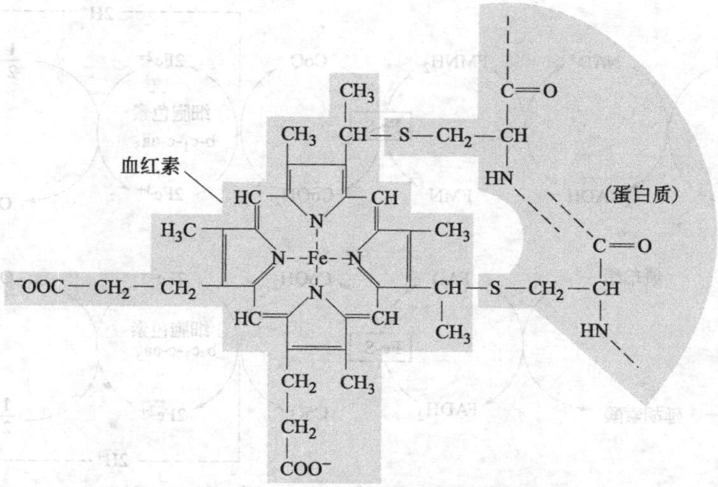

图 6-2　细胞色素 c 的辅基与酶蛋白的连接方式

除 $Cytaa_3$ 外，其余的细胞色素中铁原子均与卟啉环和蛋白质形成 6 个共价键或配位键，除卟啉环 4 个配位键外，另 2 个是蛋白质上的组氨酸与甲硫氨酸支链。因此不能与 CO、CN^-、H_2S 等结合，唯有 $Cytaa_3$ 的铁原子形成 5 个配位键，还保留 1 个配位键，可以与 O_2、CO、CN^-、N^{3-}、H_2S 等结合形成复合物，其正常功能是与氧结合，但当有 CO、CN^- 和 N^{3-} 存在时，它们就和 O_2 竞争与细胞色素 aa_3 结合，所以这些物质是有毒的。其中 CN^- 与氧化态的细胞色素 aa_3 有高度的亲和力，因此对需氧生物的毒性极高。

细胞色素辅基中的铁能可逆地进行氧化还原反应，Fe^{3+} 得到电子被还原成 Fe^{2+}，Fe^{2+} 给出电子被氧化成 Fe^{3+}，所以细胞色素在电子传递中起着载体的作用，是单电子传递体。

二、电子传递链的种类及其传递体的排列顺序

电子传递链（呼吸链）中氢和电子的传递有着严格的顺序和方向。电子传递链各组分在链中的位置、排列次序与其得失电子趋势的大小有关。电子总是从对电子亲和力小的低氧化还原电势流向对电子亲和力大的高氧化还原电势。

$$\begin{array}{c} -0.18 \\ FADH_2 \\ \downarrow \end{array}$$

$$\begin{array}{ccccccccc} & NADH \rightarrow & FMN \rightarrow & CoQ \rightarrow & Cytb \rightarrow & Cytc_1 \rightarrow & Cytc \rightarrow & Cytaa_3 \rightarrow & CytO_2 \\ E_0' & -0.32 & -0.06 & +0.1 & +0.03 & +0.22 & +0.25 & +0.29 & +0.816 \end{array}$$

电子迁移方向 →

E_0' 低 → 高

应该说明的是，氧化还原的电势值与电子传递链组分的排列顺序有时不完全一致。如上所述，按 E_0' 数值，Cytb 应在 CoQ 之前，但实验测定结果证明 Cytb 在 CoQ 之后。

在具有线粒体的生物中，典型的呼吸链有两条，即 NADH 呼吸链和 $FADH_2$ 呼吸链。这是根据接受代谢物上脱下的氢的初始受体不同区分的（见图 6-3）。

1. NADH 呼吸链

NADH 呼吸链应用最广，糖、蛋白质、脂肪三大燃料分子分解代谢中的脱氢氧化反应，绝大部分是通过 NADH 呼吸链完成的。中间代谢物上的 2 个氢原子经以 NAD^+ 为辅酶的脱氢酶作用，使 NAD^+ 还原成为 $NADH+H^+$，再经过 NADH 脱氢酶（以 FMN 为辅基）、辅酶 Q、铁硫蛋白、细胞色素 b、细胞色素 c_1、细胞色素 c、细胞色素 aa_3 到分子 O_2。一对高势能电子通过 NADH 呼吸链传递到分子 O_2 产生 3 个 ATP。

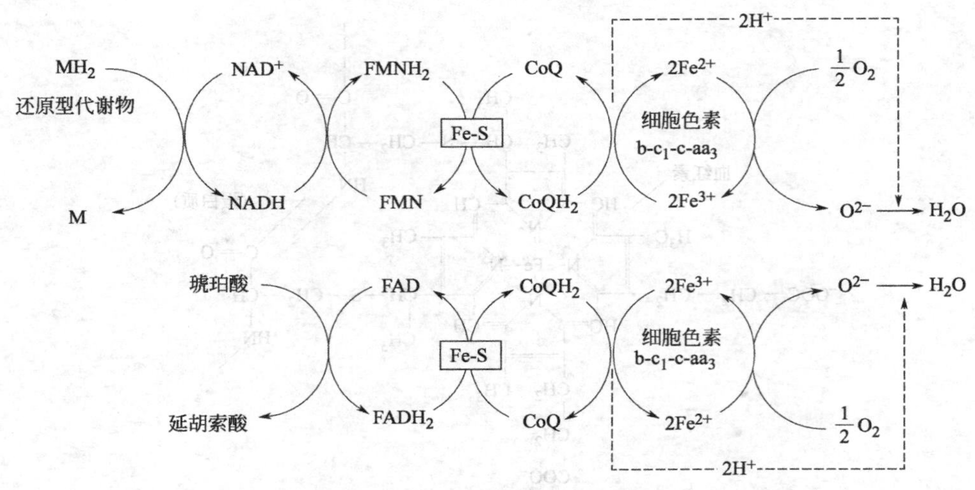

图 6-3 NADH、$FADH_2$ 呼吸链

2. $FADH_2$ 呼吸链

有些代谢中间物的氢原子是由以 FAD 为辅基的脱氢酶脱氢，即底物脱下氢的初始受体是 FAD。如脂酰 CoA 脱氢酶、琥珀酸脱氢酶，脱下的氢通过 FAD 之后进入呼吸链，所以 $FADH_2$ 呼吸链又称为琥珀酸氧化呼吸链。代谢物脱下的一对氢原子经该呼吸链氧化放出的能量可生成 2 分子 ATP。

上述两条呼吸链中，在 CoQ 之前是传递氢的，在 CoQ 之后是传递电子，而氢以 H^+ 质子形式进入介质中。

三、电子传递抑制剂

能够阻断电子传递链中某一部位电子传递的物质称为电子传递抑制剂。已知的抑制剂有以下几种。

1. 鱼藤酮

鱼藤酮是一种极毒的植物物质，可用作杀虫剂，其作用是阻断电子从 NADH 向 CoQ 的传递，从而抑制 NADH 脱氢酶，即抑制复合物Ⅰ。与鱼藤酮抑制部位相同的抑制剂还有安密妥、杀粉蝶菌素 A 等。

2. 抗霉素 A

抗霉素 A 是由淡灰链霉菌分离出的抗生素，有抑制电子从细胞色素 b 到细胞色素 c_1 传递的作用，即抑制复合物Ⅲ。

3. 氰化物、硫化氢、一氧化碳和叠氮化物等

这类化合物能与细胞色素 aa_3 卟啉铁保留的一个配位键结合形成复合物，抑制细胞色素氧化酶的活力，阻断电子由细胞色素 aa_3 向分子氧的传递（图 6-4），这就是氰化物等中毒的原理。

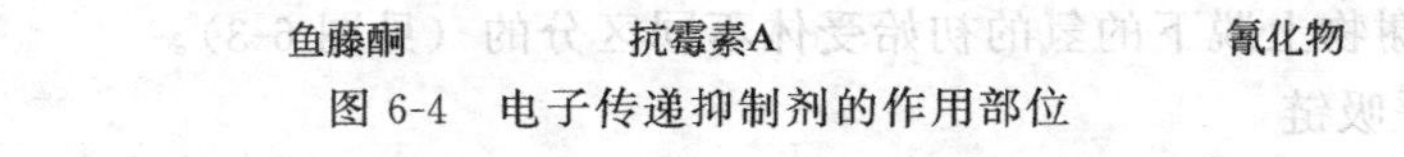

$$NADH \rightarrow FMN - \| \rightarrow CoQ \rightarrow Cytb - \| \rightarrow Cytc_1 \rightarrow Cytc \rightarrow Cytaa_3 - \| \rightarrow O_2$$

鱼藤酮　　　抗霉素A　　　氰化物

图 6-4 电子传递抑制剂的作用部位

第三节 氧化磷酸化作用

一、氧化磷酸化的概念及类型

伴随着放能的氧化作用而进行的磷酸化称为氧化磷酸化作用。氧化磷酸化作用是将生物

氧化过程中放出的能量转移到 ATP 的过程。ADP 的磷酸化主要有两种方式：一种为底物水平磷酸化，另一种是电子传递链磷酸化，也称氧化磷酸化。氧化磷酸化是机体产生 ATP 的主要形式。

1. 底物水平磷酸化

代谢底物在分解代谢中，有少数脱氢或脱水反应，引起代谢物分子内部能量重新分布，形成某些高能中间代谢物，这些高能中间代谢物中的高能键，可以通过酶促磷酸基团转移反应，直接使 ADP 磷酸化生成 ATP，这种作用称为底物水平磷酸化。

$$X\sim P + ADP \longrightarrow XH + ATP$$

式中，X～P 代表底物在氧化过程中所形成的高能磷酸化合物。

例如，在糖分解代谢中，生成的 1,3-二磷酸甘油酸、磷酸烯醇式丙酮酸和琥珀酸 CoA 都是带有高能键的中间代谢物，可使 ADP 磷酸化为 ATP。

底物水平磷酸化是捕获能量的一种方式，在发酵作用中是进行生物氧化取得能量的唯一方式。底物水平磷酸化和氧的存在与否无关，在 ATP 生成中没有氧分子参与，也不经过电子传递链传递电子。

2. 电子传递链磷酸化

电子传递链磷酸化是指利用代谢物脱下的 2H（$NADH + H^+$ 或 $FADH_2$）经过电子传递链（呼吸链）传递到分子氧形成水的过程中所释放出的能量，使 ADP 磷酸化生成 ATP 的过程。简言之，H 经呼吸链氧化与 ADP 磷酸化为 ATP 反应的偶联，就是电子传递链磷酸化，又称氧化磷酸化（见图 6-5）。

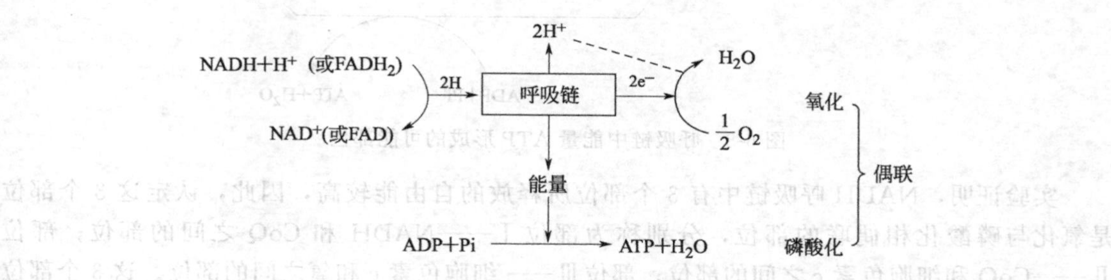

图 6-5 氧化与磷酸化偶联示意图

电子传递链磷酸化是需氧生物获得 ATP 的一种主要方式，是生物体内能量转移的主要环节，需要氧分子的参与。真核生物氧化磷酸化过程在线粒体内膜进行，原核生物在细胞质膜上进行。

二、氧化磷酸化的细胞结构基础

线粒体是真核细胞内的一种重要的独特的细胞器，它是细胞内的动力站，其主要功能是进行氧化磷酸化，合成 ATP，为细胞的生命活动提供直接能量。

线粒体由外膜、内膜、膜间隙及基质（内室）四部分组成。内膜位于外膜内侧，把膜间隙与基质分开，内膜向基质折叠形成嵴（图 6-6）。

用电镜负染法观察分离的线粒体时，可见内膜和嵴的基质面上有许多排列规则的带柄的球状小体，称为基本颗粒，简称基粒。基粒由头部、柄部和基底部组成（图 6-6），也称为三联体或 F_1F_0-ATP 酶复合体（图 6-7）。

ATP 合成酶分布很广泛，除存在于线粒体内膜外，也存在于叶绿体类囊体膜、原核生物的质膜上。

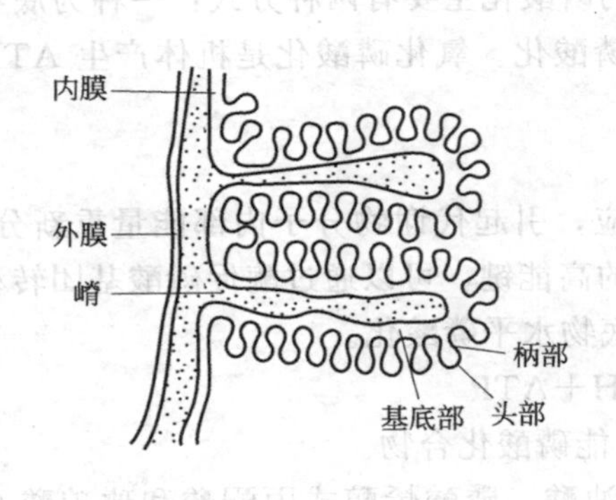

图 6-6 部分线粒体基本颗粒结构

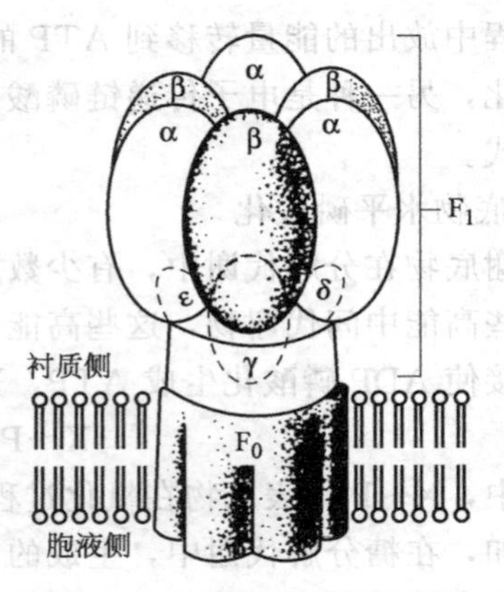

图 6-7 F_1F_0-ATP 酶复合体

三、氧化磷酸化的偶联部位和 P/O 比

呼吸链中的氧化是放能过程，ADP 的磷酸化是吸能过程，两者只有偶联起来才能形成 ATP。电子在呼吸链中按顺序逐步递放自由能，其中释放自由能较多足以用来形成 ATP 的电子传递部位称为偶联部位（图 6-8）。

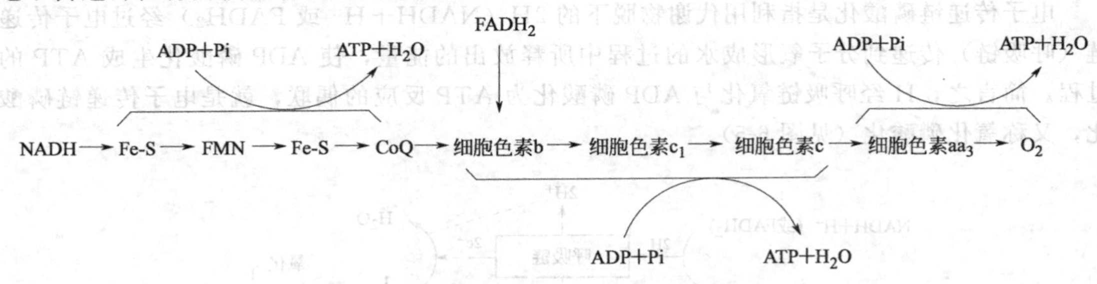

图 6-8 呼吸链中能量 ATP 形成的可能部位

实验证明，NADH 呼吸链中有 3 个部位所释放的自由能较高，因此，认定这 3 个部位是氧化与磷酸化相偶联的部位，分别称为部位Ⅰ——NADH 和 CoQ 之间的部位；部位Ⅱ——CoQ 和细胞色素 c 之间的部位；部位Ⅲ——细胞色素 c 和氧之间的部位。这 3 个部位所释放的自由能都足以供给 ADP 和无机磷酸形成 ATP。

代谢物脱下的 2mol 氢原子，经 NADH 呼吸链氧化而使氧原子还原，有 3 处可以偶联磷酸化，生成 3mol ATP。但有些代谢物如琥珀酸、脂酰 CoA、磷酸甘油等由黄素脱氢酶类催化脱氢，生成的 $FADH_2$ 经呼吸链氧化，不经部位Ⅰ，而是直接通过辅酶 Q 进入呼吸链，因此只有两处能偶联磷酸化，产生 2mol ATP。经实际测量得知，NADH 呼吸链 P/O 比值是 3，而 $FADH_2$ 呼吸链 P/O 比值是 2。

四、线粒体的穿梭系统

糖酵解作用是在胞浆液中进行的，在真核生物胞液中的 NADH 不能通过正常的线粒体内膜，要使糖酵解所产生的 NADH 进入呼吸链氧化生成 ATP，必须通过较为复杂的过程，据现在了解，线粒体外的 NADH 可将其所带的 H 转交给某种能透过线粒体内膜的化合物，进入线粒体内后再氧化。即 NADH 上的氢与电子可以通过一个所谓穿梭系统的间接途径进入电子传递链。能完成这种穿梭任务的化合物有磷酸甘油和苹果酸等。在动物细胞内有两个穿梭系统，一是磷酸甘油穿梭系统，主要存在于动物骨骼肌、脑及昆虫的飞翔肌等组织细胞中；二是苹果酸-天冬氨酸穿梭系统，主要存在于动物的肝、肾和心肌细胞的线粒体中。

1. 磷酸甘油穿梭系统

胞液中的 NADH 在两种不同的 α-磷酸甘油脱氢酶的催化下，以 α-磷酸甘油为载体穿梭往返于胞液和线粒体之间，间接转变为线粒体内膜上的 $FADH_2$ 而进入呼吸链，这种过程称为磷酸甘油穿梭（见图 6-9）。

2. 苹果酸-天冬氨酸穿梭系统

苹果酸-天冬氨酸穿梭系统需要两种谷草转氨酶、两种苹果酸脱氢酶和一系列专一的透性酶共同作用。首先，NADH 在胞液苹果酸脱氢酶（辅酶为 NAD^+）催化下将草酰乙酸还原成苹果酸，然后苹果酸穿过线粒体内膜到达内膜衬质，经衬质中苹果酸脱氢酶（辅酶也为 NAD^+）催化脱氢，重新生成草酰乙酸和 $NADH+H^+$；$NADH+H^+$ 随即进入呼吸链进行氧化磷酸化，草酰乙酸经衬质中谷草转氨酶催化形成天冬氨酸，同时将谷氨酸转变为 α-酮戊二酸，天冬氨酸和 α-酮戊二酸通过线粒体内膜返回胞液，再由胞液谷草转氨酶催化变成草酰乙酸，参与下一轮穿梭运输，同时由 α-酮戊二酸生成的谷氨酸又回到衬质（见图 6-10）。

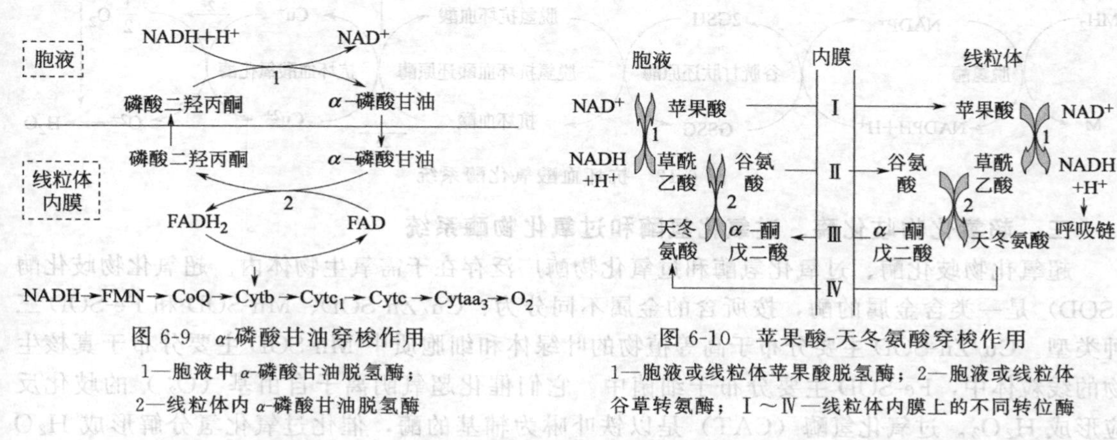

图 6-9 α-磷酸甘油穿梭作用
1—胞液中 α-磷酸甘油脱氢酶；
2—线粒体内 α-磷酸甘油脱氢酶

图 6-10 苹果酸-天冬氨酸穿梭作用
1—胞液或线粒体苹果酸脱氢酶；2—胞液或线粒体谷草转氨酶；Ⅰ～Ⅳ—线粒体内膜上的不同转位酶

在原核生物中，胞液中的 NADH 能直接与质膜上的电子传递链及其偶联装配体作用，不存在穿梭作用，因而当每分子葡萄糖完全氧化成 CO_2 和 H_2O 时，总共能生成 38 分子的 ATP。

第四节 其他末端氧化酶系统

通过细胞色素系统进行氧化的体系是一切动物、植物、微生物的主要氧化途径，它与 ATP 的生成紧密相关。除了细胞色素氧化酶系统外，还有一些氧化体系，又称为非线粒体氧化体系，它们与 ATP 的生成无关，从底物脱氢到 H_2O 的形成是经过其他末端氧化酶系完成的，但具有其他重要生理功能。

一、多酚氧化酶系统

多酚氧化酶系统存在于微粒体中，是含铜的末端氧化酶，也称儿茶酚氧化酶，由脱氢酶、醌还原酶和酚氧化酶组成（见图 6-11）。

其生物学意义为：多酚氧化酶普遍存在于植物体内，主要分布于细胞质中，此酶与植物组织受伤反应有关，植物组织受伤后多酚氧化酶活力增高，呼吸作用增强；植物受病菌侵害时，多酚氧化酶活力也增高，有利于把酚类化合物氧化为醌，醌对病菌有毒害，可起抗病作用。

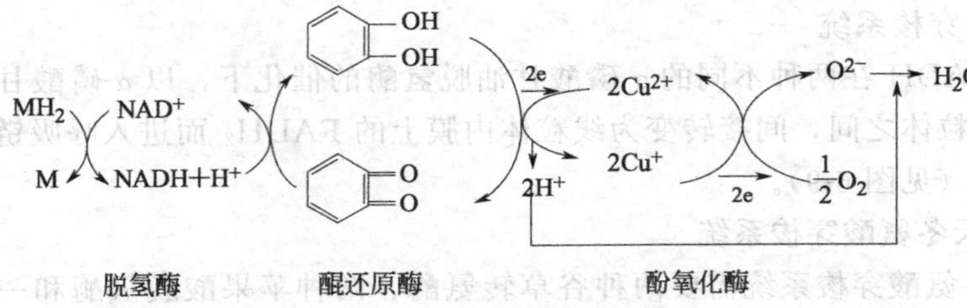

图 6-11 多酚氧化酶系统

二、抗坏血酸氧化酶系统

抗坏血酸氧化酶也是一种含铜的氧化酶，它催化抗坏血酸氧化为脱氢抗坏血酸，其过程常与谷胱甘肽、NADPH（或 NADH）的氧化还原相偶联，形成一个以抗坏血酸氧化酶系统为末端的氧化还原系统（见图 6-12）。

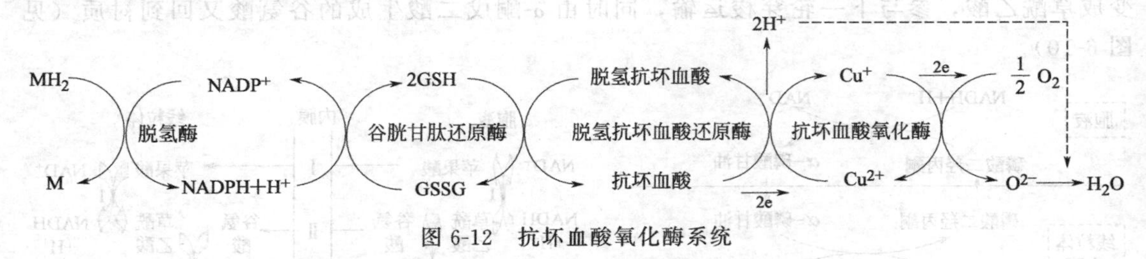

图 6-12 抗坏血酸氧化酶系统

三、超氧化物歧化酶、过氧化氢酶和过氧化物酶系统

超氧化物歧化酶、过氧化氢酶和过氧化物酶广泛存在于需氧生物体内。超氧化物歧化酶（SOD）是一类含金属的酶，按所含的金属不同分为：Cu/Zn-SOD、Mn-SOD 和 Fe-SOD 三种类型。Cu/Zn-SOD 主要分布于高等植物的叶绿体和细胞质中 Mn-SOD 主要分布于真核生物的线粒体中，Fe-SOD 主要分布于细菌中。它们催化超氧阴离子自由基（O_2^-）的歧化反应形成 H_2O_2。过氧化氢酶（CAT）是以铁卟啉为辅基的酶，催化过氧化氢分解形成 H_2O 和 O_2。过氧化物酶（POD）也是以铁卟啉为辅基的酶，催化过氧化氢氧化抗坏血酸、胺类和酚类化合物。这些酶作为氧化系统所催化的反应如下。

$$O_2^- + O_2^- + 2H^+ \xrightarrow{\text{超氧化物歧化酶}} H_2O_2 + O_2$$

$$2H_2O_2 \xrightarrow{\text{过氧化氢酶}} 2H_2O + O_2$$

$$AH_2 + H_2O_2 \xrightarrow{\text{过氧化物酶}} A + 2H_2O$$

上述 3 类酶在清除机体内活性氧的过程中起着十分重要的作用。以它们为主，配合其他酶，组成一个清除活性氧的酶系统，反应过程见图 6-13。

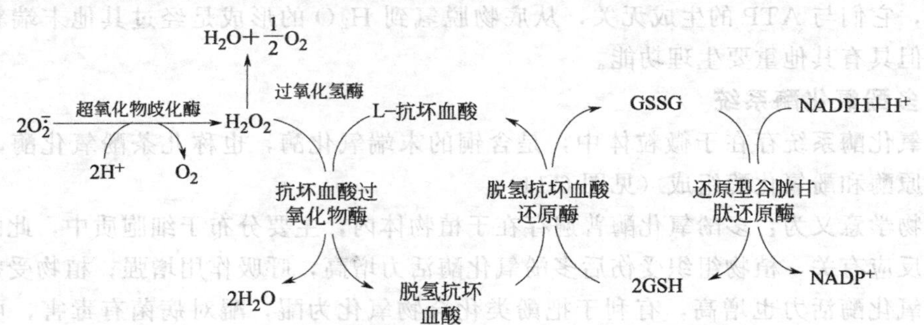

图 6-13 清除活性氧的酶系统及其催化的反应过程

复 习 题

一、名词解释

生物氧化、高能磷酸键、底物水平磷酸化、电子传递链、氧化磷酸化、P/O 比值、递氢体和递电子体

二、填空题

1. 生物体内的高能化合物有________、________、________、________、________、________等类。
2. 细胞色素 a 的辅基是________与蛋白质以________键结合。
3. NADH 呼吸链中氧化磷酸化的偶联部位是________、________、________。
4. 磷酸甘油与苹果酸经穿梭后进入呼吸链氧化，其 P/O 比分别为___和___。
5. 生物氧化是________在细胞中________，同时产生________的过程。
6. 高能磷酸化合物通常指水解时________的化合物，其中最重要的是________，被称为能量代谢的________。
7. 真核细胞生物氧化的主要场所是________，呼吸链和氧化磷酸化偶联因子都定位于________。
8. 鱼藤酮、抗霉素 A、CN^-、N^{3-}、CO 的抑制作用分别是________、________和________。
9. 典型的呼吸链包括________和________两种，这是根据接受代谢物脱下的氢的________不同而区别的。
10. 体内 CO_2 的生成不是碳与氧的直接结合，而是________。
11. 线粒体内膜外侧的 α-磷酸甘油脱氢酶的辅酶是________；而线粒体内膜内侧的 α-磷酸甘油脱氢酶的辅酶是________。
12. 动物体内高能磷酸化合物的生成方式有________和________两种。

三、简答题

1. 构成电子传递链的复合体有哪几个。
2. 什么是电子传递链？如何确定电子传递链的排列顺序？
3. 线粒体内膜上的电子传递链是如何组成的？各组分的作用是什么？
4. 计算 1 分子甘油彻底氧化生成多少分子 ATP？
5. 简述物质在体内氧化和体外氧化有哪些主要异同点。
6. 如何理解生物体内的能量代谢是以 ATP 为中心的？

第七章 脂类代谢

学习目标

① 重点掌握脂肪酸的β-氧化过程，参与反应的酶、辅基和辅酶。

② 掌握饱和脂肪酸经β-氧化、柠檬酸循环和氧化磷酸化彻底氧化为CO_2和水所产生的能量计算。

③ 了解酮体生成的部位、生成过程及危害。

④ 了解脂肪酸合成的过程以及与脂肪酸分解过程的主要差别。

⑤ 了解甘油磷脂以及胆固醇生物合成的基本途径。

脂类化合物包括甘油三酯和类脂质。甘油三酯是生物体的主要贮能物质，类脂质大都是细胞的重要结构物质和生理活性物质（见表 7-1)。

表 7-1 脂类的分类、含量、分布及其生理功能

分 类	含量	分 布	生理功能
脂肪(甘油三酯)	95%	脂肪组织、血浆	贮脂供能;提供必需脂肪酸;促进脂溶性维生素吸收;热垫作用;保护垫作用;构成血浆脂蛋白
类脂(糖脂、胆固醇及其酯、磷脂)	5%	生物膜、神经、血浆	维持生物膜的结构和功能;胆固醇可转变成类固醇激素、维生素、胆汁酸等;构成血浆脂蛋白

脂类物质具有重要的生物功能。通常情况下，固体的脂类称为脂肪，液体的脂类（大多为不饱和脂肪酸，见表 7-2）称为油。脂肪是生物体的能量提供者。1g 脂肪彻底氧化可放出 46.5kJ/mol 能量，比 1g 糖或蛋白质放出的能量大 1 倍以上，因此脂肪是生物体内贮藏能量最多的物质。

脂肪也是组成生物体的重要成分，如磷脂是构成生物膜的重要组分，油脂是机体代谢所

表 7-2 常见的不饱和脂肪酸

习惯名	系统名	碳原子及双键数	双键位置		族	分布
			Δ系	*n* 系		
棕榈油酸	十六碳一烯酸	16∶1	9	7	ω-7	广泛
油酸	十八碳一烯酸	18∶1	9	9	ω-9	广泛
亚油酸	十八碳二烯酸	18∶2	9,12	6,9	ω-6	植物油
α-亚麻酸	十八碳三烯酸	18∶3	9,12,15	3,6,9	ω-3	植物油
γ-亚麻酸	十八碳三烯酸	18∶3	6,9,12	6,9,12	ω-6	植物油
花生四烯酸	二十碳四烯酸	20∶4	5,8,11,14	6,9,12,15	ω-6	植物油
eicosapentaenoic acid	二十碳五烯酸(EPA)	20∶5	5,8,11,14,17	3,6,9,12,15	ω-3	鱼油
docosapentaenoic acid	二十二碳五烯酸(DPA)	22∶5	7,10,13,16,19	3,6,9,12,15	ω-3	鱼油,脑
docosahexenoic acid	二十二碳六烯酸(DHA)	22∶6	4,7,10,13,16,19	3,6,9,12,15,18	ω-3	鱼油

需燃料的贮存和运输形式。脂类物质也可为动物机体提供溶解于其中的必需脂肪酸和脂溶性维生素。某些萜类及类固醇类物质如维生素 A、维生素 D、维生素 E、维生素 K、胆酸及固醇类激素具有营养、代谢及调节功能。有机体表面的脂类物质有防止机械损伤与防止热量散发等保护作用。脂类作为细胞的表面物质，与细胞识别和种特异性以及组织免疫等有密切关系。

脂类代谢主要讨论脂类在有机体内的降解和合成过程。了解脂类代谢对农业、工业、医学及人体保健等方面有重要的意义。如种子的发芽率直接和种子的脂类代谢有关；又如利用微生物氧化石油中脂肪烃、工业生产低凝点油及其他化工产品；脂蛋白异常和威胁人类健康的冠心病等都与脂肪代谢关系密切。

第一节　脂肪的降解

一、脂肪的酶促降解

脂肪即脂肪酸的甘油三酯，是脂类中含量最丰富的一大类，它是甘油的 3 个羟基和 3 个脂肪酸分子缩合、失水后形成的酯，是植物和动物细胞贮脂的主要组分。脂肪降解的第一步是水解成甘油和脂肪酸，此反应由脂肪酶（简称脂酶）催化。组织中有 3 种脂肪酶：脂肪酶、甘油二酯脂肪酶和甘油单酯脂肪酶，逐步把甘油三酯水解成甘油和脂肪酸。这 3 种酶水解步骤如下。

$$
\begin{array}{l}
\phantom{R^2-\overset{O}{\overset{\|}{C}}-O-}H_2C-O-\overset{O}{\overset{\|}{C}}-R^1 \\
R^2-\overset{O}{\overset{\|}{C}}-O-CH \\
\phantom{R^2-\overset{O}{\overset{\|}{C}}-O-}H_2C-O-\overset{O}{\overset{\|}{C}}-R^3
\end{array}
+ H_2O \xrightarrow[\searrow R^3COOH\ \text{脂肪酸}]{\text{脂肪酶}}
\begin{array}{l}
\phantom{R^2-\overset{O}{\overset{\|}{C}}-O-}H_2C-O-\overset{O}{\overset{\|}{C}}-R^1 \\
R^2-\overset{O}{\overset{\|}{C}}-O-CH \\
\phantom{R^2-\overset{O}{\overset{\|}{C}}-O-}H_2C-OH
\end{array}
$$

甘油三酯　　　　　　　　　　　　　　甘油二酯

$$
\xrightarrow[\searrow R^1COOH\ \text{脂肪酸}]{\text{甘油二酯脂肪酶}}
\begin{array}{l}
\phantom{R^2-\overset{O}{\overset{\|}{C}}-O-}H_2C-OH \\
R^2-\overset{O}{\overset{\|}{C}}-O-CH \\
\phantom{R^2-\overset{O}{\overset{\|}{C}}-O-}H_2C-OH
\end{array}
\xrightarrow[\searrow R^2COOH\ \text{脂肪酸}]{\text{甘油单酯脂肪酶}}
\begin{array}{l}
H_2C-OH \\
HO-CH \\
H_2C-OH
\end{array}
$$

甘油单酯　　　　　　　　　　　　甘油

在人和动物消化道内有脂肪酶，以分解食物中的脂肪；甘油和脂肪酸在组织内再进一步氧化分解。植物也有类似的脂肪消化作用。如油料作物的种子萌发时，种子内脂肪酶活力增加，促使脂肪发生分解。凡能利用脂肪的微生物也都有脂肪酶，生产春雷霉素的培养基中需含有一定配比的植物油，说明春雷霉菌能够产生脂肪酶，所以能利用植物油，假丝酵母、圆酵母等都能产生较多的脂肪酶，工业上已经利用它们作为制造脂肪酶制剂的原料。

二、甘油的降解与转化

在脂肪细胞中，没有甘油激酶，无法利用脂解产生的甘油。甘油进入血液，转运至肝脏后，甘油先与 ATP 作用，在甘油激酶催化下生成 α-磷酸甘油。然后再被氧化生成磷酸二羟丙酮，再经异构化，生成 3-磷酸甘油醛，然后可经糖酵解途径转化成丙酮酸，进入三羧酸循环而彻底氧化，或经过糖异生途径合成糖原。因此，甘油代谢和糖代谢的关系极为密切。甘油转化成磷酸二羟丙酮的过程如下。

$$\underset{\text{甘油}}{HO-\overset{\displaystyle CH_2OH}{\underset{\displaystyle CH_2OH}{C}}-H}\xrightarrow[\text{甘油激酶}]{ATP\quad ADP}\underset{\text{3-磷酸甘油}}{HO-\overset{\displaystyle CH_2OH}{\underset{\displaystyle CH_2OPO_3^{2-}}{C}}-H}\xrightarrow[\text{磷酸甘油脱氢酶}]{NAD^+\quad NADH+H^+}\underset{\text{磷酸二羟丙酮}}{O=\overset{\displaystyle CH_2OH}{\underset{\displaystyle CH_2OPO_3^{2-}}{C}}}$$

三、脂肪酸的氧化分解

（一）饱和脂肪酸的β-氧化作用

1. β-氧化作用的概念

脂肪酸的β-氧化作用是指脂肪酸在一系列酶的作用下，在α-碳原子和β-碳原子之间断裂，β-碳原子氧化成羧基，生成含 2 个碳原子的乙酰 CoA 和较原来少 2 个碳原子的脂肪酸。脂肪酸的β-氧化过程是在线粒体中进行的。

β-氧化作用最初是根据动物实验提出来的一个学说。通过制备一系列的ω-苯（基）脂（肪）酸，即脂肪酸甲基（$-CH_3$）上的一个氢原子被苯基取代而成的苯脂酸，再将它们饲喂动物。在动物体内，苯基不被破坏，而是通过解毒机制，形成无毒性的衍生物，从尿中排出。鉴定尿中含苯基的化合物，可以推测脂肪酸在体内的分解途径。将带有苯基的双数碳和单数碳的脂肪酸喂给狗吃，从尿中分离到两种含苯基的化合物：一种是由苯甲酸和甘氨酸缩合而成的马尿酸，另一种是由苯乙酸和甘氨酸缩合而成的苯乙尿酸。凡是吃了双数碳苯脂酸的狗，尿中的苯基化合物为苯乙尿酸，凡是吃了单数碳苯脂酸的狗，尿中的苯基化合物为马尿酸。由于每次断下 1 个碳或断下 3 个碳都不符合实验结果，Knoop 认为脂肪酸在体内氧化时每次都断下 1 个二碳物（见图 7-1）。他在 1904 年提出的β-氧化学说，至今仍旧是正确的。

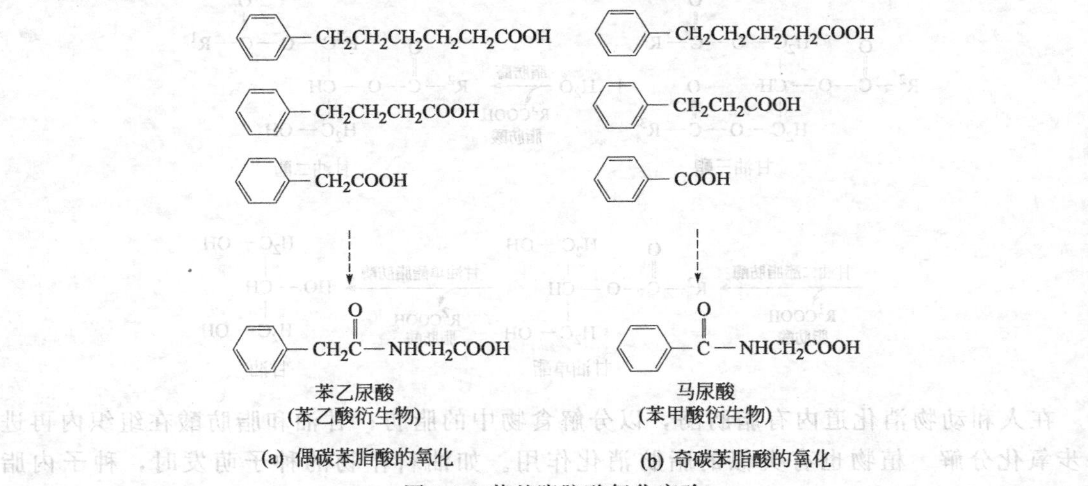

图 7-1 苯基脂肪酸氧化实验

2. 脂肪酸的活化

脂肪酸在进行β-氧化降解前，在细胞质内必须先被激活成脂酰 CoA，该反应由脂酰 CoA 合成酶催化，需要 ATP 和 CoA—SH 参与，总反应为：

$$R\overset{\displaystyle O}{\overset{\|}{C}}-OH+CoA-SH\xrightarrow[\text{脂酰CoA合成酶}]{ATP\quad AMP+PPi}\underset{\text{脂酰 CoA}}{R\overset{\displaystyle O}{\overset{\|}{C}}\sim SCoA}$$

由于体内焦磷酸酶可迅速将产物焦磷酸水解为无机磷，从而使活化反应自左向右几乎不可逆，形成一个活化的脂酰 CoA 需消耗 2 个高能磷酸键的能量。

3. 脂肪酸从线粒体膜外至膜内的转运

由于脂肪酸活化是在内质网或线粒体膜外进行的，反应产物必须被转运至发生β-氧化作用的线粒体基质中，而脂酰 CoA 不能直接穿过线粒体内膜，因此需要一个转运系统。转运脂酰 CoA 的载体是肉毒碱，即 L-β-羟基-γ-三甲基氨基丁酸，它可将脂肪酸以酰基形式从线粒体膜外转运至膜内。其转运机制如下：肉毒碱与脂酰 CoA 结合生成脂酰肉毒碱，该反应由肉毒碱脂酰转移酶Ⅰ催化，并在线粒体膜外侧进行，脂酰肉毒碱通过线粒体内膜的移位酶穿过内膜，脂酰基与线粒体基质中的 CoA—SH 结合，重新产生脂酰 CoA，释放肉毒碱。线粒体内膜内侧的肉毒碱脂酰转移酶Ⅱ催化此反应。最后经肉毒碱移位酶协助，又回到线粒体外细胞质中（见图 7-2）。

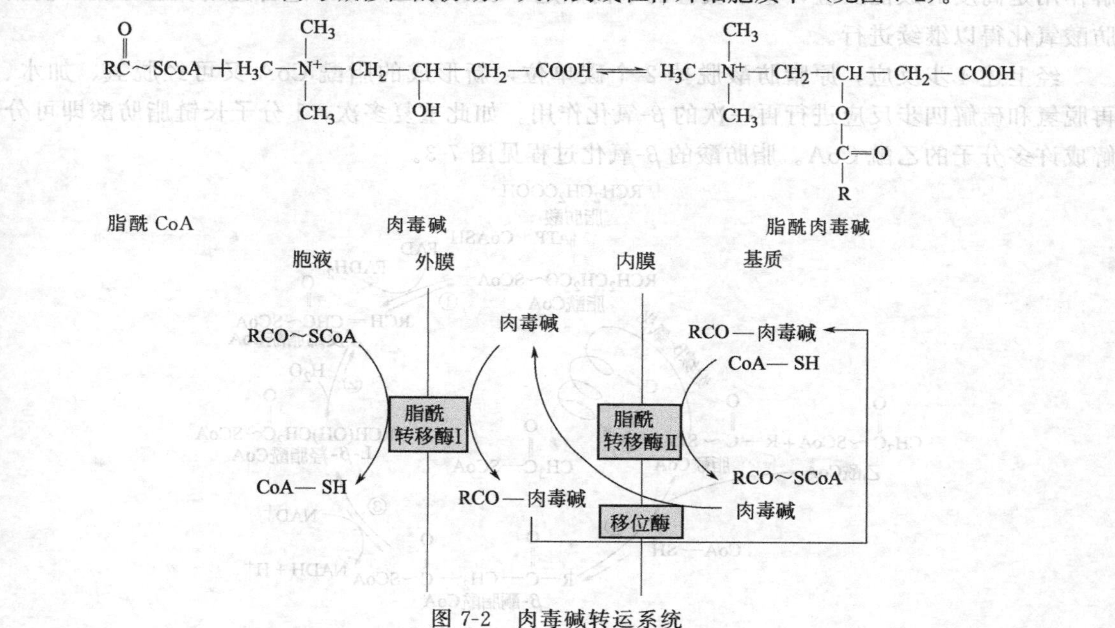

图 7-2　肉毒碱转运系统

4. 脂肪酸β-氧化作用的步骤

脂酰 CoA 进入线粒体后，在基质中进行β-氧化作用，包括以下 4 个循环步骤。

（1）脱氢作用　脂酰 CoA 在脂酰 CoA 脱氢酶的催化下，在 C2 和 C3（即α位、β位）之间脱氢，形成的产物是Δ^2反烯脂酰 CoA。

$$RCH_2CH_2\overset{\displaystyle O}{\underset{}{C}}\sim SCoA \xrightarrow[\text{脂酰CoA脱氢酶}]{FAD \;\; FADH_2} RCH{=}CH{-}\overset{O}{C}\sim SCoA$$

脂酰 CoA　　　　Δ^2反烯脂酰 CoA

（2）加水　Δ^2反烯脂酰 CoA 在烯脂酰 CoA 水合酶催化下，在双键上加水生成 L-β-羟脂酰 CoA。

$$RCH{=}CH{-}\overset{O}{C}\sim SCoA + H_2O \xrightleftharpoons{\text{烯脂酰 CoA 水合酶}} R\overset{OH}{CH}CH_2\overset{O}{C}\sim SCoA$$

Δ^2反烯脂酰 CoA　　　　L-β-羟脂酰 CoA

（3）再脱氢　在 L-β-羟脂酰 CoA 脱氢酶催化下，L-β-羟脂酰 CoA 的 C3 羟基上脱氢氧化成β-酮脂酰 CoA，反应以 NAD^+ 为辅酶。

$$R\overset{OH}{CH}CH_2\overset{O}{C}\sim SCoA \xrightarrow[NAD^+ \;\; NADH+H^+]{\text{L-β-羟脂酰CoA脱氢酶}} R\overset{O}{C}CH_2{-}\overset{O}{C}\sim SCoA$$

L-β-羟脂酰 CoA　　　　β-酮脂酰 CoA

(4) 硫解 在硫解酶催化下β-酮脂酰 CoA 被第二个 CoA—SH 分子硫解，产生乙酰 CoA 和比原来脂酰 CoA 少 2 个碳原子的脂酰 CoA。

$$\underset{\beta\text{-酮脂酰 CoA}}{RCCH_2-\underset{\underset{O}{\|}}{C}\sim SCoA} + CoA-SH \xrightleftharpoons{\text{硫解酶}} \underset{\text{脂酰 CoA}}{R\underset{\underset{O}{\|}}{C}\sim SCoA} + \underset{\text{乙酰 CoA}}{CH_3\underset{\underset{O}{\|}}{C}\sim SCoA}$$

尽管β-氧化作用中 4 个反应步骤都是可逆的，但是由于β-酮脂酰 CoA 硫解酶催化的硫解作用是高度的放能反应，整个反应的平衡点趋于裂解方向，难以进行逆向反应，所以使脂肪酸氧化得以继续进行。

经上述 4 步反应，原脂肪酸脱掉 2 个碳单位，新形成的脂酰 CoA 又可经脱氢、加水、再脱氢和硫解四步反应进行再一次的β-氧化作用。如此重复多次，1 分子长链脂肪酸即可分解成许多分子的乙酰 CoA。脂肪酸的β-氧化过程见图 7-3。

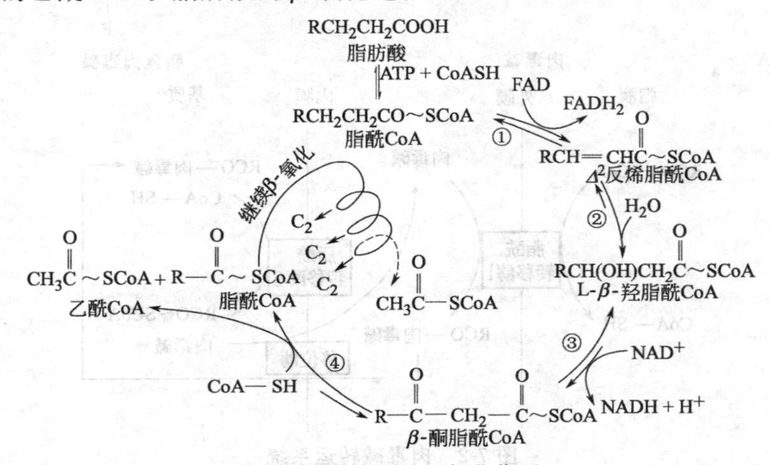

图 7-3 脂肪酸的β-氧化作用

①脂酰 CoA 脱氢酶；②烯脂酰 CoA 水合酶；③L-β-羟脂酰 CoA 脱氢酶；④硫解酶

5. 脂肪酸β-氧化过程中的能量贮存

脂肪酸β-氧化后形成的乙酰 CoA 进入三羧酸循环，最后形成 CO_2 和 H_2O。

脂肪酸在β-氧化中，每形成 1 分子乙酰 CoA，就使 1 分子 FAD 还原为 $FADH_2$，并使 1 分子 NAD^+ 还原为 $NADH+H^+$。$FADH_2$ 进入呼吸链，生成 2 分子 ATP；$NADH+H^+$ 进入呼吸链，生成 3 分子 ATP。因此，每生成 1 分子乙酰 CoA，就生成 5 分子 ATP。现以软脂酰 CoA 为例，说明其产生 ATP 分子的过程。

$$\text{软脂酰 CoA}+CoA-SH+FAD+NAD^+ +H_2O \longrightarrow$$
$$\text{豆蔻脂酰 CoA}+\text{乙酰 CoA}+FADH_2+NADH+H^+$$

经过 7 次上述的β-氧化循环，即可将软脂酰 CoA 转变为 8 分子的乙酰 CoA。

$$\text{软脂酰 CoA}+7CoA-SH+7FAD+7NAD^+ +7H_2O \longrightarrow$$
$$8\text{乙酰 CoA}+7FADH_2+7NADH+7H^+$$

每分子乙酰 CoA 进入三羧酸循环彻底氧化共生成 12 分子 ATP。因此由 8 个分子乙酰 CoA 氧化为 H_2O 和 CO_2，共形成 $8\times12=96$ 分子 ATP。

由于软脂酸转化为软脂酰 CoA 消耗 1 分子 ATP 中的 2 个高能磷酸键的能量，因此净生成 $131-2=129$ 个 ATP。

当软脂酸氧化时，自由能的变化是-9790.56kJ/mol。ATP 水解为 ADP 和 Pi 时，自由能的变化为－30.54kJ/mol。软脂酸生物氧化净产生 129 个 ATP，可形成 3962.3kJ/mol 能量。因此，在软脂酸氧化时约有 40％的能量转换成磷酸键能。

（二）脂肪酸的α-氧化

P. K. Stumpf（1956）发现植物线粒体中除有β-氧化作用外，还有 1 种特殊的氧化途径，称为α-氧化作用。这种特殊类型的氧化系统，首先发现于植物种子和植物叶子组织中，但后来也在脑和肝细胞中发现。在这个系统中，仅游离脂肪酸能作为底物，而且直接涉及分子氧，每 1 次氧化经脂肪酸羧基端只失去 1 个碳原子，产物既可以是 D-α-羟基脂肪酸，也可以是少 1 个碳原子的脂肪酸。

脂肪酸α-氧化的概念是脂肪酸在一些酶的催化下，其α-碳原子发生氧化，结果生成 1 分子 CO_2 和比原来少 1 个碳原子的脂肪酸。

$$R-\overset{\alpha}{C}H_2-COOH \longrightarrow R-\underset{OH}{\underset{|}{\overset{\alpha}{C}H}}-COOH \longrightarrow R-COOH+CO_2$$

α-氧化的机制尚不十分清楚，其可能的途径有如下几种。

① 长链脂肪酸在一定条件下，可直接羟化，产生α-羟脂肪酸，再经氧化脱羧作用，形成以 CO_2 形式去掉 1 个碳原子的脂肪酸。

$$RCH_2COOH \xrightarrow[Fe^{2+},\text{抗坏血酸}]{O_2,NADPH+H^+ \quad \text{单加氧酶}} \underset{\text{L-}\alpha\text{-羟脂肪酸}}{R-\underset{OH}{\underset{|}{CH}}-COOH} \xrightarrow[NAD^+ \to NADH+H^+]{\text{脱氢酶}} \underset{\alpha\text{-酮脂酸}}{R-\underset{O}{\underset{\|}{C}}-COOH}$$

$$\underset{\alpha\text{-酮脂酸}}{R-\underset{O}{\underset{\|}{C}}-COOH} \xrightarrow[\text{脱羧酶}]{ATP,\ NAD^+,\ \text{抗坏血酸}} \underset{\text{脂肪酸（少 1 个碳原子）}}{RCOOH+CO_2}$$

D-α-羟基脂肪酸不能被脱氢酶催化，但可经脱羧和脱氢协同作用最后产生脂肪醛。

② 在过氧化氢存在下，脂肪酸在氧化物酶催化下，形成 D-α-氢过氧脂肪酸，再脱羧成为脂肪醛，然后被以 NAD^+ 为辅酶的专一性的醛脱氢酶氧化成脂肪酸，也可以被还原成脂肪醇。

$$RCH_2CH_2COOH \xrightarrow{H_2O_2} \underset{\text{D-}\alpha\text{-氢过氧脂肪酸}}{[RCH_2-\underset{OOH}{\underset{|}{CH}}-COOH]} \xrightarrow{-CO_2} \underset{\text{少1个碳的脂肪醛}}{RCH_2-\underset{O}{\underset{\|}{C}}-H}$$

$$\text{少1个碳的脂肪醛} \xrightarrow{NAD^+ \to NADH+H^+} \underset{\text{少1个碳的脂肪酸}}{RCH_2COOH}$$

$$\text{少1个碳的脂肪醛} \xrightarrow{NADH+H^+ \to NAD^+} \underset{\text{少1个碳的脂肪醇}}{RCH_2CH_2OH}$$

α-氧化对降解支链脂肪酸、奇数碳脂肪酸或过分长链脂肪酸有重要作用。

（三）脂肪酸的ω-氧化途径

动物体内贮存的多是碳原子数在 12 个以上的脂肪酸，这些脂肪酸可进行β-氧化，不产生二羧酸。但机体内也存在少量的十二碳以下的脂肪酸，如十碳的癸酸和十一碳酸，这些脂肪酸通过ω-氧化途径进行氧化降解。

脂肪酸的ω-氧化作用是指脂肪酸在混合功能氧化酶等酶的催化下，其ω-碳（末端甲基碳）原子发生氧化，先生成ω-羟脂酸，继而氧化成α,ω-二羧酸的反应过程。

脂肪酸ω-氧化过程可简示如下。

$$CH_3(CH_2)_8CH_2CH_2COOH \xrightarrow{\omega\text{-羟化酶}} HOCH_2(CH_2)_8CH_2CH_2COOH$$

$$\xrightarrow[\text{醇脱氢酶}]{NAD^+ \rightarrow NADH+H^+} HOC(CH_2)_8CH_2CH_2COOH \xrightarrow[\text{醛脱氢酶}]{NAD^+ \rightarrow NADH+H^+} HOOC(CH_2)_8CH_2CH_2COOH\ (\alpha,\omega\text{-二羧酸})$$

$$HOOC(CH_2)_8CH_2CH_2COOH \xrightarrow{\beta\text{-氧化}} \text{琥珀酰CoA} + 4\times\text{乙酰CoA};\quad \text{琥珀酰CoA} \longrightarrow TCA$$

最后生成的α,ω-二羧酸可以从两端进行β-氧化降解。

早在1932年Verkade等人就用动物实验证明了脂肪酸的ω-氧化降解途径。因其在脂肪酸分解代谢中不占重要地位，所以未受到重视。新近从土壤中分离出许多细菌及某些海面浮游生物具有ω-氧化途径，能将烃类和脂肪酸迅速降解成水溶性产物，有的海面浮游细菌对脂肪酸的分解速率达0.5g/(d·m²)。这些微生物对清除海洋中的石油污染具有重大意义，因此ω-氧化作用的研究日益受到重视。

四、乙醛酸循环

许多植物、微生物能够以乙酸为碳源合成其生长所需的其他含碳化合物，同时种子发芽

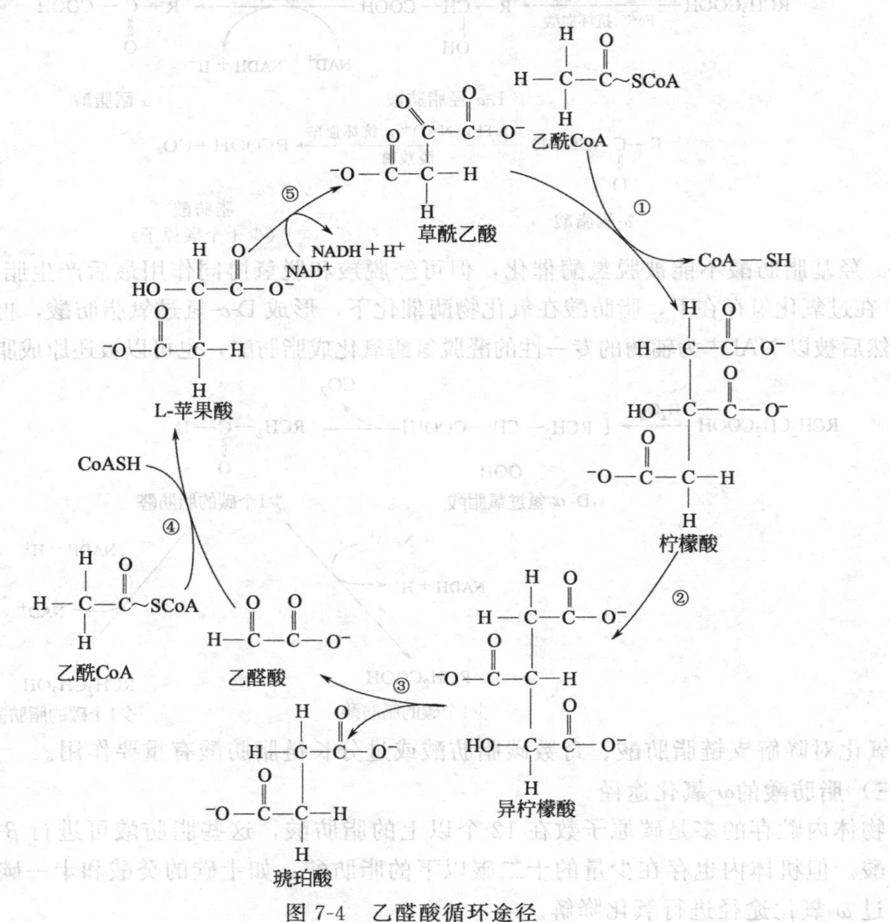

图7-4 乙醛酸循环途径

①柠檬酸合成酶；②顺乌头酸酶；③异柠檬酸裂解酶；④苹果酸合成酶；⑤苹果酸脱氢酶

时可以将脂肪转化成糖，这都是因为存在着一个类似于三羧酸循环的乙醛酸循环的缘故，该循环不存在于动物体中。

乙醛酸循环从草酰乙酸和乙酰CoA开始，形成柠檬酸后，异构化成异柠檬酸。与三羧酸循环不同的是异柠檬酸不经脱羧，而是被异柠檬酸裂解酶裂解成琥珀酸及乙醛酸。乙醛酸与另一个乙酰CoA缩合形成L-苹果酸，此反应由苹果酸合成酶催化，最后同三羧酸循环一样，L-苹果酸氧化成草酰乙酸，进入下一次循环。乙醛酸循环途径见图7-4。

乙醛酸循环的主要生理意义在于它对三羧酸循环起着协助作用，因为乙醛酸循环所产生的四碳化合物可以弥补三羧酸循环中四碳化合物的不足，即当四碳化合物缺乏时，二碳化合物就不能充分氧化。

五、酮体的生成及利用

酮体是脂肪酸在肝脏进行正常分解代谢所生成的特殊中间产物，包括有乙酰乙酸，β-羟丁酸和极少量的丙酮。酮体是在肝细胞线粒体中生成的，其原料是脂肪酸β-氧化生成的乙酰CoA。首先是在3-羟-3-甲基戊二酰CoA（HMG-CoA）合成酶催化下生成HMG-CoA，再经HMG-CoA裂解酶催化生成乙酰乙酸和乙酰CoA。线粒体中的β-羟丁酸脱氢酶催化乙酰乙酸还原生成β-羟丁酸：少量乙酰乙酸可自行脱羧生成丙酮。

酮体生成后迅速进入血液，转运至肝外组织利用。乙酰乙酸分解成乙酰CoA，进入三羧酸循环氧化分解。肝细胞中没有分解酮体的酶，所以肝细胞不能利用酮体。脑组织利用酮体的能力与血糖水平有关，只有血糖水平降低时才利用酮体。

正常人血液中酮体含量极少，肝外组织利用酮体的量与动脉血中酮体浓度成正比。血中酮体浓度达70mg/100ml时（肾酮阈），肝外组织的利用能力达到饱和。在某些生理情况（饥饿、禁食）或病理情况下（如糖尿病），糖的来源或氧化供能障碍，脂动员增强，脂肪酸成为人体的主要供能物质。若肝中合成酮体的量超过肝外组织利用酮体的能力，血中浓度就会过高，导致酮血症；酮体经肾小球的滤过量超过肾小管的重吸收能力，出现酮尿症。乙酰乙酸和β-羟丁酸都是酸性物质，在体内大量堆积还会引起酸中毒。

酮体生成及利用的生理意义是：在正常情况下，酮体是肝输出能源的一种重要的形式；在饥饿或疾病情况下，酮体可为心、脑等重要器官提供必要的能源。

第二节 脂肪的生物合成

脂肪的生物合成可以分为3个阶段：甘油的生物合成；脂肪酸的生物合成；甘油三酯的生物合成。

一、甘油的生物合成

生物体内，糖酵解的中间产物磷酸二羟丙酮，在胞质内的3-磷酸甘油脱氢酶催化下还原为3-磷酸甘油，后者在磷酸酶作用下生成甘油。

$$\underset{\text{磷酸二羟丙酮}}{\begin{matrix}CH_2OPO_3H_2\\|\\C=O\\|\\CH_2OH\end{matrix}} \xrightleftharpoons[\text{3-磷酸甘油脱氢酶}]{NADH+H^+ \quad NAD^+} \underset{\text{3-磷酸甘油}}{\begin{matrix}CH_2OH\\|\\OH-CH\\|\\CH_2OPO_3H_2\end{matrix}} \xrightleftharpoons{ADP \quad ATP} \underset{\text{甘油}}{\begin{matrix}CH_2OH\\|\\HOCH\\|\\CH_2OH\end{matrix}}$$

二、脂肪酸的生物合成

脂肪酸的合成过程比较复杂，与氧化降解步骤完全不同。它可分为饱和脂肪酸的从头合成、脂肪酸碳链的延长和不饱和脂肪酸的生成几部分。脂肪酸合成的碳源主要来自糖酵解产

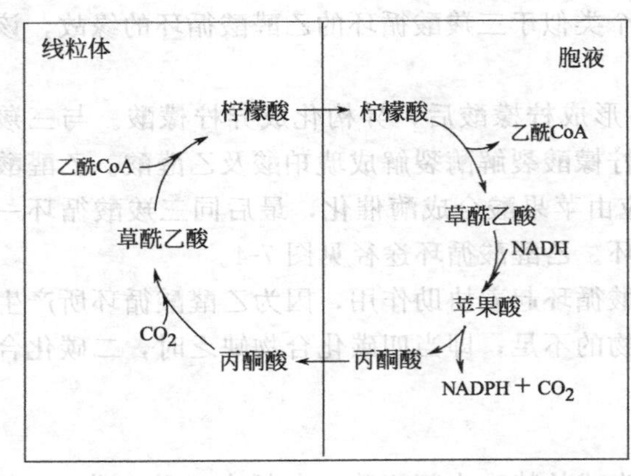

图 7-5 柠檬酸穿梭系统

生的乙酰 CoA，合成场所是在胞液中进行。

（一）饱和脂肪酸的从头合成

1. 乙酰 CoA 的转运

大部分脂肪酸合成定位于细胞质中，而脂肪酸 β-氧化作用仅在线粒体中发生。脂肪酸合成所需碳源来自乙酰 CoA，但代谢产生的乙酰 CoA 不能穿过线粒体的内膜到胞液中去，需要借助“柠檬酸穿梭”进入胞液（见图 7-5）。

2. 丙二酸单酰 CoA 的形成

人们在用细胞提取液进行脂肪酸从头合成的研究时发现，脂肪酸的从头合成需要 HCO_3^-。研究发现，在合成过程中，乙酰 CoA 是引物，加合物则是丙二酸单酰 CoA。以合成 1 分子软脂酸为例，合成中所需的 8 个二碳单位中，只有 1 个是以乙酰 CoA 形式，而其他 7 个均以丙二酸单酰 CoA 形式参与合成反应。

丙二酸单酰 CoA 是由乙酰 CoA 在乙酰 CoA 羧化酶的催化下形成的，该酶的辅基为生物素，反应中消耗 ATP，其反应为：

$$\text{乙酰 CoA} + \text{ATP} + HCO_3^- \longrightarrow \text{丙二酸单酰 CoA} + \text{ADP} + \text{Pi} + H^+$$

3. 脂肪酸合成酶系

从乙酰 CoA 和丙二酸单酰 CoA 开始的脂肪酸合成反应由脂肪酸合成酶系催化。脂肪酸合成酶系包括 6 种酶和 1 个酰基载体蛋白，即 ACP 酰基转移酶、ACP 丙二酸单酰转移酶、β-酮脂酰 ACP 合酶、β-酮脂酰 ACP 还原酶、β-羟脂酰 ACP 脱水酶、烯脂酰 ACP 还原酶。

酰基载体蛋白（ACP）是一个小分子蛋白，其在脂肪酸合成中的作用如同 CoA 在脂肪酸降解中的作用一样重要。在 β-氧化中，脂肪酸衍生物连接到磷酸泛酰巯基乙胺基团的—SH上，组成了 CoA—SH 的部分结构。在脂肪酸合成中，脂肪酸衍生物连接到磷酸泛酰巯基乙胺基团的—SH 上，是共价连接到一个脂酰基载体蛋白上。ACP 和与之连接的磷酸泛酰巯基乙胺在脂肪酸合成中运载脂酰基，如同辅酶 A 在脂肪酸降解中的作用一样。这个长的磷酸泛酰巯基乙胺基团起到一个“摆臂”的作用，它能将底物在酶复合物上从一个催化中心转移到另一个催化中心。

4. 反应历程

（1）转酰基反应　乙酰 CoA 与 ACP 作用，生成乙酰 ACP。该反应是一个起始反应，由乙酰转酰酶催化，将乙酰 CoA 先转运至 ACP，再转运至 β-酮脂酰 ACP 合成酶的巯基上。

$$CH_3—\overset{\overset{\displaystyle O}{\|}}{C}—SCoA + ACP—SH \xrightarrow{\text{乙酰转酰酶}} CH_3—\overset{\overset{\displaystyle O}{\|}}{C}—SACP + CoA—SH$$

$$CH_3—\overset{\overset{\displaystyle O}{\|}}{C}—SACP + \text{酶}—SH \longrightarrow CH_3—\overset{\overset{\displaystyle O}{\|}}{C}—S—\text{酶}—ACP—SH$$

（2）转酰基反应　丙二酸单酰 CoA 与 ACP 作用，生成丙二酸单酰 ACP。丙二酸单酰转酰酶催化丙二酸加载到 ACP 上，为 β-酮脂酰 ACP 合成酶提供第二底物。在此反应中，ACP 的自由巯基攻击丙二酸单酰 CoA 的羰基，形成丙二酸单酰 ACP。这样的起始反应与负载反应，为下一步缩合反应分别生成了所需的两种底物。

$$HO-\overset{O}{\overset{\|}{C}}-CH_2-\overset{O}{\overset{\|}{C}}-SCoA + ACP-SH \xrightarrow{\text{丙二酸单酰转酰酶}} HO-\overset{O}{\overset{\|}{C}}-CH_2-\overset{O}{\overset{\|}{C}}-SACP + CoA-SH$$

(3) 缩合反应　此步反应为乙酰基和丙二酸单酰基的缩合反应。脱羧反应激活了丙二酸单酰 CoA 的甲烯基碳，使之成为一个好的亲核基团，可攻击乙酰基团的羰基碳原子，形成的产物含有连在 ACP 上的乙酰乙酰基团。

$$CH_3-\overset{O}{\overset{\|}{C}}-S-\text{酶} + HO-\overset{O}{\overset{\|}{C}}-CH_2-\overset{O}{\overset{\|}{C}}-SACP \xrightarrow{\text{缩合酶}} \underset{\text{乙酰乙酰ACP}}{CH_3-\overset{O}{\overset{\|}{C}}-CH_2-\overset{O}{\overset{\|}{C}}-SACP} + \text{酶}-SH + CO_2$$

(4) 还原反应　由 β-酮脂酰 ACP 还原酶催化的反应是脂肪酸合成中的第一个还原反应。此还原反应类似于 β-氧化中发生在 β-碳原子上的氧化反应，NADPH 作为还原剂，产物为 D-构型的 β-羟丁酰 ACP。

$$CH_3-\overset{O}{\overset{\|}{C}}-CH_2-\overset{O}{\overset{\|}{C}}-SACP \xrightarrow[\text{NADPH + H}^+ \rightarrow \text{NADP}^+]{\beta\text{-酮脂酰ACP还原酶}} \underset{\beta\text{-羟丁酰ACP}}{CH_3-\overset{OH}{\overset{|}{CH}}-CH_2-\overset{O}{\overset{\|}{C}}-SACP}$$

(5) 脱水反应　β-羟丁酰 ACP 脱水生成相应的 α,β-烯丁酰 ACP（巴豆酰 ACP）。

$$CH_3-\overset{OH}{\overset{|}{CH}}-CH_2-\overset{O}{\overset{\|}{C}}-SACP \xrightarrow[H_2O]{\beta\text{-羟丁酰ACP脱水酶}} \underset{\text{巴豆酰ACP}}{CH_3-CH=CH-\overset{O}{\overset{\|}{C}}-SACP}$$

(6) 再还原反应　α,β-烯丁酰 ACP 再由 NADPH 还原为丁酰 ACP。

$$CH_3-CH=CH-\overset{O}{\overset{\|}{C}}-SACP \xrightarrow[\text{NADPH + H}^+ \rightarrow \text{NADP}^+]{\text{烯脂酰ACP还原酶}} \underset{\text{丁酰ACP}}{CH_3-CH_2-CH_2-\overset{O}{\overset{\|}{C}}-SACP}$$

这步还原反应由 NADPH 作为电子供体，在 β-碳原子上发生反应，由烯脂酰 ACP 还原酶催化，产生一个连接 ACP 的四碳脂肪酸，这是一个完整的脂肪酸合成的最后一步。

这样由乙酰 ACP 作为二碳受体，丙二酸单酰 ACP 作为二碳供体，经过缩合、还原、脱水、再还原几个反应步骤，即生成含 4 个碳原子的丁酰 ACP。如果丁酰 ACP 再与丙二酸单酰 ACP 反应，经过上述重复的反应步骤，即可得到己酰 ACP。如此不断地进行循环，最终得到软脂酰 ACP。

综上所述，脂肪酸合成每循环一次，碳链延长 2 个碳原子；CO_2 虽然在脂肪酸合成中参与起初的羧化反应，但在缩合反应中又重新释放出来，并没有消耗，它似乎仅仅起催化剂作用；在羧化反应中消耗 ATP，此 ATP 由糖酵解提供；每次循环经 2 次还原，消耗 $2NADPH+2H^+$。试验表明，脂肪酸合成需要的 NADPH 有 60% 是由磷酸戊糖途径提供的，其余部分可由糖酵解间接生成。

（二）脂肪酸碳链的延长

脂肪酸的从头合成是在细胞质的可溶性部分进行的，又称非线粒体系统合成途径，也称Ⅰ型系统。因为 β-酮脂酰 ACP 合成酶对软脂酰 ACP 无活性，所以由Ⅰ型系统合成脂肪酸时，碳链的延长只能到生成 16 个碳的软脂酸为止。若要继续延长碳链，则需另外的延长系统途径，即线粒体（或微粒体）系统合成途径，延长系统也称为Ⅱ型系统和Ⅲ型系统。

在植物中，软脂酸的碳链延长在细胞质中进行，由延长酶系统Ⅱ和Ⅲ催化，形成 18 碳、20 碳的脂肪酸。Harwood 和 Stump (1971) 发现植物体内的脂肪酸合成酶系统至少有 3 个类型，其作用如下式：

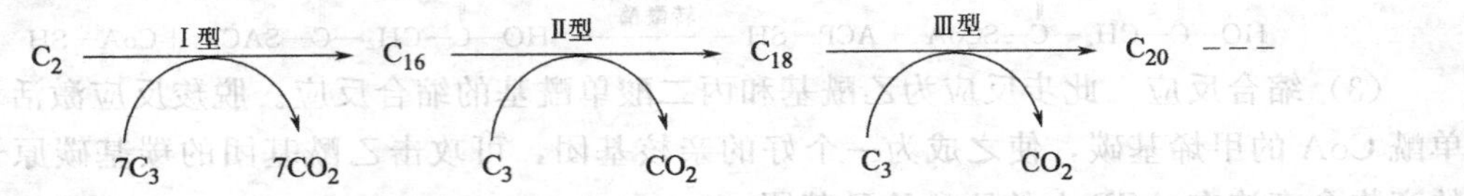

式中，C_2 代表乙酰基；C_3 代表丙二酸单酰基；C_{16}、C_{18}、C_{20} 分别代表不同长度的脂酰基。

在人和动物中软脂酸的碳链的延长在内质网（微粒体）或线粒体中进行。在内质网上碳链的延长以软脂酰 CoA 为基础，以丙二酸单酰 CoA 为二碳供体，以 CoA—SH 为酰基载体，经过缩合、还原、脱水和再还原，生成硬脂酰 CoA。然后重复循环，生成 20 碳以上的脂酰 CoA。在线粒体中软脂酸碳链的延长是与 β-氧化相似的逆向过程：以软脂酰 CoA 与乙酰 CoA（二碳供体）进行缩合、还原、脱水和再还原，生成硬脂酰 CoA。重复循环，可继续加长碳链（延长到 C_{24}～C_{26}）。可见脂肪酸的从头合成是 ACP 作酰基载体，以丙二酸单酰 ACP 作二碳供体；而延长途径是以 CoA—SH 为酰基载体，以丙二酸单酰 CoA 或乙酰 CoA 作为二碳供体。总之，不同生物的碳链延长系统在细胞内的分布及反应物均不同（如表 7-3 所示）。

表 7-3 不同生物的脂肪酸碳链延长系统

生物	在细胞内的部位	反 应 物
植物	细胞质	软脂酰 ACP，丙二酸单酰 ACP，NADPH＋H^+
动物	内质网	软脂酰 CoA，丙二酸单酰 CoA，NADPH＋H^+
	线粒体内膜、外膜	软脂酰 CoA，乙酰 CoA，NADPH

把软脂酸的从头合成与上文所述的 β-氧化相比较可以看出，虽然它们有一些共同的中间产物基团，如酮脂酰基、羟脂酰基、烯脂酰基等，但两个过程有许多不同点，概括如下。

① 两个过程反应的空间不同，合成代谢在细胞质中，而降解代谢则在线粒体中。

② 脂肪酸合成过程包括羧化、转酰基、转酰基、缩合、还原、脱水、再还原，脂肪酸的氧化过程包括活化、脱氢、水合、再脱氢、硫解。

③ 两个过程所连接的载体不同，合成代谢的载体是 ACP，降解代谢的载体是 CoA—SH。

④ 两个过程在线粒体和细胞质中的转运机制不同，在脂肪酸合成中，是经柠檬酸转运系统转运乙酰 CoA，在脂肪酸降解中，是经肉毒碱载体系统转运脂酰 CoA。

⑤ 两个过程中，二碳单位的加减方式不同。在脂肪酸合成中，每循环一次加上 1 个丙二酸单酰 CoA，减去 1 个 CO_2；在降解代谢中，每循环一次减去 1 个乙酰 CoA。

⑥ 脂肪酸是从甲基到羧基的方向合成的；降解时方向相反。

⑦ 羟脂酰基中间物在脂肪酸合成中是 D-构型，但在降解时是 L-构型。

⑧ 脂肪酸合成是一个需要 NADPH 的还原途径，需消耗 ATP；脂肪酸降解是一个需要 FAD 和 NAD^+ 的氧化途径，可生成 ATP。

（三）不饱和脂肪酸的合成

不饱和脂肪酸的合成，是在去饱和酶系的作用下，在原有饱和脂肪酸中引入双键的过程。去饱和作用也是在内质网膜上进行的。

哺乳动物主要有 4 类不饱和脂肪酸：

棕榈油酸（ω-7）：16∶1Δ^9 十六碳单烯脂肪酸，双键位于第 9 位

油酸（ω-9）：18∶1Δ^9 十八碳单烯脂肪酸，双键位于第 9 位

亚油酸（ω-6）：$18:2\Delta^{9,12}$　　十八碳二烯酸，双键位于第 9、12 位

亚麻酸（ω-7）：$18:3\Delta^{9,12,15}$　十八碳三烯酸，双键位于第 9、12、15 位

其中亚油酸和亚麻酸是人体必需脂肪酸，因为人和其他哺乳动物缺乏在脂肪酸第 9 位碳原子以上位置引入双键的酶系，所以自身不能合成亚油酸和亚麻酸，必须从植物中获得。亚油酸和亚麻酸广泛存在于植物油（花生、芝麻和棉子油等）中。其他多不饱和脂肪酸都是由以上 4 种不饱和脂肪酸衍生而来，通过延长和去饱和作用交替进行来完成的。

不饱和双键的引入具有以下特点。

① 哺乳动物只能在 Δ^9 位与羧基之间引入双键，而不能在 Δ^9 位与 ω-甲基之间任何位置引入双键。

② 多烯脂肪酸分子中的两个双键之间通常间隔一个亚甲基，即$—CH═CH—CH_2—CH═CH—$。如棕榈油酸和油酸都是在 Δ^9 位引入双键，从亚油酸可以合成花生四烯酸。花生四烯酸是重要的不饱和脂肪酸，是前列腺素、血栓素和白三烯等十二烷酸类合成的前体。不饱和脂肪酸对于促进生长、降低血脂、增加细胞膜的流动性等有重要作用。

三、甘油三酯的生物合成

甘油三酯是由 3-磷酸甘油和脂酰 CoA 逐步缩合生成的。其中 3-磷酸甘油有两个来源，一是由甘油与 ATP 在甘油激酶催化下生成的，二是直接由糖酵解产生的磷酸二羟丙酮还原生成的。脂酰 CoA 由脂肪酸在脂酰 CoA 合成酶催化下生成，反应式见脂肪酸 β-氧化中脂肪酸活化一节。甘油三酯的合成过程如下。

1. 磷脂酸的生成

3-磷酸甘油在磷酸甘油转酰酶催化下分别与 2 分子脂酰 CoA 缩合，形成磷脂酸。

$$\underset{\text{3-磷酸甘油}}{\begin{array}{l}CH_2OH\\ |\\ HOCH\\ |\\ CH_2OPO_3H_2\end{array}} + \begin{array}{l}R^1—\overset{O}{\overset{\|}{C}}—SCoA\\ R^2—\overset{O}{\overset{\|}{C}}—SCoA\end{array} \xrightarrow{\text{磷酸甘油转酰酶}} \underset{\text{磷脂酸}}{\begin{array}{l}H_2CO—\overset{O}{\overset{\|}{C}}—R^1\\ |\\ HCO—\overset{O}{\overset{\|}{C}}—R^2\\ |\\ CH_2OPO_3H_2\end{array}} + 2CoA—SH$$

2. 甘油二酯的合成

磷脂酸在磷脂酸酯酶作用下，水解去掉磷酸，生成 1,2-甘油二酯。

$$\begin{array}{l}H_2CO—\overset{O}{\overset{\|}{C}}—R^1\\ |\\ HCO—\overset{O}{\overset{\|}{C}}—R^2\\ |\\ CH_2OPO_3H_2\end{array} + H_2O \xrightarrow{\text{磷脂酸酯酶}} \underset{\text{1,2-二酰甘油}}{\begin{array}{l}H_2CO—\overset{O}{\overset{\|}{C}}—R^1\\ |\\ HCO—\overset{O}{\overset{\|}{C}}—R^2\\ |\\ CH_2OH\end{array}} + Pi$$

3. 甘油三酯的合成

甘油二酯在甘油二酯转酰酶作用下与 1 分子脂酰 CoA 缩合成甘油三酯。

$$\begin{array}{l}H_2CO—\overset{O}{\overset{\|}{C}}—R^1\\ |\\ HCO—\overset{O}{\overset{\|}{C}}—R^2\\ |\\ CH_2OH\end{array} + R^3—\overset{O}{\overset{\|}{C}}—SCoA \xrightarrow{\text{甘油二酯转酰酶}} \underset{\text{甘油三酯}}{\begin{array}{l}H_2CO—\overset{O}{\overset{\|}{C}}—R^1\\ |\\ HCO—\overset{O}{\overset{\|}{C}}—R^2\\ |\\ CH_2O—\overset{O}{\overset{\|}{C}}—R^3\end{array}} + CoA—SH$$

第三节 甘油磷脂的降解与生物合成

磷酸甘油的衍生物称为甘油磷脂。甘油磷脂一般还含有一个含氮碱基，如卵磷脂是由甘油、脂肪酸、磷酸和胆碱组成的，称为磷脂酰胆碱。甘油磷脂具有重要的生物学功能，在淋巴液中，甘油磷脂在脂蛋白中起到使非极性的胆固醇、甘油三酯和极性的蛋白质结合起来的作用，某些甘油磷脂还具有促进凝血的作用。细胞生物膜的双脂层结构中，大部分的磷脂是甘油磷脂。生物膜的许多特性如柔韧性、对极性分子的不可透性等，均与甘油磷脂有关。含甘油磷脂丰富的部位有肝、血浆、神经髓鞘、蛋黄、豆科植物种子、线粒体、红细胞膜、内质网等。在甘油磷脂中，以卵磷脂（即磷脂酰胆碱）和脑磷脂（即磷脂酰乙醇胺）分布最广。现仅对甘油磷脂的代谢做一简要介绍。

1. 甘油磷脂的降解

参与甘油磷脂分解代谢的酶有磷脂酶 A、磷脂酶 B、磷脂酶 C 和磷脂酶 D 等，其中磷脂酶 A 又分为磷脂酶 A_1 和磷脂酶 A_2 两种。它们在自然界中分布很广，存在于动物、植物、细菌、真菌中。在动物小肠内对卵磷脂分解起作用的磷脂酶主要是磷脂酶 A_1、磷脂酶 A_2、磷脂酶 B。L-*α*-磷脂酰胆碱（卵磷脂）结构如下：

```
                              ①   O
                              ↓   ‖
          O    ②      CH₂O────C─R¹
          ‖    ↓      |
   R²─C──────OCH
                      |   ③   O  ④
                      |   ↓   ‖  ↓
                      CH₂O───P────OCH₂CH₂N⁺(CH₃)₃
                              |
                              OH
```

磷脂酶 A_1 广泛存在于动物细胞内，能专一性地作用于卵磷脂①位酯键，生成 2-脂酰甘油磷酸胆碱（简写为 2-脂酰 GDP）和脂肪酸。

磷脂酶 A_2 主要存在于蛇毒及蜂毒中，也发现在动物胰脏内以酶原形式存在，专一性地水解卵磷脂②位酯键，生成 1-脂酰甘油磷酸胆碱（简写为 1-脂酰 GDP）和脂肪酸。

磷脂酶 A_1 与磷脂酶 A_2 作用后的这两种产物都具有溶血作用，因此称为溶血卵磷脂（又称溶血磷脂酰胆碱）。蛇毒和蜂毒中磷脂酶 A_2 含量特别丰富，当毒蛇咬人或毒蜂蜇人后，进入人体内的毒液中的磷脂酶 A_2，催化卵磷脂脱去 1 个脂肪酸分子而生成会引起溶血的溶血卵磷脂，使红细胞膜破裂而发生溶血。不过被毒蛇咬伤后致命的并不只是由于溶血，而主要是由于蛇毒中含有多种神经麻痹的蛇毒蛋白。

磷脂酶 B 催化磷脂水解脱去一个脂酰基，又称溶血磷脂酶，它可分为溶血磷脂酶 L_1 和溶血磷脂酶 L_2 两种。溶血磷脂酶 L_1 催化由磷脂酶 A_2 作用后的产物 1-脂酰甘油磷酸胆碱上①位酯键的水解，溶血磷脂酶 L_2 催化由磷脂酶 A_1 作用后的产物 2-脂酰甘油磷酸胆碱上②位酯键的水解，产物都是 L-*α*-甘油磷酸胆碱和相应的脂肪酸。L-*α*-甘油磷酸胆碱先通过甘油磷酸胆碱二酯酶的作用水解④位酯键，再通过磷酸单酯酶的作用水解③位酯键，最终生成磷酸、甘油和胆碱（见图 7-6）。

磷脂酶 C 存在于动物脑、蛇毒以及一些微生物分泌的毒素中，能专一地水解卵磷脂③位磷酸酯键，生成甘油二酯和磷酸胆碱。

磷脂酶 D 主要存在于高等植物中，能专一地水解卵磷脂④位酯键，生成磷脂酸和胆碱。

总之，卵磷脂在以上磷脂酶作用下生成的 3-甘油磷酸胆碱、磷脂酸和磷酸胆碱等物质，可在磷酸酯酶及脂肪酶的作用下进一步发生降解。

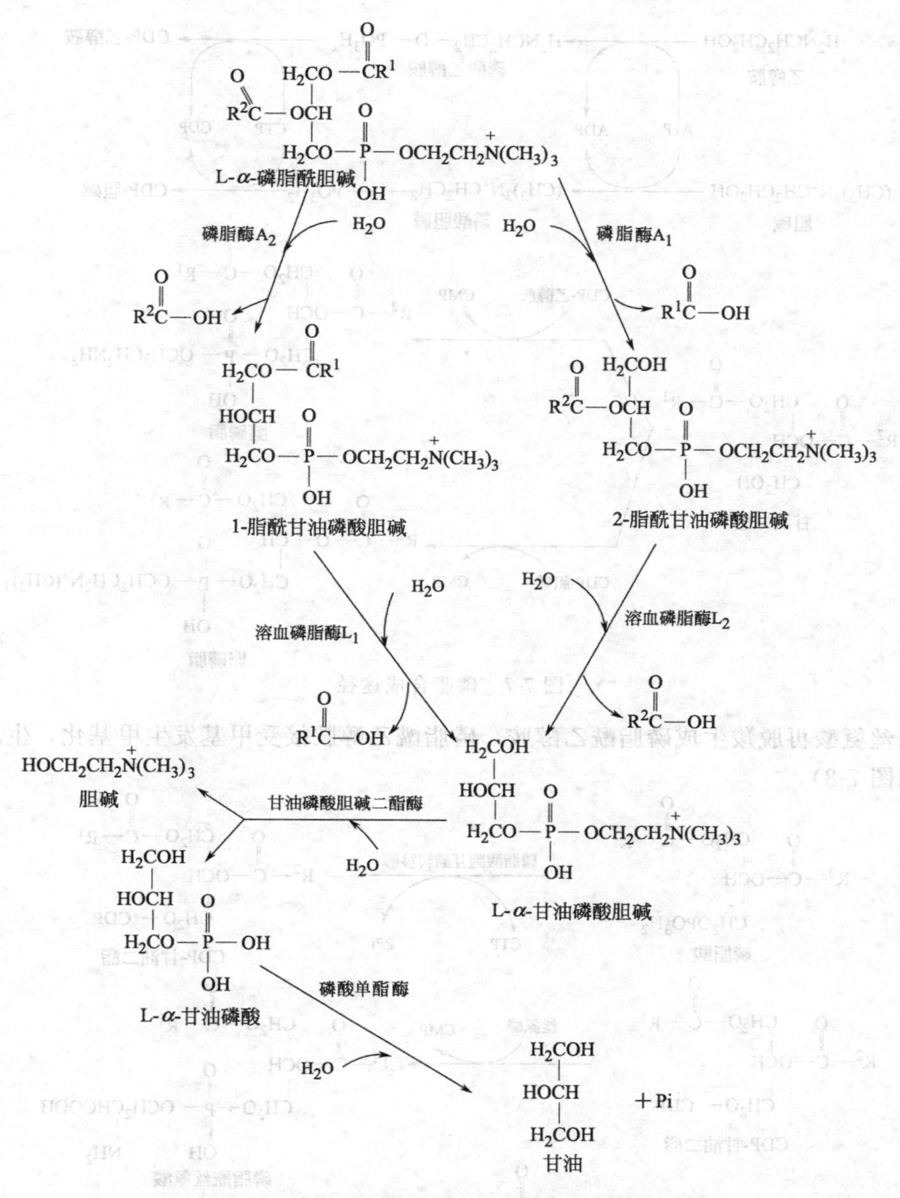

图 7-6　动物中磷脂酰胆碱（卵磷脂）的分解途径

2. 甘油磷脂的生物合成

在生物细胞内的甘油磷脂有多种，其合成途径也不一样，以脑磷脂（磷脂酰胆胺）及卵磷脂（磷脂酰胆碱）的合成过程为例说明如下。

在高等动植物体中磷脂合成的一般途径是：乙醇胺或胆碱在激酶催化下生成磷酸乙醇胺或磷酸胆碱，然后在转胞苷酶的催化下与胞苷三磷酸（CTP）作用生成胞苷二磷酸乙醇胺（CDP-乙醇胺）或胞苷二磷酸胆碱（CDP-胆碱），它们再与甘油二酯作用生成磷脂酰乙醇胺（脑磷脂）或磷脂酰胆碱（卵磷脂）。这种合成脑磷脂或卵磷脂的途径称为 CDP-乙醇胺途径或 CDP-胆碱途径。磷脂合成途径如图 7-7 所示。

另外，植物、微生物及动物肝脏中还有与上述途径略有不同的磷脂合成途径，现介绍如下。磷脂酸与胞苷三磷酸（CTP）作用生成胞苷二磷酸-甘油二酯，后者与丝氨酸作用生成

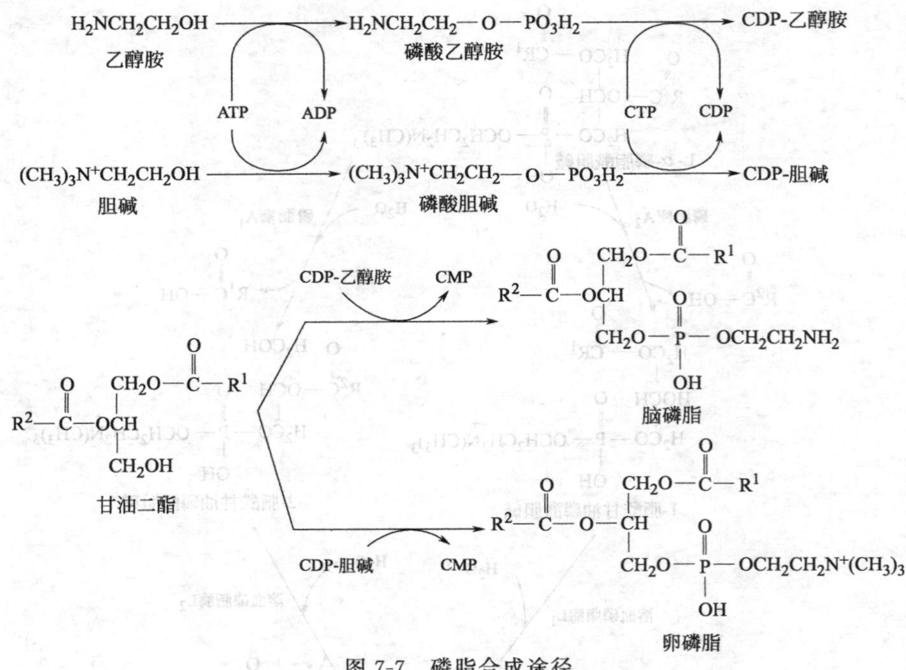

图 7-7 磷脂合成途径

的磷脂酰丝氨酸再脱羧生成磷脂酰乙醇胺，磷脂酰乙醇胺接受甲基发生甲基化，生成磷脂酰胆碱（如图 7-8）。

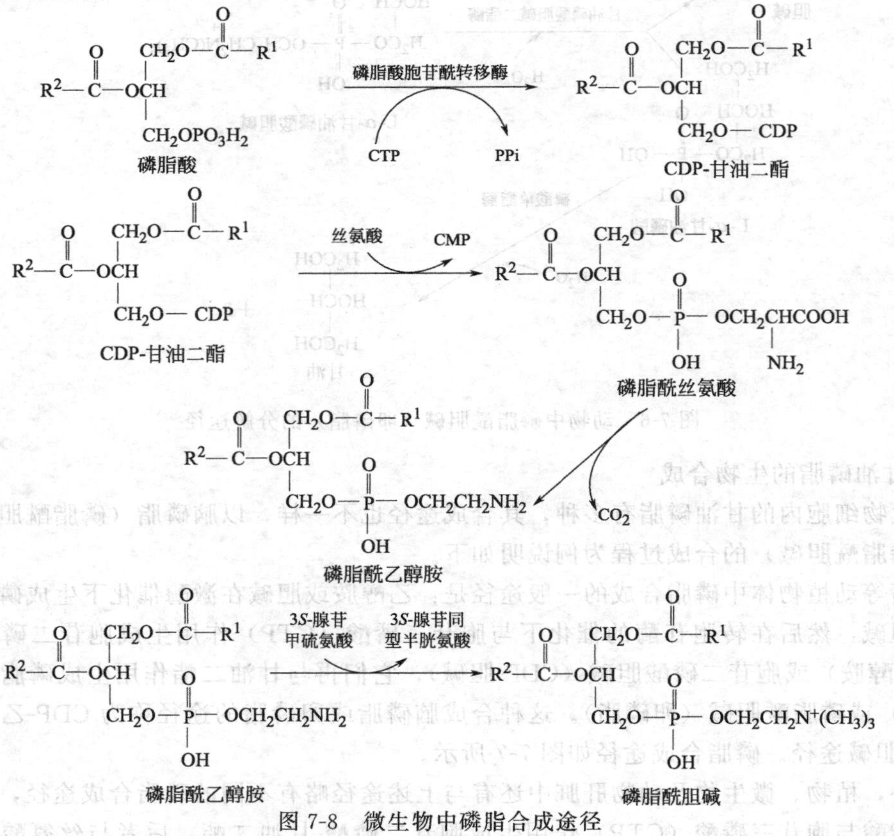

图 7-8 微生物中磷脂合成途径

实际上，在某些生物体内（特别是细菌）仅仅利用一个或两个甲基，生成磷脂酰甲基乙醇胺或磷脂酰二甲基乙醇胺，而不是磷脂酰胆碱。

复 习 题

一、名词解释

必需脂肪酸、脂肪酸的β-氧化、碘值、乙醛酸循环

二、填空题

1. ＿＿＿＿是动物和许多植物主要的能源贮存形式，是由＿＿＿＿与3分子＿＿＿＿酯化而成的。

2. 在线粒体外膜脂酰CoA合成酶催化下，游离脂肪酸与＿＿＿＿和＿＿＿＿反应，生成脂肪酸的活化形式＿＿＿＿，再经线粒体内膜＿＿＿＿进入线粒体衬质。

3. 一个碳原子数为n（n为偶数）的脂肪酸在β-氧化中需经＿＿＿＿次β-氧化循环，生成＿＿＿＿个乙酰CoA，＿＿＿＿个$FADH_2$和＿＿＿＿个$NADH+H^+$。

4. 乙醛酸循环中两个关键酶是＿＿＿＿和＿＿＿＿，使异柠檬酸避免了在＿＿＿＿循环中的两次＿＿＿＿反应，实现从乙酰CoA净合成＿＿＿＿循环的中间物。

5. 脂肪酸从头合成的C_2供体是＿＿＿＿，活化的C_2供体是＿＿＿＿，还原剂是＿＿＿＿。

6. 乙酰CoA羧化酶是脂肪酸从头合成的限速酶，该酶以＿＿＿＿为辅基，消耗＿＿＿＿，催化＿＿＿＿与＿＿＿＿生成＿＿＿＿，柠檬酸为其＿＿＿＿，长链脂酰CoA为其＿＿＿＿。

7. 脂肪酸从头合成中，缩合、两次还原和脱水反应时酰基都连接在＿＿＿＿上，它有一个与＿＿＿＿一样的＿＿＿＿长臂。

8. 脂肪酸合成酶复合物一般只合成＿＿＿＿，动物中脂肪酸碳链延长由＿＿＿＿或＿＿＿＿酶系统催化；植物的脂肪酸碳链延长酶系定位于＿＿＿＿。

9. 真核细胞中，不饱和脂肪酸都是通过＿＿＿＿途径合成的；许多细菌的单烯脂肪酸则是经由＿＿＿＿途径合成的。

10. 甘油三酯是由＿＿＿＿和＿＿＿＿在磷酸甘油转酰酶的作用下先形成＿＿＿＿，再由磷酸酶转变成＿＿＿＿，最后在＿＿＿＿催化下生成的。

11. 磷脂合成中活化的甘油二酯供体为＿＿＿＿，在功能上类似于糖原合成中的＿＿＿＿或淀粉合成中的＿＿＿＿。

三、计算题

1. 1mol软脂酸完全氧化成CO_2和H_2O可生成多少摩尔ATP？

2. 假设在外生成的NADH都通过磷酸甘油穿梭进入线粒体，1mol甘油完全氧化成CO_2和H_2O时可净生成多少摩尔ATP？

第八章 蛋白质的酶促降解和氨基酸代谢

学习目标

① 掌握一些主要的概念：转氨基作用，联合脱氨基作用，鸟氨酸循环，生酮氨基酸和生糖氨基酸。

② 熟悉鸟氨酸循环发生的部位，循环中的各步酶促反应，尿素氮的来源。

③ 了解氨基酸碳骨架的氧化途径。

蛋白质是一切生命活动的物质基础。在生物体内，蛋白质不断地进行着分解代谢和合成代谢，物质得到有效分配和利用，使生命得到体现。

蛋白质的降解产物氨基酸不仅能重新合成蛋白质，而且是许多重要生物分子的前体，如嘌呤、嘧啶、卟啉、某些维生素和激素等。当机体摄取的氨基酸过量时，氨基酸可以发生脱氨基作用，产生的酮酸可以通过糖异生途径转变为葡萄糖，也可以通过三羧酸循环氧化成二氧化碳和水，并为机体提供所需能量。

第一节 蛋白质的酶促降解

生物体内的蛋白质经常处在动态变化之中，一方面不断地进行合成，另一方面也在不断地分解。蛋白质是在各种酶的作用下发生水解的。蛋白质的酶促降解就是生物体内的蛋白质在酶的催化下水解，蛋白质分子中的肽键断裂，最后生成氨基酸的过程。分解蛋白质的酶有多种，主要是肽酶和蛋白酶。

一、肽酶

肽酶又称肽链端切酶，它们只作用于多肽链的末端，将氨基酸一个一个地或两个两个地从多肽链上水解下来，称为单个的氨基酸或二肽。根据酶的专一性不同又可分羧肽酶、氨肽酶和二肽酶。

(1) 羧肽酶　只能从多肽链的羧基末端水解肽键的酶。

(2) 氨肽酶　只能从多肽链的氨基末端水解肽键的酶。

(3) 二肽酶　只能将二肽水解为氨基酸键的酶。

二、蛋白酶

又称肽链内切酶，只作用于肽链内部的肽键。蛋白质水解为氨基酸的过程需要蛋白酶和肽酶的共同作用。人或动物吃了蛋白质食物后，蛋白质在胃里受到胃蛋白酶的作用，分解为分子量较小的肽。进入小肠后受到来自胰脏的胰蛋白酶和胰凝乳蛋白酶的作用，进一步分解为更小的肽。然后小肽又被肠黏膜里的二肽酶、氨肽酶及羧肽酶分解为氨基酸，氨基酸可以被直接吸收利用，也可以进一步氧化供能。

高等植物体中也含有蛋白酶类。如种子及幼苗内部都含有活性蛋白酶，种子萌发时蛋白酶的水解作用最旺盛，可将胚乳中贮藏的蛋白质水解为氨基酸，然后再利用氨基酸来重新合成蛋白质，以组成植物自身的细胞。某些植物的果实中也含有丰富的蛋白酶，如木瓜中的木瓜蛋白酶，菠萝中的菠萝蛋白酶，无花果中的无花果蛋白酶等。此外，微生物也含有多种多样的蛋白酶，能将蛋白质水解为氨基酸。

微生物蛋白酶对蛋白质的水解作用与生产实践关系密切。如酱油、腐乳等的制作都利用了微生物蛋白酶对蛋白质的水解作用。

第二节　氨基酸的降解和转化

生物体内氨基酸的主要作用是合成蛋白质或其他含氮化合物。多余的氨基酸不能贮藏只能被分解，这一点与葡萄糖和脂肪不同。

天然氨基酸分子都含有α-氨基和α-羧基，因此各种氨基酸都有其共同的代谢途径。但个别氨基酸由于其特殊的侧链结构也有特殊的代谢途径。本节只讲氨基酸的共同降解反应，包括脱氨基作用、脱羧作用等。

一、脱氨基作用

氨基酸在酶的催化下脱去氨基生成α-酮酸的过程叫脱氨基作用。这是氨基酸在体内分解的主要方式。参与人体蛋白质合成的氨基酸共有 20 种，它们的结构不同，脱氨基的方式也不同，主要有氧化脱氨基作用、转氨基作用、联合脱氨基作用等，以联合脱氨基作用最为重要。

1. 氧化脱氨基作用

氧化脱氨基作用是指在酶的催化下氨基酸在氧化脱氢的同时脱去氨基的过程。动物体内有两种氨基酸氧化酶，即对 L-氨基酸有专一性的 L-氨基酸氧化酶和对 D-氨基酸有专一性的 D-氨基酸氧化酶，它们都是以 FMN 和 FAD 为辅酶的氧化脱氨酶。

$$\underset{\text{氨基酸}}{R-\underset{{}^{+}NH_3}{\underset{|}{CH}}-COO^-} + FAD(FMN) + H_2O \xrightarrow{\text{氨基酸氧化酶}} \underset{\alpha\text{-酮酸}}{R-\underset{O}{\underset{\|}{C}}-COO^-} + FADH_2(FMNH_2) + NH_3$$

由于 L-氨基酸氧化酶在体内分布不广泛，活性也不高，D-氨基酸氧化酶活性虽高，但体内缺少 D-氨基酸，所以这两种氨基酸氧化酶在体内都不起主要作用。在氨基酸代谢中起重要作用的脱氨酶是 L-谷氨酸脱氢酶。L-谷氨酸脱氢酶在动植物及大多数微生物中普遍存在，是脱氨活力最高的酶，它催化 L-谷氨酸脱氨生成α-酮戊二酸，其辅酶是 NAD^+ 或 $NADP^+$。

$$\underset{\text{谷氨酸}}{\underset{COO^-}{\underset{|}{CH_2}}-CH_2-\underset{NH_3^+}{\underset{|}{CH}}-COO^-} + NAD(P)^+ \xrightleftharpoons{\text{L-谷氨酸脱氢酶}} \underset{\alpha\text{-酮酸}}{\underset{COO^-}{\underset{|}{CH_2}}-CH_2-\underset{O}{\underset{\|}{C}}-COO^-} + NH_3 + NAD(P)H + H^+$$

2. 转氨基作用

氨基酸的转氨基作用是指在转氨酶的催化下，α-氨基酸和α-酮酸之间发生的氨基转移反应，原来的氨基酸转变成相应的酮酸，而原来的酮酸转变成相应的氨基酸。

$$\underset{\alpha\text{-氨基酸}}{\begin{matrix}R^1\\ |\\ CHNH_2\\ |\\ COOH\end{matrix}} + \underset{\alpha\text{-酮酸}}{\begin{matrix}R^2\\ |\\ C{=}O\\ |\\ COOH\end{matrix}} \xrightleftharpoons{\text{转氨酶}} \underset{\alpha\text{-酮酸}}{\begin{matrix}R^1\\ |\\ C{=}O\\ |\\ COOH\end{matrix}} + \underset{\alpha\text{-氨基酸}}{\begin{matrix}R^2\\ |\\ CHNH_2\\ |\\ COOH\end{matrix}}$$

转氨酶种类很多，在动物、植物及微生物中分布很广。大多数转氨酶对α-酮戊二酸或谷氨酸是专一的，而对另外一个底物则无专一性。如最为重要并且分布最广泛的谷草转氨酶（GOT）和谷丙转氨酶（GPT）催化的下列反应。

$$\begin{array}{c}COOH\\|\\(CH_2)_2\\|\\CHNH_2\\|\\COOH\end{array} + \begin{array}{c}CH_3\\|\\C{=}O\\|\\COOH\end{array} \xrightleftharpoons{\text{谷丙转氨酶}} \begin{array}{c}COOH\\|\\(CH_2)_2\\|\\C{=}O\\|\\COOH\end{array} + \begin{array}{c}CH_3\\|\\CHNH_2\\|\\COOH\end{array}$$

谷氨酸　丙酮酸　α-酮戊二酸　丙氨酸

$$\begin{array}{c}COOH\\|\\CH_2\\|\\CHNH_2\\|\\COOH\end{array} + \begin{array}{c}COOH\\|\\(CH_2)_2\\|\\C{=}O\\|\\COOH\end{array} \xrightleftharpoons{\text{谷草转氨酶}} \begin{array}{c}COOH\\|\\CH_2\\|\\C{=}O\\|\\COOH\end{array} + \begin{array}{c}COOH\\|\\(CH_2)_2\\|\\CHNH_2\\|\\COOH\end{array}$$

天冬氨酸　α-酮戊二酸　草酰乙酸　谷氨酸

转氨酶以磷酸吡哆醛（维生素 B_6）为辅酶。

3. 脱酰氨基作用

酰胺也可以在脱酰胺酶作用下脱去酰氨基而生成氨。这也就是脱酰氨基作用。在花生种子发芽时，可观察到脱酰胺反应。反应如下：

$$\begin{array}{c}COOH\\|\\CHNH_2\\|\\CH_2\\|\\CH_2\\|\\CONH_2\end{array} + H_2O \xrightarrow{\text{谷氨酰胺酶}} \begin{array}{c}COOH\\|\\CHNH_2\\|\\CH_2\\|\\CH_2\\|\\COOH\end{array} + NH_3$$

谷氨酰胺　谷氨酸

$$\begin{array}{c}COOH\\|\\CHNH_2\\|\\CH_2\\|\\CONH_2\end{array} + H_2O \xrightarrow{\text{天冬酰胺酶}} \begin{array}{c}COOH\\|\\CHNH_2\\|\\CH_2\\|\\COOH\end{array} + NH_3$$

天冬酰胺　天冬氨酸

4. 联合脱氨基作用

转氨基作用与氧化脱氨基作用偶联进行的反应称为联合脱氨基作用，是体内氨基酸脱氨基的主要方式。辅助因子包括磷酸吡哆醛和 NAD^+（$NADP^+$）。

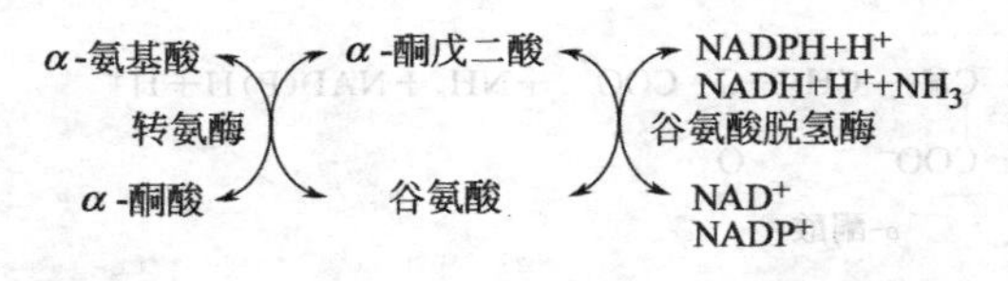

图 8-1　联合脱氨基作用

转氨酶在体内广泛存在，它所催化的转氨基作用是体内普遍进行的一种脱氨基的方式。但这种反应只起到氨基的转移，而未达到氨基真正脱落的目的。当转氨酶与谷氨酸脱氢酶联合作用时，可达到真正脱氨基的目的。所以大多数氨基酸都是通过联合脱氨基作用脱去氨基的（见图 8-1）。

二、脱羧基作用

氨基酸在氨基酸脱羧酶的作用下脱去羧基，生成 CO_2 和胺类化合物的反应称脱羧基作用。氨基酸脱羧酶的辅酶为磷酸吡哆醛。氨基酸脱羧基所生成的胺在体内含量不高，但具有重要的生理作用。脱羧基反应通式为：

$$\underset{\text{氨基酸}}{\begin{array}{c}RCHCOOH\\|\\NH_2\end{array}} \xrightarrow{\text{脱羧酶}} \underset{\text{胺类化合物}}{RCH_2NH_2} + CO_2$$

氨基酸脱羧酶的专一性很强，除个别氨基酸外，一种氨基酸脱羧酶一般只对一种氨基酸起脱羧作用。如谷氨酸脱羧酶催化的反应：

$$\begin{array}{c} COOH \\ | \\ CHNH_2 \\ | \\ CH_2 \\ | \\ CH_2 \\ | \\ COOH \\ \text{谷氨酸} \end{array} \xrightarrow{\text{谷氨酸脱羧酶}} \begin{array}{c} CH_2NH_2 \\ | \\ CH_2 \\ | \\ CH_2 \\ | \\ COOH \\ \gamma\text{-氨基丁酸} \end{array} + CO_2$$

γ-氨基丁酸在植物组织中广泛分布，经一系列反应可转化为琥珀酸进入三羧酸循环。

$$\begin{array}{c} CHNH_2 \\ | \\ CH_2 \\ | \\ CH_2 \\ | \\ COOH \\ \gamma\text{-氨基丁酸} \end{array} \longrightarrow \begin{array}{c} CHO \\ | \\ CH_2 \\ | \\ CH_2 \\ | \\ COOH \\ \text{琥珀酸半醛} \end{array} \longrightarrow \begin{array}{c} COOH \\ | \\ CH_2 \\ | \\ CH_2 \\ | \\ COOH \\ \text{琥珀酸} \end{array}$$

有些氨基酸脱羧后形成的胺类化合物，是组成某些维生素或激素的成分。如天冬氨酸脱羧后生成β-丙氨酸，它是B族维生素泛酸的组成成分。又如，色氨酸脱氨脱羧后的产物可转变成植物生长激素（吲哚乙酸）。

丝氨酸脱羧后生成乙醇胺，乙醇胺甲基化后生成胆碱，而乙醇胺和胆碱分别是合成脑磷脂和卵磷脂的成分。

$$\begin{array}{c} COOH \\ | \\ CHNH_2 \\ | \\ CH_2OH \\ \text{丝氨酸} \end{array} \xrightarrow{-CO_2} \begin{array}{c} CHNH_2 \\ | \\ CH_2OH \\ \text{乙醇胺} \end{array} \xrightarrow{+3(-CH_3)} \begin{array}{c} CH_2OH \\ | \\ CH_2N^+(CH_3)_3 \\ \text{胆碱} \end{array}$$

三、氨基酸分解产物的去向

氨基酸通过氧化脱氨基作用、转氨基作用及联合脱氨基作用等方式脱去氨基生成α-酮酸和游离的氨。脱氨基作用是生物体内氨基酸分解的主要途径。下面只简要介绍α-酮酸和氨的去路。

1. α-酮酸的去向

氨基酸除作为合成蛋白质的原料外，还可转变成核苷酸、神经递质、某些激素、NO等含氮物质。人体内氨基酸主要来自食物蛋白质的消化吸收。各种蛋白质所含氨基酸种类和数量不同，其营养价值不一。体内不能合成而必须由食物供给的氨基酸，称必需氨基酸，共8种。氨基酸脱氨基后生成的α-酮酸可以进一步代谢，主要有以下三方面的代谢途径。

（1）生成非必需氨基酸　通过转氨基作用又生成相应的氨基酸，是非必需氨基酸的生成途径。

（2）转变为糖和脂类　α-酮酸可以转变成糖和脂类，将可以转变成糖的相应氨基酸称生糖氨基酸；可转变成酮体的称生酮氨基酸；二者兼有者称生糖兼生酮氨基酸。在20种氨基酸中，只有亮氨酸是纯粹生酮的，异亮氨酸、赖氨酸、苯丙氨酸、色氨酸和酪氨酸是既生酮也生糖的，其他14种氨基酸是纯粹生糖的。

（3）氧化供能　根据机体需要，氨基酸脱氨基后生成的α-酮酸可进入三羧酸循环彻底氧化成 CO_2 和 H_2O。

氨基酸的代谢与糖和脂肪的代谢密切相关，氨基酸可转变成糖与脂肪，糖也可以转变成脂肪及多数非必需氨基酸的碳架部分。由此可见，三羧酸循环是物质代谢的总枢纽，通过它可使糖、脂肪酸及氨基酸完全氧化，也可使其彼此相互转变，构成一个完整的代谢体系。

2. 氨的去路及尿素的生成

高等动植物均具有保留和重新利用氨的能力。氨可与草酰乙酸或天冬氨酸形成天冬酰胺，当需要的时候，天冬酰胺分子内的氨基又可以通过天冬酰胺酶的作用分解出来，再去合成氨基酸。另外，脱下的氨也可以和α-酮酸形成其他的氨基酸，或者与植物中大量存在的有机酸形成有机酸盐。

在动物体内，氨基酸脱氨降解产生的氨主要是作为废物排出体外。各种动物排氨的方式不同。水生动物体内外水分供应充足，所以氨可以直接随水排出体外；而人类和其他哺乳动物则是通过尿素循环将氨转化为尿素排出体外。尿素的生成需要多种酶的催化作用。反应过程包括鸟氨酸、瓜氨酸、精氨琥珀酸、精氨酸等4种中间产物，所以尿素循环也称为鸟氨酸循环。整个过程循环进行，包括以下几步反应。

(1) 氨甲酰磷酸的合成　在线粒体中，由氨甲酰磷酸合成酶催化合成氨甲酰磷酸，反应是不可逆的。

$$NH_3+CO_2+2ATP+H_2O \longrightarrow H_2N\overset{O}{\overset{\|}{C}}O\overset{O}{\overset{\|}{\underset{O^-}{\underset{|}{P}}}}{-}O^- +2ADP+Pi+3H^+$$

其中 CO_2 是糖代谢的产物，反应消耗2分子ATP。

(2) 瓜氨酸合成　氨甲酰磷酸和鸟氨酸生成瓜氨酸，反应由鸟氨酸氨甲酰转移酶催化。氨甲酰磷酸的氨甲酰基经酶催化转移给鸟氨酸形成瓜氨酸。

$$H_2N\overset{O}{\overset{\|}{C}}O\overset{O}{\overset{\|}{P}}{-}O^- + NH_3^+{-}CH_2{-}CH_2{-}CH_2{-}HCNH_3^+{-}COO^- \longrightarrow H_2NC(=O){-}HN{-}CH_2{-}CH_2{-}CH_2{-}HCNH_3^+{-}COO^- + Pi$$

氨甲酰磷酸　　鸟氨酸　　瓜氨酸

(3) 精氨琥珀酸合成　瓜氨酸通过精氨琥珀酸合成酶的催化与天冬氨酸结合生成精氨琥珀酸。天冬氨酸在此作为氨基的供体，反应需要 Mg^{2+} 的存在。

$$COO^-{-}CHNH_3^+{-}CH_2{-}COO^- + H_2NC(=O){-}HN{-}CH_2{-}CH_2{-}CH_2{-}HCNH_3^+{-}COO^- \xrightarrow[Mg^{2+}]{ATP \quad AMP+PPi} HN{=}C(NH_2^+){-}\underset{H}{N}{-}CH(COO^-){-}CH_2{-}COO^- \ (C \text{ 连 } CH_2{-}CH_2{-}CH_2{-}HCNH_3^+{-}COO^-)$$

天冬氨酸　　瓜氨酸　　精氨琥珀酸

(4) 精氨琥珀酸的裂解　精氨琥珀酸通过精氨琥珀酸分解酶的作用，分解为精氨酸和延胡索酸（反丁烯二酸），延胡索酸可进入三羧酸循环进一步降解。

$$\underset{\text{精氨琥珀酸}}{\mathrm{HN{-}C({=}NH_2^+){-}NH{-}CH(COO^-)CH_2COO^-}\atop \mathrm{|\;(CH_2)_3{-}HCNH_3^+{-}COO^-}} \longrightarrow \underset{\text{精氨酸}}{\mathrm{HN{-}C({=}NH_2^+){-}NH_2}\atop \mathrm{|\;(CH_2)_3{-}HCNH_3^+{-}COO^-}} + \underset{\text{延胡索酸}}{\mathrm{^-OOC{-}CH{=}HC{-}COO^-}}$$

(5) 尿素形成　精氨酸在精氨酸酶的作用下分解为尿素和鸟氨酸。

$$\underset{\text{精氨酸}}{\mathrm{HN{-}C({=}NH_2^+){-}NH_2}\atop \mathrm{|\;(CH_2)_3{-}HCNH_3^+{-}COO^-}} \xrightarrow{+\,H_2O} \underset{\text{鸟氨酸}}{\mathrm{NH_2{-}(CH_2)_3{-}HCNH_3^+{-}COO^-}} + \underset{\text{尿素}}{\mathrm{H_2N{-}C({=}O){-}NH_2}}$$

整个尿素循环中（图 8-2），第①、②步反应的酶是在线粒体中完成的，这样有利于将 NH_3 严格限制在线粒体中，防止氨对机体的毒害作用。其他几步反应在细胞质中进行，并通过精氨琥珀酸裂解产生延胡索酸，延胡索酸可进一步氧化为草酰乙酸进入三羧酸循环，也可经转氨基作用重新形成天冬氨酸进入尿素循环，从而把尿素循环和三羧酸循环密切联系在一起。

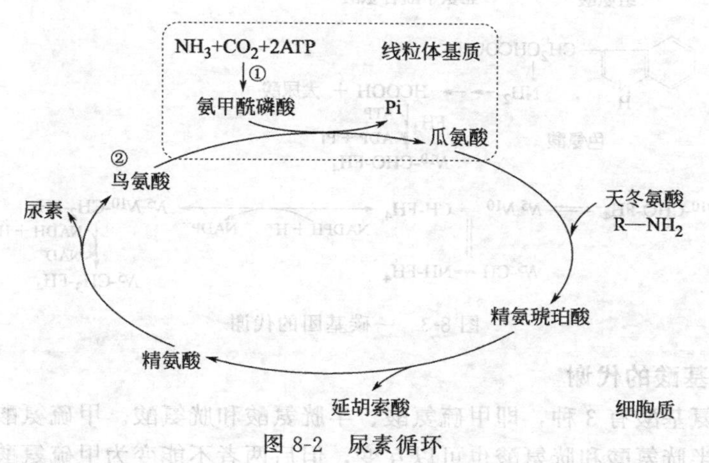

图 8-2　尿素循环

第三节　某些氨基酸的代谢

除上述的一般代谢途径外，几乎每种氨基酸都有自己的代谢特点，而且某些氨基酸的中间产物还有特殊的生理作用。下面简要介绍几种比较重要的氨基酸的代谢。

一、一碳基团的代谢

一碳基团是指某些氨基酸在分解代谢中产生的含有一个碳原子的有机基团，即甲基（$—CH_3$）、甲烯基（$—CH_2—$）、羟甲基（$—CH_2OH$）、甲酰基（—CHO）、亚氨甲基（—CH═NH）等，它们主要来自丝氨酸、甘氨酸、组氨酸、色氨酸等。一碳基团从氨基酸上释放出来后，通常由四氢叶酸（FH_4）来携带。实际上，四氢叶酸是一碳基团代谢的辅酶，它的 N^5、N^{10} 位就是结合一碳基团的部位。产生的一碳基团可用于合成嘌呤、嘧啶、肾上腺素等物质。凡是属于一个碳原子的转移或代谢的过程，统称为一碳基团代谢。一碳基团的代谢见图 8-3。

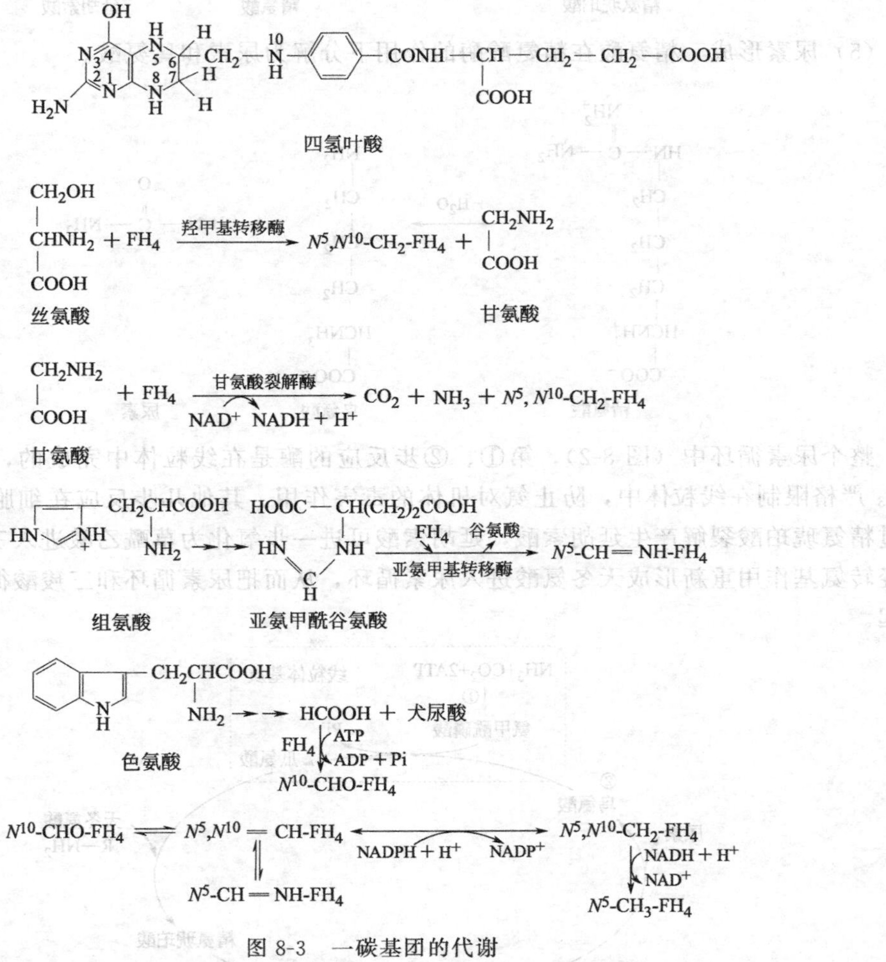

四氢叶酸

$$HOCH_2-CH(NH_2)-COOH \ (\text{丝氨酸}) + FH_4 \xrightarrow{\text{羟甲基转移酶}} N^5,N^{10}\text{-}CH_2\text{-}FH_4 + CH_2NH_2-COOH \ (\text{甘氨酸})$$

$$CH_2NH_2-COOH \ (\text{甘氨酸}) + FH_4 \xrightarrow[NAD^+ \ \rightarrow \ NADH + H^+]{\text{甘氨酸裂解酶}} CO_2 + NH_3 + N^5,N^{10}\text{-}CH_2\text{-}FH_4$$

$$\text{组氨酸} \rightarrow \text{亚氨甲酰谷氨酸} \xrightarrow[\text{亚氨甲基转移酶}]{FH_4 \ \rightarrow \ \text{谷氨酸}} N^5\text{-}CH{=}NH\text{-}FH_4$$

$$\text{色氨酸} \rightarrow\rightarrow HCOOH + \text{犬尿酸}; \quad HCOOH \xrightarrow[ATP \ \rightarrow \ ADP + Pi]{FH_4} N^{10}\text{-}CHO\text{-}FH_4$$

$$N^{10}\text{-}CHO\text{-}FH_4 \rightleftharpoons N^5,N^{10}{=}CH\text{-}FH_4 \xrightleftharpoons[]{NADPH + H^+ \ \rightarrow \ NADP^+} N^5,N^{10}\text{-}CH_2\text{-}FH_4 \xrightarrow{NADH + H^+ \ \rightarrow \ NAD^+} N^5\text{-}CH_3\text{-}FH_4$$

$$N^5,N^{10}{=}CH\text{-}FH_4 \rightleftharpoons N^5\text{-}CH{=}NH\text{-}FH_4$$

图 8-3 一碳基团的代谢

二、含硫氨基酸的代谢

体内的含硫氨基酸有 3 种，即甲硫氨酸、半胱氨酸和胱氨酸。甲硫氨酸可以转变为半胱氨酸和胱氨酸，半胱氨酸和胱氨酸也可以互变，但后两者不能变为甲硫氨酸，所以甲硫氨酸是必需氨基酸。

1. 甲硫氨酸的代谢

（1）甲硫氨酸与转甲基作用 甲硫氨酸在转甲基之前，首先必须与 ATP 作用，生成 *S*-腺苷甲硫氨酸（SAM）。此反应由甲硫氨酸腺苷转移酶催化。SAM 中的甲基称为活性甲基，SAM 称为活性甲硫氨酸。

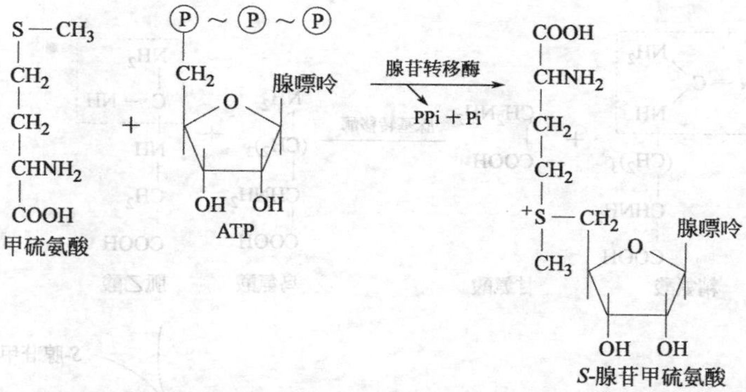

甲硫氨酸 + ATP —腺苷转移酶（PPi + Pi）→ S-腺苷甲硫氨酸

活性甲硫氨酸在甲基转移酶的作用下，可将甲基转移至另一种物质，使其甲基化，而活性甲硫氨酸即变成 *S*-腺苷同型半胱氨酸，后者进一步脱去腺苷，生成同型半胱氨酸。SAM 则是体内最重要的甲基直接供给体。

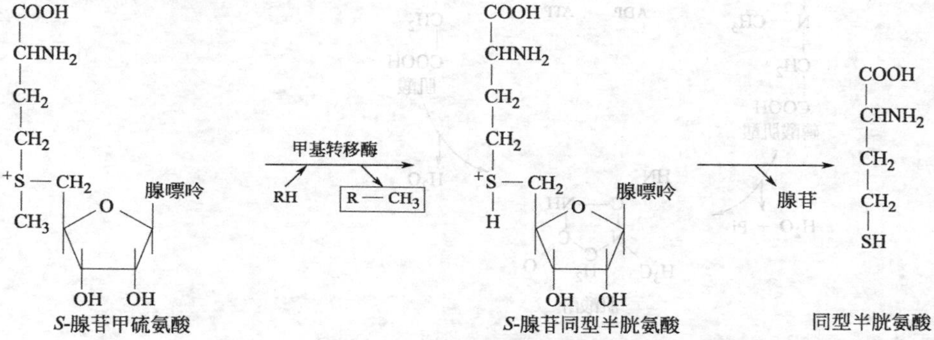

S-腺苷甲硫氨酸 —甲基转移酶（RH → R—CH_3）→ S-腺苷同型半胱氨酸 —（腺苷）→ 同型半胱氨酸

式中RH代表接受甲基的物质

（2）甲硫氨酸循环　甲硫氨酸在体内最主要的分解代谢途径是通过上述转甲基作用而提供甲基，与此同时产生的 *S*-腺苷同型半胱氨酸进一步转变成同型半胱氨酸。同型半胱氨酸可以接受 N^5-甲基四氢叶酸提供的甲基，重新生成甲硫氨酸，形成一个循环，称为甲硫氨酸循环（图 8-4）。这个循环的生理意义是由 N^5-CH_3-FH_4 供给甲基合成甲硫氨酸，再通过此循环的 SAM 提供甲基，以进行体内广泛存在的甲基化反应，由此，N^5-CH_3-FH_4 可看成是体内甲基的间接供体。

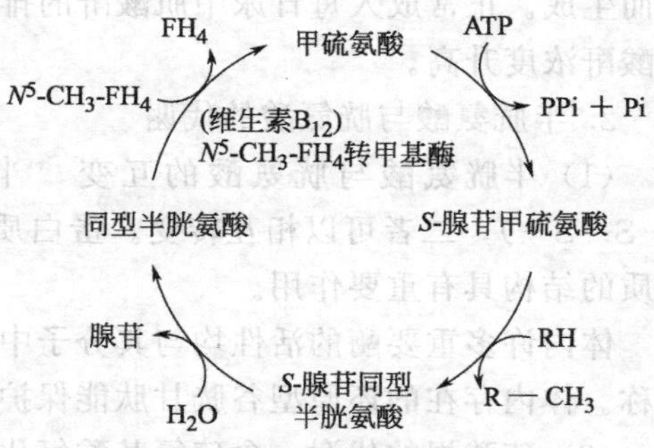

图 8-4　甲硫氨酸循环

值得注意的是，由 N^5-CH_3-FH_4 提供甲基使同型半胱氨酸转变成甲硫氨酸的反应是目前已知体内能利用 N^5-CH_3-FH_4 的唯一反应。催化此反应的 N^5-甲基四氢叶酸转甲基酶（又称甲硫氨酸合成酶），其辅酶是维生素 B_{12}，它参与甲基的转移。维生素 B_{12} 缺乏时，不利于甲硫氨酸的生成，也影响四氢叶酸的再生，导致核酸合成障碍。因此，维生素 B_{12} 不足时可以产生巨幼红细胞性贫血。

（3）肌酸的合成　肌酸和磷酸肌酸是能量贮存、利用的重要化合物。肌酸以甘氨酸为骨架，由精氨酸提供脒基、*S*-腺苷甲硫氨酸供给甲基而合成（图 8-5）。肌酸激酶由两种亚基组成，即 M 亚基（肌型）与 B 亚基（脑型）。有 3 种同工酶：MM 型、MB 型及 BB 型。它们在体内各组织中的分布不同，MM 型主要在骨骼肌，MB 型主要在心肌，BB 型主要在脑。

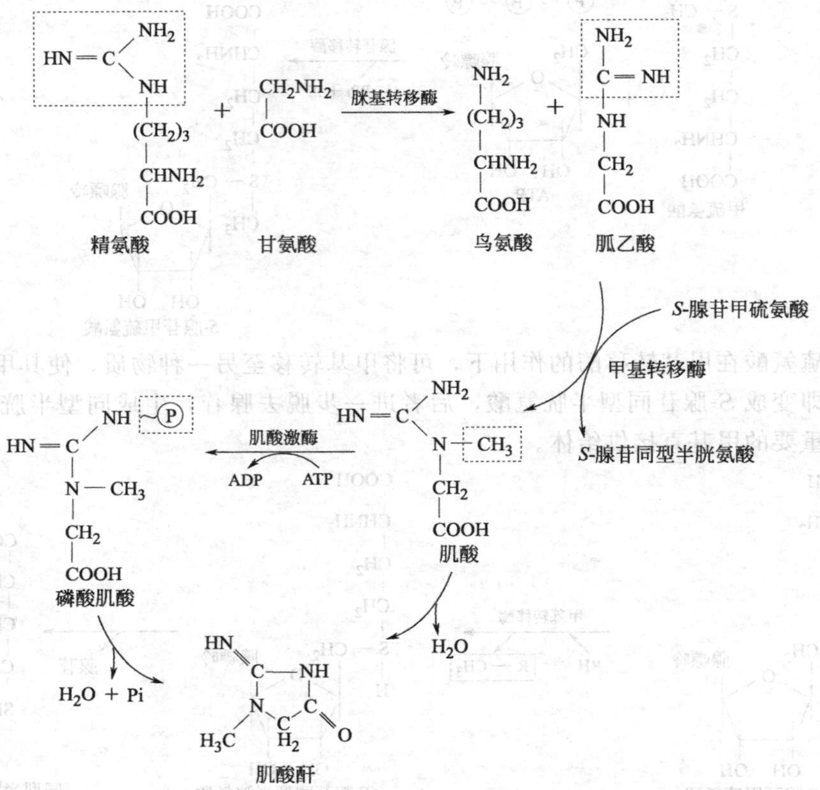

图 8-5 肌酸代谢

心肌梗死时，血中 MB 型肌酸激酶活性增高，可作为辅助诊断的指标之一。

肌酸和磷酸肌酸代谢的终产物是肌酸酐。肌酸酐主要在肌肉中通过磷酸肌酸的非酶促反应而生成。正常成人每日尿中肌酸酐的排出量恒定，肾严重病变时，肌酸酐排泄受阻，血中肌酸酐浓度升高。

2. 半胱氨酸与胱氨酸的代谢

（1）半胱氨酸与胱氨酸的互变　半胱氨酸含有巯基（—SH），胱氨酸含有二硫键（—S—S—），二者可以相互转变。蛋白质中两个半胱氨酸残基之间形成的二硫键对维持蛋白质的结构具有重要作用。

体内许多重要酶的活性均与其分子中半胱氨酸残基上巯基的存在直接有关，故有巯基酶之称。体内存在的还原型谷胱甘肽能保护酶分子上的巯基，因而有重要的生理功用。

（2）硫酸根的代谢　含硫氨基酸氧化分解均可以产生硫酸根。半胱氨酸是体内硫酸根的主要来源。体内的硫酸根一部分以无机盐形式随尿排出，另一部分则经 ATP 活化成活性硫酸根，即 3′-磷酸腺苷-5′-磷酸硫酸（PAPS）。PAPS 的性质比较活泼，可使某些物质形成硫酸酯而排出体外。这些反应在肝生物转化作用中有重要意义。此外，PAPS 可参与硫酸角质素及硫酸软骨素等分子中硫酸化氨基糖的合成。上述反应总称为转硫酸基作用，由硫酸转移酶催化。

$$ATP + SO_4^{2-} \xrightarrow{-PPi} \underset{\text{腺苷-5'-磷酸硫酸}}{AMP\text{-}SO_3} \xrightarrow{+ATP} \underset{\text{PAPS}}{3'\text{-}PO_3H_2\text{-}AMP\text{-}SO_3} + ADP$$

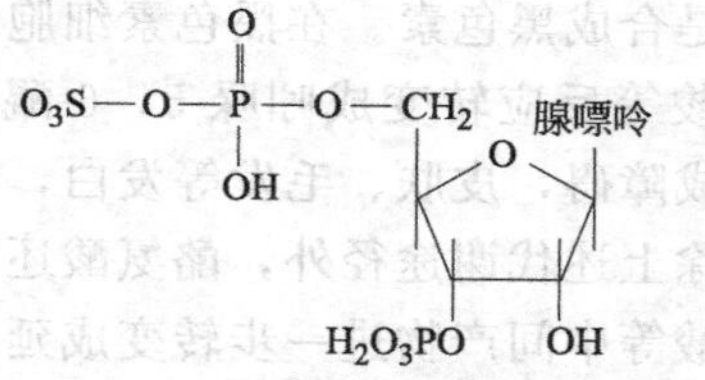

PAPS的结构

三、芳香族氨基酸的代谢

芳香族氨基酸包括苯丙氨酸、酪氨酸和色氨酸。苯丙氨酸在结构上与酪氨酸相似，在体内苯丙氨酸可变成酪氨酸，所以合并在一起叙述。

1. 苯丙氨酸和酪氨酸的代谢

正常情况下，苯丙氨酸的主要代谢是经羟化作用，生成酪氨酸。催化此反应的酶是苯丙氨酸羟化酶。苯丙氨酸羟化酶是一种加单氧酶，其辅酶是四氢生物蝶呤，催化的反应不可逆，因而酪氨酸不能变为苯丙氨酸。

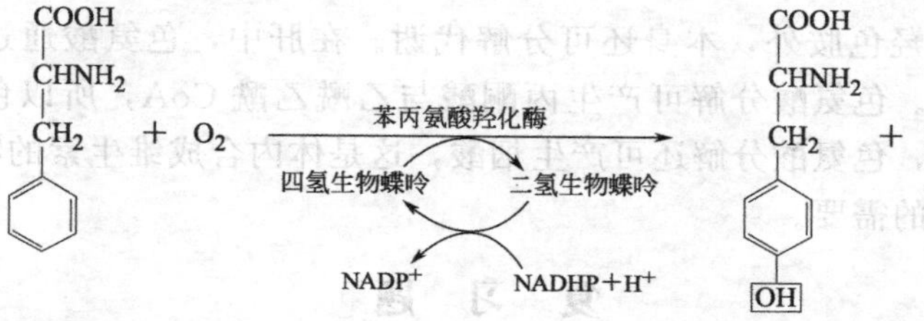

苯丙氨酸 + O_2 —苯丙氨酸羟化酶（四氢生物蝶呤→二氢生物蝶呤；NADPH+H^+→$NADP^+$）→ 酪氨酸 + H_2O

（1）儿茶酚胺与黑色素的合成　酪氨酸的进一步代谢与合成某些神经递质、激素及黑色素有关。

酪氨酸经酪氨酸羟化酶作用，生成 3,4-二羟苯丙氨酸。与苯丙氨酸羟化酶相似，此酶也是以四氢生物蝶呤为辅酶的加单氧酶。通过多巴脱羧酶的作用，多巴转变成多巴胺。多巴胺是脑中的一种神经递质，帕金森病患者多巴胺生成减少。在肾上腺髓质中，多巴胺侧链的 *β*-碳原子可再被羟化，生成去甲肾上腺素，后者经 *N*-甲基转移酶催化，由活性甲硫氨酸提供甲基，转变成肾上腺素。多巴胺、去甲肾上腺素、肾上腺素统称为儿茶酚胺，即含邻苯二酚的胺类。酪氨酸羟化酶是儿茶酚胺合成的限速酶，受终产物的反馈调节。

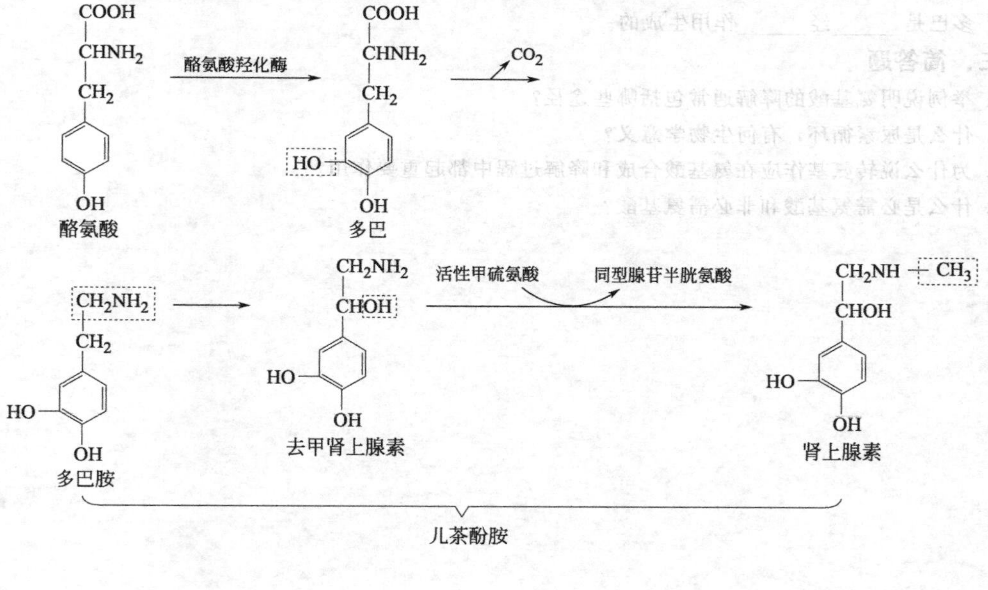

酪氨酸 —酪氨酸羟化酶→ 多巴 —(CO_2)→ 多巴胺 → 去甲肾上腺素 —活性甲硫氨酸→同型腺苷半胱氨酸→ 肾上腺素

儿茶酚胺（多巴胺、去甲肾上腺素、肾上腺素）

酪氨酸代谢的另一条途径是合成黑色素。在黑色素细胞中酪氨酸酶的催化下，酪氨酸羟化生成多巴，后者经氧化、脱羧等反应转变成吲哚-5，6-醌。黑色素即是吲哚醌的聚合物。人体缺乏酪氨酸酶，黑色素合成障碍，皮肤、毛发等发白，称为白化病。

（2）酪氨酸的分解代谢　除上述代谢途径外，酪氨酸还可在酪氨酸转氨酶的催化下，生成对羟苯丙酮酸，后者经尿黑酸等中间产物进一步转变成延胡索酸和乙酰乙酸，二者分别参与糖和脂肪酸代谢。因此，苯丙氨酸和酪氨酸是生糖兼生酮氨基酸。

（3）苯酮酸尿症　如上所述，正常情况下苯丙氨酸代谢的主要途径是转变成酪氨酸。当苯丙氨酸羟化酶先天性缺乏时，苯丙氨酸不能正常地转变成酪氨酸，体内的苯丙氨酸蓄积，并可经转氨基作用生成苯丙酮酸，后者进一步转变成苯乙酸等衍生物。此时，尿中出现大量苯丙酮酸等代谢产物，称为苯酮酸尿症（PKU）。苯丙酮酸的堆积对中枢神经系统有毒性，故患儿的智力发育障碍。对此种患儿的治疗原则是早期发现，并适当控制膳食中的苯丙氨酸含量。

2. 色氨酸的代谢

色氨酸除生成5-羟色胺外，本身还可分解代谢。在肝中，色氨酸通过色氨酸加氧酶的作用，生成一碳单位。色氨酸分解可产生丙酮酸与乙酰乙酰CoA，所以色氨酸是一种生糖兼生酮氨基酸。此外，色氨酸分解还可产生烟酸，这是体内合成维生素的特例，但其合成量甚少，不能满足机体的需要。

复　习　题

一、名词解释

蛋白酶、肽酶、转氨基作用、尿素循环、一碳单位、生糖氨基酸

二、填空题

1. 生物体内的蛋白质可被______和______共同作用降解成氨基酸。
2. 转氨酶和脱羧酶的辅酶通常是______。
3. 谷氨酸经脱氨后产生______和氨，前者进入______进一步代谢。
4. 尿素循环中产生的______和______两种氨基酸不是蛋白质氨基酸。
5. 尿素分子中两个N原子，分别来自______和______。
6. 氨基酸脱下的氨的主要去路有______、______和______。
7. 多巴是______经______作用生成的。

三、简答题

1. 举例说明氨基酸的降解通常包括哪些途径？
2. 什么是尿素循环，有何生物学意义？
3. 为什么说转氨基作应在氨基酸合成和降解过程中都起重要作用？
4. 什么是必需氨基酸和非必需氨基酸？

第九章　核酸的酶促降解和核苷酸代谢

学习目标

①熟悉嘌呤环和嘧啶环上各个原子的来源。

②了解嘌呤核苷酸和嘧啶核苷酸从头合成的过程以及最初产物。了解二者合成途径的差异。

③了解核苷酸补救合成途径的重要意义。

生物体内的核酸，多以核蛋白的形式存在。核蛋白在酸性条件下可被分解为核酸和蛋白质。核酸在核酸酶的作用下，水解为寡核苷酸或单核苷酸，单核苷酸可进一步降解为碱基、戊糖和磷酸（图 9-1）。生物体也能利用一些简单的前体物质合成嘌呤核苷酸和嘧啶核苷酸。核苷酸不仅是核酸的基本成分，而且也是一类生命活动不可缺少的重要物质。

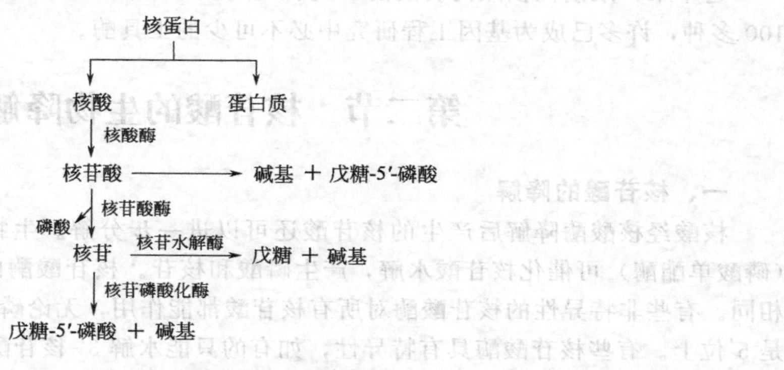

图 9-1　核酸的酶促降解过程示意图

第一节　核酸的酶促降解

酶的作用下，核酸中连接核苷酸的磷酸二酯键水解断裂产生单核苷酸。不同来源的核酸酶，其专一性、作用方式都有所不同。有些核酸酶只能作用于 RNA，称为核糖核酸酶，有些核酸酶只能作用于 DNA，称为脱氧核糖核酸酶，有些核酸酶专一性较低，既能作用于 RNA 也能作用于 DNA，因此统称为核酸酶。根据核酸酶作用的位置不同，又可将核酸酶分为核酸外切酶和核酸内切酶。

一、核酸外切酶

有些核酸酶能从 DNA 或 RNA 链的一端逐个水解下单核苷酸，所以称为核酸外切酶。从 3′端开始逐个水解核苷酸的核酸外切酶，称为 3′→5′外切酶，如蛇毒磷酸二酯酶，水解产物为 5′-核苷酸；从 5′端开始逐个水解核苷酸的核酸外切酶，称为 5′→3′外切酶，如牛脾磷酸二酯酶即是一种 5′→3′外切酶，水解产物为 3′-核苷酸。

二、核酸内切酶

核酸内切酶催化水解多核苷酸内部的磷酸二酯键。有些核酸内切酶仅水解 5′-磷酸二酯键，把磷酸基团留在 3′位置上，称为 5′-内切酶；而有些仅水解 3′-磷酸二酯键，把磷酸基团留在 5′位置上，称为 3′-内切酶（图 9-2）。还有一些核酸内切酶对磷酸酯键一侧的碱基有专一要求，如胰脏核糖核酸酶即是一种高度专一性核酸内切酶，它作用于嘧啶核苷酸的 C3′上的磷酸根和相邻核苷酸的 C5′之间的键，产物为 3′-嘧啶单核苷酸或以 3′-嘧啶核苷酸结尾的低聚核苷酸（图 9-3）。

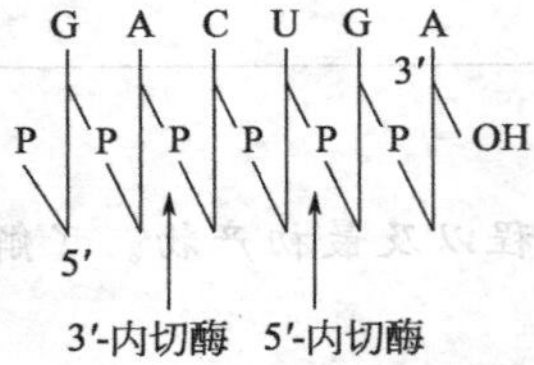

G A C U G A
3′
P P P P P P OH
5′
3′-内切酶 5′-内切酶

图 9-2　核酸内切酶的水解位置

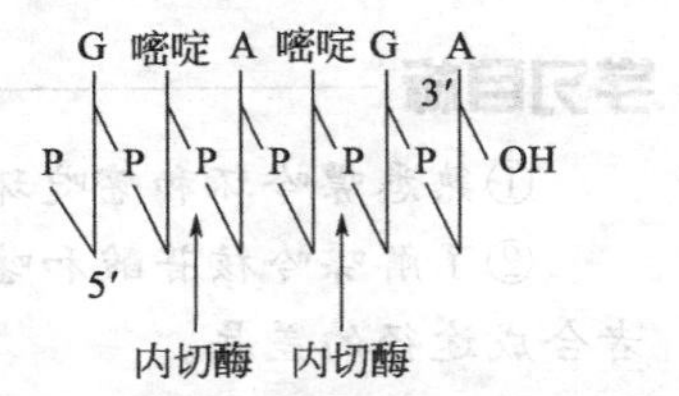

图 9-3　胰脏核酸内切酶的水解位置

20 世纪 70 年代，在细菌中陆续发现了一类核酸内切酶，能专一性地识别并水解双链 DNA 上的特异核苷酸顺序，称为限制性核酸内切酶（简称限制酶）。当外源 DNA 侵入细菌后，限制性内切酶可将其水解切成片段，从而限制了外源 DNA 在细菌细胞内的表达，而细菌本身的 DNA 由于在该特异核苷酸顺序处被甲基化酶修饰，不被水解，从而得到保护。

近年来，限制性核酸内切酶的研究和应用发展很快，目前已提纯的限制性核酸内切酶有 100 多种，许多已成为基因工程研究中必不可少的工具酶。

第二节　核苷酸的生物降解

一、核苷酸的降解

核酸经核酸酶降解后产生的核苷酸还可以进一步分解。生物体内广泛存在的核苷酸酶（磷酸单酯酶）可催化核苷酸水解，产生磷酸和核苷。核苷酸酶的种类很多，特异性也各不相同。有些非特异性的核苷酸酶对所有核苷酸都能作用，无论磷酸基在核苷的 2′位、3′位还是 5′位上。有些核苷酸酶具有特异性，如有的只能水解 3′-核苷酸，称为 3′-核苷酸酶，有的只能水解 5′-核苷酸，称为 5′-核苷酸酶。

$$\text{核苷酸} \xrightarrow{\text{核苷酸酶}} \text{核苷} + \text{磷酸}$$

核苷酸酶水解产生的核苷可在核苷酶的作用下进一步分解为戊糖和碱基。核苷酶的种类也很多，按催化反应的不同可分为核苷磷酸化酶和核苷水解酶。

核苷磷酸化酶催化核苷分解生成嘌呤碱与嘧啶碱以及戊糖-1-磷酸。后者能转变为戊糖-5-磷酸。戊糖-5-磷酸可以通过戊糖磷酸途径进行代谢，而磷酸脱氧核糖则可能在组织中分解生成乙醛和 3-磷酸甘油醛，再进一步氧化分解。

$$\text{核苷} + \text{磷酸} \xrightarrow{\text{核苷磷酸化酶}} \text{嘌呤(或嘧啶)} + \text{戊糖-1-磷酸}$$

核苷水解酶将核苷分解生成含氮碱和戊糖，此酶对脱氧核糖核苷不起作用。

$$\text{核苷} + H_2O \xrightarrow{\text{核苷水解酶}} \text{嘌呤(或嘧啶)} + \text{戊糖}$$

核苷酸分解产生的嘌呤碱和嘧啶碱在生物体中还可以继续进行分解。

二、嘌呤的降解

嘌呤的分解首先是在各种脱氨酶的作用下水解脱去氨基，使腺嘌呤转化为次黄嘌呤，鸟嘌呤转化成黄嘌呤。由腺嘌呤脱氨生成的次黄嘌呤可在黄嘌呤氧化酶的作用下生成黄嘌呤，后者可在同一氧化酶的作用下氧化成尿酸。

不同种类的生物降解嘌呤碱基的能力不同，因而代谢产物的形式也各不相同。人类、灵长类、鸟类、爬虫类以及大多数昆虫体内缺乏尿酸酶，故嘌呤代谢的最终产物是尿酸；人类及灵长类以外的其他哺乳动物体内存在尿酸氧化酶，可将尿酸氧化为尿囊素，故尿囊素是其体内嘌呤代谢的终产物；在某些硬骨鱼体内存在尿囊素酶，可将尿囊素氧化分解为尿囊酸；在大多数鱼类、两栖类中的尿囊酸酶，可将尿囊酸进一步分解为尿素及乙醛酸；而氨是甲壳类、海洋无脊椎动物等体内嘌呤代谢的终产物，因这些动物体内存在脲酶，可将尿素分解为氨和二氧化碳。

植物、微生物体内嘌呤代谢的途径与动物相似。尿囊素酶、尿囊酸酶和脲酶在植物体内广泛存在，当植物进入衰老期，体内的核酸会发生降解，产生的嘌呤碱进一步分解为尿囊酸。微生物一般能将嘌呤类物质分解为氨、二氧化碳及有机酸，如甲酸、乙酸、乳酸等。

现将嘌呤碱的分解代谢过程总结如图 9-4。

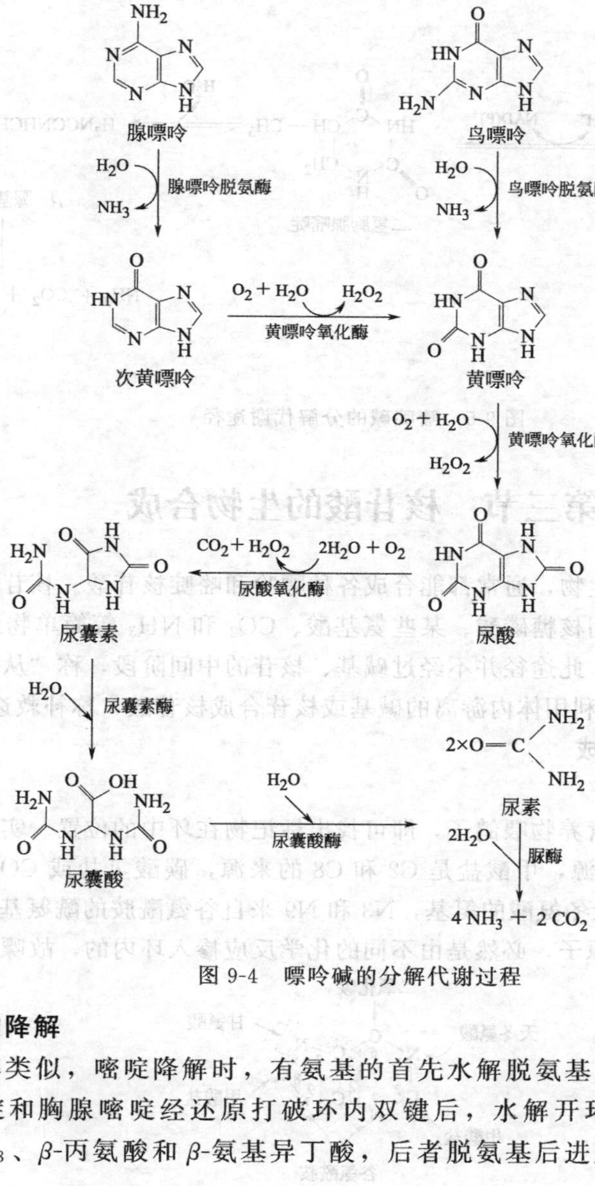

图 9-4　嘌呤碱的分解代谢过程

三、嘧啶的降解

与嘌呤降解类似，嘧啶降解时，有氨基的首先水解脱氨基。胞嘧啶脱氨基即转化为尿嘧啶，尿嘧啶和胸腺嘧啶经还原打破环内双键后，水解开环成链状化合物，继续水解成 CO_2、NH_3、β-丙氨酸和 β-氨基异丁酸，后者脱氨基后进入有机酸代谢或直接排出体外。

现将嘧啶碱的分解代谢途径总结如图 9-5。

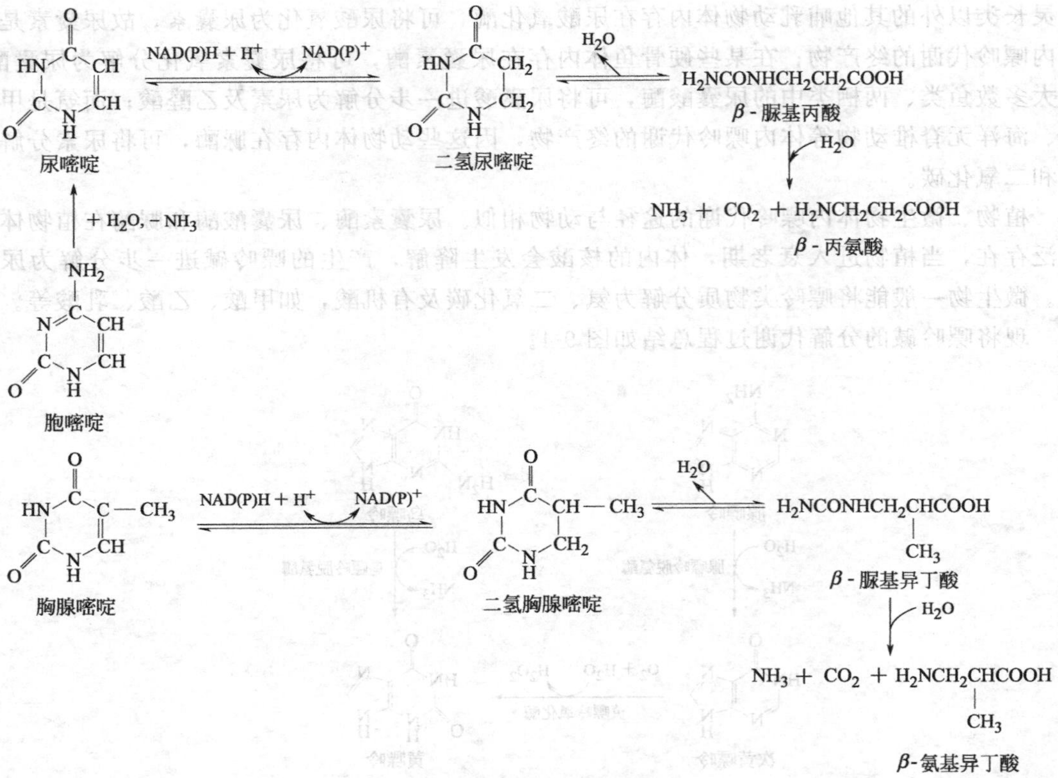

图 9-5 嘧啶碱的分解代谢途径

第三节 核苷酸的生物合成

无论动物、植物或微生物，通常都能合成各种嘌呤和嘧啶核苷酸。核苷酸的生物合成有两条基本途径。其一是利用核糖磷酸、某些氨基酸、CO_2 和 NH_3 等简单物质为原料，经一系列酶促反应合成核苷酸。此途径并不经过碱基、核苷的中间阶段，称“从头合成”途径或“从无到有”途径；其二是利用体内游离的碱基或核苷合成核苷酸，称补救途径。

一、核糖核苷酸的合成

1. 嘌呤核苷酸的合成

用同位素标记的各种营养物喂鸽子，即可找出标记物在环中的位置。实验证明甘氨酸是嘌呤环 C4、C5 和 N7 的来源，甲酸盐是 C2 和 C8 的来源，碳酸氢盐或 CO_2 是 C6 的来源。用其他方法证明 N1 来自天冬氨酸的氨基，N3 和 N9 来自谷氨酰胺的酰氨基（图 9-6）。

嘌呤环中不同来源的原子，必然是由不同的化学反应掺入环内的，故嘌呤的合成是一个

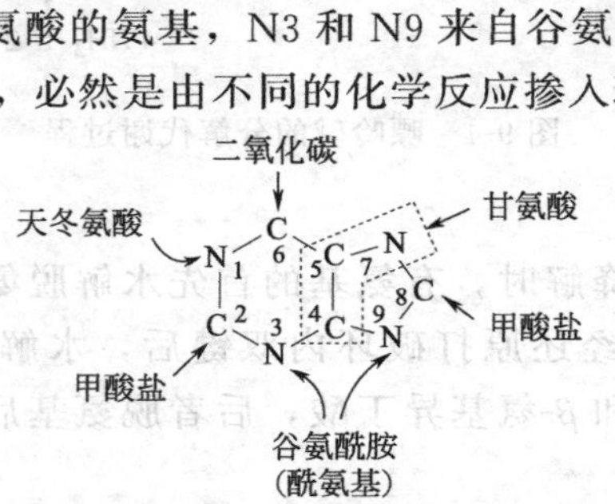

图 9-6 嘌呤环的元素来源

复杂的过程。该过程以核糖-5′-磷酸为起始物，逐步增加原子合成次黄苷酸（IMP）（图9-7），然后再由IMP转变为AMP和GMP（图9-8）。

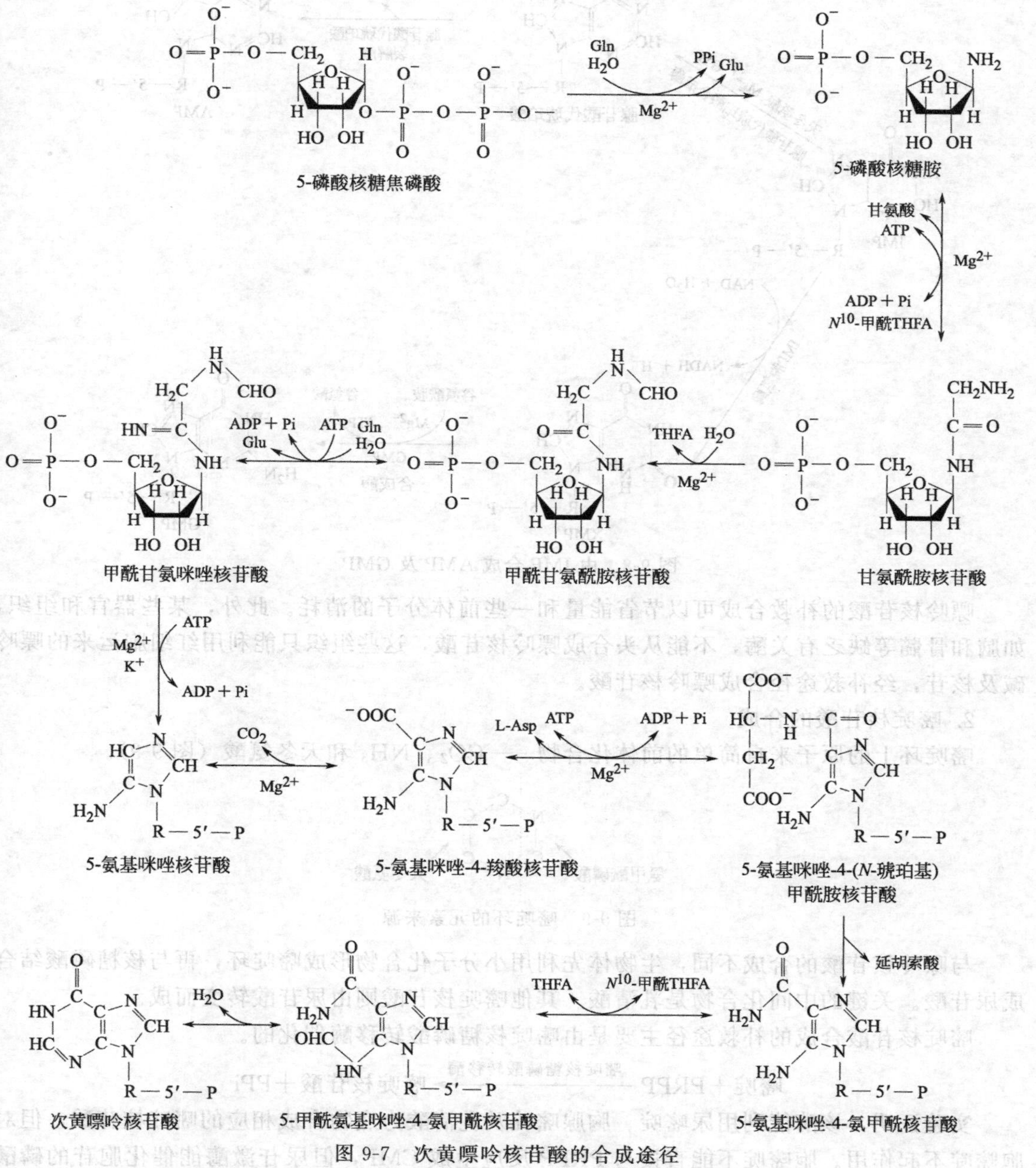

5-磷酸核糖焦磷酸 → 5-磷酸核糖胺 → 甘氨酰胺核苷酸 → 甲酰甘氨酰胺核苷酸 → 甲酰甘氨咪唑核苷酸 → 5-氨基咪唑核苷酸 → 5-氨基咪唑-4-羧酸核苷酸 → 5-氨基咪唑-4-(N-琥珀基)甲酰胺核苷酸 → 5-氨基咪唑-4-氨甲酰核苷酸 → 5-甲酰氨基咪唑-4-氨甲酰核苷酸 → 次黄嘌呤核苷酸

图 9-7 次黄嘌呤核苷酸的合成途径

嘌呤核苷酸合成的另一途径是补救途径。即在核糖磷酸转移酶的作用下，嘌呤碱与PRPP（5-磷酸核糖焦磷酸）合成嘌呤核苷酸，其中AMP的合成由腺嘌呤核糖磷酸转移酶（APRT）催化，IMP和GMP均是在次黄嘌呤-鸟嘌呤核糖磷酸转移酶（HGPRT）催化下合成的。

$$\text{腺嘌呤}+\text{PRPP}\xrightarrow{\text{APRT}}\text{AMP}+\text{PPi}$$

$$\text{次黄嘌呤（鸟嘌呤）}+\text{PRPP}\xrightarrow{\text{HGPRT}}\text{IMP（GMP）}+\text{PPi}$$

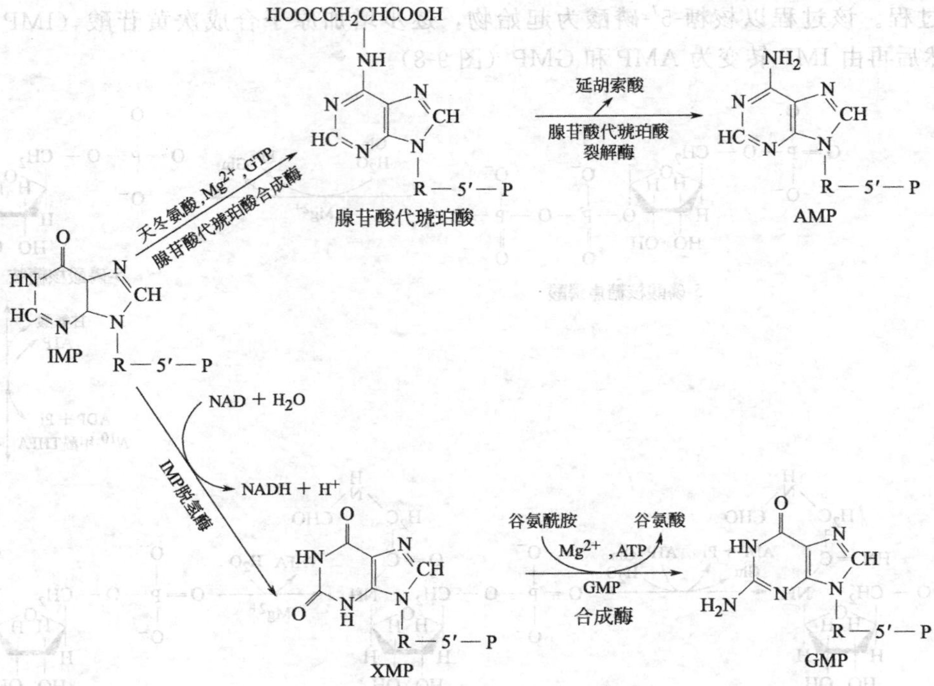

图 9-8 由 IMP 合成 AMP 及 GMP

嘌呤核苷酸的补救合成可以节省能量和一些前体分子的消耗。此外，某些器官和组织，如脑和骨髓等缺乏有关酶，不能从头合成嘌呤核苷酸，这些组织只能利用红细胞运来的嘌呤碱及核苷，经补救途径合成嘌呤核苷酸。

2. 嘧啶核苷酸的合成

嘧啶环上的原子来自简单的前体化合物——CO_2、NH_3 和天冬氨酸（图 9-9）。

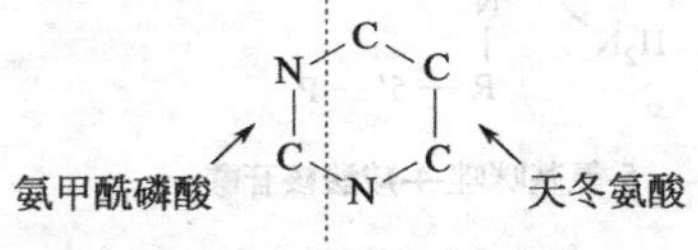

图 9-9 嘧啶环的元素来源

与嘌呤核苷酸的合成不同，生物体先利用小分子化合物形成嘧啶环，再与核糖磷酸结合成尿苷酸。关键的中间化合物是乳清酸。其他嘧啶核苷酸则由尿苷酸转变而成。

嘧啶核苷酸合成的补救途径主要是由嘧啶核糖磷酸转移酶催化的。

$$\text{嘧啶}+\text{PRPP}\xrightarrow{\text{嘧啶核糖磷酸转移酶}}\text{嘧啶核苷酸}+\text{PPi}$$

实验证明，该酶能利用尿嘧啶、胸腺嘧啶及乳清酸为底物合成相应的嘧啶核苷酸，但对胞嘧啶不起作用。胞嘧啶不能直接与 PRPP 反应生成 CMP，但尿苷激酶能催化胞苷的磷酸化反应。

$$\text{胞嘧啶核苷}+\text{ATP}\xrightarrow[\text{Mg}^{2+}]{\text{尿苷激酶}}\text{胞嘧啶核苷酸}+\text{ADP}$$

二、脱氧核糖核苷酸的合成

脱氧核糖核苷酸是脱氧核糖核酸合成的前体。生物体内脱氧核糖核苷酸可以由核糖核苷酸还原形成。腺嘌呤、鸟嘌呤和胞嘧啶核糖核苷酸经还原，将其中核糖第二位碳原子上的氧脱去，即成为相应的脱氧核糖核苷酸。

胸腺嘧啶脱氧核糖核苷酸的形成则需要经过两个步骤。首先由尿嘧啶核糖核苷酸还原形成尿嘧啶脱氧核糖核苷酸，然后尿嘧啶再经甲基化转变成胸腺嘧啶。

尿嘧啶脱氧核糖核苷酸（dR—5′—P）——胸腺嘧啶核苷酸合酶，N^5,N^{10}-亚甲基四氢叶酸 → 二氢叶酸——→ 胸腺嘧啶核苷酸（dR—5′—P）

尿嘧啶脱氧核糖核苷酸　　　　胸腺嘧啶核苷酸

三、核苷酸转变为核苷二磷酸和核苷三磷酸

核苷酸不直接参加核酸的生物合成，而是先转化成相应的核苷三磷酸酸后再参入 RNA 或 DNA。

从核苷酸转化为核苷二磷酸的反应是由相应的激酶催化的。这些激酶对碱基专一，对其底物含核糖或脱氧核糖无特殊要求。如：

$$(d)AMP + ATP \xrightarrow{\text{(脱氧) 腺苷酸激酶}} (d)ADP + ADP$$

此类反应的通式是：

$$(d)NMP + ATP \longrightarrow (d)NDP + ADP$$

核苷二磷酸可进一步转化为核苷三磷酸。

$$(d)NDP + ATP \longrightarrow (d)NTP + ADP$$

复习题

一、名词解释

核酸内切酶、核酸外切酶

二、简答题

1. 比较不同生物体分解嘌呤的最终代谢产物。
2. 列出嘌呤核苷酸和嘧啶核苷酸从头合成的前体物质。

第十章　核酸的生物合成

学习目标

① 掌握一些基本概念：中心法则，半保留复制，前导链，滞后链，复制叉，不连续复制等。

② 了解几类DNA聚合酶的催化特点，DNA复制的一般过程，以及原核细胞和真核细胞DNA合成的异同，逆转录酶催化cDNA的合成特点。

③ 了解DNA损伤和几种修复的机制。

④ 了解RNA合成涉及的起始、延伸和终止三个过程。

核酸和蛋白质都是生命的物质基础。核酸是生物性状的内在决定因素，蛋白质则是其外在表现，两者的合成过程极其复杂但又密切相关。在生物的个体发育中，遗传信息从DNA通过转录传递到RNA，最后翻译成特异的蛋白质，在某些情况下RNA也能通过逆转录将信息传递到DNA，这就是中心法则的主要内容（图10-1）。

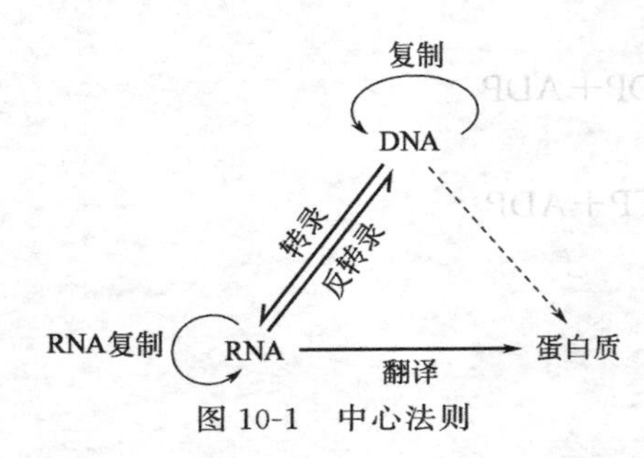

图10-1　中心法则

图10-1中粗实线表示遗传信息的一般流向，细实线表示特殊的流向情况。这个中心法则揭示了核酸与蛋白质合成之间的密切联系和共同规律。

遗传信息的传递和表达主要通过复制、转录和翻译进行。复制是指以原来DNA分子为模板，合成出相同DNA分子的过程；转录是以DNA分子为模板合成出与其核苷酸顺序相对应的RNA的过程；翻译是在由rRNA和蛋白质组成的核糖核蛋白体（简称核糖体）上，以mRNA为模板，根据每3个相邻核苷酸决定一种氨基酸的三联体密码规则，由tRNA运送活化的氨基酸，GTP提供所需能量，合成出具有特定氨基酸顺序的蛋白质肽链的过程。

第一节　DNA的生物合成

一、复制

（一）半保留复制的概念及试验证据

早在1953年，Watson和Crick在DNA双螺旋结构的基础上提出了DNA半保留复制假说。他们推测复制时DNA的两条链分开，然后用碱基配对方式按照单链DNA的核苷酸顺序合成新链，以组成新的DNA分子。这样新形成的两个DNA分子与原来DNA分子的碱基顺序完全一样。每个子代分子的一条链来自亲代DNA，另一条链是新合成的。这种复制方式称为半保留复制（图10-2）。

1958年Meselson和Stahl首次用实验直接证明了DNA的半保留复制。他们先使大肠杆菌长期在以$^{15}NH_4Cl$为唯一氮源的培养基中生长，使其DNA全部变成［^{15}N］DNA。然后再将细菌转入普通培养基（含$^{14}NH_4Cl$）中，并将各代的细菌DNA抽提出来进行氯化铯密度梯度离心。

此法是用每分钟数万转的超速长时间离心，使离心管内的氯化铯溶液因离心作用与扩散作用达到平衡，而形成密度梯度（即其密度从管底部向上逐渐变小）。同时，溶液中的DNA就逐渐聚集在与其密度相同的氯化铯位置处形成区带。

由于［^{15}N］DNA比［^{14}N］DNA的密度大，离心时就形成位置不同的区带。Meselson和Stahl发现在［^{15}N］培养基中的细菌DNA只形成一条［^{15}N］DNA区带。移至［^{14}N］培养基经过一代后，所有DNA的密度都在［^{15}N］DNA和［^{14}N］的链DNA之间，说明形成了一半［^{15}N］DNA和一半［^{14}N］DNA的杂交分子。实验证明第二代DNA正好一半为此杂交分子、一半为［^{14}N］DNA分子。第三代以后［^{14}N］DNA成比例地增加，整个变化与半保留复制预期的完全一样（图10-3）。此后，又对细菌、动植物细胞及病毒进行了许多实验研究，都证明了DNA复制的半保留方式。

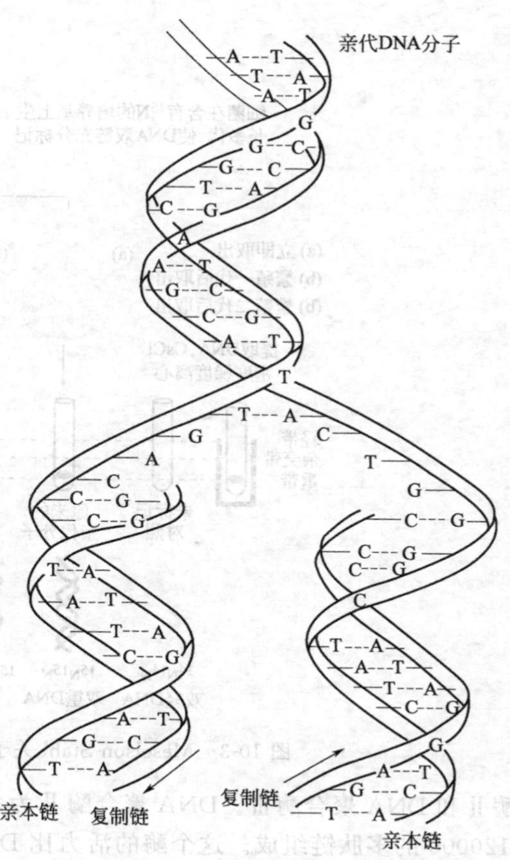

图10-2　Watson和Crick提出的DNA双螺旋复制模型

（二）参与大肠杆菌DNA复制的酶和蛋白因子

1. DNA聚合酶

DNA复制过程中最基本的酶促反应是4种脱氧核苷酸的聚合反应。1956年A. Kornberg等首先从大肠杆菌中分离出催化此反应的DNA聚合酶。他们将大肠杆菌提取液与用^{32}P标记磷酸根的4种脱氧核苷三磷酸（dATP、dTTP、dGTP和dCTP）的混合物一同温育，发现少量新合成DNA的磷酸根上有^{32}P标记。催化这个反应的酶现称为DNA聚合酶Ⅰ。

当有底物和模板存在时，DNA聚合酶Ⅰ可使脱氧核糖核苷酸逐个地加到具有3′-OH末端的多核苷酸链上。与其他种类的DNA聚合酶一样，DNA聚合酶Ⅰ只能在已有核酸链上延伸DNA链，而不能从无到有开始DNA链的合成，也就是说，它催化的反应需要有引物链（DNA链或RNA链）的存在。在37℃条件下，每分子DNA聚合酶Ⅰ每分钟可以催化约1000nt聚合。

DNA聚合酶Ⅰ是一个多功能酶。它可以催化以下反应：①通过核苷酸聚合反应，使DNA链沿5′→3′方向延长（DNA聚合酶活性）；②由3′端水解DNA链（3′→5′核酸外切酶活性）；③由5′端水解DNA链（5′→3′核酸外切酶活性）；④由3′端使DNA链发生焦磷酸解；⑤无机焦磷酸盐与脱氧核糖核苷三磷酸之间的焦磷酸基交换。焦磷酸解是聚合反应的逆反应，焦磷酸交换反应则是由前两个反应连续重复多次引起的。因此，实际上DNA聚合酶Ⅰ兼有聚合酶、3′→5′核酸外切酶和5′→3′核酸外切酶的活性，但主要功能是负责DNA的损伤修复。

2. DNA聚合酶Ⅱ和DNA聚合酶Ⅲ

Kornberg和Gefter在1970年和1971年先后分离出了另外两种聚合酶，称为DNA聚

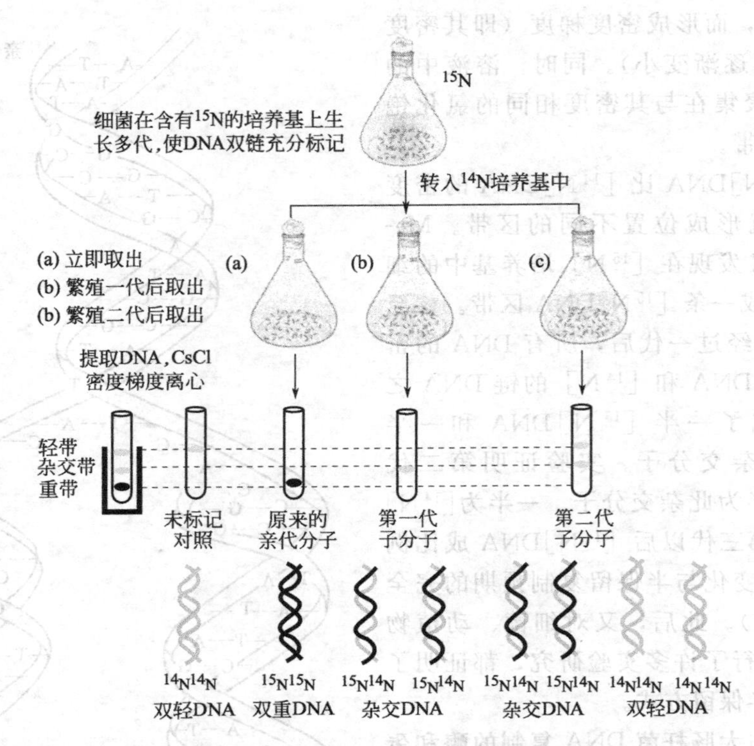

图 10-3 Meselson-Stahl 关于 DAN 半保留复制证明的实验

合酶Ⅱ和 DNA 聚合酶Ⅲ。DNA 聚合酶Ⅱ为多亚基酶，其聚合酶亚基由一条相对分子质量为 120000 的多肽链组成。这个酶的活力比 DNA 聚合酶Ⅰ高，若以每分子酶每分钟促进核苷酸掺入 DNA 的转化率计算，约为 2400nt。每个大肠杆菌细胞约含有 100 个分子的 DNA 聚合酶Ⅱ。它也是以 4 种脱氧核糖核苷三磷酸为底物，从 5′→3′方向合成 DNA，并需要带有缺口的双链 DNA 作为模板，缺口不能过大，否则活性将会降低。反应需 Mg^{2+} 激活。DNA 聚合酶Ⅱ具有 3′→5′核酸外切酶活力，但无 5′→3′核酸外切酶活力。DNA 聚合酶Ⅱ也不是复制酶，而是一种修复酶。

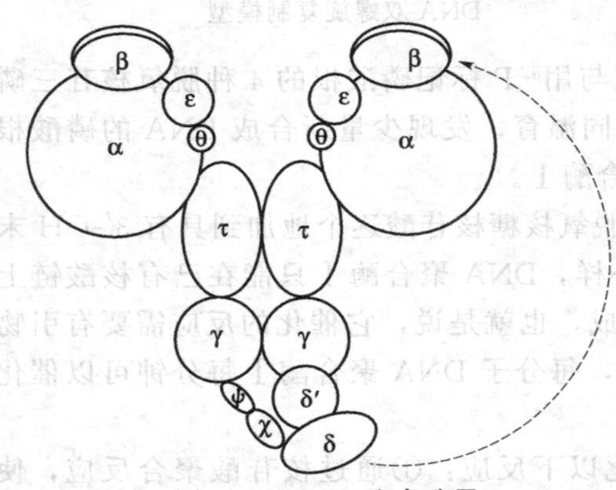

图 10-4 DNA 聚合酶Ⅲ异二聚体的亚基结构示意

DNA 聚合酶Ⅲ是由多个亚基组成的蛋白质，现在认为它是大肠杆菌细胞内真正负责合成 DNA 的复制酶。DNA 聚合酶Ⅲ的全酶由 10 种亚基组成，含有锌原子。其中α-亚基具有 5′→3′方向合成 DNA 的催化活性。ε-亚基具有 3′→5′核酸外切酶活性，起校对作用，可提高聚合酶Ⅲ复制 DNA 的保真性。由α、ε和θ三种亚基组成全酶的核心酶，称为 polⅢ。DNA 聚合酶Ⅲ的亚基组成列于表 10-1，DNA 聚合酶Ⅲ异二聚体的亚基结构示意见图 10-4 所示。DNA 聚合酶Ⅲ的复杂亚基结构使其具有更高的忠实性、协同性和持续性。如无校对功能，DNA 聚合酶Ⅲ的核苷酸掺入错误率为7×10^{6}，具有校对功能后降低至 5×10^{-9}。各亚基的功能相互协调，全酶可以持续完成整个染色体 DNA 的合成。

表 10-1 DNA 聚合酶Ⅲ的亚基组成

亚基	相对分子质量	亚基数目	其他名称	
α	132000	2	dba E 蛋白,pol C 蛋白	
ε	27000	2	dna Q 蛋白	pol Ⅲ
θ	10000	2		pol Ⅲ′
τ	71000	2		
γ	52000	2	dna Z 蛋白	pol Ⅲ *
δ	33000	2	dna X 蛋白,因子Ⅲ	因子Ⅱ
δ'	35000	2		
χ	15000	2		
ψ	12000	2		
β	37000	4	dna N 蛋白,因子I,copol Ⅲ *	

大肠杆菌 3 种 DNA 聚合酶的基本性质比较总结于表 10-2。

表 10-2 大肠杆菌 3 种 DNA 聚合酶的基本性质比较

项 目	DNA 聚合酶Ⅰ	DNA 聚合酶Ⅱ	DNA 聚合酶Ⅲ
相对分子质量/$\times 10^3$	109	120	400
每个细胞内的酶分子数	约 400	约 100	10～20
5′→3′DNA 聚合酶	+	+	+
3′→5′核酸外切酶	+	+	+
5′→3′核酸外切酶	+	−	−
相对活性	1	0.05	50

3．DNA 聚合酶Ⅳ和 DNA 聚合酶Ⅴ

DNA 聚合酶Ⅳ和 DNA 聚合酶Ⅴ是在 1999 年才被发现的，它们涉及 DNA 的错误倾向修复。当 DNA 受到较严重损伤时，即可诱导产生这两个酶，使修复缺乏准确性，因而出现高突变率。高突变率会杀死许多细胞，但至少可以克服复制障碍，使少数突变的细胞得以存活。

4．DNA 连接酶

1967 年不同实验室同时发现了 DNA 连接酶。这个酶催化双链 DNA 切口处的 5′-磷酸基和 3′-羟基生成磷酸二酯键（图 10-5）。

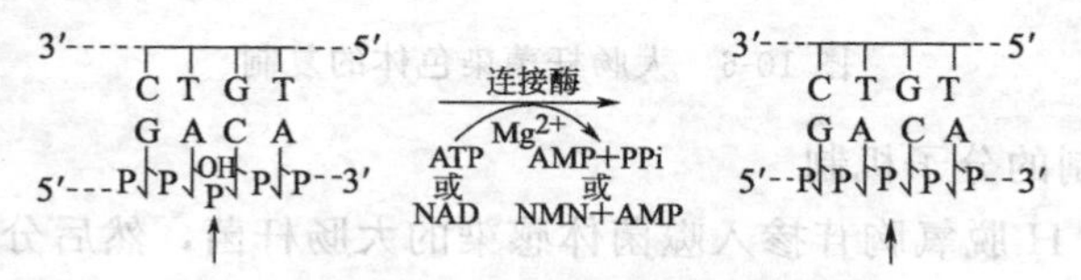

图 10-5 DNA 连接酶催化的反应

5．拓扑异构酶

拓扑异构酶的作用是松弛子代 DNA 分子的超螺旋结构。该酶分为拓扑异构酶Ⅰ和拓扑异构酶Ⅱ。拓扑异构酶Ⅰ能在某一部位断开 DNA 双链中的一条，并将断端沿松弛的方向转动，使 DNA 分子变为松弛状态，然后再将切口连接起来，该过程不需要 ATP 供能。而拓扑异构酶Ⅱ能将 DNA 的双链在同一部位同时断开，使其超螺旋状态变松弛，以利于进一步解链，此催化过程需要 ATP 供能。

6. 解链酶

解链酶的作用是将 DNA 的双链解开形成单链。此酶对单链的 DNA 有高度的亲和力，当 DNA 双螺旋有单链末端或双链有缺口时，解链酶即结合于此处，然后沿模板链随复制叉的推进方向向前移动，并连续地解开 DNA 双链。解链是一个耗能的过程，每解开一对碱基对需消耗 2 分子 ATP。

7. DNA 结合蛋白

DNA 结合蛋白的作用是与已被解开的 DNA 单链紧密结合，维持模板链处于单链状态，防止已解开的双链重新结合为双螺旋结构。另外，DNA 结合蛋白还可以保护 DNA 单链免遭核酸酶对它的水解。

8. 引物酶

由于 DNA 聚合酶不能自行从头合成 DNA 链，因此必须在复制过程中首先合成一小段多核苷酸链作为引物，这段引物大多数情况下是 RNA 片段，RNA 片段提供了 3′-OH 端，以此为基础引导 DNA 链的合成。催化引物合成的酶称为引物酶，它是一种特殊的 RNA 聚合酶，此酶的作用就是在复制的起始点，以 DNA 链为模板，利用 NTP 合成一小段 RNA 引物。

（三）原核细胞 DNA 的复制过程

1. DNA 复制的起始点和方向

DNA 复制开始于染色体上固定的起始点。起始点是含有 100～200bp 的一段 DNA。先是 DNA 的两条链在起始点分开形成叉子样的“复制叉”，随着复制叉的移动完成 DNA 的复制过程。细胞内存在着能识别起始点的特种蛋白质。

DNA 复制可以朝一个方向进行，也可以朝两个相反的方向进行（图 10-6），其证据来自放射自显影实验或电子显微镜观察。在迅速生长的原核生物中，第一个染色体 DNA 分子的复制尚未完成，第二个 DNA 分子就在同一个起始点上开始复制，其复制叉移动的速率约为 10^5 bp/min。

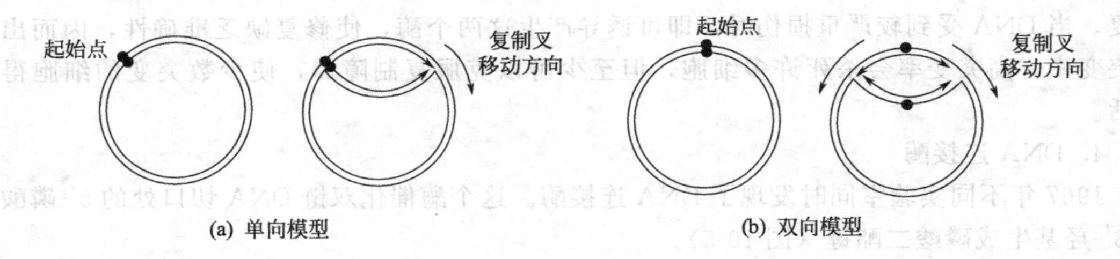

图 10-6 大肠杆菌染色体的复制

2. 双链 DNA 复制的分子机制

1968 年冈崎等用 ^{3}H 脱氧胸苷掺入噬菌体感染的大肠杆菌，然后分离标记的 DNA 产物，发现短时间内首先合成的是较短的 DNA 片段，接着出现较大的分子。一般把这些 DNA 片段称为冈崎片段。进一步的研究证明，冈崎片段在细菌和真核细胞中普遍存在。冈崎的重要发现以及后来许多其他人的研究成果，使人们认识到 DNA 的不连续复制过程：新 DNA 的一条链是按 5′→3′方向（与复制叉移动的方向一致）连续合成的，称为“前导链”；另一条链的合成则是不连续的，即先按 5′→3′方向（与复制叉移动的方向相反）合成若干短片段（冈崎片段），再通过酶的作用将这些短片段连在一起构成第二条子链，称为“滞后链”。

在细胞提取物中合成冈崎片段时，不仅需要dATP、dGTP、dCTP和dTTP四种前体，还需要一个与模板DNA的碱基顺序互补的RNA短片段当作引物。引物RNA一般只含少数核苷酸残基，通过DNA聚合酶Ⅲ，在引物的3′端逐个加上1000～2000个与模板链碱基顺序互补的脱氧核苷酸单位以完成冈崎片段的合成。然后通过DNA聚合酶Ⅰ的5′→3′核酸外切酶活性将RNA引物上的核苷酸单位逐个除去。每个核苷酸单位被切除后立即被与模板链相应位置碱基互补的脱氧核苷酸补上。这后一反应是利用前面的冈崎片段作为引物通过DNA聚合酶Ⅰ的聚合酶活性完成的。

3. DNA复制的过程

DNA复制的过程是一个连续而又十分复杂的过程，通常将它分为起始、延长和终止3个阶段。

（1）起始阶段　在起始部位首先起作用的是DNA拓扑异构酶和解链酶，它们松弛DNA的超螺旋结构，解开一段双链，然后将DNA结合蛋白结合在分开的单链上，保护和稳定DNA单链，至此已形成了复制点。由于每个复制点的形状像一个叉子，故称为复制叉（图10-7）。

当两股单链暴露出足够数量的碱基对时，引物酶发挥作用。引物酶具有辨认DNA模板链起始点的能力，在此处以解开的一段DNA链为模板，按照A-U、G-C的碱基配对原则，以4种核苷三磷酸（NTP）为原料，以5′→3′方向合成引物RNA片段，从而完成起始过程。起始过程中引物RNA的合成为DNA链的合成做好了准备，即为第一个脱氧核苷酸提供了引物的3′-OH末端。

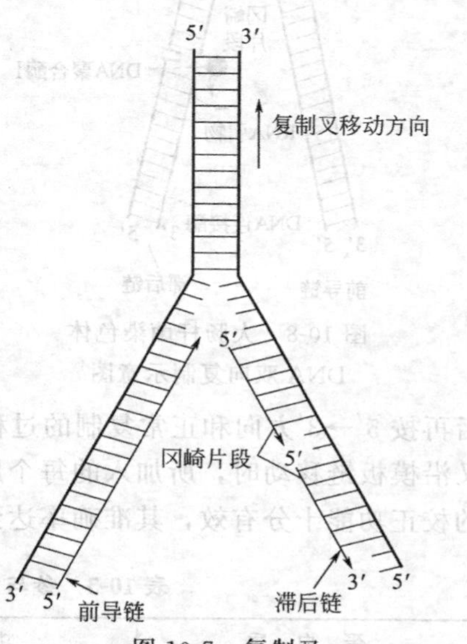

图10-7　复制叉

（2）延长阶段　当RNA引物合成之后，在DNA聚合酶Ⅲ的催化下，以4种脱氧核糖核苷三磷酸为底物，在RNA引物的3′端以磷酸二酯键连接上脱氧核糖核苷酸，并释放出PPi。DNA链的合成是以两条亲代DNA链为模板，按碱基配对原则进行复制的。亲代DNA的双股链呈反向平行，一条链是5′→3′方向，另一条链是3′→5′方向。在一个复制叉内两条链的复制方向不同，所以新合成的两条子链极性也正好相反。由于迄今为止还没有发现一种DNA聚合酶能按3′→5′方向延伸，因此子链中有一条链沿着亲代DNA单链的3′→5′方向（亦即新合成的DNA沿5′→3′方向）不断延长，这条新链称为前导链；而另一条链的合成方向与复制叉的前进方向相反，只能断续地合成5′→3′的多个短片段。1968年冈崎发现了这些片段，故又称冈崎片段。它们随后连接成大片段，这条新链称为滞后链。这种前导链是连续合成，滞后链是断续合成的方式称为半不连续复制。原核细胞冈崎片段的长度约为1000～2000个核苷酸。真核细胞的较短，长度约100～200个核苷酸。

前导链连续合成，滞后链不连续合成。随着拓扑异构酶和解链酶不断地向前推进，复制叉也就不停地向前移行，新合成的DNA片段也就相应地延伸。

（3）终止阶段　经过链的延长阶段，前导链可随着复制叉到达模板链的终点而终止，然后由核酸外切酶将其RNA引物切除，由DNA聚合酶Ⅰ催化其延长补缺，成为一条连续的DNA单链。而滞后链中相邻的两个冈崎片段在DNA连接酶的作用下连接起来，封闭缺口，也形成一条连续的大分子DNA单链。新合成的两条子DNA单链分别与作为模板的两条亲链在拓扑异构酶的作用下重新形成双螺旋结构，生成两个与亲代 DNA 完全相同的子代 DNA 双链分子。图 10-8 是大肠杆菌染色体 DNA 双向复制过程示意图，参与复制过程的主要蛋白质列在表 10-3 中。

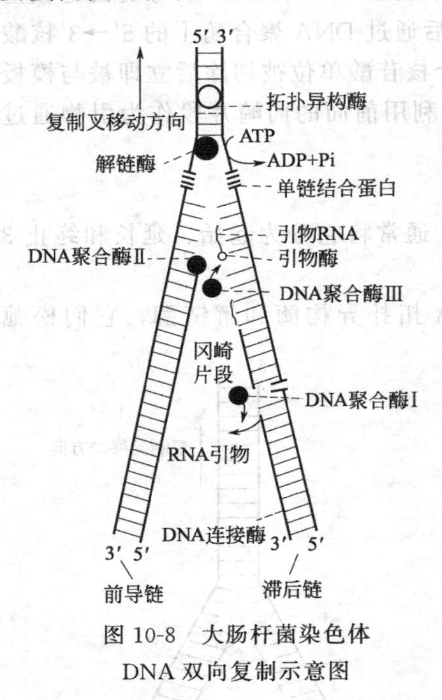

图 10-8 大肠杆菌染色体 DNA 双向复制示意图

4. DNA 聚合酶的“校对”作用 在大肠杆菌的 DNA 复制过程中，每聚合 10^9～10^{10} 个碱基对仅有 1 个误差。大肠杆菌染色体 DNA 约含 4×10^6 个碱基对，按以上失误率估算，进行一次分裂，每 10000 个细胞只插入 1 个错误配对的核苷酸。这样高度的准确性不能完全用模板链与新生链间碱基精确配对来解释，因为从化学角度估计，后者产生的碱基错配概率约为 $1/10^5$～$1/10^4$。

对高度纯化的大肠杆菌 DNA 聚合酶性质的详细研究，至少可提供部分解答。DNA 聚合酶具有 3 种不同的酶活性。它具有 3′→5′核酸外切酶活性，说明它也能朝执行聚合酶功能时的相反方向移动并切除新生 DNA 链的 3′端核苷酸残基。DNA 聚合酶的 3′→5′核酸外切酶活性是校对新生 DNA 链和改正聚合酶活性所造成“错配”的一种手段，当因聚合酶活性的作用插入一个错配的核苷酸时，酶能识别这种“失误”并立即从新 DNA 链的 3′端除掉所错配的核苷酸，然后再按 5′→3′方向和正常复制的过程在新生 DNA 链的 3′端加上正确的核苷酸。所以当复制叉沿模板链移动时，所加入的每个脱氧核苷酸单位都将受到检查（图 10-9）。DNA 聚合酶的校正功能十分有效，其准确率达到每聚合 10^4 个核苷酸单位至多出现 1 个错配的核苷酸。

表 10-3 参与大肠杆菌染色体 DNA 复制的主要蛋白质

蛋白质	功能	相对分子质量(M_r)/×1000	分子/细胞
DNA 旋转酶	解超螺旋	400	
DNA 解链酶	使双螺旋解链	65	50
单链结合蛋白	稳定单链区	74	300
引物合成酶	合成 RNA 引物	60	100
DNA 聚合酶Ⅲ全酶	合成 DNA	450	20
DNA 聚合酶	除去引物并填满缺口	109	300
DNA 连接酶	连接 DNA 片段末端	74	300

复制的准确性高于转录和转译过程。这点非常重要，因为复制的错误可能引起突变或致死，而转录和翻译的失误一般只涉及一个细胞中某种 RNA 或蛋白质的产生，不会改变生物的遗传性能。DNA 聚合酶的校正作用可能仅是保证复制准确性的数种途径之一。实际上，有多种蛋白质参与的复制过程的高度复杂性可能就是保证复制准确性所需要的，现在所发现的真核生物 DNA 聚合酶一般没有校正功能，也许真核生物具有保证复制准确的其他机制。

（四）真核细胞 DNA 的复制过程

真核细胞 DNA 复制的过程与原核细胞非常相似。但两者相比，主要有下列不同之处。

① 真核细胞 DNA 复制是多点起始，即真核细胞 DNA 复制是由许多复制子来共同完成的。因此，真核生物复制叉的移动速率虽较慢，但复制总速率比原核生物快。

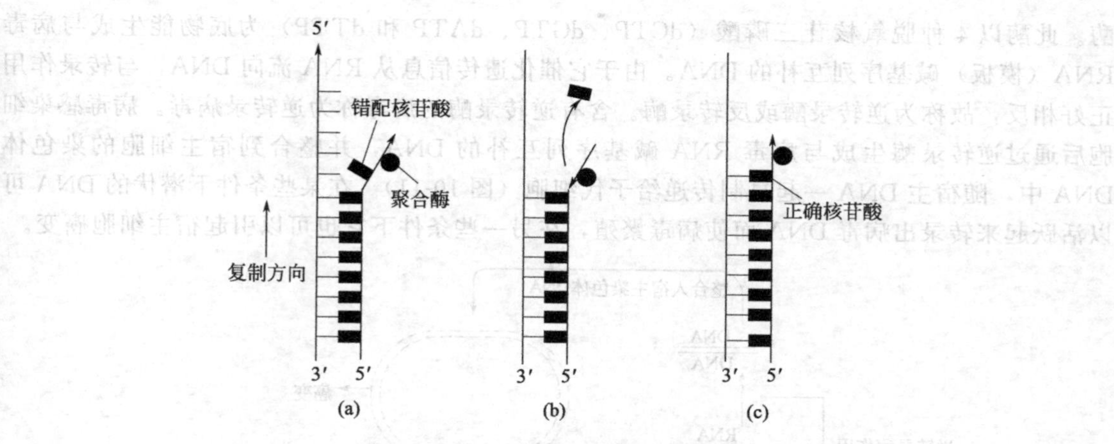

图 10-9 DNA 聚合酶的校正作用

最左侧的箭头指示复制的方向；黑色圆球代表 DNA 聚合酶；黑色长方块代表新生 DNA 链中的脱氧核苷酸单位

(a) DNA 聚合酶所插入的错配核苷酸不能与模板链以氢键结合；
(b) DNA 聚合酶后退并通过其 3′-外切酶活力除去错配的核苷酸；
(c) DNA 聚合酶插入能与模板链碱基配对的正确核苷酸并重新开始复制

② 目前已确定，在较高等的生物中至少有 5 种 DNA 聚合酶，分别命名为 α、β、γ、δ、和 ε。这 5 种酶都能在 5′→3′方向上聚合 DNA 链。在原核细胞中主要的复制酶仅 DNA 聚合酶Ⅲ一种，而真核细胞有 2 个相互协作的复制酶（图 10-10）。

③ 端粒的复制。线性染色体的末端 DNA 称为端粒，端粒的复制由一种特殊的酶——端粒酶所催化。端粒酶是一种核糖核蛋白，它由 RNA 和蛋白质两种成分组成。在真核细胞中，当复制叉到达线性染色体末端时，复制过程在端粒酶作用下完成。

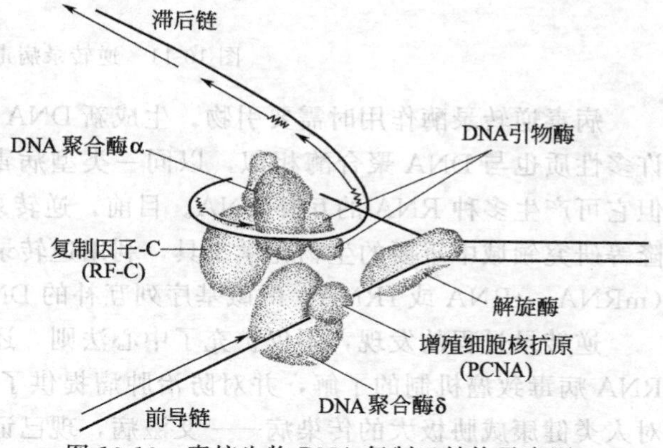

图 10-10 真核生物 DNA 复制叉结构示意图

综上所述，生物细胞 DNA 复制分子机制的基本特点如下。

① 复制是半保留的。

② 复制起始于细菌或病毒的特定位置，真核生物有多个起始点。

③ 复制可以朝一个方向，也可以朝两个方向进行，后者更为常见。

④ 复制时，DNA 的两条链都从 5′端向 3′端延伸。

⑤ 复制是半不连续的，前导链是连续合成的，滞后链是不连续合成的，即先合成短的冈崎片段，再连接起来构成滞后链。

⑥ 冈崎片段的合成始于一小段 RNA 引物，这一小段 RNA 以后被酶切除，缺口由脱氧核苷酸补满后再与新生 DNA 链连在一起。

⑦ 复制有多种机制，即使在同一个细胞里，也可因环境——酶的丰富程度、温度、营养、条件等的不同而有不同的起始机制和链的延长方式。

二、逆转录

1970 年 Temin 和 Baltimore 同时分别从致癌 RNA 病毒中发现 RNA 指导的 DNA 聚合

酶。此酶以 4 种脱氧核苷三磷酸（dCTP、dGTP、dATP 和 dTTP）为底物能生成与病毒 RNA（模板）碱基序列互补的 DNA。由于它催化遗传信息从 RNA 流向 DNA，与转录作用正好相反，故称为逆转录酶或反转录酶。含有逆转录酶的病毒称为逆转录病毒。病毒感染细胞后通过逆转录酶生成与病毒 RNA 碱基序列互补的 DNA，并整合到宿主细胞的染色体 DNA 中，随宿主 DNA 一起复制传递给子代细胞（图 10-11）。在某些条件下潜伏的 DNA 可以活跃起来转录出病毒 DNA 而使病毒繁殖，在另一些条件下它也可以引起宿主细胞癌变。

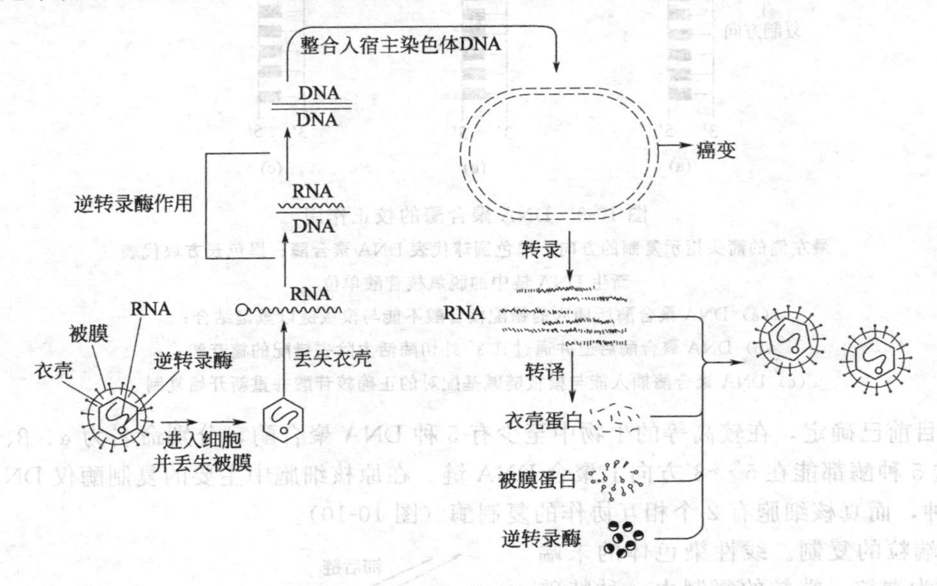

图 10-11 逆转录病毒的生活周期

病毒逆转录酶作用时需要引物，生成新 DNA 链的方向是 5′→3′，含 Zn^{2+}。此酶的其他许多性质也与 DNA 聚合酶相似，以同一类型病毒 RNA 为模板时，逆转录酶的活性最强，但它可产生多种 RNA 的互补 DNA。目前，逆转录酶已成为 DNA-RNA 相互关系、DNA 克隆等研究领域中重要的生物化学工具，利用逆转录酶可能在实验室中制造与任何 RNA 模板（mRNA、tRNA 或 rRNA）的碱基序列互补的 DNA。这种 DNA 称为互补 DNA(cDNA)。

逆转录过程的发现，不仅扩充了中心法则，还有其重要的生物学意义。它有助于人们对 RNA 病毒致癌机制的了解，并对防治肿瘤提供了重要线索。20 世纪 80 年代初发现的一种对人类健康威胁极大的传染病——艾滋病，现已证明它也是一种逆转录病毒引起的，为了了解艾滋病的起因以及寻找防治途径，都需要深入研究这类病毒的生活周期和逆转录过程。

后来的研究表明，逆转录酶不仅存在于逆转录病毒，也存在于正常细胞中，如分裂期的淋巴细胞和胚胎细胞等，因而认为这些酶可能在细胞分裂和胚胎发生中起某种作用。另外，逆转录酶已成为分子生物学和基因工程中常用的一种工具酶，利用它可以从 mRNA 合成相应的 cDNA，在基因结构研究、氨基酸序列预测以及基因工程中具有十分重要的意义。

三、DNA 的突变

1. 突变的类型

DNA 的编码序列发生改变就会引起突变或死亡，死亡是致死突变的结果。已知突变有以下几种类型。

（1）碱基对的置换　碱基对置换包括两种类型：一种称为转换，即两种嘧啶之间互换，或两种嘌呤之间互换，这种置换方式最为常见；另一种称为颠换，在嘌呤与嘧啶之间，或嘧啶与嘌呤之间的互换，易错修复可以发生颠换。

（2）移码突变　由于一个或多个非 3 整倍数的核苷酸对插入或缺失，而使编码区该位点后的三联体密码子阅读框架改变，导致后面氨基酸都发生错误。

2. 诱变剂的作用

在自然条件下发生的突变称为自发突变。自发的突变率是非常低的，大肠杆菌和果蝇的基因突变率都在 10^{-10}左右。能够提高突变率的物理或化学因子称为诱变剂。最常见的诱变剂有以下几类。

（1）碱基类似物　与 DNA 正常碱基结构类似的化合物。5-溴尿嘧啶（BU）是胸腺嘧啶（T）的类似物，在通常情况下它以酮式结构存在，能与腺嘌呤（A）配对；但它有时以烯醇式结构存在，与鸟嘌呤（G）配对（图 10-12）。5-溴尿嘧啶中由于溴原子负电性很强，其烯醇式发生率要高得多，因此显著提高了诱变的能力，结果使 AT 对转变为 GC 对；而在相反的情况下使 GC 对转变成 AT 对。

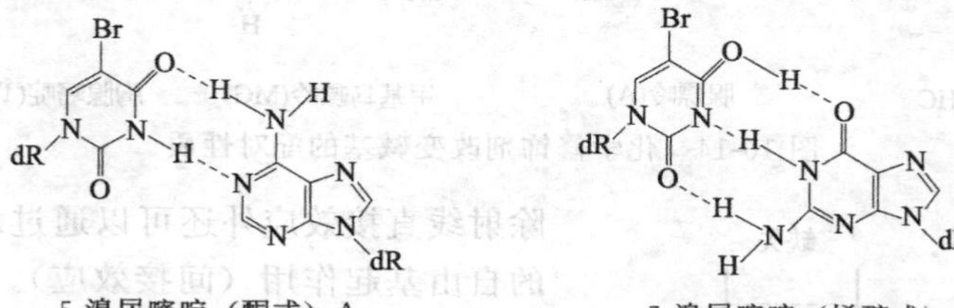

5-溴尿嘧啶（酮式）A　　5-溴尿嘧啶（烯醇式）G

图 10-12　5-溴尿嘧啶的酮式和烯醇式

2-氨基嘌呤（AP）是腺嘌呤（A）的类似物，正常状态下与胸腺嘧啶（T）配对，但以罕见的亚氨基状态存在时却与胞嘧啶（C）配对（图 10-13）。因此，它能引起 AT 对转换为 GC 对，以及 GC 对转换为 AT 对。

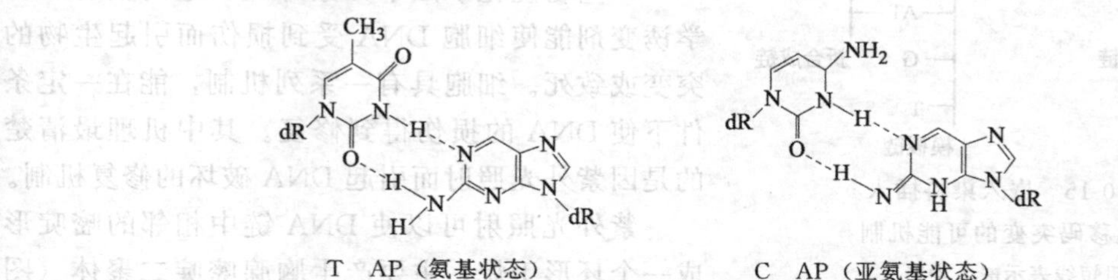

T　AP（氨基状态）　　C　AP（亚氨基状态）

图 10-13　2-氨基嘌呤的不同配对性质

（2）碱基的修饰剂　某些化学诱变剂通过对 DNA 碱基的修饰作用，而改变其配对性质。例如，羟胺（NH_2OH）与碱基作用十分特异，它只与胞嘧啶（C）作用，生成 4-羟胺胞嘧啶（HC）与腺嘌呤（A）配对，结果 GC 对变为 AT 对（图 10-14）。

（3）嵌入染料　一些扁平的稠环分子，如吖啶橙、原黄素、溴化乙锭等染料，可以插入到 DNA 的碱基对之间，故称为嵌入染料。这些扁平分子插入 DNA 后将碱基对间的距离撑大约一倍，正好占据了一个碱基对的位置。嵌入染料插入碱基重复位点处可造成两条链错位。在 DNA 复制时，新合成的链或者增加核苷酸插入，或者使核苷酸缺失，结果造成移码突变。其可能的机制如图 10-15 所示。

（4）紫外线和电离辐射　紫外线的高能量可以使相邻嘧啶之间的双键打开形成二聚体，包括产生环丁烷结构和 6-4 光产物，即一个嘧啶第 6 位碳原子与相邻嘧啶第 4 位碳原子之间的连接，并使 DNA 产生弯曲和扭结。电离辐射（如 X 射线、γ 射线等）的作用比较复杂，

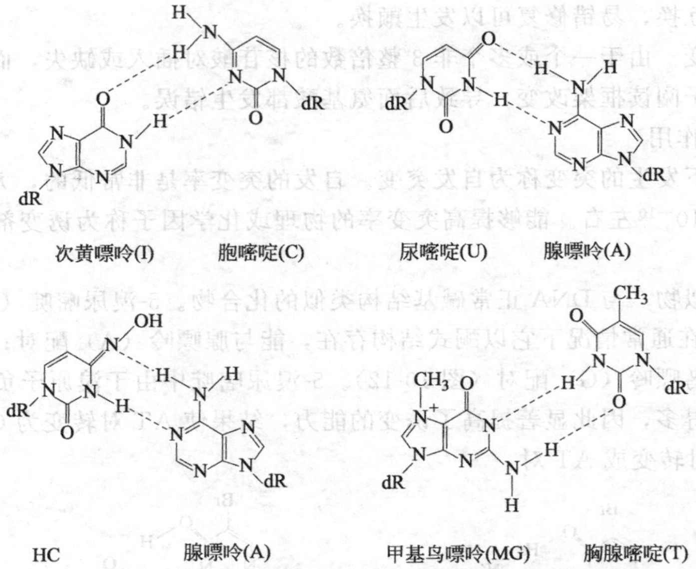

次黄嘌呤(I)
胞嘧啶(C)
尿嘧啶(U)
腺嘌呤(A)
HC
腺嘌呤(A)
甲基鸟嘌呤(MG)
胸腺嘧啶(T)

图 10-14 化学修饰剂改变碱基的配对性质

插入
缺失
T
A
AT
AT
AT
A
G
AT
AT
AT
G
T
新合成链
新合成链
模板链
模板链

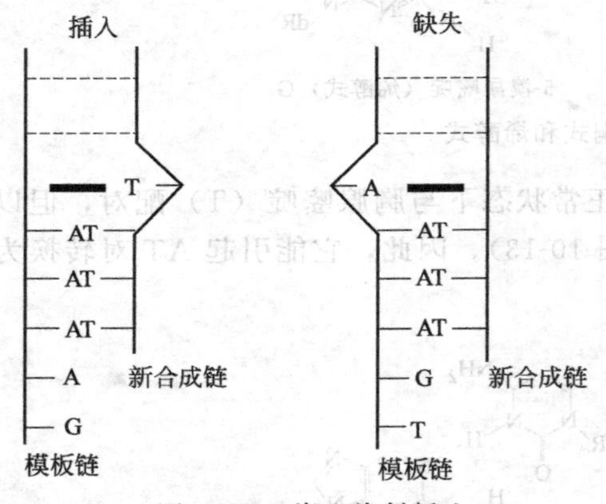

图 10-15 嵌入染料插入引起移码突变的可能机制

粗短线表示嵌入染料

除射线直接效应外还可以通过水在电离时所形成的自由基起作用（间接效应）。DNA 链可以出现双链断裂或单链断裂的情况。大剂量照射时，还有碱基的破坏。紫外线和电离辐射都是强的诱变剂。

四、DNA 的损伤与修复

一些物理化学因子如紫外线、电离辐射和化学诱变剂能使细胞 DNA 受到损伤而引起生物的突变或致死。细胞具有一系列机制，能在一定条件下使 DNA 的损伤得到修复。其中机理最清楚的是因紫外光照射而引起 DNA 破坏的修复机制。

紫外光照射可以使 DNA 链中相邻的嘧啶形成一个环形丁烷，主要产生胸腺嘧啶二聚体（图 10-16）。二聚体的形成使 DNA 的复制和转录功能受到阻碍，因而必须除去。

一种修复系统是光复活修复。光复活机制是可见光激活了光复活酶，使之能分解由于紫外光照射而产生的嘧啶二聚体。光复活酶的专一性较高（只作用于因紫外光照射而形成的嘧啶二聚体）。它的分布很广。从单细胞生物一直到鸟类都有，但在高等哺乳动物中不存在（图 10-17）。

糖
糖

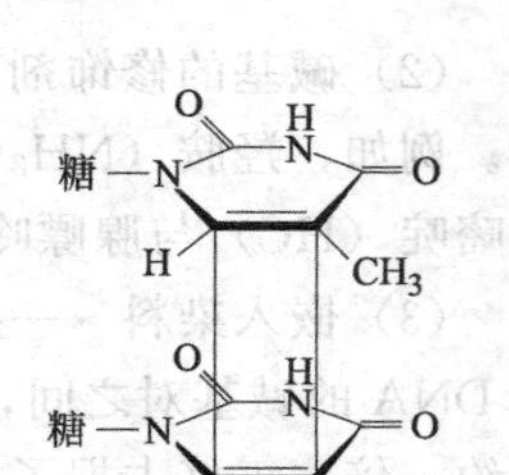

图 10-16 胸腺嘧啶二体

另外一种修复系统是暗修复过程（图 10-18），包括 4 个步骤。

① 专一的内切酶在靠近二聚体处切断单链 DNA。

② DNA 聚合酶利用完整的互补链为模板，在断口处进行局部的修复合成。

③ 5′-核酸外切酶切去含嘧啶二聚体的寡核苷酸片段。

④ 连接酶将新合成的 DNA 链与原来的 DNA 链连在一起。

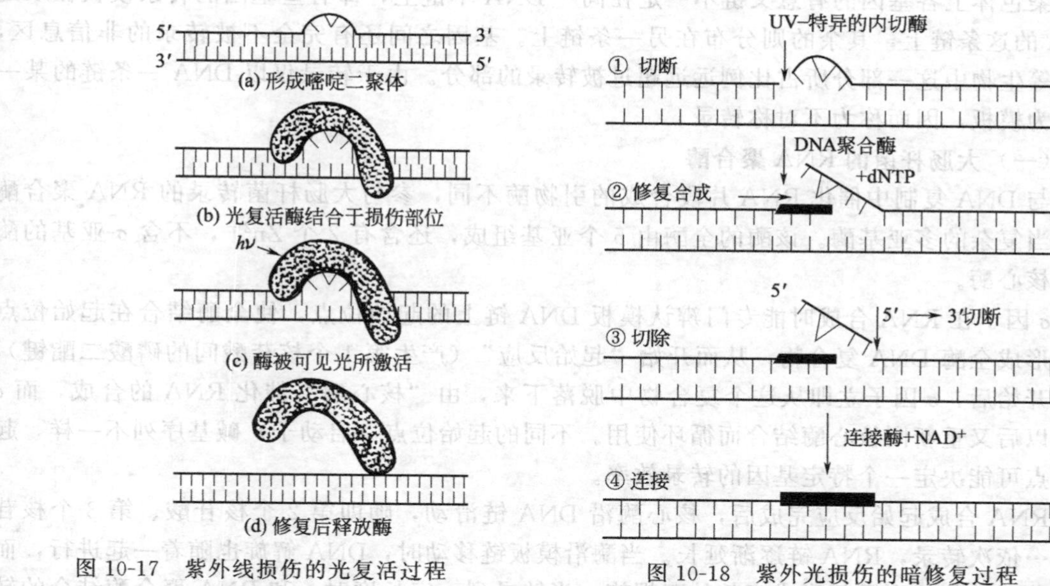

图 10-17 紫外线损伤的光复活过程

图 10-18 紫外光损伤的暗修复过程

按上述顺序进行的修复为“先补后切”（图 10-18），也可以“先切后补”，即②和③颠倒。这种修复机制也称为切除修复，是一种比较普遍的修复机制，对多种损伤均能起修复作用。

大肠杆菌 DNA 聚合酶Ⅰ和 DNA 聚合酶Ⅲ在修复 DNA 损伤中起作用。这两种酶兼有聚合酶和 5′→3′外切酶活力，因此修复合成和切除两步反应可由同一酶催化。

真核细胞中的 DNA 聚合酶β可能在 DNA 损伤的修复中起作用。真核细胞的 DNA 聚合酶一般不具有外切酶的活力，推测切除作用是由另外的外切酶催化的。

着色性干皮病是一种人类遗传性皮肤病，这种病人对日光异常敏感，其皮肤受照射后，甚至可以发生皮肤癌。暴露于紫外光下时，这种病人的皮肤细胞培养物与正常人的皮肤细胞培养物相比，其除去胸腺嘧啶二聚体的速率大大降低。DNA 修复能力的缺陷很可能是发生着色性干皮病的原因。

第二节 RNA 的生物合成

根据分子遗传的中心法则，RNA 处于信息代谢的中间环节：贮存在 DNA 分子上的遗传信息必须转录到 mRNA 分子中，才能用来指导蛋白质的合成。同时，rRNA、tRNA 和具有特殊功能的小 RNA 都是以 DNA 为模板，在 RNA 聚合酶催化下合成的。此外，除逆转录病毒外，其他 RNA 病毒均以 RNA 为模板进行复制。

一、转录

转录是在 DNA 指导的 RNA 聚合酶催化下，按照碱基配对的原则，以 NTP 为原料，合成一条与 DNA 互补的 RNA 链的过程。转录起始于 DNA 模板的一个特定位点，并在一定位点终止，此转录区域称为转录单位。一个转录单位可以是一个基因，也可以是多个基因。转录的起始是由 DNA 的启动子控制的，而控制终止的部位则称为终止子。

在转录中，双股 DNA 只有一条链是模板，称为模板链，又称反意义链或负（－）链；另一条链则称为编码链，又称有意义链或正（＋）链。由于 RNA 产物和正链都与模板链反向平行、碱基互补，所以二者的碱基序列相同，当然在 DNA 正链中的 T 在 RNA 中被 U 代替。染色体上各基因的有意义链不一定在同一 DNA 单链上，即有些基因的转录模板在双链 DNA 的这条链上，其余的则分布在另一条链上。基因之间还有完全不被转录的非信息区，在高等生物中这一部分所占比例远远超过被转录的部分。由于转录仅以 DNA 一条链的某一区段为模板，因而称为不对称转录。

（一）大肠杆菌的 RNA 聚合酶

与 DNA 复制中催化 RNA 片段合成的引物酶不同，参与大肠杆菌转录的 RNA 聚合酶是相当复杂的多亚基酶。该酶的全酶由 5 个亚基组成，还含有 2 个 Zn^{2+}，不含 σ-亚基的酶称为核心酶。

σ 因子在 RNA 合成时能专门辨认模板 DNA 链上的起始位点，使全酶结合在起始位点上，形成全酶-DNA 复合物，从而开始“起始反应”（产生第 1 个核苷酸间的磷酸二酯键），转录开始后，σ 因子立即从这个复合物中脱落下来，由“核心酶”催化 RNA 的合成，而 σ 因子以后又重新同核心酶结合而循环使用。不同的起始位点（启动子）碱基序列不一样，起始位点可能决定一个特定基因的转录效率。

RNA 合成起始反应完成后，核心酶沿 DNA 链滑动，随即第 2 个核苷酸、第 3 个核苷酸……依次转录，RNA 链逐渐延长。当酶沿模板链移动时，DNA 解旋也随着一起进行，而原来分开的部位则重新形成完整的双螺旋。当转录到一定长度时，和 RNA 聚合酶结合的转录终止辅助因子帮助酶识别 DNA 模板上的终止信号（终止子）。并在 ρ 因子帮助下终止转录，释放转录产物——RNA。

大肠杆菌只有一种 DNA 指导的 RNA 聚合酶，此细菌的三类 RNA（mRNA、tRNA 和 rRNA）的生成均由这同一种酶起作用。

（二）原核细胞的转录过程

以大肠杆菌为例来说明转录过程，可分为 3 个阶段：起始、延伸和终止（图 10-19）。

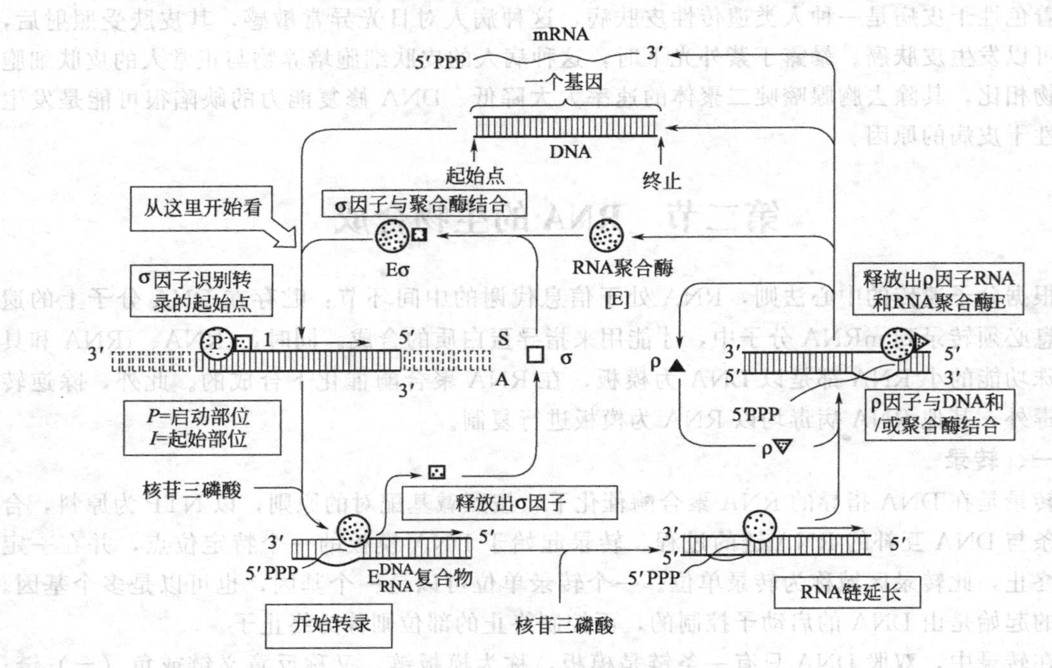

图 10-19　原核生物的转录过程

RNA 聚合酶；ρ 因子；σ 因子

1. 转录的起始

大肠杆菌 RNA 聚合酶（核心酶）在有 DNA 模板、NTP 单体、Mg^{2+} 存在的条件下，就可以合成 RNA，但生成的是随机起始的无意义产物。只有当核心酶与 σ-亚基缔合成全酶，才能在 DNA 模板上特定的位点启动转录，合成有意义的 RNA 产物。

2. RNA 链的延伸

从起始到延伸的转变过程，包括 σ 因子由缔合向解离的转变。DNA 分子和酶分子发生构象的变化，核心酶与 DNA 的结合松弛，核心酶可沿模板移动，并按模板序列选择下一个核苷酸，将核苷三磷酸加到生长的 RNA 链的 3′-OH 端，催化形成磷酸二酯键。含有核心酶、DNA 和新生 RNA 的区域称为转录鼓泡，DNA 在这里形成一个局部解链的泡（图 10-20）。核心酶沿模板链 3′→5′的方向滑动，按照碱基配对的原则以 5′→3′的方向合成 RNA。鼓泡前方的 DNA 不断解链，鼓泡后面的 DNA 以相同的速率复链。RNA 链延伸时，RNA 聚合酶继续解开一段 DNA 双链，长度约 17bp，使模板链暴露出来。新合成的 RNA 链与模板形成 RNA-DNA 的杂交区，当新生的 RNA 链离开模板 DNA 后，两条 DNA 链则重新形成双股螺旋结构。实验表明，大肠杆菌 RNA 聚合酶以大约每秒 45nt 的速率合成 mRNA，与核糖体每秒约翻译 15 个氨基核的速率恰好吻合。RNA 聚合酶缺乏核酸外切酶活性，不具备校对功能，因此 RNA 转录的保真度比 DNA 复制要低得多，其误差率约在 10^{-5}～10^{-4} 范围内。

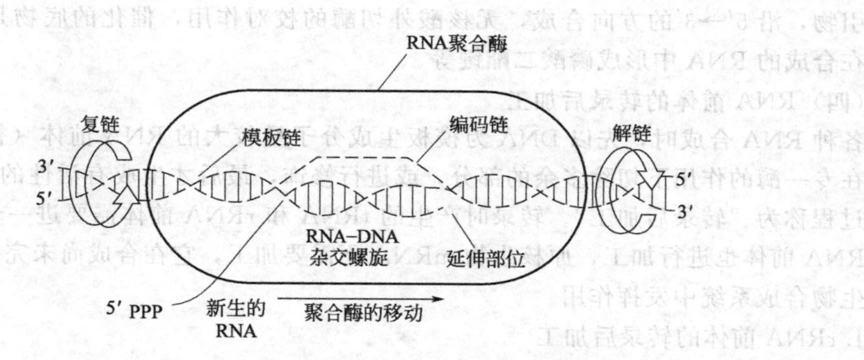

图 10-20　RNA 链延伸中的转录鼓泡示意图

3. 转录的终止

像转录的起始一样，DNA 上的终止信号对转录终止进行严密的控制。这个信号是基因末端一段特殊的序列，称为终止子。大肠杆菌存在两类终止子：一类称为不依赖 ρ 因子的终止子，其特点是在转录终点前有一段富含 A-T 的序列，它的前面总是一段富含 G-C 的回文顺序。另一类终止子也含有回文顺序，但不富含 A-T 和 G-C 序列，需要 ρ 因子的帮助才能终止 RNA 的合成（图 10-21）。大肠杆菌蛋白以六聚体形式存在，具有 DNA-RNA 解螺旋酶和 ATPase 活性。蛋白可附着在新合成的 RNA 上，借助 ATP 水解提供的能量向 RNA 聚合酶移动，通过与聚合酶的相互作用终止转录，并使 RNA-DNA 解链，把产物和聚合酶释放出来。

（三）真核生物 RNA 聚合酶

真核细胞中至少有 3 种 RNA 聚合酶，都是由多个（8～14）亚基组成的含 Zn^{2+} 的寡聚酶，分别转录不同的基因。这些酶的基本特点及其对抑制剂 α-鹅膏蕈碱的敏感性不同（见表 10-4）。此外，线粒体和叶绿体中也有它们自己的 RNA 聚合酶，其分子大小、对抑制剂的敏感性等性质，更接近于原核细胞的 RNA 聚合酶。

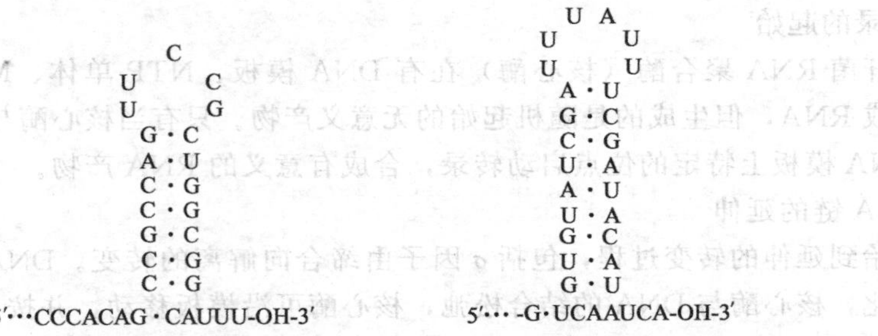

```
       C
   U       C
   U       G
     G · C
     A · U
     C · G
     C · G
     G · C
     C · G
     C · G
5′···CCCACAG · CAUUU-OH-3′
```

(a) 不依赖 ρ 因子的终止子转录序列

```
       U  A
     U      U
     U      U
      A · U
      G · C
      C · G
      U · A
      A · U
      U · A
      G · C
      C · U
      G · U
5′··· -G · UCAAUCA-OH-3′
```

(b) 依赖 ρ 因子的终止子转录序列

图 10-21 大肠杆菌两类终止的发夹结构

表 10-4 真核细胞的 RNA 聚合酶

酶类	分布	产物	α-鹅膏蕈碱对酶的作用	相对分子质量	反应条件
RNA 聚合酶Ⅰ	核仁	rRNA	不抑制	500000～700000	低离子强度，要求 Mg^{2+} 或 Mn^{2+}
RNA 聚合酶Ⅱ	核质	mRNA	低浓度抑制	约 700000	高离子强度
RNA 聚合酶Ⅲ	核质	tRNA 5S-rRNA	高浓度抑制	—	高 Mn^{2+} 浓度

真核的 RNA 聚合酶和原核的 RNA 聚合酶一样，按 DNA 模板链的指令进行转录，不需要引物，沿 5′→3′的方向合成，无核酸外切酶的校对作用，催化的底物是核糖核苷三磷酸，在合成的 RNA 中形成磷酸二酯键等。

（四）RNA 前体的转录后加工

各种 RNA 合成时，先以 DNA 为模板生成分子量较大的 RNA 前体（初级转录产物），然后在专一酶的作用下切除多余的部分，或进行修饰，最后才生成有活性的“成熟”RNA。这个过程称为“转录后加工”。转录时产生的 tRNA 和 rRNA 前体需要进一步加工，真核生物 mRNA 前体也进行加工，原核生物 mRNA 不需要加工，它在合成尚未完成时已开始在蛋白质生物合成系统中发挥作用。

1. rRNA 前体的转录后加工

原核细胞和真核细胞的 rRNA 都是从较长的前体生成的。原核生物的 16S rRNA 和 23S rRNA 是从相对分子质量约为 200 万的 30S rRNA 前体产生的（图 10-22）。在真核生物中，一个大 45S rRNA 前体经过一系列步骤生成 18S rRNA 和 28S rRNA（图 10-23）。

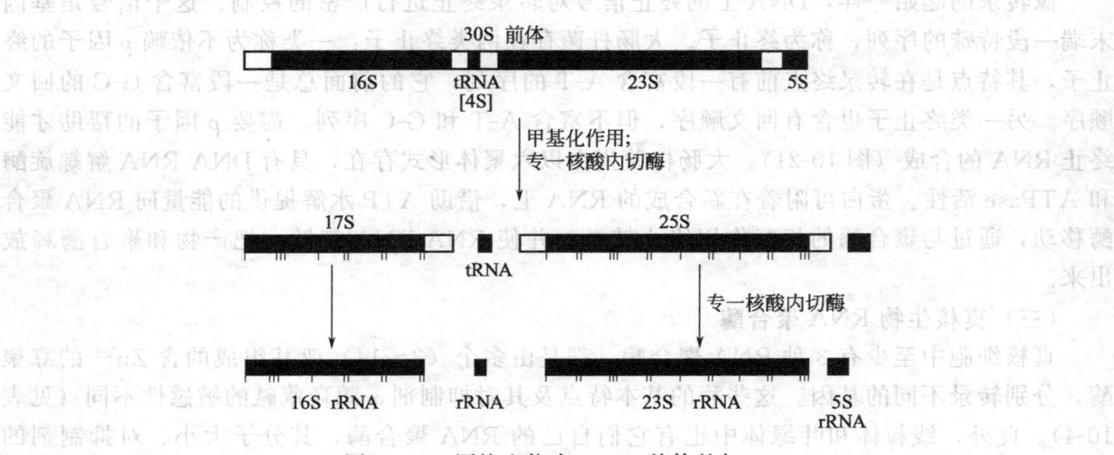

图 10-22 原核生物中 rRNA 前体的加工

2. tRNA 前体的加工

tRNA 也从较长的前体产生。细胞内有数十种 tRNA。各种 tRNA 的前体结构和加工方式不尽相同。一般在加工过程中除去前体 5′和 3′端多余的核苷酸。有时 tRNA 前体酶解可产生 2 个或更多个不同的 tRNA。

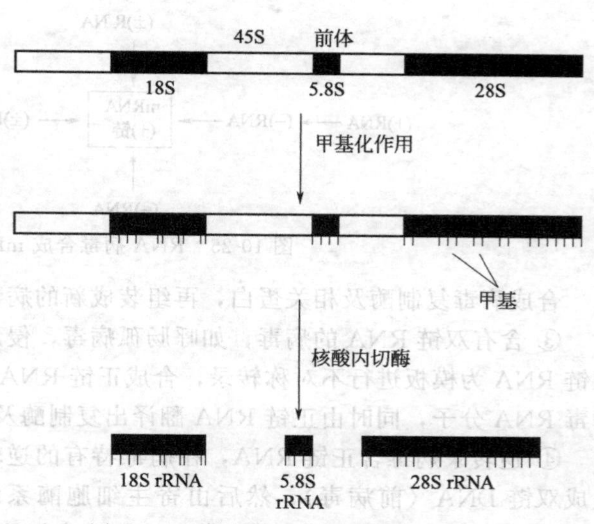

图 10-23 真核生物中 rRNA 前体的加工

3. 真核细胞 mRNA 前体的加工

真核生物细胞质中的 mRNA 有 3 个结构特点。

① 真核 mRNA 一般是单顺反子；序列中无内含子，但其前体中含有内含子。

② 大多数真核 mRNA 的 3′末端有由 100～200 个腺苷酸连续排列所组成的“尾巴”[poly(A) 或聚腺苷酸]。

③ mRNA 的 5′端有“帽子”结构。“帽子”是通过三磷酸键连接在 mRNA-5′端核苷酸残基上的 7-甲基鸟苷（图 10-24）。

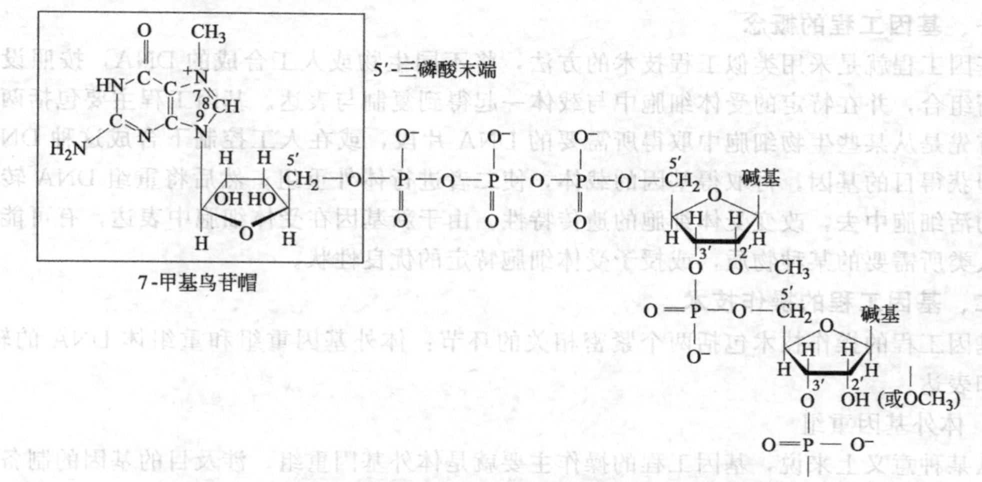

图 10-24 真核 5′mRNA 端 7-甲基鸟苷的“帽子”结构

二、RNA 的复制

多数植物病毒以及许多动物病毒和噬菌体以 RNA 为遗传物质，称为 RNA 病毒。被这些病毒感染的寄主细胞中有特殊的 RNA 复制酶，能在病毒 RNA 指导下合成全新的 RNA，称为 RNA 复制。RNA 复制酶具有很高的模板专一性，只识别病毒自身的 RNA，对寄主细胞或其他病毒的 RNA 均无反应。

RNA 病毒的复制方式可归纳为以下几类（图 10-25）。

① 含正链 RNA 的病毒进入寄主细胞后，首先合成复制酶和相关蛋白，然后由复制酶以正链 RNA 为模板合成负链 RNA，再以负链 RNA 为模板合成新的病毒 RNA，与蛋白质组装成病毒颗粒。这类病毒有脊髓灰质炎病毒和大肠杆菌 Q、λ 噬菌体。

② 含有负链 RNA 的病毒如狂犬病病毒和水泡性口炎病毒，侵入寄主细胞后，借助病毒带入的复制酶合成正链 RNA，再以正链 RNA 为模板合成新的负链 RNA，同时由正链 RNA

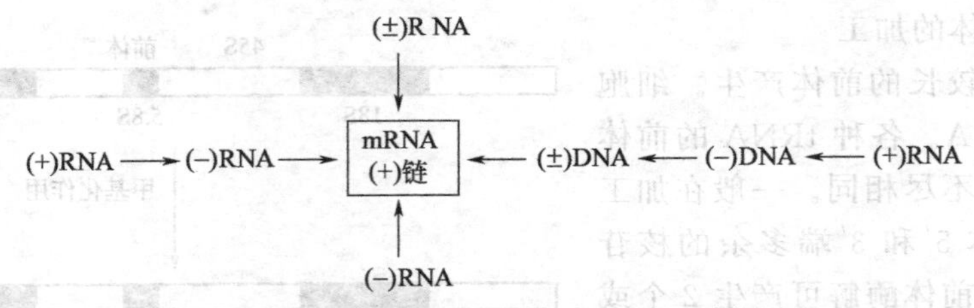

图 10-25 RNA 病毒合成 mRNA 的不同途径

合成病毒复制酶及相关蛋白，再组装成新的病毒颗粒。

③ 含有双链 RNA 的病毒，如呼肠孤病毒，侵入寄主细胞后在病毒复制酶的作用下，以双链 RNA 为模板进行不对称转录，合成正链 RNA，再以正链 RNA 为模板合成负链，形成病毒 RNA 分子，同时由正链 RNA 翻译出复制酶及相关蛋白，组装成新的病毒颗粒。

④ 逆转录病毒含正链 RNA，在病毒特有的逆转录酶的催化下合成负链 DNA，进一步生成双链 DNA（前病毒），然后由寄主细胞酶系统以负链 DNA 为模板合成病毒的正链 RNA，同时翻译出病毒蛋白和逆转录酶，组成新的病毒颗粒。

第三节 基因工程简介

一、基因工程的概念

基因工程就是采用类似工程技术的方法，将不同生物或人工合成的 DNA，按照设计方案重新组合，并在特定的受体细胞中与载体一起得到复制与表达。基因工程主要包括两个步骤：首先是从某些生物细胞中取得所需要的 DNA 片段，或在人工控制下合成这种 DNA 片段，即获得目的基因，再取得基因的载体，使二者进行体外重组；然后将重组 DNA 转化到受体的活细胞中去，改变受体细胞的遗传特性。由于新基因在受体细胞中表达，有可能产生大量人类所需要的某种物质，或授予受体细胞特定的优良性状。

二、基因工程的操作技术

基因工程的操作技术包括两个紧密相关的环节：体外基因重组和重组体 DNA 的转化、增殖和表达。

1. 体外基因重组

从某种意义上来说，基因工程的操作主要就是体外基因重组，涉及目的基因的制备、基因载体的制备和目的基因与载体连接成重组 DNA。

(1) 目的基因的制备 要进行 DNA 重组，首先要取得所需要的目的基因。制备目的基因的方法主要有两种。一种直接从细胞中分离出染色体，再用工具酶切下所需要的 DNA 片段。另一类方法是合成所需要的目的基因，其一是用逆转录酶从所需蛋白质的 mRNA 合成互补 DNA（cDNA），用作目的基因；二是按照设定的碱基序列用化学方法人工合成所需要的基因。但化学合成法价格昂贵，且每次合成的片段长度受限。

(2) 基因载体 异源基因直接用于转化，效率通常很低，真核基因尤其如此。而且进入受体细胞后极易被水解，极不稳定。为了使目的基因在受体细胞中增殖表达，一般需要适当的运载工具将其带入细胞内，这种运载工具称为载体。常用的载体有质粒和噬菌体。质粒是细菌和酵母中独立于染色体之外能自主进行复制的双链闭环 DNA 分子，其分子大小从 1～200kb，如常用于大肠杆菌的 pBR322 和常用于枯草杆菌的 pVB110 等。

(3) 目的基因与载体重组 根据目的基因的大小和不同用途，选择适当的载体，在

DNA 连接酶的作用下，将目的基因与载体 DNA 连接构建重组体。通常可利用限制性内切酶产生的黏性末端使载体与目的基因直接黏结；也可以借助于脱氧核糖核苷酸转移酶的作用在载体和目的基因的平齐末端上形成人工黏性末端，然后黏结。图 10-26 展示了用逆转录酶从 mRNA 制备目的基因，利用人工黏性末端与载体黏结，构建重组体 DNA 的基本过程。

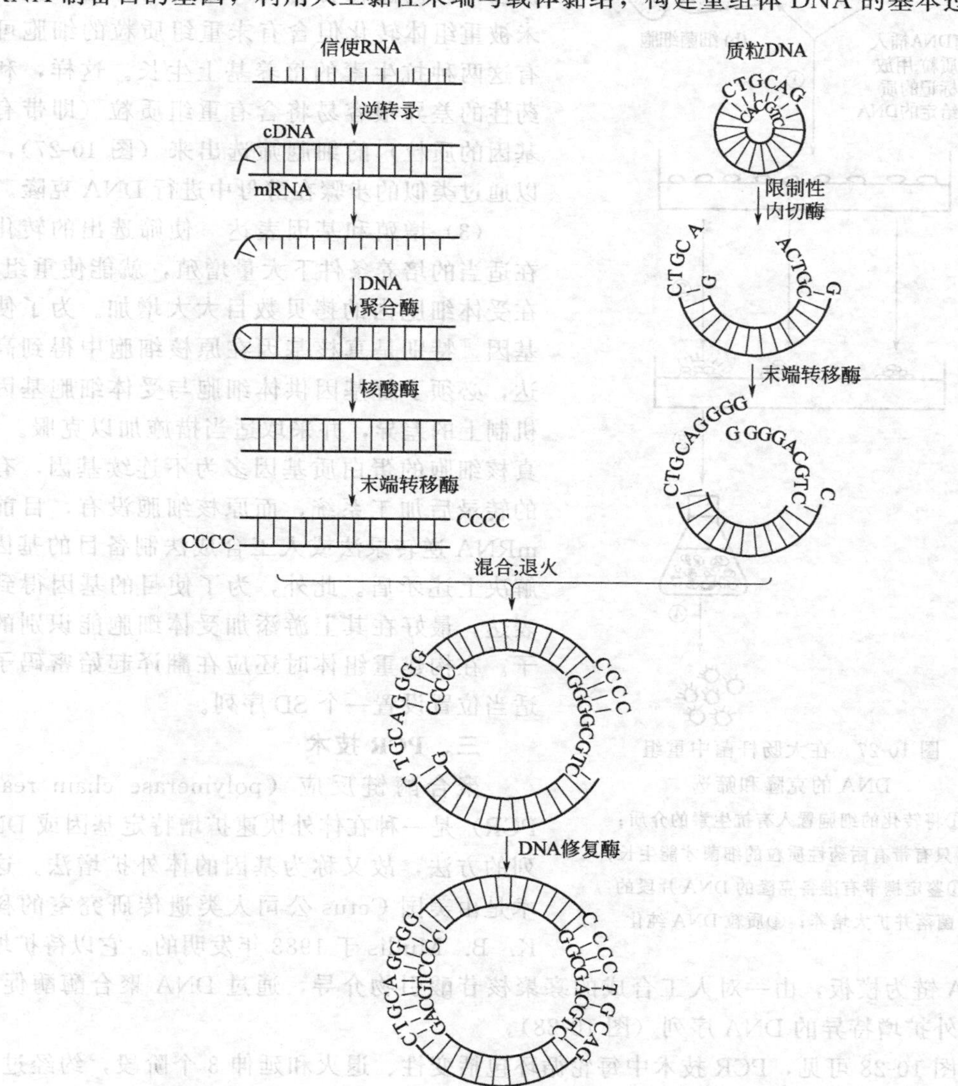

图 10-26　构建重组体 DNA 的基本过程示意图

2. 重组体 DNA 的转化、增殖和表达

（1）转化　上述重组体 DNA 必须移入适当的受体细胞，使之在活细胞中增殖和表达。受体细胞有如下几点要求：能接受异源 DNA，如选择限制修饰系统缺失的菌株；异源 DNA 容易进入；有利于表达，如选择核糖体对 mRNA 识别专一性较低的突变株；安全。为了提高转化效率，有时还需对受体细胞进行某些处理，如用 $CaCl_2$ 处理大肠杆菌，用聚乙二醇处理枯草杆菌，把酵母、植物细胞变成原生质体等。

（2）筛选　为了从大量受体细胞中筛选出带有重组体的细胞，首先把转化后的菌落置于含有标记抗生素的培养基上进行初筛。例如，质粒含有一个抗氨苄西林基因（amp_r）和一

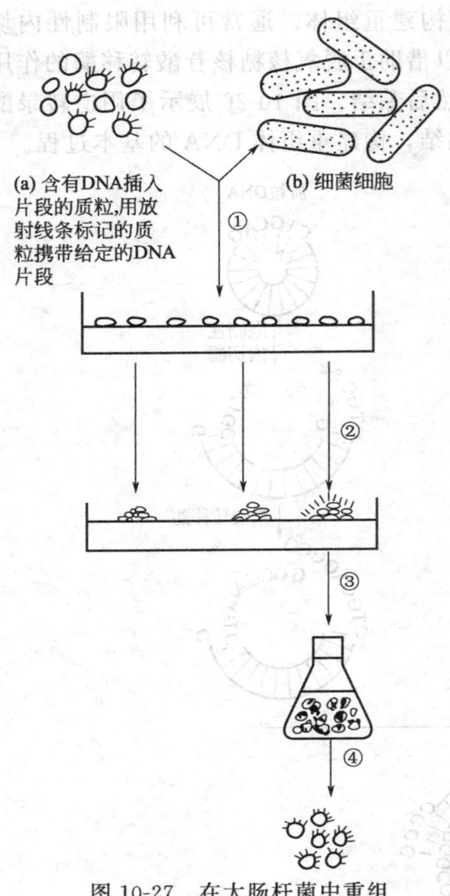

图 10-27 在大肠杆菌中重组 DNA 的克隆和筛选
①将转化的细胞置入有抗生素的介质；②只有带有耐药性质粒的细菌才能生长；③鉴定携带有准备克隆的 DNA 片段的菌落并扩大培养；④质粒 DNA 纯化

个抗四环素基因（tet_r），在 amp_r 上插入目的基因，基因被破坏，受体细胞就失去对氨苄西林的耐药性，含重组体的受体细胞丧失对氨苄西林的抗性，但仍能在含有四环素的培养基上生长，而未被重组体转化但含有未重组质粒的细胞可在含有这两种抗生素的培养基上生长。这样，利用耐药性的差异很容易将含有重组质粒（即带有目的基因的质粒）的细胞筛选出来（图 10-27），也可以通过类似的步骤在酵母中进行 DNA 克隆。

（3）增殖和基因表达 使筛选出的转化细胞在适当的培养条件下大量增殖，就能使重组 DNA 在受体细胞内的拷贝数目大大增加。为了使异源基因，特别是真核基因在原核细胞中得到高效表达，必须了解基因供体细胞与受体细胞基因表达机制上的差异，并采取适当措施加以克服。例如，真核细胞的蛋白质基因多为不连续基因，有相应的转录后加工系统，而原核细胞没有，目前多用 mRNA 逆转录法或人工合成法制备目的基因，以解决上述矛盾。此外，为了使目的基因得到高效表达，最好在其上游添加受体细胞能识别的启动子。在构建重组体时还应在翻译起始密码子上游适当位置设置一个 SD 序列。

三、PCR 技术

聚合酶链反应（polymerase chain reaction, PCR）是一种在体外快速扩增特定基因或 DNA 序列的方法，故又称为基因的体外扩增法。这种技术是由美国 Cetus 公司人类遗传研究室的科学家 K. B. Mullis 于 1983 年发明的。它以待扩增的两条 DNA 链为模板，由一对人工合成的寡聚核苷酸引物介导，通过 DNA 聚合酶酶促反应，快速体外扩增特异的 DNA 序列（图 10-28）。

由图 10-28 可见，PCR 技术中每轮循环包括变性、退火和延伸 3 个阶段，约经过 30 轮循环就可迅速将待扩增的 DNA 扩增数百万倍。由于 PCR 技术具有操作简单、快速、特异和灵敏的特点，被认为是本世纪核酸分子生物学研究领域最重要的发明之一。现在，PCR 技术不仅可以用来扩增与分离目的基因，而且在农业分子辅助育种、DNA 测序、人遗传病的分类鉴别和临床医疗诊断、基因突变与检测，以及法医鉴定等诸多领域都有着重要的用途。

四、基因工程的应用与展望

基因工程是现代生物科学的一个巨大成就，引起人们的极大重视，在工农业生产、医学领域的应用上有着广阔的前景。

基因工程首先在医药工业上被广泛应用，开发新药的研究也很活跃，远景令人鼓舞。1977 年美国科学家成功地将合成生长素释放抑制因子的基因移殖到大肠杆菌中，使细菌合成这种激素。1978年已将人工合成的胰岛素基因转移到大肠杆菌中，从而制造出人的胰岛素，这就改变了医用胰岛素从家畜胰脏提取的产量少、价格贵的状况。1980年，在美国、比利时、瑞士也已成功地用基因工程方法生产出干扰素。干扰素不仅可以治疗一些病毒性疾病，而且还有抑制细胞增殖及调节免疫的作用，因而具有抗癌作用。干扰素不仅具有抗菌作用，而且对损伤DNA的修复也有重要作用。如果从白血球中提取干扰素，数量极微，成本高，用基因工程可生产廉价的干扰素。目前，利用基因工程方法生产并投放市场的多肽、蛋白质类药物除了胰岛素、干扰素之外，还有生长激素释放抑制因子、人生长激素、猪（牛或鸡）的生长激素、促红细胞生成素、松弛素等。已研制成功的或正在研制的基因工程疫苗有乙型肝炎病毒疫苗、口蹄疫病毒疫苗、疱疹病毒疫苗、狂犬病毒疫苗和小儿麻痹病毒疫苗等。此外基因工程还可用于制备各种人血浆蛋白，提高酶制剂、氨基酸和抗生素的产量。

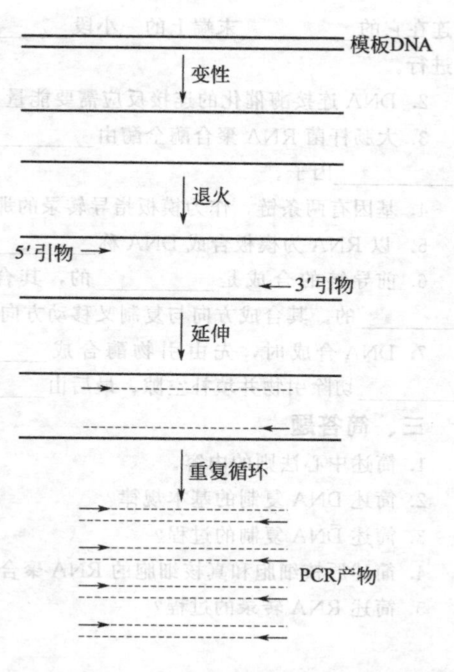

图 10-28　聚合酶链反应示意

在农业上科学家们踊跃探索利用基因工程培育新品种的可能性。目前许多国家正在开展利用基因重组技术，把根瘤菌的固氮基因转移到水稻等植物中，培育不需高氮肥的作物新品种的研究。1981年，美国威斯康星大学的Holl等人又把菜豆的基因转移到向日葵细胞中，培育出新的“向日葵豆”。不仅如此，日本农林水产食品综合研究所还从大豆中分离出产生大豆蛋白的基因，并把它转移到大肠杆菌中，该大肠杆菌成功地生产出微量的大豆蛋白。联邦德国的Schell把某种蛋白质的基因引入烟草中，得到能制造蛋白质的烟草，而且这种性状能够遗传给后代。这些成果证明用基因工程改良植物品种是可行的。这些事实都展现出基因工程在作物育种及解决粮食问题方面的前景。

从20世纪70年代中期至今，短短30多年时间，基因工程从无到有、从小到大取得了日新月异的进展，基因克隆技术已成为生命科学众多领域必不可少的实验手段，转基因生物和基因工程产品大量涌现。以基因工程为核心，又发展了蛋白质工程、酶工程、发酵工程，预示着许多传统生产领域将发生深刻变革，一批具有良好经济效益、环境效益和社会效益的新兴产业正在形成。但是在看到基因工程广泛的应用前景的同时，绝不能对它潜在的危险性掉以轻心。在进行基因工程操作时，应当充分准备、严格管理、严密防范，让这种划时代的创造不断地造福于人类。

复习题

一、名词解释

半保留复制、不对称转录、逆转录、冈崎片段、复制叉、前导链、滞后链、有意义链、光复活、重组修复

二、填空题

1. DNA复制是定点双向进行的，__________股的合成是__________，并且合成方向和复制叉移动方向相同；__________股的合成是__________的，合成方向与复制叉移动的方向相反。每个冈崎片段是借助

于连在它的__________末端上的一小段__________而合成的；所有冈崎片段链的增长都是按__________方向进行。

2. DNA 连接酶催化的连接反应需要能量，大肠杆菌由__________供能，动物细胞由__________供能。

3. 大肠杆菌 RNA 聚合酶全酶由__________组成；核心酶的组成是__________。参与识别起始信号的是__________因子。

4. 基因有两条链，作为模板指导转录的那条链称__________链。

5. 以 RNA 为模板合成 DNA 称__________，由__________酶催化。

6. 前导链的合成是__________的，其合成方向与复制叉移动方向__________；滞后链的合成是__________的，其合成方向与复制叉移动方向__________。

7. DNA 合成时，先由引物酶合成__________，再由__________在其 3′端合成 DNA 链，然后由__________切除引物并填补空隙，最后由__________连接成完整的链。

三、简答题

1. 简述中心法则的内容。
2. 简述 DNA 复制的基本规律？
3. 简述 DNA 复制的过程？
4. 简述原核细胞和真核细胞的 RNA 聚合酶有何不同？
5. 简述 RNA 转录的过程？

第十一章　蛋白质的生物合成

学习目标

① 掌握一些基本概念：密码，反密码，氨基酸活化，“摆动”学说等。
② 了解 tRNA 分子在蛋白质合成中的作用。
③ 了解多肽合成的 3 个过程。

蛋白质是生命活动的重要物质基础，要不断地进行代谢和更新。蛋白质的生物合成是基因表达的结果。细胞内每个蛋白质分子的生物合成都受到细胞内 DNA 的指导，但是贮存遗传信息的 DNA 并非蛋白质合成的直接模板，它是经转录作用把遗传信息传递到信使核糖核酸（mRNA）的结构中，以 mRNA 来作为蛋白质合成的直接模板。mRNA 是由 4 种核苷酸构成的多核苷酸，而蛋白质是由 20 种左右的氨基酸构成的多肽。它们之间遗传信息的传递像从一种语言翻译成另一种语言一样，所以人们称以 mRNA 为模板的蛋白质合成过程为翻译。

蛋白质合成的场所是核糖体，合成的原料是氨基酸，反应所需能量由 ATP 和 GTP 提供。蛋白质合成体系主要由 mRNA、tRNA、rRNA、有关的酶以及几十种蛋白质因子如起始因子（IF）、延伸因子（EF）、释放因子（RF）等组成。

第一节　蛋白质合成体系的重要组分

一、mRNA 与遗传密码

1. mRNA

mRNA 是单链线性分子，大约由 400～1000 个核苷酸组成。mRNA 把从细胞核内 DNA 分子转录出来的遗传信息带到细胞质中的核糖体上，以此为模板合成蛋白质。

mRNA 起着传递遗传信息的作用，所以称为信使核糖核酸。

2. 遗传密码

组成 mRNA 的有 4 种核苷酸，那么几个核苷酸编码一个氨基酸呢？实验证明，mRNA 上每 3 个相邻的核苷酸编码蛋白质多肽链中的一个氨基酸，这 3 个核苷酸就称为一个密码子或三联体密码。

因此，4 种核苷酸碱基共可组成 $4^3=64$ 个密码子，其中除 3 个终止密码子外，其他 61 个密码子，每个可决定一种氨基酸。如 AAA 是赖氨酸的密码，CCC 是脯氨酸的密码。表 11-1 列出了 20 种基本氨基酸所对应的全部密码子，此即遗传密码字典。

表 11-1　遗传密码字典①

5′-磷酸末端的碱基	中间的碱基				3′-OH 末端的碱基
	U	C	A	G	
U	苯丙氨酸	丝氨酸	酪氨酸	半胱氨酸	U
	苯丙氨酸	丝氨酸	酪氨酸	半胱氨酸	C
	亮氨酸	丝氨酸	终止信号	终止信号	A
	亮氨酸	丝氨酸	终止信号	色氨酸	G

续表

5′-磷酸末端的碱基	中间的碱基				3′-OH末端的碱基
	U	C	A	G	
C	亮氨酸 亮氨酸 亮氨酸 亮氨酸	脯氨酸 脯氨酸 脯氨酸 脯氨酸	组氨酸 组氨酸 谷酰胺 谷酰胺	精氨酸 精氨酸 精氨酸 精氨酸	U C A G
A	异亮氨酸 异亮氨酸 异亮氨酸 甲硫氨酸和甲酰甲硫氨酸	苏氨酸 苏氨酸 苏氨酸 苏氨酸	天冬酰胺 天冬酰胺 赖氨酸 赖氨酸	丝氨酸 丝氨酸 精氨酸 精氨酸	U C A G
G	缬氨酸 缬氨酸 缬氨酸 缬氨酸	丙氨酸 丙氨酸 丙氨酸 丙氨酸	天冬氨酸 天冬氨酸 谷氨酸 谷氨酸	甘氨酸 甘氨酸 甘氨酸 甘氨酸	U C A G

① 密码子的阅读方向 5′→3′，如 UUA＝$PUPUPA_{OH}$＝亮氨酸。AUG 为起始密码子。

遗传密码有以下几个特点。

（1）编码性　61 个密码子用来编码氨基酸，其中 AUG 即是甲硫氨酸的密码子，又是肽链合成的起始密码子。另外 3 个密码子 UAA、UAG、UGA 不编码任何氨基酸，而成为肽链合成的终止密码子，是肽链合成的终止信号。

（2）简并性　一个氨基酸可能有几个不同的密码子，如 UUA、UUG、CUU、CUC、CUA、CUG 六组密码子都编码亮氨酸。编码同一个氨基酸的一组密码称为同义密码子。只有色氨酸和甲硫氨酸仅有一个密码子。密码子的简并性在生物物种的稳定性上具有重要的意义。它可以减少有害的突变。如亮氨酸的密码子 CUA 中 C 突变成 U 时，密码子 UUA 决定的仍是亮氨酸，即这种基因的突变并没有引起基因表达产物——蛋白质的变化。

（3）通用性和例外　各种不同生物（包括病毒、细胞及真核生物等）都使用同一套密码，但线粒体的遗传密码却与通用密码不同。如人线粒体中 UGA 不再是终止密码子，而编码色氨酸。表 11-2 列出了人线粒体 DNA 中密码编制的特点。

表 11-2　人线粒体 DNA 中密码编制的特点

密码	通用密码	人线粒体密码	密码	通用密码	人线粒体密码
UGA	终止密码	Trp	AUA	Ile	起始密码(Met 或 Ile)
AGA	Arg	终止密码	AUU	Ile	起始密码(Ile)
AGG	Arg	终止密码	AUG	起始密码(Met 或 fMet)	起始密码(Met)

所以，遗传密码具有相对的通用性。

（4）无标点性、无重叠性　无标点性是指两个密码子之间没有任何核苷酸隔开，因此要正确阅读密码必须从一个正确的起点开始，一个不漏地挨着读下去，直至碰到终止信号为止。无重叠性是指每 3 个碱基编码 1 个氨基酸，碱基不重复使用。

（5）摆动性　密码子的专一性主要是由前两位碱基决定的，而第三位碱基具有较大的灵活性。第三位碱基的这一特性称“摆动性”（见表 11-3）。当第三位碱基发生突变时，仍能翻译出正确的氨基酸来，从而使合成的多肽仍具有生物学活力。

表 11-3　密码子识别的摆动现象

tRNA 反密码子第一位碱基(3′→5′)	U	C	A	G	I	ψ
mRNA 密码子第三位碱基(5′→3′)	A 或 G	G	U	C 或 U	U 或 C 或 A	A 或 G(U)

二、tRNA

在蛋白质合成中，tRNA 是搬运活性氨基酸的工具。tRNA 携带氨基酸的部位是氨基酸臂的 3′末端。在 tRNA 链的反密码环上，由 3 个特定的碱基组成一个反密码子，反密码子与密码子的方向相反。由反密码子按碱基配对原则识别 mRNA 链上的密码子（见图 11-1）。

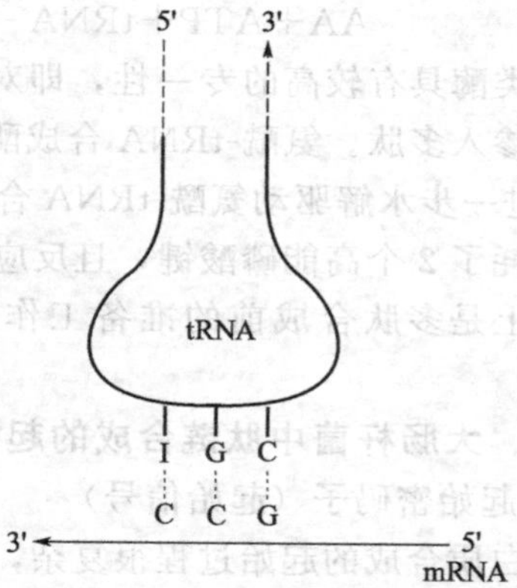

因此，tRNA 的主要功能是识别 mRNA 上的密码子和携带与密码子相对应的氨基酸，并将氨基酸转移到核糖体中，合成蛋白质。

图 11-1　密码子与反密码子之间的识别

三、rRNA 与核糖体

rRNA 和蛋白质结合成核糖核蛋白，简称核糖体，是蛋白质合成的场所。核糖体由大小两个亚基构成。原核细胞核糖体为 70S，由 50S、30S 大小两个亚基组成（图 11-2）。真核细胞核糖体为 80S，由 60S、40S 大小两个亚基组成。小亚基有供 mRNA 附着的部位，可以容纳两个密码的位置。大亚基有供 tRNA 结合的两个位点，一个叫作 P 位点，是 tRNA 携带多肽链占据的位点，又称肽酰基位点；另一个叫作 A 位点，为 tRNA 携带氨基酸占据的位点，又称氨酰基位点。图 11-3 为大肠杆菌 70S 核糖体图解。

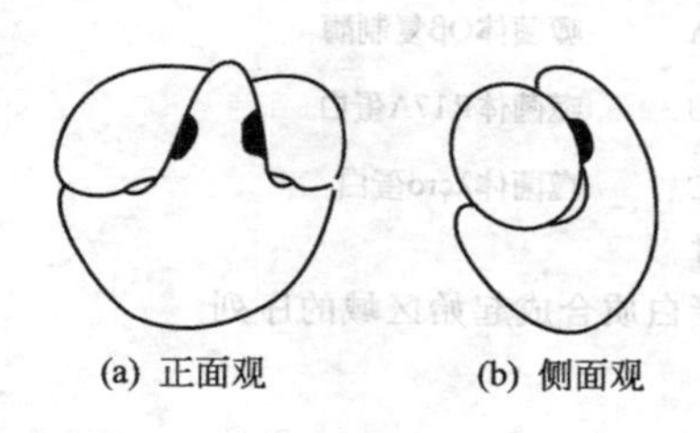

图 11-2　原核细胞 70S 核糖体的模型

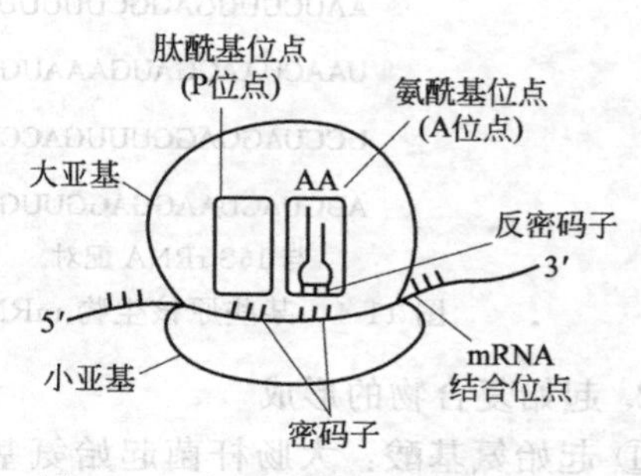

图 11-3　大肠杆菌 70S 核糖体图解

四、辅助因子

蛋白质合成中除需要几种 RNA 和各种氨基酸外，还需要多种辅助因子，包括起始因子（IF_1、IF_2、IF_3）、延长因子（EF-Tu、EF-Ts、EF-G）和释放因子（RF_1、RF_2）。它们分别在蛋白质合成的起始、延长、终止阶段起着重要作用。

第二节　蛋白质生物合成的过程

蛋白质生物合成的过程相当复杂。目前对大肠杆菌的蛋白质合成过程研究得比较清楚，所以以下过程为原核生物的情况，在真核生物中更为复杂。蛋白质的合成过程大致可分为 4 个阶段，分别为氨基酸的活化、肽链合成的起始、肽链的延长、肽链合成的终止与释放。

一、氨基酸的活化

氨基酸（AA）在掺入肽链以前必须活化以获得能量。催化氨基酸活化的酶是氨酰-tRNA 合成酶，它催化氨基酸的羧基与相应 tRNA 的 3′端核糖上 3′-OH 之间形成酯键，生成氨酰-tRNA。

$$AA + ATP + tRNA \xrightarrow{\text{氨酰-tRNA 合成酶}} \text{氨酰-}tRNA + AMP + PPi$$

这类酶具有较高的专一性，即对氨基酸又对 tRNA 具有高度的选择性，以防止错误的氨基酸掺入多肽。氨酰-tRNA 合成酶催化反应需要消耗 ATP，ATP 被分解为 AMP 和 PPi，PPi 的进一步水解驱动氨酰-tRNA 合成酶所催化的反应的进行。所以，活化一分子氨基酸相当于消耗了 2 个高能磷酸键，且反应是不可逆的。

以上是多肽合成前的准备工作。一旦形成氨酰-tRNA 后，氨基酸的去向就由 tRNA 决定。

二、大肠杆菌中肽链合成的起始

1. 起始密码子（起始信号）

蛋白质合成的起始过程很复杂，细菌中多肽的合成并不是从 mRNA 的 5′端第一个核苷酸开始的，被转译的头一个密码子往往位于 5′端的第 26 个核苷酸以后。在转译时，各种酶蛋白都由自己的起始密码子与终止密码子分别控制其合成的起始与终止。图 11-4 为某些原核生物 mRNA 分子上 5′端蛋白质合成起始区域的序列。

AGCACGAGGGGAAAUCUGAUGGAACGCUAC	大肠杆菌TrpA
UUUGGAUGGAGUGAAACGAUGGCGAUUGCA	大肠杆菌AraB
GGUAACCAGGUAACAAGGAUGCGAGUGUUG	大肠杆菌ThrA
CAAUUCAGGGUGGUGAAUGUGAAACCAGUA	大肠杆菌Lac1
AAUCUUGGAGGCUUUUUUAUGGUUCGUUCU	噬菌体φX174蛋白
UAACUAAGGAUGAAAUGCAUGUCUAAGACA	噬菌体Qβ复制酶
UCCUAGGAGGUUUGACCUAUGCGAGCUUUU	噬菌体R17A蛋白
AUGUACUAAGGAGGUUGUAUGGAACAACGC	噬菌体λcro蛋白

与 16S rRNA 配对　　与起始 tRNA 配对

图 11-4　某些原核生物 mRNA 分子上 5′端蛋白质合成起始区域的序列

2. 起始复合物的形成

① 起始氨基酸：大肠杆菌起始氨基酸是 *N*-甲酰甲硫氨酸，其转运 RNA 称为 $tRNA_f$，与甲硫氨酸结合后被甲酰化酶以甲酰四氢叶酸甲基化，生成 fMet-$tRNA_f$。

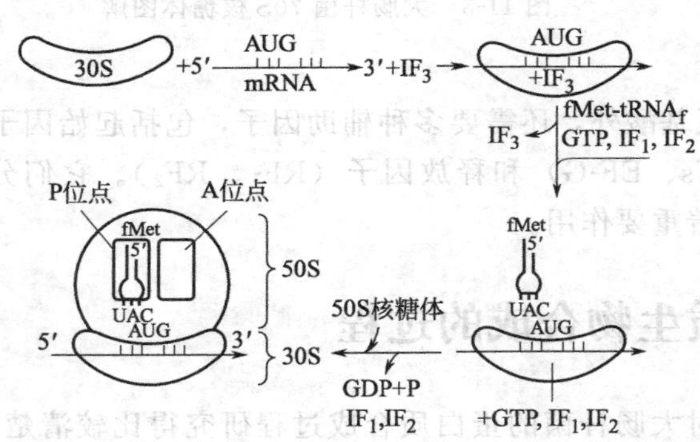

图 11-5　大肠杆菌 70S 起始复合物的形成

② 30S 起始复合物：信使 RNA 先与小亚基结合，在起始因子 IF_3 的参与下形成 mRNA-30S-IF_3 复合物，然后在 IF_1 和 IF_2 参与下与 fMet-$tRNA_f$ 和 GTP 结合，并释放 IF_3，形成 30S 起始复合物。

③ 30S 起始复合物与 50S 大亚基结合，水解 GTP，释放 IF_1 和 IF_2，形成 70S 起始复合物（图 11-5）。此时 tRNA 占据肽酰位点，空着的氨酰位点可接受另一个 tRNA，为肽链延长做好了准备。

三、肽链的延伸

(1) tRNA 进入氨酰位点（A 位点）　与上一阶段所产生的复合物（70S 起始复合体）A 位上 mRNA 密码子相对应的氨酰-tRNA 进入受位。此步需要肽链延长因子 EF-Tu 与 EF-

Ts。EF-Tu 的作用是促进氨酰-tRNA与核糖体的受位结合，而 EF-Ts 是促进 EF-Tu 的再利用。(图 11-6)。

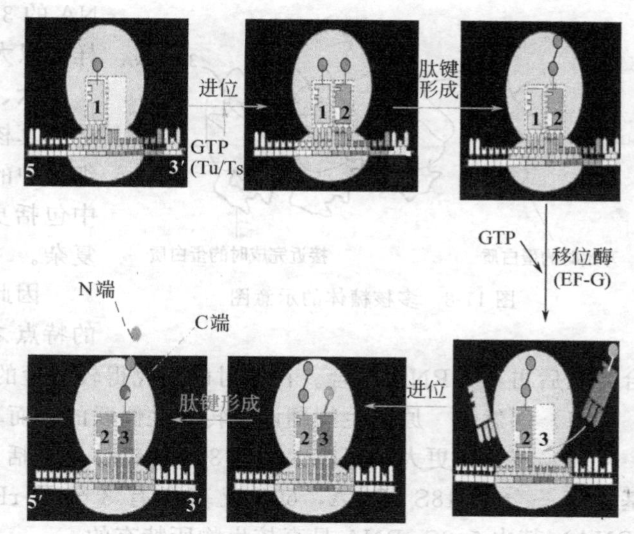

图 11-6 肽链的延伸过程

(2) 肽键的形成 P 位点的肽酰基转移到氨酰位点（A 位点），同时形成肽键，需大亚基上的肽酰转移酶和钾离子参加。P 位点的氨酰-COOH（高能酯键）与刚进入 A 位的氨酰-tRNA 上的—NH_2 形成肽键，无负荷的 tRNA 留在 P 位，此时 A 位点携带一个二肽。肽酰位点的转运 RNA 成为空的。

(3) 脱落 转肽后，P 位上的 tRNA 脱落，不消耗能量。

(4) 移位 指在移位酶的作用下，核糖体沿信使 RNA 移动 1 个密码子。原先 A 位点的肽酰-tRNA 进入肽酰位点。需 GTP 和延伸因子 EF-G（也叫移位酶），GTP 的水解使 EF-G 释放出来。

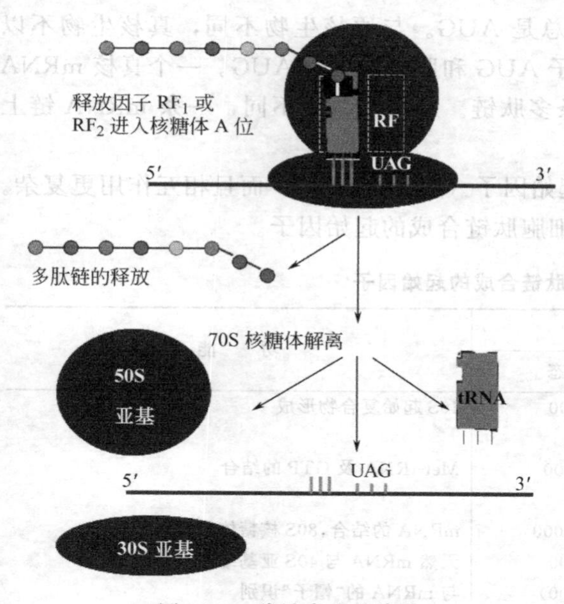

图 11-7 肽链合成的终止

经过上述 4 步重复，肽链掺入 1 个氨基酸就重复一次延伸循环，直至肽链增长到必需的长度，肽链合成从 N 端至 C 端。

四、肽链合成的终止与释放

mRNA 链上的肽链合成终止密码为 UAA、UAG、UGA。参与该过程的有 3 种终止因子，也称为释放因子，即 RF_1、RF_2 和 RF_3。当核糖体移动到终止密码子 UAA、UAG 或 UGA 时，没有相应的氨酰-tRNA 能结合在 A 位，因为细胞中不含有与反密码子与终止密码子互补的 tRNA。这些终止信号可被释放因子或称终止因子识别。RF_1 可以识别终止密码子 UAA 和 UAG，并与之结合；RF_2 可以识别终止密码子 UAA 和 UGA，并与之结合。释放因子都是作用于 A 位，由于它们的作用使 P 位上的肽基转移酶发生变构作用，催化活性变为水解酶活性，从而使肽基不再转移到氨酰-tRNA 上，而转移给水分子，已合成的多肽链由于肽基-tRNA 的水解，而从核糖体上释放出来。然后 tRNA 脱落，核糖体的 30S 亚基和 50S 亚基解离，准备去合成另一分子蛋白（图 11-7）。

五、多核糖体

上述合成过程所表示的是单个核糖体的情况，实际上生物体内合成蛋白质通常是多个核糖体同时与同一 mRNA 的不同部位相连，构成多核糖体（图 11-8），形成念珠状。两个核糖体之间有一段裸露的 mRNA。每一个核糖体按上述过程各自合成一条肽链，越靠近 mR-

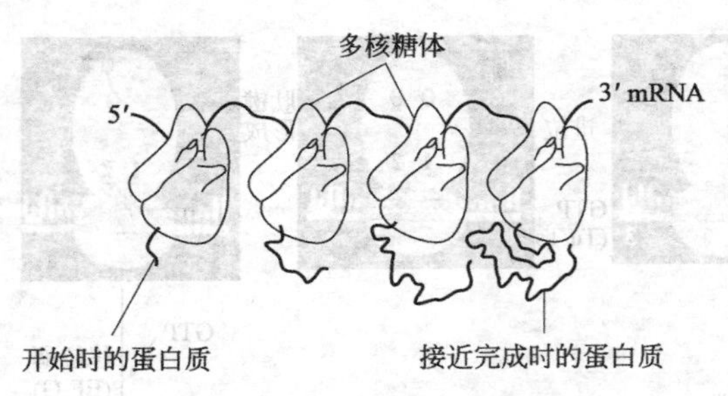

图 11-8 多核糖体的示意图

NA 的 3′端的核糖体合成的多肽链就越长。这样可以大大提高 mRNA 的翻译效率。

六、真核细胞蛋白质的生物合成

真核细胞中蛋白质合成的基本过程与原核细胞中的相似，但真核细胞的蛋白质合成过程中包括更多的蛋白质组分，并且有些步骤更复杂。

因此正如前述，真核细胞蛋白质生物合成的特点之一是：tRNA Met 先与 40S 亚基结合，然后再与 mRNA 结合。在此对已研究得较清楚的几个方面加以介绍。

（1）偶然性　原核生物翻译与转录是偶联的，而真核生物不存在这种偶联关系。

（2）核糖体更大　真核生物为 80S 核糖体，包括 60S 的大亚基和 40S 的小亚基。40S 亚基含有一分子 18S rRNA，60S 亚基含有 3 分子 rRNA（5S rRNA、28S rRNA 和 5. 8S rRNA）其中 5. 8S rRNA 是真核生物所特有的。

（3）起始 tRNA　在真核生物中，起始氨基酸是甲硫氨酸，而不是 *N*-甲酰甲硫氨酸。但与原核生物相同的是，有种特异的 tRNA 参加起始过程，这个氨酰-tRNA 称为 Met-tRNA$_i$。

（4）起始信号　真核生物中起始密码子总是 AUG。与原核生物不同，真核生物不以 mRNA 的 5′端富含嘌呤序列来区别起始密码子 AUG 和肽链内部的 AUG。一个真核 mRNA 链上只有一个起始位点，所以只能翻译出一条多肽链。原核生物则不同，一条 mRNA 链上有多个起点，所以可以翻译出几条多肽链。

（5）起始复合物　真核较原核有更多的起始因子（用 eIF 表示），而且相互作用更复杂。已知的起始因子有 9 种。表 11-4 列出了真核细胞肽链合成的起始因子。

表 11-4　真核细胞肽链合成的起始因子

种　类	相对分子质量		功　能
	亚基	天然态	
eIF-1	15 000	15 000	40S 起始复合物形成
eIF-2	55 000		
	50 000	125 000	Met-tRNA$_f$及 GTP 的结合
	35 000		
eIF-3	很多亚基	≥500 000	mRNA 的结合，80S 核糖体的解离
eIF-4A	50 000	50 000	天然 mRNA 与 40S 亚基结合
eIF-4B	(80 000)	(80 000)	与 mRNA 的“帽子”识别
eIF-4C	19 000	17 000	稳定 30S 起始复合物
eIF-4D	17 000	15 000	亚基的结合，肽链延伸作用
eIF-5	150 000	125 000	80S 核糖体的形成
eIF-2A	65 000	65 000	tRNA 与 40S 核糖体结合

（6）延长因子和终止因子　真核生物中的延长因子 EF$_1$α 和 EF$_1$βγ 与原核生物的 EF-Tu 和 EF-Ts 是极相似的。EF$_1$α-GTP 使氨酰-tRNA 进入核糖体的 A 位，而 EF$_1$βγ 催化 EF$_1$α-GDP 和 EF$_1$α-GTP 的相互转变。真核的 EF$_2$ 和原核的 EF-G 一样，作用于 GTP，促进移位。

真核的终止信号只能被一种释放因子 eRF 识别，其作用需要 GTP。

（7）蛋白质合成的耗能　每掺入一个氨基酸，至少需 4 个高能键水解，是个高能耗过程：氨基酸活化需要消耗 2 个高能磷酸键；进位消耗 1 个 GTP；移位消耗 1 个 GTP；起始复合物形成需消耗 1 个 GTP。

七、肽链合成后的加工与折叠

某些蛋白质在其肽链合成结束后，还需要进一步加工、修饰才能转变为具有正常生理功能的蛋白质。

① *N* 端甲酰基及多余氨基酸的切除。

② 个别氨基酸残基的化学修饰。有些蛋白质前体需经一定的化学修饰才能成为成品而参与正常的生理活动。有些酶的活性中心含有磷酸化的丝氨酸、苏氨酸或酪氨酸残基。这些磷酸化的氨基酸残基都是在肽链合成后相应残基的—OH 被磷酸化而形成的。除磷酸化外，有时蛋白质前体需要乙酰化（如组蛋白）、甲基化、ADP-核糖化、羟化等。胶原蛋白的前体在合成后，经羟化，其肽链中的脯氨酸残基及赖氨酸残基可分别转变为羟脯氨酸残基及羟赖氨酸残基。

③ 蛋白质前体中不必要肽段的切除。无活性的酶原转变为有活性的酶，常需要去掉一部分肽链。现知其他蛋白质也存在类似过程，虽然转变的场所不同；酶原多在细胞外转变为酶，而蛋白质前体中不必要肽段的切除是在细胞内进行的。分泌型蛋白质如白蛋白、免疫球蛋白与催乳素等，在合成时都带有一段称为信号肽（signal peptide）的肽段。信号肽段约由 15～30 个氨基酸残基构成。信号肽在肽链合成结束前已被切除。有些蛋白质前体在合成结束后尚需切除其他肽段。

④ 二硫键的形成。二硫键由两个半胱氨酸残基形成，对维持蛋白质的立体结构起重要作用。二硫键也可以在链间形成，使蛋白质分子的亚单位聚合。

复 习 题

一、名词解释

密码子、简并密码、氨酰基位点、肽酰基位点、中心法则、遗传密码、翻译

二、填空题

1. 蛋白质的生物合成是以________作为模板，________作为运输氨基酸的工具，________作为合成的场所。

2. 细胞内多肽链合成的方向是从________端到________端，而阅读 mRNA 的方向是从________端到________端。

3. 核糖体上能够结合 tRNA 的部位有________部位、________部位。

4. 蛋白质的生物合成通常以________作为起始密码子，有时也以________作为起始密码子，以________、________和________作为终止密码子。

5. 原核生物蛋白质合成中第一个被掺入的氨基酸是________。

6. 遗传密码的特点有方向性、连续性、________和________。

三、简答题

1. 简述遗传密码的基本特性。

2. 比较原核生物和真核生物蛋白质合成的差异。

第十二章 物质代谢调节

学习目标

① 了解代谢调控对生物体的意义。
② 掌握分子水平上的代谢调控。
③ 了解酶合成的诱导与阻遏对代谢调节的作用。
④ 了解激素调节的作用。

物质代谢是生命现象的基本特征，是生命活动的物质基础。人体物质代谢是由许多连续的和相关的代谢途径组成的。前面章节分别叙述了糖类、脂类、蛋白质与核酸等物质的代谢，它们在机体内并不是孤立进行的，而是相互联系、相互制约而形成一个完整的统一体。机体同一组织细胞内的各种代谢由一整套复杂而又精确的调节机制控制着，从而保证生命活动的正常进行。

第一节 代谢途径的相互关系

一、糖代谢与脂肪代谢的关系

糖是生物体重要的碳源和能源，可通过下述途径转变成脂类：糖分解代谢的中间产物磷酸二羟丙酮可还原生成磷酸甘油；另一中间产物乙酰 CoA 先转变成丙二酸单酰 CoA，进而合成长链脂肪酸；此过程所需的 $NADH+H^+$ 又可由磷酸戊糖途径供给，最后脂酰 CoA 与磷酸甘油酯化生成脂肪贮存起来。这就是为什么不含油脂的高糖膳食同样可以使人肥胖的原因。

由于生物种类不同，脂肪转化成糖的途径有所区别。在动物体内，甘油可经脱氢生成磷酸二羟丙酮，再通过糖异生作用转变为糖，但脂肪酸不能净生成糖，原因是由丙酮酸生成乙酰 CoA 的反应是不可逆的。在植物和微生物体内，脂肪分解产生的大量乙酰 CoA 可经过乙醛酸循环转变成琥珀酸，琥珀酸转变成苹果酸后可经糖异生途径生成糖。

二、糖代谢与蛋白质代谢的相互关系

糖经酵解途径产生的磷酸烯醇式丙酮酸和丙酮酸，以及丙酮酸脱羧后经三羧酸循环形成的 α-酮戊二酸、草酰乙酸，都可以作为氨基酸的碳架，通过氨基化或转氨基作用形成相应的氨基酸（丙氨酸、谷氨酸及天冬氨酸），进而合成蛋白质。此外，由糖分解产生的能量也可供氨基酸和蛋白质合成之用。植物可以合成全部氨基酸，而动物和人体内仅能合成非必需氨基酸，必需氨基酸只能从食物中获取。

蛋白质可以降解形成氨基酸，氨基酸在体内可以转变为糖。许多氨基酸（如精氨酸、组氨酸、脯氨酸、瓜氨酸、丝氨酸、亮氨酸）经脱氨后形成丙酮酸、草酰乙酸、α-酮戊二酸等，这些酮酸可通过三羧酸循环经由草酰乙酸转化为磷酸烯醇式丙酮酸，然后再经糖的异生作用生成糖。

三、脂肪代谢与蛋白质代谢的相互关系

脂肪合成蛋白质是有限的。脂肪水解所形成的脂肪酸，经 β-氧化作用生成许多分子乙酰

CoA，乙酰 CoA 与草酰乙酸缩合，经三羧酸循环转变成 α-酮戊二酸，α-酮戊二酸可经氨基化或转氨基作用生成谷氨酸。但由脂肪转变成氨基酸，实际仅限于谷氨酸，并且需草酰乙酸存在。在植物和微生物中存在乙醛酸循环，通过合成琥珀酸，回补了三羧酸循环中的草酰乙酸，从而促进了脂肪酸合成氨基酸。例如，含有大量油脂的植物种子在萌发时，由脂肪酸和铵盐形成氨基酸的过程进行得极为活跃。微生物利用乙酸或石油烃类物质发酵生产氨基酸，也是通过这条途径。在动物体内不存在乙醛酸循环，因此动物一般不能利用脂肪合成氨基酸。

蛋白质可以转变为脂类。在动物体内的生酮氨基酸（如亮氨酸）、生酮兼生糖氨基酸（异亮氨酸、苯丙氨酸、酪氨酸、色氨酸等），在代谢过程中能生成乙酰乙酸（酮体），然后生成乙酰 CoA，再进一步合成脂肪酸。而生糖氨基酸通过直接或间接生成丙酮酸，可以转变为甘油，也可以再氧化脱羧后转变为乙酰 CoA 合成胆固醇，或者经丙二酸单酰 CoA 合成脂肪。

四、核酸代谢与糖代谢、脂肪代谢、蛋白质代谢的相互关系

核酸是细胞中的遗传物质，许多单核苷酸和核苷酸衍生物在代谢中起着重要作用。例如，ATP 是重要的能量通币；糖基衍生物参与单糖的转变和多糖的合成；CTP 参与磷脂的合成；GTP 供给蛋白质肽链延长时所需要的能量等。另外，核酸的合成也受到其他物质的控制，如核酸的合成需要酶和多种蛋白质因子参加，嘌呤核苷酸及嘧啶核苷酸的合成需要甘氨酸、天冬氨酸等为原料。核酸降解产物的彻底氧化最终也是通过糖代谢途径（图 12-1）。

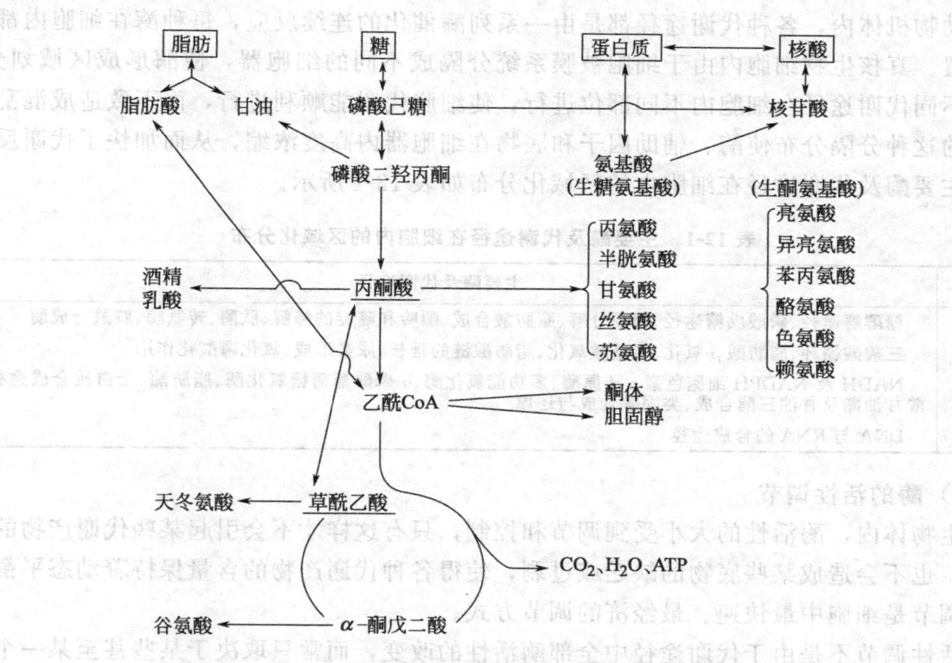

图 12-1 糖类、脂类、蛋白质和核酸代谢的相互关系

第二节 代谢调节

动物体是一个有机的整体，各种物质的代谢是紧密联系、相互作用、相互制约、相互协

调的，是一个完整统一的过程。在正常生理条件下，为了适应不断变化的内外环境，物质代谢按照一定的规律有条不紊地进行，以维持机体的正常生命活动。这主要是由于体内存在着一套精细的代谢调节机制，不断地调节各种物质代谢的强度、方向和速率。如果代谢调节机构失灵，就会造成代谢混乱，引起疾病甚至死亡。因此，代谢调节使生物体很好地适应生长发育的内部环境及其外部环境的变化；同时，代谢调节也是按照最经济的方式进行，各种物质的代谢速率可根据机体的需要随时改变，使各种代谢产物不至于过剩或不足，也不会造成某些原料的积累或缺乏。例如，合成某种蛋白质时，需要何种氨基酸，就合成需要量的该种氨基酸，既满足需要又不会过剩。

代谢调节是生物界普遍存在的环境的一种适应能力。不同的生物代谢调节的方式不同，越高级的生物代谢调节越复杂，越低级的生物代谢调节越简单。归纳起来，生物的代谢调节可在细胞水平、激素水平、神经水平3个不同水平上进行。细胞水平调节是最基本、最原始的调节方式，是通过调节某些酶的活性和酶的含量而调节物质代谢的速率，以满足集体的需要。激素水平调节和神经水平调节都是高级的调节方式，但仍以细胞水平调节作为基础。

一、细胞水平的代谢调节

细胞水平调节主要是通过细胞内代谢物质浓度的改变来调节某些酶促反应的速率，以满足机体的需要，所以细胞水平调节也称为酶水平调节或分子水平调节。

细胞水平的调节主要包括酶的定位调节、酶含量的调节和酶活性的调节3种方式，其中以酶活性的调节最为重要。

（一）酶的定位调节

在动物机体内，各种代谢途径都是由一系列酶催化的连续反应，每种酶在细胞内都有一定的位置。真核生物细胞内由于细胞被膜系统分隔成不同的细胞器，使酶形成区域划分布，保证了不同代谢途径在细胞内不同部位进行，使细胞代谢能顺利进行，而不致造成混乱。此外，酶的这种分隔分布使酶、辅助因子和底物在细胞器内高度浓缩，从而加快了代谢反应的速率。主要酶及代谢途径在细胞内的区域化分布如表12-1所示。

表12-1　主要酶及代谢途径在细胞内的区域化分布

细胞器	主要酶及代谢途径
胞浆	糖酵解途径、磷酸戊糖途径、糖原分解、脂肪酸合成、嘌呤和嘧啶的降解、肽酶、转氨酶、胺酰合成酶
线粒体	三羧酸循环、脂肪酸β-氧化、氨基酸氧化、脂肪酸链的延长、尿素形成、氧化磷酸化作用
内质网	NADH及NADPH细胞色素c还原酶、多功能氧化酶、6-磷酸葡萄糖氧化酶、脂肪酶、蛋白质合成途径、磷酸甘油酯及甘油三酯合成、类固醇合成与还原
细胞器	DNA与RNA的合成途径

（二）酶的活性调节

在生物体内，酶活性的大小受到调节和控制，只有这样才不会引起某些代谢产物的不足或积累，也不会造成某些底物的缺乏或过剩，使得各种代谢产物的含量保持着动态平衡。酶活性的调节是细胞中最快速、最经济的调节方式。

酶活性调节不是由于代谢途径中全部酶活性的改变，而常只取决于某些甚至某一个关键酶活性的变化。这些酶又称调节酶、关键酶或限速酶（表12-2）。

限速酶活性改变不但可以影响酶体系催化反应的总速率，甚至还可以改变代谢反应的方向。例如，细胞中ATP/ADP的比值增加，可以抑制磷酸果糖激酶而促进葡萄糖异生。可见，通过调节限速酶的活性而改变代谢途径的速率与方向是体内代谢快速调节的重要方式，其调节途径有多种。

表 12-2　主要代谢途径的限速酶

代谢途径	限速酶
糖酵解途径	己糖激酶、磷酸果糖激酶、丙酮酸激酶
磷酸戊糖途径	6-磷酸葡萄糖脱氢酶
三羧酸循环	柠檬酸合成酶、异柠檬酸脱氢酶、α-酮戊二酸脱氢酶复合体
糖异生	丙酮酸羧化酶、磷酸烯醇式丙酮酸羧激酶、1,6-二磷酸果糖磷酸酯酶、6-磷酸葡萄糖磷酸酯酶

1. 反馈调节

代谢途径的底物或终产物常影响催化该途径起始反应的酶活性，此调节方式称为反馈调节，它存在于所有的生物体中，是调节酶活性最精巧的方式之一。反馈调节具有两种情况。一是终产物的积累抑制初始步骤的酶活性，使得反应减慢或停止，此种反馈称为负反馈或反馈抑制。负反馈既可使代谢产物的生成不至于过多，又可使能量得以有效利用，不至于浪费。例如，6-磷酸葡萄糖抑制糖原磷酸化酶以阻断糖酵解及糖的氧化，使 ATP 不至于产生过多，同时 6-磷酸葡萄糖又激活糖原合酶，使多余的磷酸葡萄糖合成糖原，能量得以有效贮存。又如，ATP 可变构抑制磷酸果糖激酶、丙酮酸激酶及柠檬酸合成酶，阻断糖酵解、有氧氧化及三羧酸循环，使 ATP 的生成不致过多，避免浪费，还避免了由于产物（乳酸）过量生成所引起的肌体危害。另一种反馈称为正反馈或反馈激活。例如，乙酰 CoA 对丙酮酸羧化酶的反馈激活作用，在糖分解代谢中，当丙酮酸不能顺利通过乙酰 CoA 转变成柠檬酸进入三羧酸循环时，丙酮酸即可在丙酮酸羧化酶的催化下直接转变成草酰乙酸。

2. 别构调节

（1）别构酶　别构酶是指具有别构效应的酶，其酶分子都是多亚基的寡聚酶，分子中除有催化中心（活性中心）外，还有调节中心（调节部位，别构中心）。催化中心负责对底物分子的结合和催化；调节中心负责结合调节物，对催化中心的活性起调节作用。催化中心与调节中心一般不在同一亚基上，这种催化中心与调节中心不在同一部位的别构酶叫作异促别构酶。例如，蛋白激酶 A 分子含有 2 个催化亚基和 2 个调节亚基（图 12-2）。

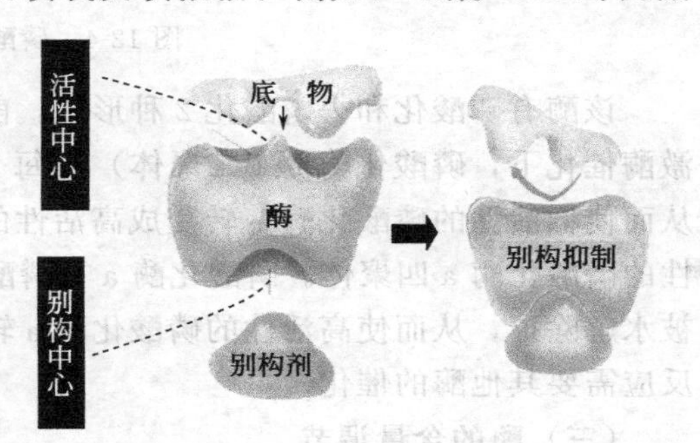

图 12-2　蛋白激酶 A 的别构作用

（2）别构效应　别构效应是指别构酶通过构象变化而产生活性变化的效应，也叫协同效应。别构效应是由效应物（调节物）与酶分子的调节部位或一个亚基的活性部位结合之后产生的。凡是提高酶活性的别构效应称为别构激活；凡是降低酶活性的别构效应称为别构抑制。凡是与调节部位或活性部位结合后能提高酶活性的效应物叫作别构激活剂或正效应物；反之叫作别构抑制剂或负效应物。效应物一般是小分子的有机化合物，有的是底物物质，有的是非底物物质。在细胞内，别构酶的底物通常是它的别构激活剂。别构调节效应如图 12-3 所示。

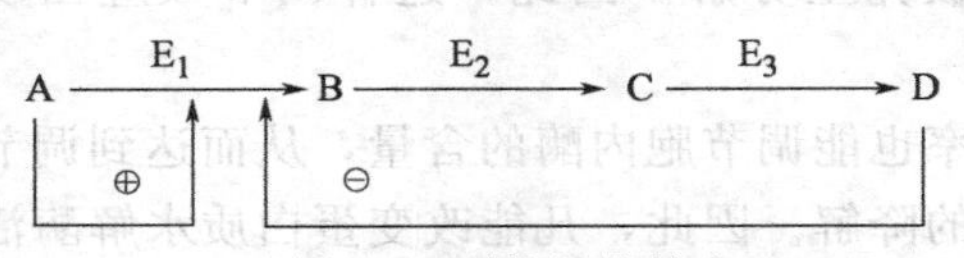

图 12-3　别构调节效应

A 是原始底物；B、C 是中间产物；D 是终产物；E_1、E_2、E_3 分别是催化 A、B、C 的不同酶，其中 E_1 是异促别构酶，D 是 E_1 的别构抑制剂，A 是 E_1 的别构激活剂

在别构抑制中，当终产物过多，将导致细胞中毒时，别构抑制剂（D）与别构酶（E_1）的调节部位结合，快速抑制该酶催化部位的活性，从而降低代谢途径的总反应速率，可有效地减少原

始底物的消耗，避免终产物过多产生，这对维持生物体内代谢的恒定起着重要作用。

3. 共价修饰调节

有些酶分子肽链上的某些氨基酸残基可在其他酶的催化下发生可逆的共价修饰，或通过可逆的氧化还原互变使酶分子的局部结构或构象产生改变，从而引起酶活性的变化，这种修饰调节作用称为共价修饰调节作用，被修饰的酶称为共价调节酶。目前已知的共价调节酶有100多种，其调节方式主要有磷酸化和去磷酸化、腺苷酰化与去腺苷酰化、乙酰化与去乙酰化、尿苷酰化与去尿苷酰化、甲基化与去甲基化、—SH基和—S—S—基互变等，其中最常见的是磷酸化和去磷酸化，这也是真核生物酶共价修饰调节的主要形式。例如，动物细胞中的糖原磷酸化酶的调节（图12-4）。

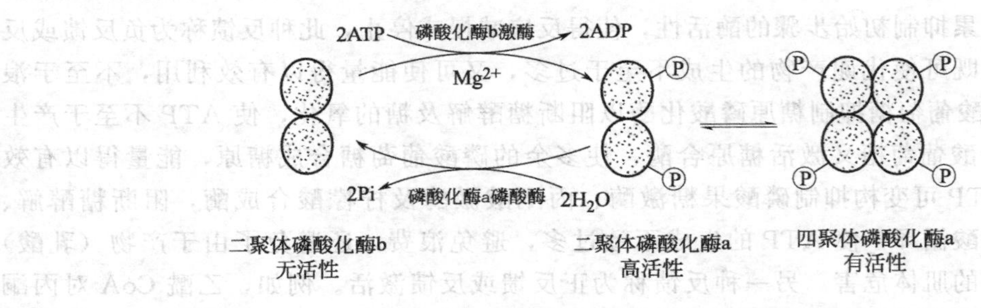

图12-4 磷酸化酶的共价修饰作用

该酶有磷酸化和去磷酸化2种形式，前者为活化形式，后者为非活化形式。在磷酸化酶激酶催化下，磷酸化酶b（二聚体）中每个亚基Ser残基与ATP给出的磷酸基共价结合，从而使低活性的磷酸化酶b转变成高活性的磷酸化酶a（二聚体），2个二聚体再结合成有活性的磷酸化酶a四聚体。磷酸化酶a在磷酸化酶a磷酸酶催化下，其中每个亚基的磷酸基可被水解除掉，从而使高活性的磷酸化酶a转变成无活性的磷酸化酶b。这种共价修饰的可逆反应需要其他酶的催化。

（三）酶的含量调节

生物体除通过改变酶分子的结构来调节细胞内原有酶的活性快速适应需要外，还可通过改变酶的合成或降解速率以控制酶的绝对含量来调节代谢。但酶蛋白的合成与降解调节需要消耗能量，所需时间和持续时间都较长，故酶的含量调节属迟缓调节。

(1) 酶蛋白合成的诱导与阻遏　酶的化学本质是蛋白质，酶的合成也就是蛋白质的合成。酶的底物或产物、药物以及激素等都可以影响酶蛋白的合成。一般将增加酶蛋白合成的化合物称为诱导剂，减少酶蛋白合成的化合物称为阻遏剂。诱导剂和阻遏剂影响酶蛋白合成可发生在转录水平或翻译水平，以转录水平较常见。这种调节作用需要通过蛋白质生物合成的各个环节，故需一定时间才出现相应效应。但一旦酶蛋白被诱导合成，即使除去诱导剂，酶仍能保持活性，直至酶蛋白被完全分解。因此，这种调节效应出现迟缓但持续时间较长。

(2) 酶蛋白降解的调控　改变酶蛋白的降解速率也能调节胞内酶的含量，从而达到调节酶活性的目的。溶酶体的蛋白水解酶可催化酶蛋白的降解。因此，凡能改变蛋白质水解酶活性或蛋白质水解酶在溶酶体内的分布的因素，都可间接影响酶蛋白的降解速率。除溶酶体外，细胞内还存在蛋白酶体，由多种蛋白水解酶组成，当待降解的酶蛋白与泛肽结合而被泛肽化即可使该酶蛋白迅速降解。目前认为，通过酶蛋白的降解来调节酶含量远不如酶蛋白合成的诱导和阻遏重要。

二、激素对物质代谢的调节

激素是一类由特定的细胞合成并分泌的化学物质，它随血液循环至全身，作用于特定的靶组织或靶细胞，引起细胞物质代谢沿着一定的方向进行而产生特定的生物学效应。激素对特定的组织或细胞发挥作用，是由于该组织或细胞具有能特异识别和结合相应激素的受体。激素作为第一信使与受体结合后，受体分子的构象发生改变而引起一系列生物学效应。按激素受体在细胞的不同部位，可分为细胞膜受体激素和细胞内受体激素两类。

1. 激素通过细胞膜受体的调节

激素通过细胞膜受体的调节通常通过靶细胞膜上的特异性G蛋白受体起作用，即激素到达靶细胞后，先与细胞膜上的特异受体结合，激活G蛋白，G蛋白再激活细胞内膜的腺苷酸环化酶，活化后的腺苷酸环化酶可催化ATP转化为cAMP，cAMP作为激素的第二信使，再激活胞内的蛋白激酶A（PKA），产生一系列的生理效应。这样，激素的信号通过一个酶促的酶活性的级联放大系统逐级放大，使细胞在短时间内做出快速应答反应。例如，肾上腺素作用于肌细胞受体导致肌糖原分解的过程，肾上腺素的信息经cAMP传达到细胞内，同时抑制糖原合酶b（无活性）脱磷酸化转变为糖原合酶a（有活性），从而在瞬间使糖原分解，以适应动物在应激状态下能量的要求（图12-5）。

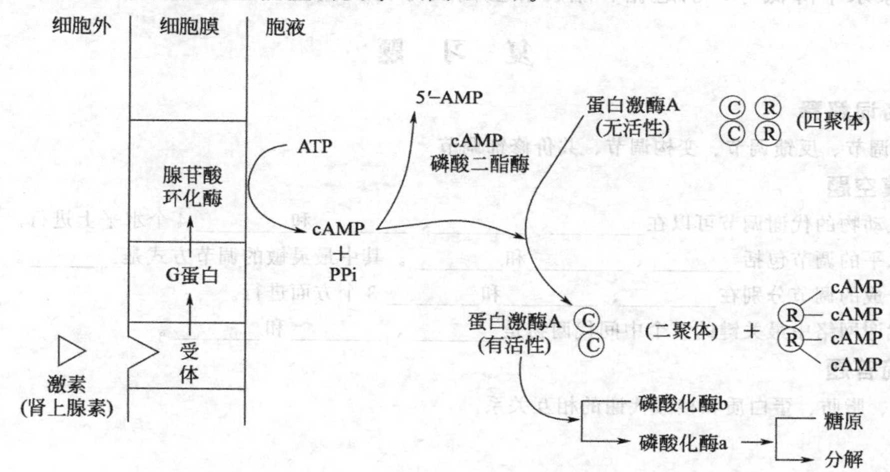

图12-5 肾上腺素作用于肌细胞受体示意

此外，胰高血糖素、促肾上腺皮质激素、甲状旁腺素、促甲状腺素、促卵泡素和黄体素等都属于胞外激素，都是cAMP作为第二信使产生生理效应。

2. 激素通过细胞内受体的调节

有一些脂溶性的激素，如固醇类激素、甲状腺素、前列腺素等，易于透过细胞膜进入细胞内，直接与胞质内或核内的特异受体以非共价键进行可逆结合，形成激素-受体复合物，使受体活化，活化后的受体型再结合于DNA片段中特定的核苷酸序列，促进或阻止基因的表达，调节蛋白质（酶）的生物合成，产生一系列的生物学效应（图12-6）。

三、神经水平的代谢调节

机体主要通过神经体液途径对各组织的物质代谢进行调节，以适应不断变化的内外环境，力求在动态中维持相对稳定，以维持正常的生命活动。现以应激为例简要说明整体水平的代谢调节。

应激是动物体受到一些诸如创伤、剧痛、冻伤、缺氧、中毒、感染，以及剧烈情绪激动

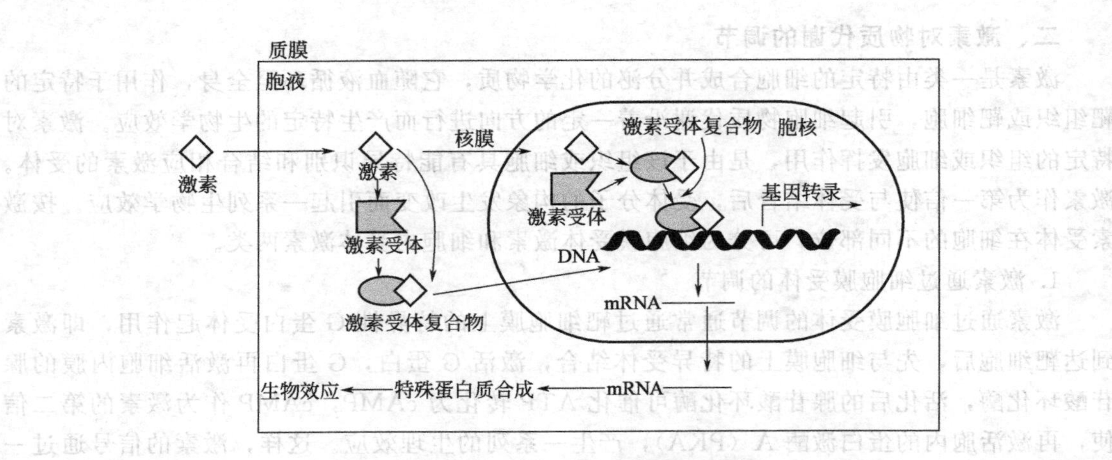

图 12-6 激素通过细胞内受体的调节途径

等异乎寻常的刺激所做出的一系列反应"紧张状态"。应激伴有一系列神经-体液的改变，包括交感神经兴奋、肾上腺髓质激素和皮质激素分泌增加、血浆胰高血糖素和生长激素水平升高、胰岛素水平降低等，引起糖、脂肪和蛋白质等物质代谢发生相应变化。

复 习 题

一、名词解释

酶水平调节、反馈调节、变构调节、共价修饰调节

二、填空题

1. 哺乳动物的代谢调节可以在________、________、________和________4 个水平上进行。
2. 酶水平的调节包括________、________和________。其中最灵敏的调节方式是________。
3. 酶合成的调节分别在________、________和________3 个方面进行。
4. 在代谢网络中最关键的 3 个中间代谢物是________、________和________。

三、简答题

简述糖、脂肪、蛋白质和核酸代谢的相互关系。

第十三章　风味物质（选学内容）

学习目标

① 了解风物的概念及含义。

② 了解影响糖甜度的因素和几种糖醇类甜味剂的性质及实践意义。

③ 掌握食物中的主要香气成分及其性质，了解产生香气成分的过程。

第一节　风味的概念

在我国饮食文化中，有着不同的风味流派，主要分为南味、北味两大流派。风味是一种感觉现象，指摄入食品时所有感官（嗅、味、视、触和听）的综合知觉，其中味感与嗅感是化学属性，通常人们谈到的风味主要指味感和嗅感的综合。风味物质一般具有下列特点。

① 呈味（嗅）性能与其分子结构有高度特异性的关系。

② 成分繁多而含量甚微。某些成分如甜味物质糖分在食物中的含量较多，但大多数风味物质都是微量物质。

③ 除了少数成分以外，大多数是非营养性物质。

④ 多数为敏感易破坏的热不稳定性物质。

风味物质本身虽然主要是非营养性的，但它对人的食欲具有推动作用，因而间接地对营养（摄食、消化）有良好的影响。

风味和风味物质成分的研究在最近30年来有了极快的发展，这是由于微量和痕量分析技术的进步，特别是气象色谱法的应用，使得食物风味的研究达到了前所未有的高度。例如，借助于气相色谱法，发现草莓的香气成分达到150种以上之多。

第二节　味感及味感物质

一、味感的概念

味感是指物质在口腔内给予味觉器官舌头的刺激，这种刺激多属复合型的，但也有的是单一性的。

味感有甜、酸、苦、咸、鲜、涩、碱、凉、辣、金属味等10种，其中甜、酸、咸、苦4种是基本味感。

二、物质的化学结构与味感的关系

物质产生味感的前提条件是该物质须溶于水且挥发性低。一般来说，物质结构与其味感有内在的联系，但这种联系目前还不太清楚。通常情况下，化学上指的“酸”是酸味的；化学上讲的“盐”是咸味的；化学上提的“糖”是甜味的；生物碱及重金属盐则是苦味的。但也有许多例外，例如，草酸是涩的；盐类随着分子量的增大，苦味增大而咸味降低，有些盐如乙酸铅和乙酸铍甚至像三氯甲烷这样不相关的化合物也都是呈甜味的。物质分子结构上的微小变化，如引入取代基种类、取代基的位置和立体位置不同，都可使味感发生极大的变化。

三、甜味物质

在食品、医药工业和日常生活中，甜味剂是不可缺少的消费量最大的呈味物质，可分为天然甜味剂及合成甜味剂两大类。

（一）天然甜味剂

天然甜味剂可分为两类：一类是糖及其衍生物糖醇；另一类是非糖天然甜味剂。

1. 糖与糖醇的比甜度

蔗糖是测量甜味剂比甜度的基准物质，规定以质量分数5%或10%的蔗糖溶液在20℃时甜度为1。由于甜度的测量主观因素很多，虽然是多数品尝者品尝结果的统计值，结果也不可能一致。表13-1是较被广泛引用的比甜度（表13-1）。

表13-1 糖及糖醇的比甜度

糖	比甜度	糖	比甜度
蔗糖	1	棉子糖	0.23
葡萄糖	0.69	乳糖	0.39
果糖	1.15～1.5	麦芽糖	0.46
鼠李糖	0.33	山梨糖	0.51
甘露糖	0.59	木糖醇	1.25
半乳糖	0.63	甘露醇	0.69
木糖	0.67	麦芽糖醇	0.95

2. 影响糖甜度的因素

（1）相对浓度　糖的比甜度与浓度有关。在质量分数为10%时，转化糖（蔗糖的水解液）与蔗糖的甜度大致相等；质量分数小于10%时，蔗糖较甜；质量分数大于10%时，转化糖较甜。

（2）温度　比甜度因温度变化而变化，等浓度（质量分数为5%或10%）的蔗糖与果糖相比，低于50℃时，果糖较甜；50℃时，甜度相等；大于50℃时，蔗糖较甜。

（3）相互作用　混合糖有相互增甜的作用，蔗糖与转化糖的混合液比单纯的转化糖甜。

3. 糖醇类甜味剂　现在已经投入实际使用的糖醇类甜味剂有4种：木糖醇、山梨醇、甘露醇、麦芽糖醇。

（1）木糖醇　木糖醇存在于许多植物中，如香蕉、杨梅、胡萝卜、洋葱、花椰菜、莴苣、菠菜等。工业上用还原木糖的方法制造木糖醇。木糖醇在体内代谢很完全，可以作为人体的能源物质，是一种防龋齿的含能量甜味剂，在糖食品生产尤其是口香糖的生产中已经广泛应用。

木糖醇是糖尿病人疗效食品中的理想甜味剂。糖尿病人由于胰岛素障碍，葡萄糖不能转化为6-磷酸葡萄糖，因此膳食中的葡萄糖不但无助于营养，而且还可造成患者的痛苦。木糖醇的代谢与胰岛素无关，又不影响糖原的合成，因此不会使糖尿病人因食用木糖醇而增加血糖值。

（2）山梨醇　山梨醇是一种六元醇，与甘露醇同时以游离态存在于梨、苹果、葡萄、红藻等植物中。山梨醇有清凉甜味，甜度约为蔗糖的一半，经口摄入时，在血液中不转化成为葡萄糖，而且不受胰岛素的控制，适合于作糖尿病、肝病、胆囊炎病患者的甜味剂。

山梨醇可维持一定的水分，有保湿性，所以能防止食物干燥，防止糖、盐从食品中析出结晶，同时还有改善风味的作用。

（3）甘露醇　甘露醇是由甘露糖还原后制得的，植物中也有天然存在。现在仅用于胶姆糖及饴糖类食品防止粘牙，其他很少应用。

（4）麦芽糖醇　麦芽糖醇是麦芽糖经氢化还原制得的双糖糖醇，易溶于水。人体摄入后，不能成为能源，因此不会引起血糖升高，也不增加脂肪与胆固醇含量，对心血管病、糖尿病、动脉硬化、高血压患者而言，是理想的医疗食品甜味剂。本品是非发酵性糖，所以也是防龋齿甜味剂。

糖醇类有一共同特点，就是在摄食过多后会引起腹泻，因此摄入适量有通便的功能。

4. 非糖天然甜味剂　部分植物的叶、根、果实等常含有非糖类甜味物质，有的供作食用的历史已很久远，证实比较安全。因此，国际食品科学界近年来大力研究从植物中提取强力的非糖甜味剂，取得了很好的成绩。现简述以下主要几种。

（1）甘草苷　甘草是多年生豆科植物甘草的根，产于欧洲、亚洲各地。甘草的甜味成分是甘草酸与两个葡萄糖醛酸缩合而成的甘草苷（图13-1），甜度为蔗糖的100～500倍，纯品约为蔗糖的250倍。

（2）甘茶素　甘茶素（图13-2）是虎耳草科植物甘茶叶中的甜味成分，甜度为蔗糖的600～800倍，纯品为白色针状晶体。由于有酚羟基，故有微弱的防腐性能，对热、酸较稳定，甜味是蔗糖的两倍，与蔗糖并用（用量为蔗糖的1%）可使蔗糖的甜度提高3倍。本品在日本已作商品出售。由于结构简单，可用有机合成法实现产业化。

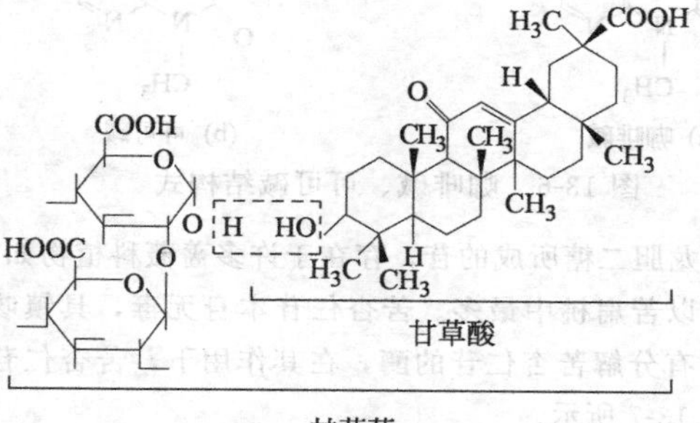

甘草酸

甘草苷

图 13-1 甘草苷结构

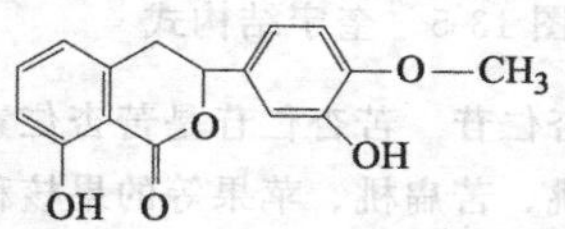

图 13-2 甘茶素结构

(3) 甜叶菊苷 甜叶菊苷是原产南美洲巴拉圭的一种菊科甜叶菊的茎、叶中所含的一种二萜烯类糖苷。本品的甜度约为蔗糖的300倍。据最近报道又发现其中存在一种甜叶菊苷 A_3，甜度为甜叶菊苷的1.5倍。美国、日本等国已有商品出售，我国厦门、南京、武汉、北京等地均已引种栽培成功。

（二）合成甜味剂

合成甜味剂是一类在食品和药物中用量大、用途广的甜味添加剂，自从 Falberg 和 Remsen 于 1879 年发明糖精以来，各种各样的甜味剂不断问世。

邻苯酰磺酰亚胺俗称糖精，其钠盐（图 13-3）及铵盐易溶于水，称水溶性糖精，甜度为蔗糖的 500～700 倍，后味微苦。

人食糖精 0.5h 后即可在尿中出现，16～48h 后全部排出体外，但化学结构上无变化。排出物大部分在尿中，小部分在粪中，说明糖精是被机体吸收了，但是在体内是否参与或干预了代谢，目前还无统一定论。

还有一种有时被称为糖精的合成甜味剂是环已胺磺酸钠（图 13-4）。其甜度为蔗糖的 30 倍，当与邻苯酰磺酰亚胺混合使用时，可减少后者的苦味回味，改善甜味品质。本品在人体中有 0.1%～38%可代谢降解为环已胺。

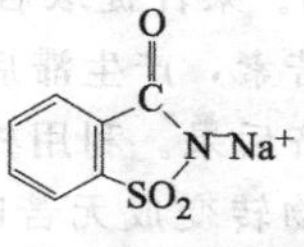

图 13-3 糖精钠盐的结构

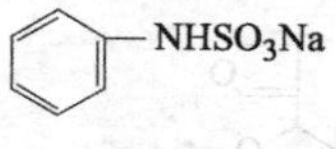

图 13-4 环已胺磺酸钠结构

自 1957 年以来，陆续报道这两种合成甜味剂在动物实验中有致膀胱癌及致畸变的作用。根据目前的资料来看，哺乳动物长期饲以含邻苯酰磺酰亚胺 1%的食物是无害的，至少采用目前的检测手段未见异常。

四、苦味与苦味物质

1. 苦味及其来源

在 4 种基本味感中，苦味是最易感知的一种。苦味是分布广泛的味感，来源于许多有机物质和无机物质。

食物中的天然苦味物质中，植物来源的有两大类，即生物碱及一些糖苷，动物来源的主要是胆汁。生物碱是由吡啶四氢吡咯、喹啉、异喹啉或嘌呤等的衍生物构成的含氮有机碱性物质。奎宁是苦味的基准物质（结构式如图 13-5 所示）。奎宁是一种生物碱，获准在酸甜饮料中添加，在这些饮料中，苦味能与其他味感很好地混合，使这些饮料产生一种清凉的味觉刺激。

2. 食物中的重要苦味物质

(1) 咖啡碱及可可碱 咖啡碱及可可碱都是嘌呤类衍生物（结构式如图 13-6 所示），是食品中主要的生物类苦味物质。咖啡碱存在于茶叶、咖啡中，可可碱存在于可可豆中，都有兴奋中枢神经的作用。

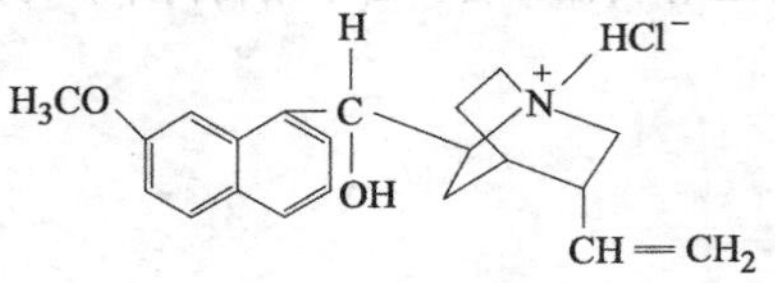

图 13-5 奎宁结构式

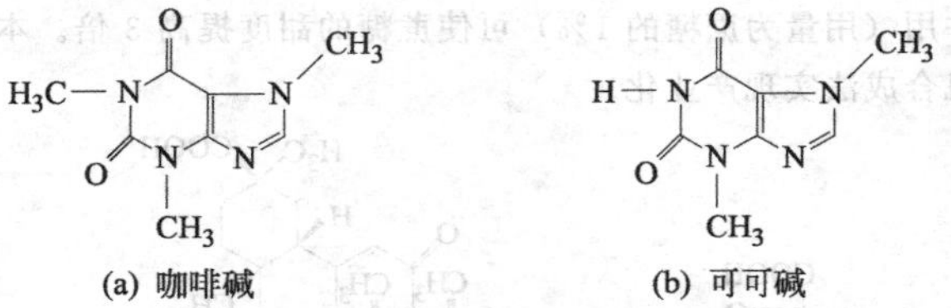

(a) 咖啡碱 (b) 可可碱

图 13-6 咖啡碱、可可碱结构式

(2) 苦杏仁苷 苦杏仁苷是苦杏仁素（氰苯甲醇）与龙胆二糖所成的苷，存在于许多蔷薇科植物如桃、李、杏、樱桃、苦扁桃、苹果等的果核种仁及叶子中，尤以苦扁桃中最多。苦杏仁苷本身无毒，具镇咳作用。生食杏仁、桃仁过多引起中毒的原因是种仁中同时含有分解苦杏仁苷的酶，在其作用下，苦杏仁苷分解为葡萄糖、苯甲醛及氢氰酸。苦杏仁酶的作用位点如图 13-7 所示。

(3) 柚皮苷及柠檬苦素 柚皮苷及柠檬苦素是柑橘类果实中的主要苦味物质。柚皮苷纯品的苦味比奎宁还要苦，检出值可低达 0.002%。橘皮苷的苦味与分子的构型有关，这种分子是由鼠李糖与葡萄糖以 1，2-键结合形成的。固定化酶系统也已应用于柚皮苷含量过高的葡萄柚果汁的脱苦。工业上也从葡萄柚皮中回收柚皮苷，在某些食品中用它代替咖啡因。柚苷酶的作用位点见图 13-8。

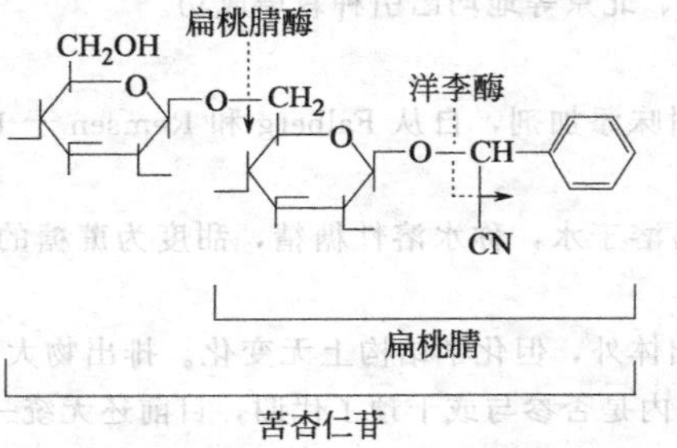

图 13-7 苦杏仁酶的作用位点

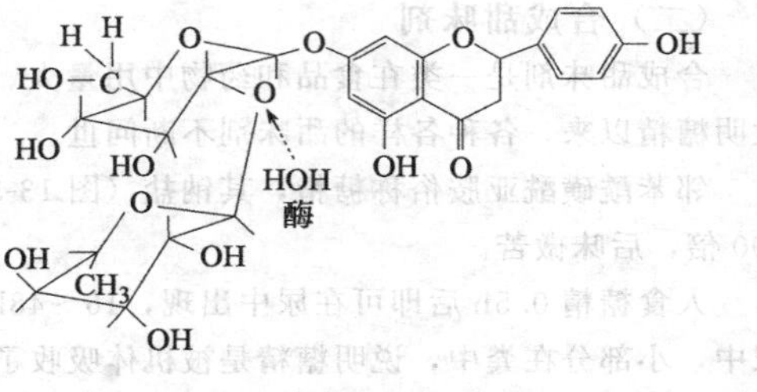

图 13-8 柚苷酶的作用位点

在完整的水果中无柠檬苦素存在，但含有柠檬苦素的无苦味衍生物，该衍生物是由酶水解柠檬苦素的 D-内酯环而产生的。果汁提取后，酸性条件使 D 环闭合形成柠檬苦素，产生滞后的苦味，同时也能引起严重的经济后果。利用柠檬酸脱氢酶可以打开 D 环，化合物转变成无苦味的 17-脱氢柠檬 A 环内酯（图 13-9），这样，就可以产生脱苦橙汁。

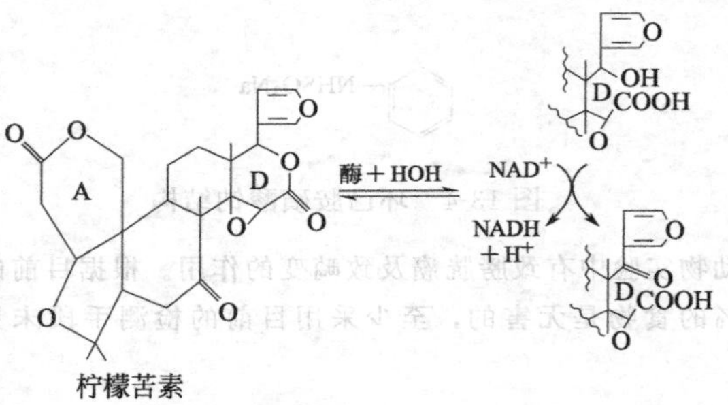

图 13-9 柠檬苦素结构及酶催化生成无苦味衍生物的反应

(4) 胆汁 胆汁是动物肝脏分泌并贮存于胆囊中的一种液体，味极苦。被分泌的胆汁是清澈而略具黏性的金黄色液体，pH 约在 7.8～8.5 之间，在胆囊中由于脱水、氧化等原因，色泽变绿，pH 下降至 5.5。在禽、畜、鱼类加工中稍不注意，破损胆囊即可导致无法洗净的苦味。胆汁中的主要成分是胆酸、鹅胆酸及脱氧胆酸。可以将胆汁作为药品原料，提取胆酸、鹅胆酸及脱氧胆酸。

五、酸味与酸味物质

1. 酸味机制

通常认为，酸味是氢离子的性质，但是溶液的酸度并非是决定酸感的主要因素。而其他尚不太清楚的原因常对酸感起着重要作用。酸的浓度与酸味强度之间不是简单的相关关系。各种酸有不同的酸味感，在口腔中造成的酸感与酸根种类、pH、可滴定酸度、缓冲效应以及其他物质特别是糖的存在有关。在同样的 pH 下，有机酸比无机酸的酸感要强。常见食用酸类在相同浓度下的酸感特性见表 13-2。

表 13-2 常见食用酸在相同浓度下的酸感特性

酸种类	0.05mol/L 溶液的性质					存在
	味感	总酸/(g/L)	pH	电离常数	味感特征	
酒石酸	0	3.75	2.45	1.04×10^{-3}	强烈	葡萄
盐酸	+1.43	1.85	1.70	—		
苹果酸	−0.43	3.35	2.65	3.9×10^{-4}	清鲜	苹果、梨、杏、葡萄、樱桃
乳酸	−1.14	4.50	2.60	1.26×10^{-4}	尖利	
乙酸	−1.14	3.00	2.95	1.75×10^{-3}	醋味	—
磷酸	−1.14	1.65	2.25	7.52×10^{-3}	激烈	橙、葡萄柚
柠檬酸	−1.28	3.50	2.60	8.4×10^{-4}	新鲜	浆果、柠檬、菠萝
丙酸	−1.85	3070	2.90	1.34×10^{-5}	酸酪味	—

由表 13-2 可见，相对酸度与酸的物质的量浓度没有函数关系，而与酸根的分子结构有关。此外，酸感在水溶液中与在实际食物中也不相同。酸感与缓冲作用有关，在等 pH 下弱酸的酸感比矿物酸强，唾液与食物中的许多成分都有缓冲作用。

糖可以减弱酸味，甜味与酸味的组合是构成水果、饮料风味的重要因素。

2. 食物中的酸味成分

（1）柠檬酸 柠檬酸是水果、蔬菜中分布最广的有机酸，也称 3-羟基-3-羧基戊二酸，别名枸橼酸（结构如图 13-10 所示）。是柠檬酸食品工业中使用最广的酸味剂，最初由柠檬中制取而得名。现在工业上所用的柠檬酸都是用黑曲霉菌种利用蔗糖发酵生产的。

（2）苹果酸 几乎一切水果中都含有苹果酸，而以仁果类中最多。天然存在的苹果酸都是 L 型，化学名称为 L-二羟基丁二酸（结构如图 13-11 所示）。

苹果酸的酸味较柠檬酸强，酸味爽口，在口中呈味时间显著长于柠檬酸，微有涩苦感。与柠檬酸合用，可使呈味时间增长。工业上使用的苹果酸是合成法生产的，通常用作清凉饮料、冷冻食品、加工食品的酸味剂，也有保持天然果汁色泽的作用。苹果酸还具有抗疲劳和保护肝、肾、心脏的作用。

（3）酒石酸 酒石酸为白色结晶粉末或无色透明结晶颗粒，化学名称为 L-(+)-2,3-二羟基丁二酸（结构如图 13-12 所示）。存在于许多水果中，以葡萄中含量最多，菠萝中亦存在。酒石酸因由葡萄酒酿造过程中的沉淀物酒石中提取而得名。酒石酸的酸味比柠檬酸、苹果酸都强，约为柠檬酸的 1.2～1.3 倍，稍有涩感。

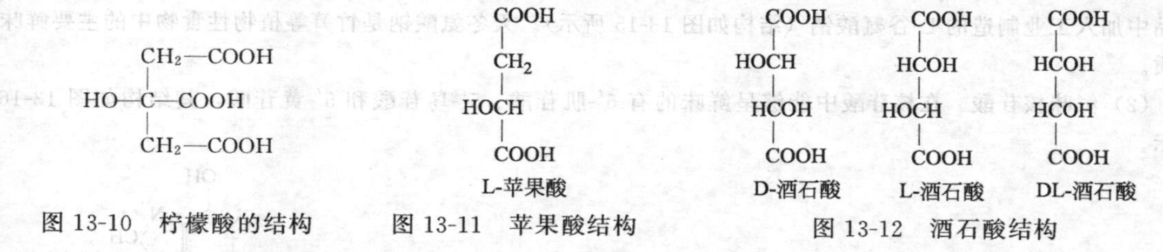

图 13-10 柠檬酸的结构　　图 13-11 苹果酸结构　　图 13-12 酒石酸结构

（4）琥珀酸及延胡索酸 在未成熟的水果中存在较多的琥珀酸及延胡索酸，可以用作酸味剂，但不普遍（结构如图 13-13 所示）。

此外，乙酸及乳酸是常用的烹饪调味用酸，在果蔬中的存在很少。除了上述大量脂肪族有机酸以外，一般水果中还含有各种芳香族氨基酸，虽然分布不如脂肪族广，但种类很多，其中最主要的是苯甲酸和水杨酸（结构如图 13-14 所示）。

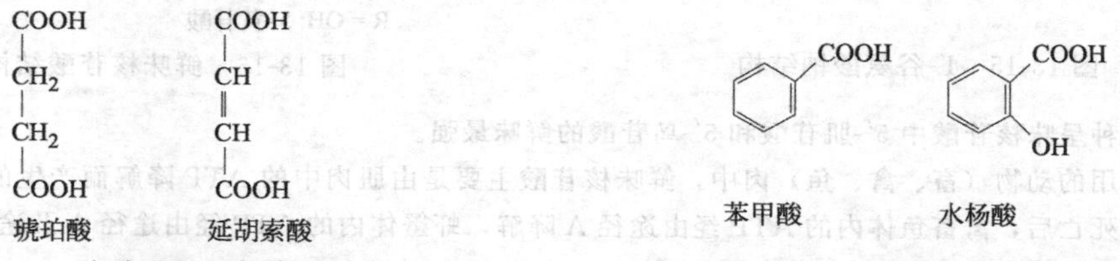

图 13-13 琥珀酸及延胡索酸结构　　图 13-14 苯甲酸及水杨酸结构

六、咸味与咸味物质

咸味以 NaCl 最为显著。食盐虽然在生理上是人体所不可缺少的物质，但其味道本身并无诱人之处。在味感性质上，食盐的主要作用是风味增强或调味。其他化学盐类一般都有咸味，随着阴离子、阳离子或两者的分子量增大，盐的味感有越来越苦的趋势。铅和铍的乙酸盐呈甜味，极毒。虽然具有咸味的盐种类很多，但由于人体的生理需要及安全性，只有 NaCl 可作食盐。

七、其他味感与呈味物质

除了上述 4 种味感（甜味、苦味、酸味、咸味）外，其他 3 种常用味感简述如下。

1. 鲜味

鲜味是食物的一种复杂美味感，呈味成分有核苷酸、氨基酸、酰胺、三甲基胺、肽、有机酸等物质。食物中的主要鲜味成分如表 13-3 所示。

表 13-3 食物中的主要鲜味成分

食物	谷氨酸钠	氨基酸酰胺肽	5′-肌苷酸	5′-乌苷酸	琥珀酸钠
蔬菜	—	++	—	—	—
蕈类	—	—	—	++++	—
鱼肉	+	++	++++	—	—
畜肉	+	++	++++	—	—
虾蟹	+	+	++	—	—
章鱼乌贼	++	+++	—	—	—
贝类	+++	+++	—	—	+++
酱油	+++	+++	—	—	—
海带	++++	++	—	—	—

由表 13-3 可见，主要的鲜味成分是谷氨酸钠、5′-肌苷酸及 5′-乌苷酸。

(1) 鲜味氨基酸 在天然氨基酸中，L-谷氨酸和 L-天冬氨酸的钠盐和酰胺是具鲜味的物质。

L-谷氨酸钠盐俗称味精，具有强烈的肉类鲜味，D 型则无鲜味。调味用的谷氨酸钠现在几乎完全是发酵法制造的。味精实际上是食盐的助味剂，没有食盐就感觉不出味精的鲜味。为了补充和强化鲜味，常在食品中加入工业制造的 L-谷氨酸钠（结构如图 13-15 所示）。天冬氨酸钠是竹笋等植物性食物中的主要鲜味物质。

(2) 鲜味核苷酸 在核苷酸中能够呈鲜味的有 5′-肌苷酸、5′-鸟苷酸和 5′-黄苷酸，其结构如图 13-16 所示。

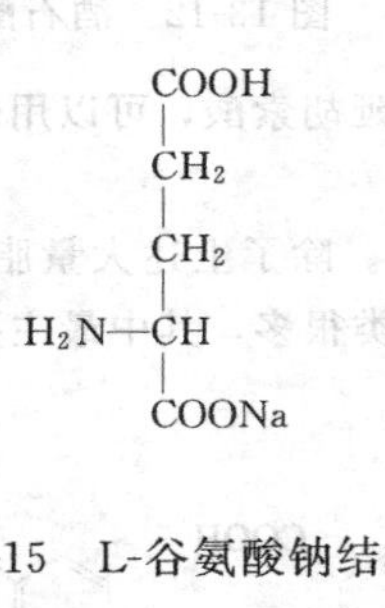

图 13-15 L-谷氨酸钠结构

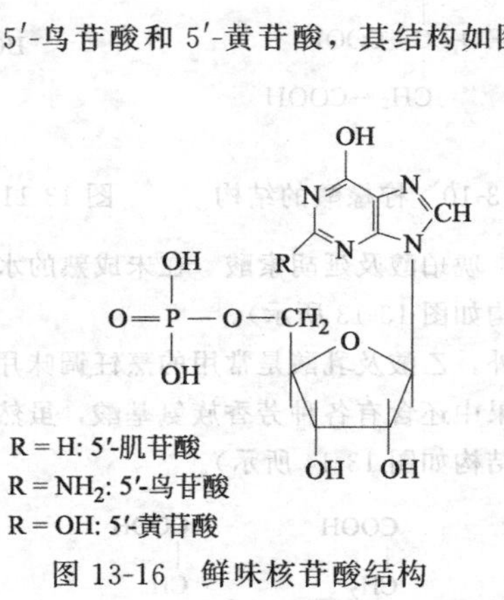

R = H: 5′-肌苷酸
R = NH_2: 5′-鸟苷酸
R = OH: 5′-黄苷酸

图 13-16 鲜味核苷酸结构

在这 3 种呈味核苷酸中 5′-肌苷酸和 5′-鸟苷酸的鲜味最强。

在供食用的动物（畜、禽、鱼）肉中，鲜味核苷酸主要是由肌肉中的 ATP 降解而产生的（图 13-17）。动物在宰杀死亡后，禽畜鱼体内的 ATP 经由途径 A 降解，虾蟹体内的 ATP 经由途径 A 及途径 B 降解，乌贼、章鱼和贝类体内的 ATP 则经由途径 B 降解。

肉类在屠宰后要经过一段时间的“后熟”方能变得美味可口，其原因在于ATP经短暂的时间变为IMP，而产生次黄嘌呤的速率则很慢。所以存放时间过长，IMP变成无味的肌苷，最后变成苦味的次黄嘌呤。因此测定给定时间里不同分解产物的量可作为肉新鲜程度的指标。章鱼、乌贼、贝类等软体动物肌肉中缺乏AMP脱氨酶，所以虽含有多量的AMP，却不能形成IMP，它们的鲜味感来自氨基酸、肽、酰胺及三甲基胺等成分味感的综合。贝类除了上述成分外，还有琥珀酸钠，构成贝类特有的鲜味。

2. 涩味

涩是一种与味相关的现象，表现为口中产生干燥感觉的同时，口腔组织感受到粗糙的褶皱，唾液中的蛋白质与单宁或多酚类化合物作用生成沉淀或聚合物，涩感由此产生。食物涩味的典型事例是未成熟的柿子。

单宁分子具有很大的横截面，易于同蛋白质发生疏水结合。单宁还含有很多可转变为醌式结构的苯酚基团，这些基团转变成醌式结构后可与蛋白质发生化学上的交联，这种交联可能会产生涩感。一种原花色素单宁的结构见图13-18所示。

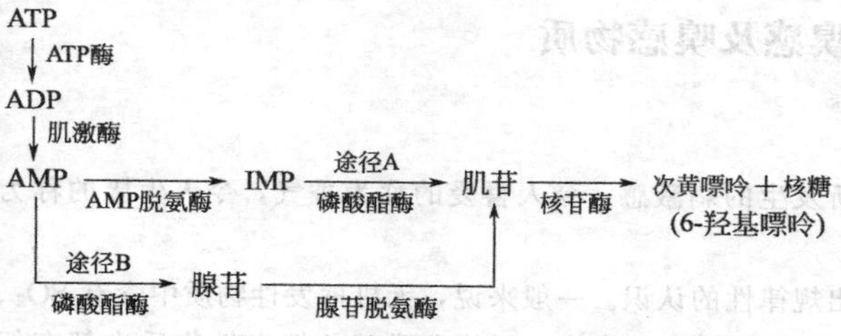

ATP —(ATP酶)→ ADP —(肌激酶)→ AMP —(AMP脱氨酶)→ IMP —(途径A，磷酸酯酶)→ 肌苷 —(核苷酶)→ 次黄嘌呤＋核糖（6-羟基嘌呤）

AMP —(途径B，磷酸酯酶)→ 腺苷 —(腺苷脱氨酶)→ 肌苷

图13-17　死亡后动物体内ATP的降解反应

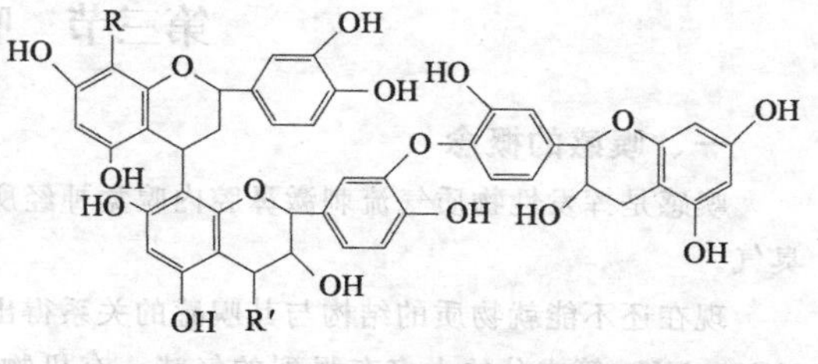

图13-18　一种原花色素单宁的结构

3. 辣味

辣味是一种强烈刺激性味感，仔细区别可分为两类。

(1) 热辣味或火辣味　这类辣味在口腔中引起烧灼感，如红辣椒和胡椒的辣味。红辣椒中的辣味成分主要是辣椒素及二氢辣椒素。

(2) 辛辣味　香料和蔬菜中某些化合物产生特殊的烧灼感和尖利的刺痛感，这些感觉的总和称为辛辣，如姜、葱、蒜、芥子等辛辣味，这类物质实际上是具有味感和嗅感双重作用的成分。

姜中的辛辣成分是称为姜醇的一些苯基烷基酮类化合物，其中最具活性的是6-姜醇（结构如图13-19所示）。

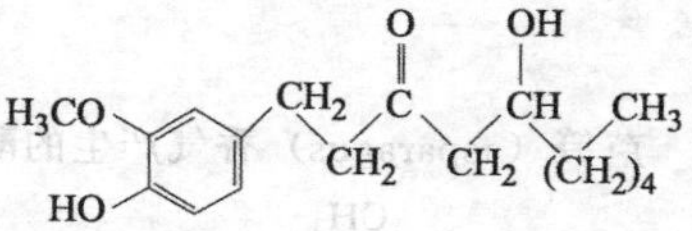

图13-19　6-姜醇结构

蒜的辛辣味成分是硫醚类化合物，主要成分是二烯丙基二硫化物、丙基烯丙基二硫化物、二丙基二硫化物等，来源于蒜氨酸的分解。当蒜的组织细胞破坏以后，其中的蒜氨酸酶即将蒜氨酸分解产生具有强烈刺激气味的油状物蒜素（图13-20）。

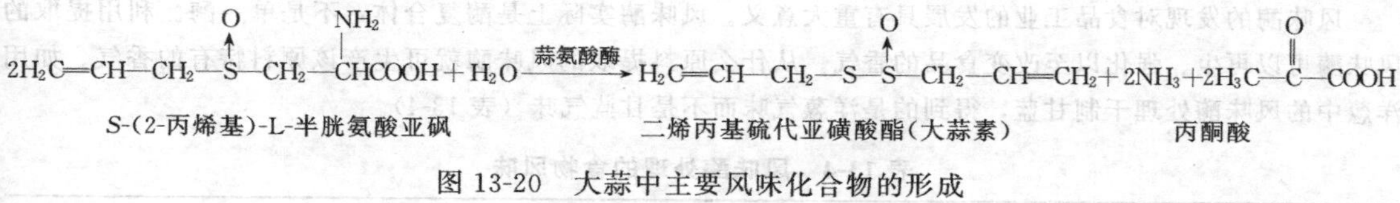

$$2H_2C{=}CH{-}CH_2{-}\overset{O\uparrow}{S}{-}CH_2{-}\overset{NH_2}{CH}COOH + H_2O \xrightarrow{\text{蒜氨酸酶}} H_2C{=}CH{-}CH_2{-}S{-}\overset{O\uparrow}{S}{-}CH_2{-}CH{=}CH_2 + 2NH_3 + 2H_3C{-}\overset{O}{\overset{\|}{C}}{-}COOH$$

S-(2-丙烯基)-L-半胱氨酸亚砜　　二烯丙基硫代亚磺酸酯（大蒜素）　　丙酮酸

图13-20　大蒜中主要风味化合物的形成

葱头的辛味成分与蒜相似，其主要成分是二正丙基二硫化物及甲基正丙基化物。

十字花科植物的辛辣成分是挥发性的，所以也会产生特殊的芳香。此外，它们的辛辣感觉包括刺激感和催泪作用。这些植物的风味化合物是通过破损组织中酶的作用和烹饪形成的。破损组织的新鲜风味是由硫代葡萄苷前体在硫代葡萄苷酶的作用下生成的异硫氰酸酯产生的。图13-21为形成十字花科植物风味的反应，解释了十字花科植物的风味形成的机制，产物异硫氰酸烯丙酯是辣根和黑芥末的主要辛辣成分和芳香成分。

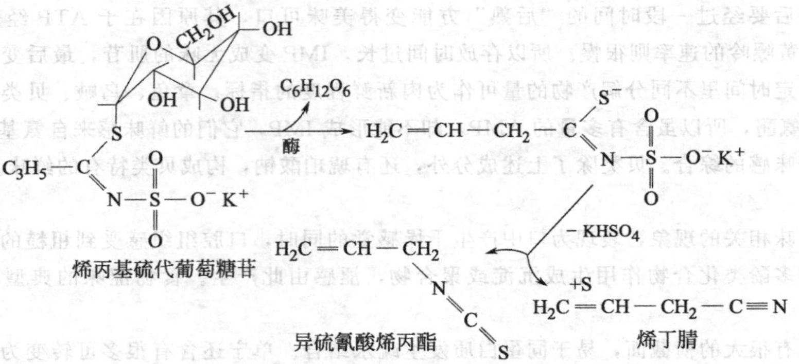

$$C_3H_5-C(-S-\text{葡萄糖基})=N-SO_2-O^-K^+ \xrightarrow[\text{酶}]{-C_6H_{12}O_6} H_2C=CH-CH_2-C(-S^-)=N-SO_2-O^-K^+ \xrightarrow{-KHSO_4} H_2C=CH-CH_2-N=C=S \ \text{或} \ (+S)\ H_2C=CH-CH_2-C\equiv N$$

烯丙基硫代葡萄糖苷　　异硫氰酸烯丙酯　　烯丁腈

图 13-21　形成十字花科植物风味的反应

第三节　嗅感及嗅感物质

一、嗅感的概念

嗅感是挥发性物质气流刺激鼻腔内嗅觉神经所发生的刺激感，令人喜爱的称为香气，令人生厌的称为臭气。

现在还不能就物质的结构与其嗅感的关系得出规律性的认识。一般来说，无机挥发性物质中含有 SO_2、NO_2、NH_3 等成分的大多有强烈的气味；有机物中含有羟基、羧基、酮基和醛基的挥发性物质也都有气味；其他还有如氯仿等挥发性取代烃。

气味的种类不计其数，许多学者企图把物质的气味进行归纳分类，但任何一种分类方法都无法描述食物的丰富嗅味。

二、植物性食物的香气

1. 蔬菜类的香气成分

各种蔬菜的香气成分主要是一些含硫化合物，在多数情况下依下列机制发出香气。

$$\text{香味前提} \xrightarrow{\text{风味酶}} \text{挥发性香气物质}$$

芦笋（asparagus）香气产生的酶反应见图 13-22。

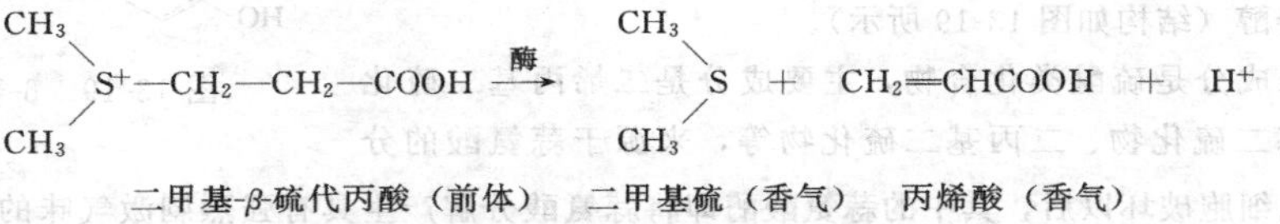

$$(CH_3)_2S^+-CH_2-CH_2-COOH \xrightarrow{\text{酶}} (CH_3)_2S + CH_2{=}CHCOOH + H^+$$

二甲基-β-硫代丙酸（前体）　二甲基硫（香气）　丙烯酸（香气）

图 13-22　芦笋香气产生的酶反应

风味酶的发现对食品工业的发展具有重大意义。风味酶实际上是酶复合体，不是单一酶。利用提取的风味酶可以再生、强化以至改变食品的香气。从什么原料提取的风味酶就可生产该原料特有的香气。如用洋葱中的风味酶处理干制甘蓝，得到的是洋葱气味而不是甘蓝气味（表 13-4）。

表 13-4　风味酶处理的食物风味

处理材料	处理方式	酶来源	生成的香气
甘蓝	加热、干燥	甘蓝	甘蓝气味
甘蓝	加热、干燥	芥菜	芥和红芜菁气味
甘蓝	加热、干燥	洋葱	刺激的洋葱气味
洋葱	煮沸	洋葱	温和的洋葱气味

2. 水果的香气成分

水果的香气成分主要是有机酸酯和萜类化合物。近年来由于分析手段的进步，对水果香气成分得到了许多新的分析资料。如在草莓的香气中分离出 150 种以上的成分，从葡萄香气中分离出 78 种成分，此外，桃、苹果、梨、香蕉等的香气成分经过许多学者的努力都已研究得比较清楚。这些结果都是利用气相色谱法取得的成绩。

利用气相色谱法研究桃的成熟度与香气成分的关系，发现香气成分随着成熟度增加而显著增加，人工催熟的桃中香气成分显著少于自然成熟的果实。用气相色谱法已经检出桃中的香气成分 90 种。桃的成熟度与香气成分的关系见表 13-5。

表 13-5　桃的成熟度与香气成分的关系

香气成分	香气成分含量/($10^{-2}\mu L/L$)				
	未熟	固熟	软熟	树熟	人工成熟
苯甲醛	2.2	9.1	37.6	115.0	25.0
苯甲醇	0	3.5	5.0	44.5	9.0
α-萜二烯	0	3.0	7.0	26.0	9.0
γ-癸酸内酯	0	4.8	27.4	95.2	4.0
γ-十二酸内酯	0	0	7.0	15.0	0
δ-十二酸内酯	0	0	4.0	25.0	0
乙酸己酯	2.0	6.8	16.7	57.0	23.0

3. 蕈类的香气成分

蕈类即大型真菌，种类很多，可食蕈类是风味鲜美和富含蛋白质和多种维生素的高级蔬菜，其中所含有的多糖成分具有提高人体免疫力的功能，可降低癌症的发病率，如香菇多糖、灵芝多糖。白色双孢蘑菇简称蘑菇，是消费量最大的一种真菌。蘑菇的挥发性成分已经被鉴定的超过 20 种，其中呈强烈鲜蘑菇香气的主要成分是辛烯-1-醇。另外一种著名的蕈类是香菇，子实体内有一种特殊的香气物质，即香菇精。香菇中香菇精的形成见图 13-23 所示。

香菇酸

酶

$H_3C-S(=O)_2-(C_3H_6O_2S_2)-S(\rightarrow O)-H \longrightarrow [H_2C(S)(S)] \xrightarrow{化学反应}$ 香菇精（H_2C、CH_2 与 5 个 S 组成的环）

一种硫代亚磺酸　　香菇精

图 13-23　香菇中香菇精的形成

形成香菇精的反应只有在组织破损后才开始的，因此只有经干燥和复水或者把浸软的组织放置一段时间后，这些反应才能发生。

三、动物性食物的香气与臭气

1. 鱼臭的主要成分

鱼臭的主要成分是三甲基胺［$(CH_3)_3N$］，新鲜鱼中很少含三甲基胺，所以三甲基胺只在不新鲜鱼体中产生挥发作用，增强了鱼腥气味。三甲基胺是由氧化三甲基胺还原而生成的，仅在海产品中发现有相当数量的氧化三甲基胺。海产品在陈放以后其鱼体中产生大量三甲基胺，它是海产品鱼臭的主要成分。

鱼死后体内的赖氨酸逐步酶促分解生成各种臭气成分，中间产物之一——δ-氨基戊醛是河鱼臭气的主要成分。

由鱼油氧化分解而成的甲酸、丙烯酸、丙酸、丁烯-2-酸、丁酸、戊酸等也是构成鱼臭气的组成成分。

2. 牛乳的香气成分

牛乳的香气成分主要有丙酮、乙醛、二甲基硫以及低级脂肪酸等成分。鲜乳在过度加热煮沸时常产生一种不好闻的加热嗅味，其中的主要成分有甲酸、乙酸、丙酸、丙酮酸、乳酸、糠醛、糠醇、羟甲基糠醛、麦芽醇、甲基己二醛、硫化氢、硫醇、δ-癸酸内酯等。δ-癸酸内酯具有乳汁香气，现在已经人工合成供作食品添加剂用。

牛乳长期存放后，散发出一种似陈年胶水的臭气，其主要成分是邻氨基苯乙酮。装在玻璃瓶中的牛乳在日光下会产生所谓的日光臭，主要是蛋氨酸的降解产物所致。

3. 乳制品的香气成分

新鲜黄油中的香气成分主要是挥发性脂肪酸、异戊醛、二乙酰、3-羟基丁酮等。醛类来自氨基酸的降解，酮类来自油酸及亚油酸等脂肪酸的氧化分解。二乙酰、3-羟基丁酮是发酵乳制品香气的主要成分，由柠檬酸经微生物发酵而成，在酶活力弱时生成无臭的 2，3-丁二酮，在酶活力强时生成多量的二乙酰及 3-羟基丁酮。乳制品香气的形成过程见图 13-24。

(1) 柠檬酸$\longrightarrow$草酰乙酸＋乙酸

(2) 草酰乙酸$\longrightarrow$丙酮酸＋CO_2

(3) 丙酮酸＋$TPP^+\longrightarrow$乙醛 TPP^+＋CO_2

(4) 乙醛 $TPP^+\longrightarrow$乙醛＋TPP^+

(5) 乙醛 TPP^+＋乙醛$\longrightarrow$3-羟基丁酮

(6) 乙醛 TPP^+＋丙酮酸$\longrightarrow$$\alpha$-乙酰乳酸＋$TPP^+$

(7)

$$HOOC-C(CH_3)(OH)-C(=O)-CH_3 \;(\alpha\text{-乙酰乳酸}) \nearrow CH_3-C(=O)-C(=O)-CH_3 \;(\text{二乙酰}), \searrow CH_3-CH(OH)-C(=O)-CH_3 \;(\text{3-羟基丁酮})$$

图 13-24 乳制品香气的形成过程

4. 肉香成分

肉类在熟烂时会发出纯美的香气，根据气相色谱-质谱（GC-MS）的分析结果，在牛肉中的香气成分大约有 300 种之多，其中有醛、醇、酮、酯、醚、呋喃、内酯、糖类、苯系化合物、含硫化合物、含氮化合物等化合物。肉香中的主要化合物见表 13-6 所示。

表 13-6 肉香中的主要化合物

类别	主要化合物
内酯	γ-丁酸内酯、γ-戊酸内酯、γ-已酸内酯、γ-庚酸内酯
呋喃	2-戊基呋喃、5-硫甲基糠醛、2,5-二甲基-4-羟基呋喃-3-酮、5-甲基-4-羟基呋喃-3-酮
吡嗪	2-甲基吡嗪、2,5-二甲基吡嗪、2,3,5-三甲基吡嗪、2,3,5,6-四甲基吡嗪、2,5-二甲基-3-乙基吡嗪
含硫化合物	甲硫醇、乙硫醇、甲基硫化氢、2-甲基噻吩、四氢噻吩-3-酮、2-甲基噻唑、苯并噻唑

在已经鉴定的肉香成分中，并没有哪一种成分具有特征性的肉香味，显然肉香味是由许多成分综合作用的结果。肉香物质作用的前提是肉的水溶性抽出物中的氨基酸、肽、核酸、糖类、脂质等物质的存在，这些物质在加热时形成肉香物质的作用可归纳为 3 种途径。

(1) 脂质的自动氧化、水解、脱水及脱羧等反应，生成醛、酮、内酯类化合物。

(2) 糖、氨基酸的分解反应及氧化反应，或糖与氨基酸之间的反应，生成挥发与不挥发性的成分。

(3) 上列途径中的产物之间的反应，产生众多的香气成分。

在这些途径中，糖和氨基酸之间的美拉德反应起着重要作用，产生了褐变物质和甲醛、乙醛、丙醛等多数羰基化合物，其次是二羰基化合物和氨基酸之间的斯特勒克尔反应，由氨基酸生成少一个碳的醛。

含硫氨基酸和糖之间发生美拉德反应，然后发生斯特勒克尔反应，产生肉香味中的重要成分三噻烷及噻啶等含硫化合物。肉香味形成的反应见图 13-25。

(1) 丙氨酸 $\longrightarrow CH_3CHO$

(2) 半胱氨酸 $\longrightarrow CH_3CHO + H_2S$

(3) 蛋氨酸 $\longrightarrow CH_3CHO$

(4) $CH_3CHO + CH_3SH \longrightarrow CH_3CH(OH)SCH_3 \longrightarrow CH_3CH(SH)SCH_3$

1-甲基硫代乙硫醇

(5) $CH_3CHO + H_2S \longrightarrow HSCHCH_3(OH)$

二甲基三硫戊烷　噻啶　三甲基-S-三噻啶

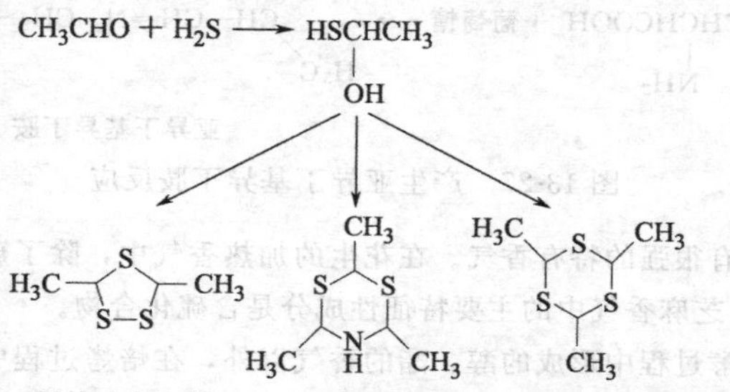

图 13-25 肉香味形成的反应

有些肉类具有特殊的膻气成分，如羊肉及牛肉，这些气味来源于这些动物脂质中特有的脂肪酸成分，如羊肉中的4-甲基辛酸和4-甲基壬酸。Hornstein（1968）曾比较了牛肉、猪肉、羊肉以及鲸肉的红色肌肉水浸出物的加热香气，发现并无区别，而将脂质部分进行加热则产生各种特异性气味。

5. 鱼香成分

关于鱼类加热香气的研究比较少，已经测出其中含有以甲胺为代表的挥发性碱性物质、脂肪酸、羰基化合物，以及以二甲基硫为代表的含硫化合物和其他物质。

四、食物焙烤香气的形成

许多食物在烧烤时都发出纯美的香气，香气成分的形成是因为加热过程中发生了羰氨反应，还有油脂、含硫化合物（维生素 B_1、含硫氨基酸）分解的产物，综合形成各种食品特有的焙烤香气。羰氨反应的生成物随温度而异，其中间产物之一——葡糖醛酮与氨基酸反应，依斯特勒克尔反应机制生成醛和烯胺醇，环化而成为吡嗪。食物在焙烤过程中产生的香气很大程度上与吡嗪有关。吡嗪形成的历程如图 13-26 所示。

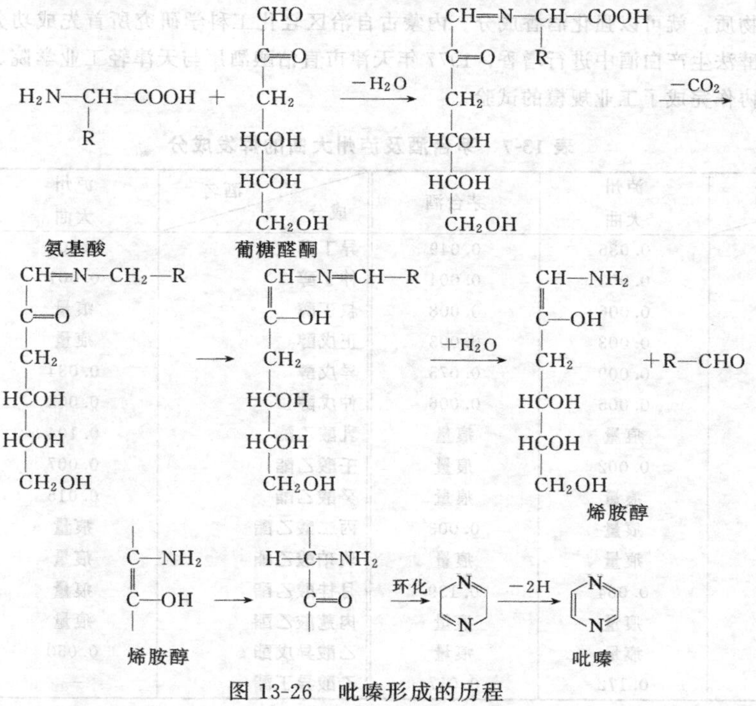

氨基酸　葡糖醛酮　$-H_2O$　$-CO_2$　$+H_2O$　$+R-CHO$　烯胺醇　环化　$-2H$　吡嗪

图 13-26 吡嗪形成的历程

氨基酸与葡萄糖共热可产生各种香气和臭气，并且依温度和两者的比例而异，缬氨酸和葡萄糖共热可产生多达 10 种左右的羰基化合物，亮氨酸、缬氨酸、赖氨酸、脯氨酸与葡萄糖一起加热适度时都可产生纯美的气味，而胱氨酸及色氨酸则产生臭气，但缬氨酸在加热至 200℃以上时，则产生异臭的亚异丁基异丁胺（如图 13-27 所示）。

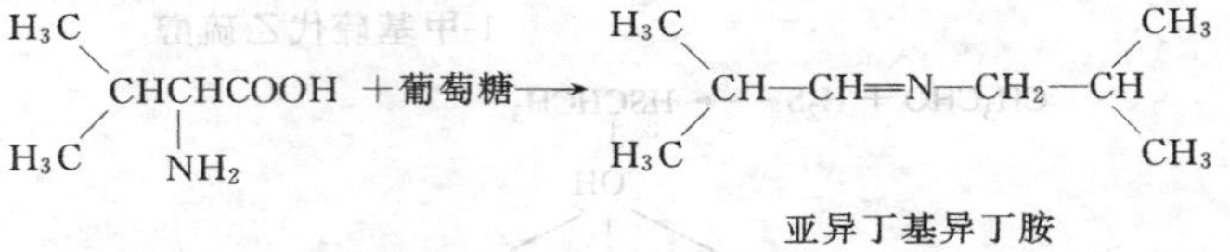

$$\left(H_3C\right)_2CHCH(NH_2)COOH + \text{葡萄糖} \longrightarrow \left(H_3C\right)_2CH{-}CH{=}N{-}CH_2{-}CH\left(CH_3\right)_2$$

亚异丁基异丁胺

图 13-27 产生亚异丁基异丁胺反应

焙炒后的花生及芝麻都有很强的特有香气。在花生的加热香气中，除了羰基化合物以外，还发现 5 种吡嗪化合物和 *N*-甲基吡咯，芝麻香气中的主要特征性成分是含硫化合物。

面包等面制品除了在发酵过程中形成的醇、酯的香气以外，在焙烤过程中还发生羰氨反应，产生许多羰基化合物，已鉴定的达 70 种以上，这些物质构成了面包的香气。在发酵面团中加入亮氨酸、缬氨酸、赖基酸，有增强面包香气的作用，二羟丙酮和脯氨酸在一起加热可产生饼干香气。

五、发酵食品的香气

发酵食品及调味料的香气成分主要是由微生物作用于蛋白质、糖、脂肪及其他物质而产生的。其主要成分是醛、醇、酮、酸、酯类物质。由于微生物代谢产物繁多，各种成分比例各异，遂使发酵食品风味各异。

1. 酒类的香气

我国是酿酒历史最悠久的国家之一，名酒极多，驰名中外的贵州茅台酒即是一例。各种酒类的芳香成分因品种而异，茅台酒中的芳香成分极为复杂。1960 年以来，中国科学院大连化学物理研究所、内蒙古自治区轻化工科学研究所等单位对茅台酒、泸州大曲等名酒的芳香成分用气相色谱法进行了大量研究工作，初步阐明了各种类型白酒中的芳香成分。

表 13-7 中为食品发酵工业科学研究所对茅台酒及泸州大曲两种名白酒的气相色谱分析结果。由表 13-7 中可见，已酸乙酯及乳酸乙酯是泸州大曲的呈香物质，而茅台酒的主要呈香物质是乙酸乙酯及乳酸乙酯。弄清了主要呈香物质，就可以强化酒香成分。内蒙古自治区轻化工科学研究所首先成功分离到产生已酸的菌株，在液体发酵法生产白酒中进行增香，1977 年天津市直沽酿酒厂与天津轻工业学院、天津市工业微生物研究所等单位协作完成了工业规模的试验。

表 13-7 茅台酒及泸州大曲的挥发成分 g/100mL

成分＼酒名	泸州大曲	茅台酒	成分＼酒名	泸州大曲	茅台酒
乙醛	0.036	0.049	异丁醇	0.008	0.012
丙酮	0.003	0.004	仲丁醇	0.001	0.004
3-羟基丁酮	0.006	0.008	叔丁醇	痕量	痕量
甲醇	0.003	0.003	正戊醇	痕量	痕量
正丙醇	0.009	0.075	异戊醇	0.034	0.048
正丁醇	0.005	0.006	仲戊醇	0.002	0.001
叔戊醇	痕量	痕量	乳酸乙酯	0.104	0.080
正己醇	0.002	痕量	壬酸乙酯	0.007	0.014
正庚醇	痕量	痕量	癸酸乙酯	0.015	0.003
β-苯乙醇	痕量	0.003	丙二酸乙酯	痕量	痕量
甲酸乙酯	痕量	痕量	琥珀酸乙酯	痕量	痕量
乙酸乙酯	0.064	0.139	月桂酸乙酯	痕量	痕量
正丁酸乙酯	痕量	痕量	肉蔻酸乙酯	痕量	痕量
异戊酸乙酯	痕量	痕量	乙酸异戊酯	0.050	0.053
己酸乙酯	0.172	0.017	乙酸异丁酯	—	0.001

2. 酱及酱油的香气

酱和酱油都是以大豆、小麦为原料，由霉菌、酵母菌和细菌综合作用而成的调味料，是许多国家人民的传统调味料。酱和酱油中的芳香成分极为复杂，其中醇类的主成分为乙醇、正丁醇、异戊醇、β-苯乙醇（酪醇）等，以乙醇最多；酸类主要有乙酸、丙酸、异戊酸、己酸等；酚类以4-乙基愈疮木酚、4-乙基苯酚、对羟基苯乙醇为代表；酯类中的主要成分是乙酸戊酯、乙酸丁酯及酪醇乙酸酯；羰基化合物中构成酱油芳香成分的主要有乙醛、丙酮、丁醛、异戊酸、糠醛、饱和酮醛及不饱和酮醛等；缩醛类有α-羟基异己醛二乙缩醛和异戊醛二乙缩醛，这是两种重要的芳香成分。酱油的芳香成分还有由含硫氨基酸转化而得的硫醇、甲基硫等，甲基硫是构成酱油特征香气的主要成分。

复 习 题

一、名词解释

味感、涩感、嗅感、风味酶

二、填空题

1. 风味是一种感觉现象，指摄入食品时所有感官的综合知觉，通常谈到的风味主要指________和________的综合。

2. ________、________、________和________是4种基本味感，其中____是最易感知的一种。

3. 天然甜味剂可以分为两类，一类是________及其衍生物________，另一类是________甜味剂。________和________两种糖醇不被酵母菌和细菌发酵，因此是一种防龋齿的甜味剂。但从能量上讲，________是含能量的甜味剂，而________是不含能量的甜味剂。合成甜味剂中，目前允许普遍使用的是________，化学全名是________。

4. ________是测量甜味剂比甜度的基准物质，规定以质量分数________或10%的________液在20℃时甜度为1。

5. ________是水果蔬菜中分布最广的有机酸，化学名称为________，别名为________。苹果酸的化学名称为________，酒石酸的化学名为________。

6. 植物来源的天然苦味物质包括________和一些________，而动物来源的天然苦味物质主要是________。苦味的基准物质是________。

7. ________的一钠盐俗称味精，具有强烈的肉类鲜味，现在几乎完全是用发酵法制造的。

8. 蒜的辛辣味成分是________类化合物，当蒜的组织细胞破坏后，________将________分解产生具强烈刺激气味的油状物蒜素。

9. 碱味是________离子的呈味属性，________是构成酱油特征香气的主要成分。

三、简答题

1. 风味物质一般具有哪些特点？
2. 影响糖甜度的因素有哪些？
3. 谈谈在食品工业中如何除去柚皮苷及柠檬苦素产生的苦味。
4. 香菇的特殊香气是由什么物质产生的？此反应发生的条件及过程如何？
5. 发酵食品及调味料的香气成分是如何形成的？

第十四章　色素（选学内容）

学习目标

① 了解以化学结构类型作为分类标准的色素的种类。

② 掌握各种色素的化学结构、性质及其在实践中的应用。

③ 了解几种重要合成色素的相关性质及其应用。

食品色泽是构成食品感官质量的一个重要因素，食品的颜色与外观，即使不是最重要的，但也是主要的质量指标，颜色与外观是消费者购买食品时考虑的首要因素。食品制造商提供的食品，虽然营养丰富安全廉价，但如果无外观吸引力，消费者就不愿意购买。消费者会把食品的特定颜色与质量联系在一起，如水果的特定颜色常与其成熟度有关，鲜肉的颜色与其新鲜度有关等。食品的色泽能诱导人的食欲，因此，保持或赋予食品以良好的色泽是食品科学技术的一个重要问题。

色素指存在于动植物组织中可赋色的天然物质。食物中的天然色素就来源而言可分为动物色素、植物色素和微生物色素三大类，植物色素缤纷多彩，是构成食物色泽的主体。这些不同来源的色素若以溶解性能来区分，则可分为脂溶性色素及水溶性色素（如花青素）。从化学结构类型来区分可分为吡咯色素、多烯色素、酚类色素、吡啶色素、醌酮色素以及其他种类的色素。

第一节　吡咯色素

吡咯类色素是以 4 个吡咯为结构基础的天然色素。生物组织中的天然吡咯色素有两大类，即动物组织中的血红素和植物组织中的叶绿素。在天然情况下这些色素都和蛋白质相结合。

一、血红素

1. 血红素的结构

血红素是高等动物血液和肌肉中的主要色素。血红素是一原子铁和卟啉构成的铁卟啉化合物，可溶于水。卟啉铁是人体最易吸收的铁。亚铁血红素结构如图 14-1 所示。

血红素与珠蛋白的结合是通过珠蛋白分子中组氨酸残基上咪唑环上的一个氮原子和亚铁原子配位化合而成。血红素中亚铁原子的第六对电子来自水中的氧或大气中的氧分子，后者即称为氧合血红素。血红素中亚铁原子价键结合示意如图 14-2 所示。

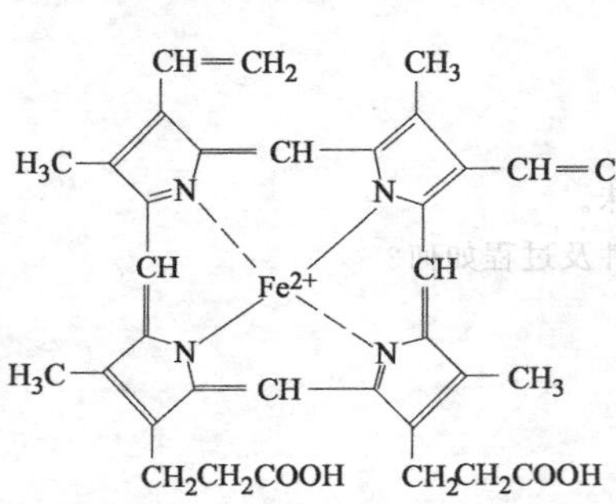

图 14-1　亚铁血红素结构

图 14-2　血红素中亚铁原子价键结合示意

虾蟹及昆虫体内的血色素物质是含铜的血蓝蛋白。

2. 血红素的性质

(1) 用强酸或氢氧化物处理都能使血红蛋白或肌红蛋白中的蛋白质与其辅基血红素分离，例如，肌红蛋白＋HCl⟶珠蛋白·HCl＋血红素。

新鲜肉的颜色反应是动态的，它取决于氧合肌红蛋白、高铁肌红蛋白和肌红蛋白的最终比例。珠蛋白可降低血红素的氧化速率，氧合肌红蛋白的自动氧化速率比肌红蛋白低，低 pH 可加快氧化反应速率。

(2) 亚铁血红素还可与 NO 结合，生成鲜桃红色的亚硝基亚铁血红素，NO 也是以配价键结合在 Fe^{2+} 上。亚硝基肌红蛋白或亚硝基血红蛋白在受热后发生反应，此时称为亚硝基血色原，其色泽仍保持鲜红。根据这一原理，利用屠宰场收集的血液可以制成亚硝基血色素供食品着色用。肉食品加工中也是利用这一原理来赋予肉制品鲜艳的颜色。

(3) 血红素在强烈氧化后会变成绿色素，反应发生在 α-亚甲基上，这就是肉类偶尔变绿现象的原因，绿色的产生有 3 种情况。

① 由于一些细菌的活动产生 H_2O_2，直接氧化肌红蛋白与血红蛋白，卟啉环氧化，生成绿色的羟基卟啉胆绿蛋白（简称胆绿蛋白）。血绿素脱去铁及蛋白质即为蓝绿色的胆绿素。羟基卟啉胆绿蛋白和血绿素结构如图 14-3 所示。

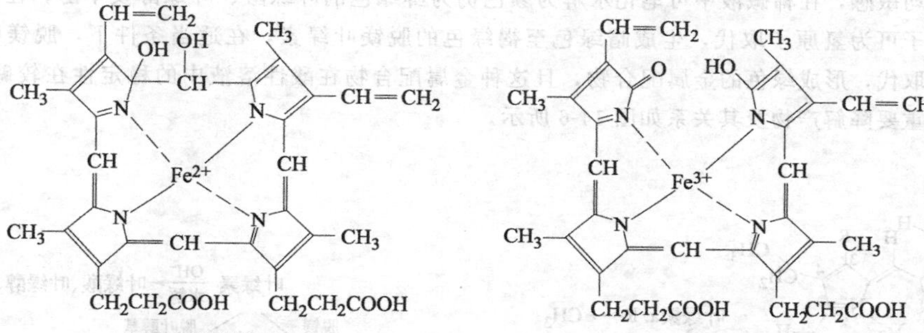

羟基卟啉胆绿蛋白　　血绿素

图 14-3　羟基卟啉胆绿蛋白和血绿素结构

② 由于一些细菌的活动产生 H_2S 等硫化物，在大气中的氧或细菌产生的 H_2O_2 存在下可将 S 直接加在血红素卟啉环的 α-亚甲基上，成为羟基卟啉胆绿素的类似物，称为硫卟啉血绿蛋白及硫卟啉肌绿蛋白。

新鲜的刚屠宰的肉中由于细胞中过氧化氢酶类还具有活性，能分解 H_2O_2，不会有 H_2O_2 的积累，所以不会因为血红素的氧化而发生变绿；而陈腐的肉中因缺乏过氧化氢酶类，因此会因氧化而发绿，颜色不呈亮红色。所以可以根据颜色来判断肉的新鲜度。

③ 过量亚硝酸根的存在也能使血色素物质中血红素卟啉环的 α-甲炔键硝基化，生成亚硝酰铁卟啉，也是绿色的，称为亚硝酰卟啉肌绿蛋白及亚硝酰卟啉血绿蛋白。血色素衍生物及其变化关系如图 14-4 所示。

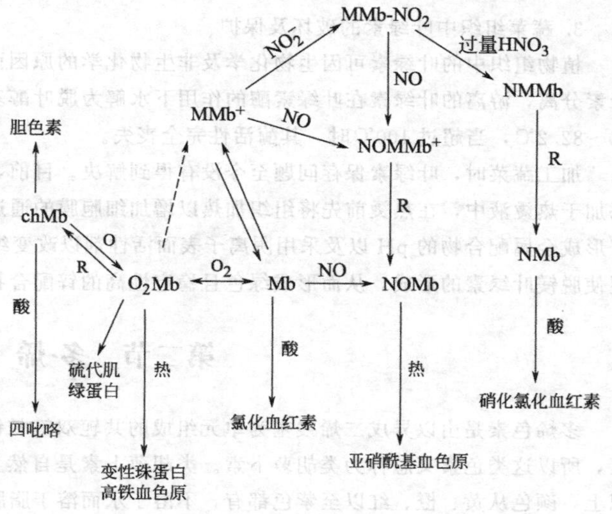

图 14-4　血色素衍生物及其变化关系

3. 肉类色素的稳定性

在复杂的食品体系中，许多操作因素可影响肉类色素的稳定性。这些因素间的相互作用非常关键，却又难以确定其中的因果关系。某些外界条件如光照、温度、相对湿度、pH 和特定细菌的存在对肉类颜色和色素的稳定性可产生重要影响。已知某些特定氧化反应如脂肪氧化反应可增加色素的氧化速率。因此加入一些抗氧化剂如抗坏血酸、维生素 E 等可改善颜色的稳定性，研究表明它们可延缓脂质氧化和改善组织的色泽保留率。

二、叶绿素

叶绿素是一切绿色植物绿色的来源，是绿色植物、海藻和光合细菌中的主要光合色素。它的生物学作用是光合作用的催化剂。

1. 叶绿素的结构

叶绿素也是四吡咯组成的化合物，与血红素的不同点在于：①侧基不同；②卟啉结构中的金属元素是镁原子。

叶绿素是由叶绿酸与叶绿醇及甲醇所成的二醇酯，绿色来自叶绿酸残基部分。高等植物叶绿素有 a、叶绿素 b 两种，当 3 位碳上连接甲基时为叶绿素 a，连接甲酰基时为叶绿素 b。叶绿素在植物细胞中与蛋白质体结合成叶绿体。叶绿素的结构如图 14-5 所示。

2. 叶绿素的性质

叶绿素在活细胞中与蛋白质相结合，细胞死亡后叶绿素释出，以游离形成存在。游离叶绿素很不稳定，对光和热均敏感，在稀碱液中可皂化水解为颜色仍为鲜绿色的叶绿酸、叶绿醇及甲醇，在酸性条件下分子中的镁原子可为氢原子取代，生成暗绿色至褐绿色的脱镁叶绿素，在适当条件下，脱镁叶绿素可为铜、铁、锌等取代，形成绿色的金属配合物，且这种金属配合物在酸性溶液中的稳定性在较碱性溶液高。叶绿素的几种重要降解产物及其关系如图 14-6 所示。

叶绿素a: R= —CH_3

叶绿素b: R= —CHO

图 14-5　叶绿素结构

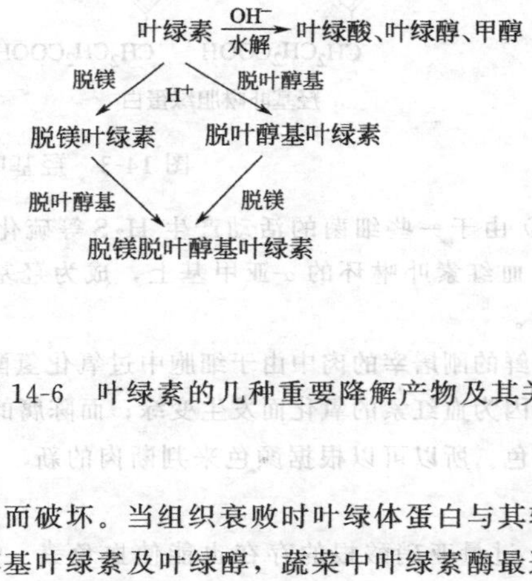

叶绿素 $\xrightarrow[\text{水解}]{OH^-}$ 叶绿酸、叶绿醇、甲醇

叶绿素 —脱镁（H^+）→ 脱镁叶绿素 —脱叶醇基→ 脱镁脱叶醇基叶绿素

叶绿素 —脱叶醇基→ 脱叶醇基叶绿素 —脱镁→ 脱镁脱叶醇基叶绿素

图 14-6　叶绿素的几种重要降解产物及其关系

3. 蔬菜组织中叶绿素的破坏及保护

植物组织中的叶绿素可因生物化学及非生物化学的原因而破坏。当组织衰败时叶绿体蛋白与其辅基叶绿素分离，游离的叶绿素在叶绿素酶的作用下水解为脱叶醇基叶绿素及叶绿醇，蔬菜中叶绿素酶最适温度 60～82.2℃，当超过 100℃时，其酶活性完全丧失。

加工蔬菜时，叶绿素保存问题至今没有得到解决。目前，使罐装蔬菜具有满意绿色的最好方法是将锌添加于热烫液中，在热烫前先将组织加热以增加细胞膜的通透性，然后在 60℃或略高温度下热烫，选择适于形成金属配合物的 pH 以及采用阴离子表面活性剂以改变组织的表面电荷，使细胞表面氢离子浓度增加，促使脱镁叶绿素的形成，从而形成绿色且稳定性高的锌配合物。

第二节　多烯色素

多烯色素是由以异戊二烯残基为单元组成的共轭双键长链为基础的一类色素。因最早发现的是胡萝卜素，所以这类色素又总称为类胡萝卜素。类胡萝卜素是自然界最丰富的色素，已知的胡萝卜色素达 300 种以上，颜色从黄、橙、红以至紫色都有，不溶于水而溶于脂肪溶剂，所以又称脂溶性色素。

类胡萝卜素与叶绿色素一起大量存在于植物的叶组织中，也存在于花、果实、块根和块茎中；一些微生物（酵母菌、霉菌、细菌类中都有）也能大量合成类胡萝卜素；动物体内不能合成类胡萝卜素，需从外界摄取并可在体内积累。一些类胡萝卜素如β-胡萝卜素等在动物体内可转化为维生素 A，成为维生素 A 原。

类胡萝卜素可按其结构与溶解性质分为两大类。

(1) 胡萝卜素类 结构特征为共轭多烯烃，溶于石油醚，微溶于甲醇、乙醇。

(2) 叶黄素类 是共轭多烯烃的含氧衍生物，可以醇、醛、酮、酸的形态存在，易溶于甲醇、乙醇和石油醚。

一、类胡萝卜素的化学结构

1. 胡萝卜素类

类胡萝卜素结构上的特点就是其中有大量共轭双键，形成发色基因，产生颜色。大多数的天然类胡萝卜素都可看作是番茄红素的衍生物，番茄红素的分子式为 $C_{40}H_{56}$（结构如图 14-7 所示）。番茄红素的一端或两端环构化，变化了它的同分异构体α-胡萝卜素、β-胡萝卜素及γ-胡萝卜素。

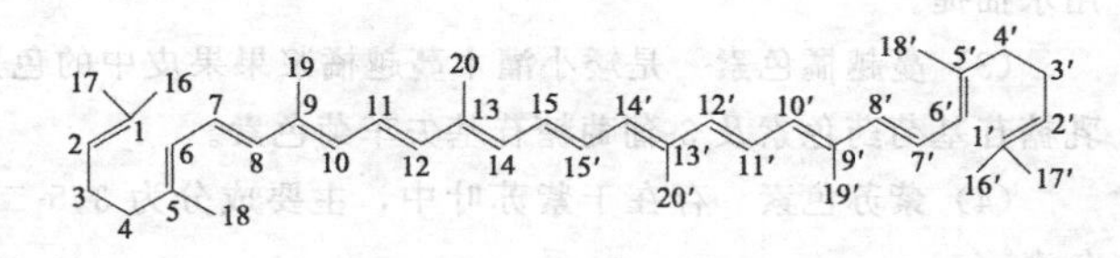

图 14-7 番茄红素的结构

双键位置在 4,5 碳位间的端环称为α-紫罗酮环，在 5,6 碳位间的称为β-紫罗酮环，只有具备β-紫罗酮环类胡萝卜素才有维生素 A 原的功能，所以番茄红素没有营养作用，α-胡萝卜素及γ-胡萝卜素也只有β-胡萝卜素一般的效价。

番茄红素及α-胡萝卜素、β-胡萝卜素和γ-胡萝卜素是食物中主要的胡萝卜素类，即多烯烃类着色物质，番茄红素是番茄中的主要色素，也存在于西瓜、柑橘等水果、蔬菜中。在 3 种胡萝卜素中，β-胡萝卜素在自然界中含量最多，分布最广，可用作食用着色剂。

2. 叶黄素类

叶黄素类是共轭多烯烃的加氧衍生物，有的是番茄红素和胡萝卜素的加氧衍生物，有的是烃链比番茄红素和胡萝卜素的烃链短的多烯烃的加氧衍生物。叶黄素在绿叶中的含量常为叶绿素的两倍。

二、类胡萝卜素的应用

类胡萝卜素作为一类天然色素早就应用于食品着色，但以油脂食品为限，用于人造黄油、鲜奶油及其他食用油脂的着色者居多数。近年来发展了一些类将胡萝卜素分散于水溶液中的新技术，有的是将类胡萝卜素溶于能与水混溶的介质中，有的是将胡萝卜素制成极细的微晶状，比较实用的一种是将类胡萝卜素吸附在明胶或可溶性的糖类载体（如环糊精）上，经喷雾干燥制成“微胶相分散体”，可“溶”于水，用于饮料、乳品、糖浆、面条等食品着色。

商品用类胡萝卜素都是人工合成的，主要有下列 4 种：β-胡萝卜素、杏菌红素、从-8-β-胡萝卜醛、从-8′-β-胡萝卜酸乙酯。

类胡萝卜素是食物中的正常成分，本品最大的优点是无毒无害。动物及人体实验证明，即使摄入过多对机体也无损害，因此作为食品添加剂使用时，不限制使用量。

类胡萝卜素具有抗氧化活性。因为类胡萝卜素已被氧化，所以类胡萝卜素可在细胞内或活体外对单重态氧引起的反应起保护作用，在低氧分压时可抑制脂肪的过氧化作用。当有分子氧、光敏化剂（即叶绿素）和光存在时，细胞可产生单重态氧，类胡萝卜素可猝灭单重态氧，因而可保护细胞免受氧化破坏。

第三节 酚类色素

酚类色素是植物中水溶性色素的主要部分，可以分为花色苷、花黄素和鞣质 3 大类，其中鞣质既是呈味（涩味）物质，也是呈色物质，它们都是多元酚衍生物。

一、花色苷类

花色苷类是一大类主要的水溶性植物色素，花色苷具有蓝色、深红色、红色及橙色等颜色，蔬菜、水果、花卉等所具有的五彩缤纷之颜色大多与花色苷有关。

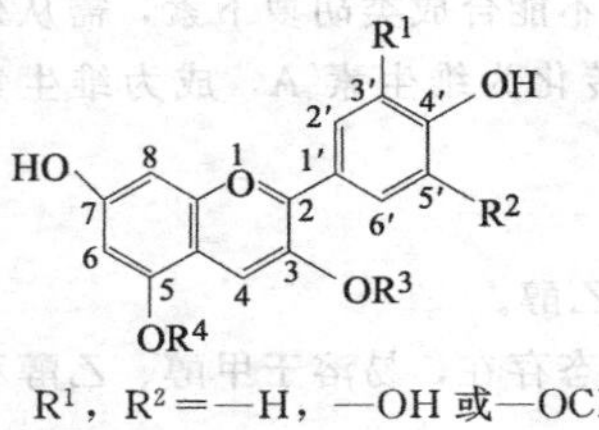

R^1，R^2＝—H，—OH 或—OCH_3

R^3＝糖基

R^4＝—H 或糖基

图 14-8 花色苷的基本结构

1. 花色苷的化学结构

花色苷的基本结构为 2-苯基苯并吡喃（如图 14-8 所示）。

2. 花色苷在食品生产中的应用

天然花色苷来源丰富，提取容易，是良好的食用色素资源，主要有下列几种来源的花色苷制剂。

(1) 紫葡萄色素 含于紫葡萄的皮中，主成分为 3-β-葡萄糖苷基锦葵色素及 3，5-二葡萄糖苷基锦葵色素，通常由葡萄酒厂下脚料葡萄皮中提取。

(2) 朱槿色素 含于木槿属植物如朱槿及玫瑰茄（山茄）等的花瓣和萼苞中，主成分为飞燕草色素及矢车菊色素的苷，在室温下即可用水抽提。

(3) 蔓越橘色素 是矮小灌木蔓越橘浆果果皮中的色素，主要成分为 3-半乳糖苷基矢车菊色素、3-半乳糖苷基芍药色素及 3-葡萄糖苷基矢车菊色素。

(4) 紫苏色素 存在于紫苏叶中，主要成分为 3,5-二葡萄糖苷基矢车菊色素及 3-葡萄糖苷基飞燕草色素。

(5) 紫玉米色素 是从原产热带的一种紫色玉米的穗轴、种子及皮中提取的色素，主要成分不详。

二、花黄素类

花黄素类也是广泛分布于植物组织细胞中的水溶性色素物质，常为浅黄色，有时为鲜明橙黄色。食用植物的橙黄与橙红颜色主要是由类胡萝卜素赋予的。

1. 花黄素类的化学结构

花黄素类主要包括黄酮及其衍生物，称为黄色黄酮物质。此类物质已知者近 400 种，并且还在不断有新的发现。

黄酮类的结构母核是 2-苯基苯并吡喃酮。最重要的黄酮类物质是黄酮与黄酮醇衍生物。此外，还有查耳酮、金酮、黄烷酮、异黄烷酮和双黄酮等的衍生物也比较重要。黄酮类物质的结构如图 14-9 所示。

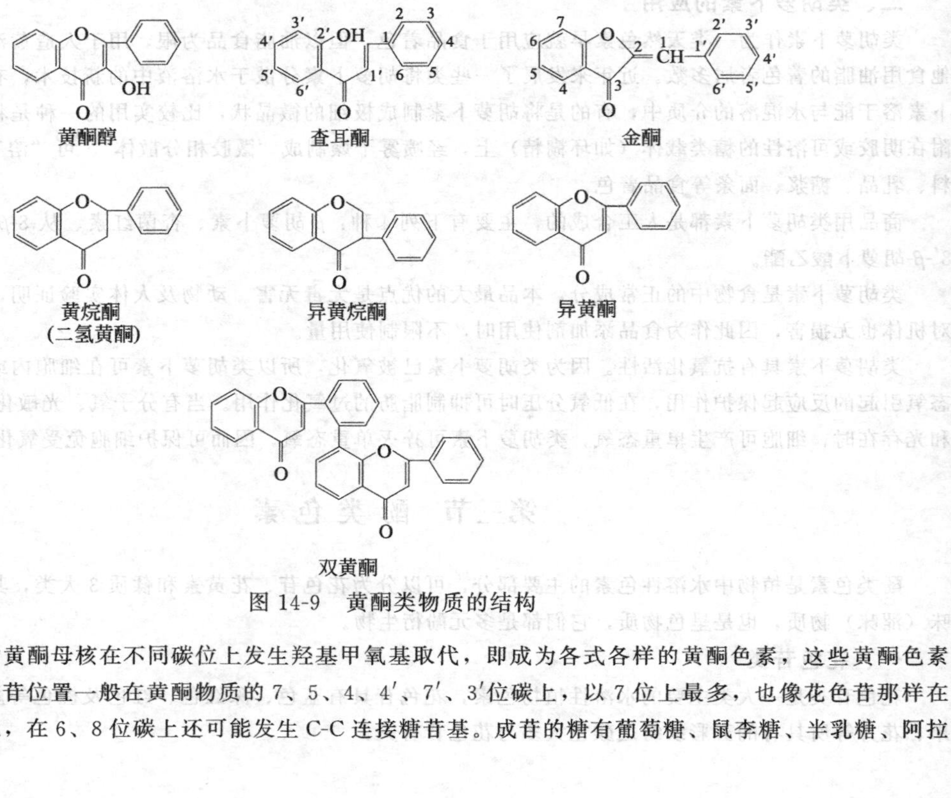

黄酮醇　查耳酮　金酮

黄烷酮（二氢黄酮）　异黄烷酮　异黄酮

双黄酮

图 14-9 黄酮类物质的结构

由上述各种黄酮母核在不同碳位上发生羟基甲氧基取代，即成为各式各样的黄酮色素，这些黄酮色素也和糖成苷，成苷位置一般在黄酮物质的 7、5、4、4′、7′、3′位碳上，以 7 位上最多，也像花色苷那样在糖苷基上酰基化，在 6、8 位碳上还可能发生 C-C 连接糖苷基。成苷的糖有葡萄糖、鼠李糖、半乳糖、阿拉伯糖、木糖、芹菜糖和葡萄糖酸。比较常见和重要的黄酮色素及其苷举例如下。

（1）杨梅素　化学名称 5，7，3′，4′，5′-五羟基黄酮醇。3-鼠李糖苷基杨梅素称为杨梅苷。

（2）槲皮素　又译栎素，化学名称 5，7，3′，4′-四羟基黄酮醇。广泛存在于苹果、梨、柑橘、洋葱、茶叶、啤酒花、玉米、芦笋等中。在苹果中的槲皮素苷是 3-半乳糖苷基槲皮素，称为海棠苷，玉米中为 3-葡萄糖苷基槲皮素，称为异槲皮苷，柑橘中的芸香苷是 3-β-芸香糖苷基槲皮素。

（3）旃那素　化学名称 5，7，4′-三羟基黄酮醇。茶叶中的 3-葡萄糖苷基旃那素叫作黄芪苷。

（4）圣草素　化学名称 5，7，3′，4′-四羟基黄酮。以柑橘类果实中含量最多，在柠檬等柑橘类水果中的 7-鼠李糖苷基圣草素称为圣草苷，是维生素 P 的组分之一。

（5）橙皮素（hesperidin）　化学名称 5，7，3′-三羟基-4′-甲氧基黄烷酮。橙皮素大量存在于柑橘皮中，在 7 碳位上与芸香糖成苷，称橙皮苷（hesperidin）；在 7 位碳上与 β-新橙皮糖成苷，称新橙皮苷（neohesperidin）。

（6）柚皮素　化学名称 5，7，4′-三羟基黄烷酮。在 7 位碳上与新橙皮糖成苷，称柚皮苷。

（7）香橼素　化学名称 5，7-二羟基-2′-甲氧基黄烷酮，在 5 位碳上与芸香糖成苷，称香橼苷。

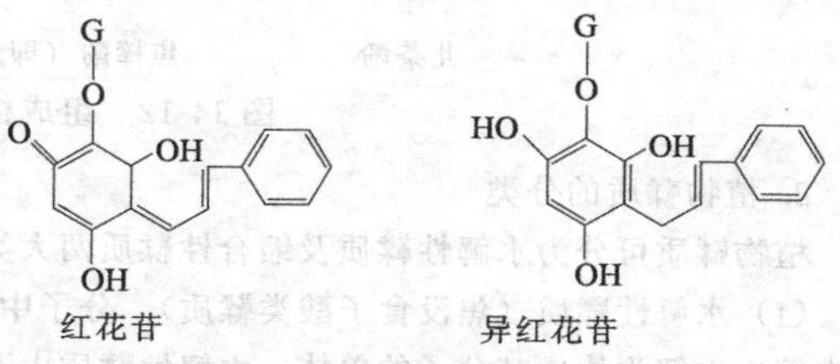

图 14-10　红花苷与异红花苷结构

G—葡萄糖

（8）红花素　一种查耳酮类色素，是存在于菊科植物红花中的红色色素，用作食用色素已很久。自然状态下与葡萄糖成苷，称红花苷。不易溶于水而易溶于稀酸、稀碱，当用稀盐酸处理时，转化为黄色的异构体异红花素。红花苷与异红花苷结构如图 14-10 所示。

2. 花黄素的性质及其在食品中的重要性

黄酮类的颜色自浅黄以至无色，鲜见明显黄色，但在遇碱时却会变成明显的黄色。其机制是黄酮类物质在碱性条件下，其苯并吡喃酮 1，2 位碳间的 C—O 键打开成查耳酮型结构所致，各种查耳酮的颜色自浅黄以至深黄不等。橙皮素与橙皮素查耳酮的结构如图 14-11 所示。

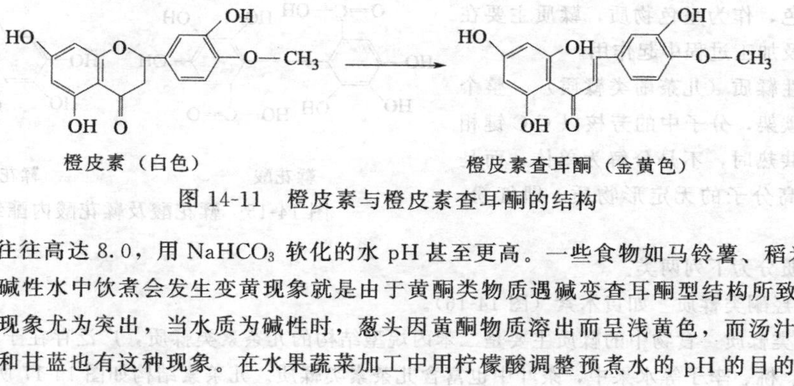

橙皮素（白色）　　橙皮素查耳酮（金黄色）

图 14-11　橙皮素与橙皮素查耳酮的结构

硬水的 pH 往往高达 8.0，用 $NaHCO_3$ 软化的水 pH 甚至更高。一些食物如马铃薯、稻米、小麦面粉、芦笋、荸荠等在碱性水中饮煮会发生变黄现象就是由于黄酮类物质遇碱变查耳酮型结构所致。洋葱特别是黄皮种的，这种现象尤为突出，当水质为碱性时，葱头因黄酮物质溶出而呈浅黄色，而汤汁则因而呈鲜明的黄色，花椰菜和甘蓝也有这种现象。在水果蔬菜加工中用柠檬酸调整预煮水的 pH 的目的之一就在于控制黄酮色素的变化。

在酸性条件下，查耳酮又回复为闭环结构，于是颜色消失。黄酮类物质遇铁离子可变成蓝绿色。

在黄酮类物质中，槲皮素、旃那素及杨梅素是 3 种分布最广泛和最丰富的黄酮醇，在茶叶中这 3 种黄酮醇及其苷占可溶性固形物的大部分。

槲皮素、橙皮素、香橼素、圣草素等在生理上具有降低血管通透性的作用，是所谓维生素 P 的组成成分。芸香苷，即芦丁（rutin，3-芸香糖槲皮素苷）广泛分布于植物性食物，特别是柑橘、芦笋中，食品工业中利用柑橘皮、芦笋加工的下脚料等作为原料生产药用芦丁，作为良好的降血压药物。罐藏的芦笋呈淡淡的黄色，是槲皮素等黄酮与锡反应的结果。

三、植物鞣质

在植物中含有一种具有鞣革性能的物质，称为植物鞣质，简称鞣质或单宁质。鞣质在某些植物中含量极高，成为工业用植物鞣质的原料。有些食用植物在未成熟时含有大量鞣质，鞣质有涩味，是植物可食部分涩味的主要原因。在化学上，鞣质是高分子多元酚衍生物，具有沉淀生物碱、明胶和其他蛋白质的能力，易氧化，易与金属离子反应生成黑褐色物质。因鞣质具有沉淀蛋白质的能力，所以可作为一种有价值的澄清剂。

1. 植物鞣质的基本化学结构单元

组成植物鞣质的主要单体见图 14-12。

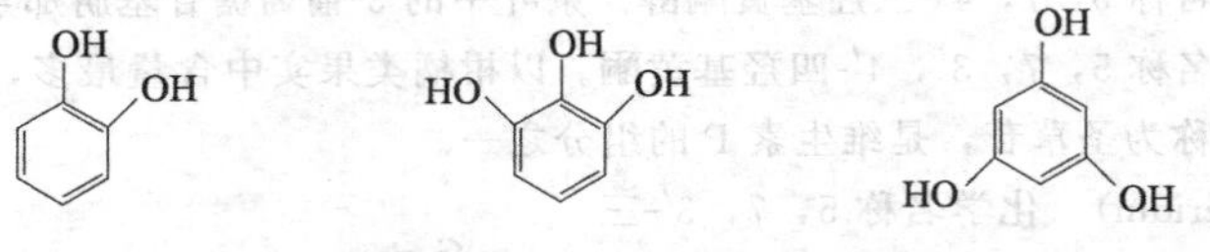

儿茶酚　　焦棓酚（即焦没食子酸）　　根皮酚

图 14-12 组成植物鞣质的主要单体

2. 植物鞣质的分类

植物鞣质可分为水解性鞣质及缩合性鞣质两大类。

(1) 水解性鞣质（焦没食子酸类鞣质） 分子中的芳核通过酯键联系，很易在温和条件下（稀酸、酶、煮沸等）水解为构成其分子的单体。水解性鞣质由下列 3 类单元结构反复缩聚而成大分子。

① 缩酯类鞣质 酚酸与酚酸或其他酸所成的酯（或酐），如对双没食子酸（结构如图 14-13 所示）。

② 单宁类鞣质 酚酸与多元醇、糖类所成的酯（或苷），如没食子酸葡萄糖苷（结构如图 14-14 所示）。

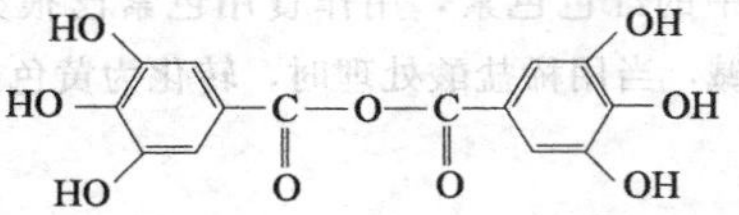

图 14-13 对双没食子酸结构 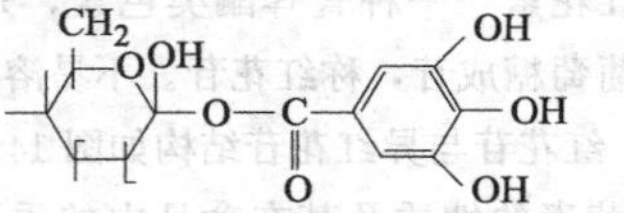　　图 14-14 没食子酸葡萄糖苷结构

③ 鞣花酸类鞣质 水解产物中有鞣花酸。鞣花酸及鞣花酸内酯结构如图 14-15 所示。

遇三价铁离子时，焦没食子酸类型的鞣质呈微蓝色的黑色，作为呈色物质，鞣质主要在植物组织受损及加工过程中起作用。

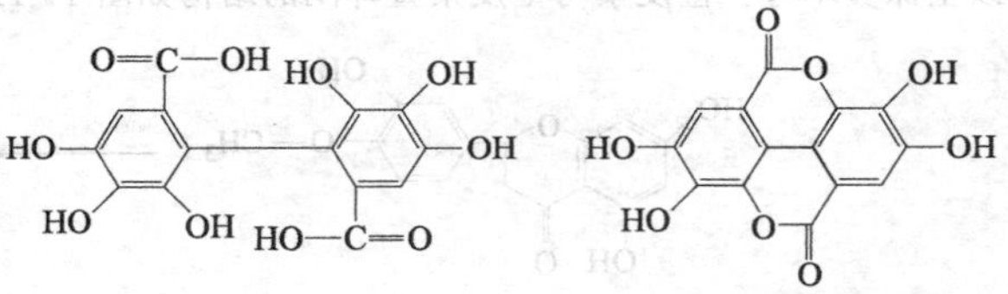

鞣花酸　　鞣花酸内酯

图 14-15 鞣花酸及鞣花酸内酯结构

(2) 缩合性鞣质（儿茶酚类鞣质） 整个分子具有单一碳架，分子中的芳核以 C-C 键相连，当与稀酸共热时，不是分解为单体，而是进一步缩合为高分子的无定形物质，即红粉，又称单宁红。

缩合性鞣质分为下列两类。

① 芳香族羟酮类鞣质 如黄木素（图 14-16）。

② 儿茶素类鞣质 食物中的鞣质主要是二苯丙烷型结构的儿茶素类鞣质，广泛存在于植物界中，特别是葡萄、苹果、桃、李子等水果中，茶叶中也富含儿茶素类鞣质。儿茶素结构如图 14-17 所示。

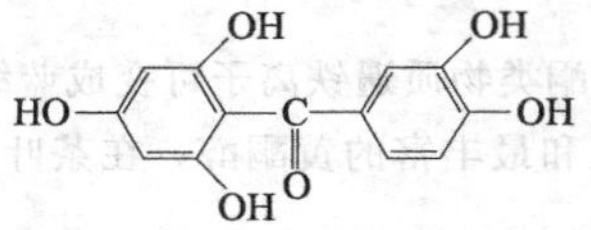

图 14-16 黄木素结构 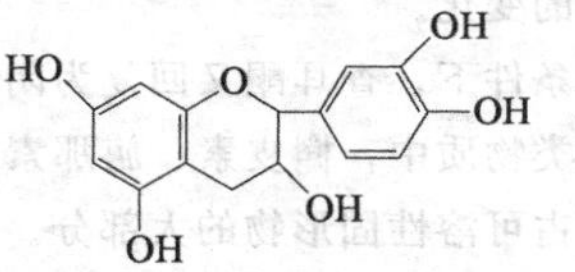　　图 14-17 儿茶素结构

复 习 题

一、名词解释

色素、鞣质、血红素

二、填空题

1. 食物中的天然色素就来源而言可分为________、________和________，其中________是构成食物色泽的主体。食物色素就其来源可分为________和________两大类，其中________经近年的研究，发现有的色素对人体有不同程度的伤害。

2. 从化学结构类型来区分，色素可分为________、________、________、________、________及其他种类。

3. 许多食物色素对________、________、________、________和氧等条件敏感，所以在加工和贮存过程中不太稳定，影响产品色泽。

4. 生物组织中天然吡咯色素主要有动物组织中的________和植物组织中的________。

5. 叶绿素与血红素的不同点在于________不同和卟啉结构中的金属元素是________。叶绿素根据其侧链的不同，可分为________和________两类。

6. 多烯色素又总称为________，将其按结构和溶解性质可分为________和________两类。

7. 花色苷的色泽与结构有如下关系：随着羟基数的增多，颜色向________方向增强；随着甲氧基增多，颜色向________方向变动；在C5位上接上糖苷基则色泽加深。

三、简答题

1. 为什么说新鲜的颜色变化是一动态反应？

2. 简述血红素的性质。

3. 为什么螃蟹煮熟后颜色变为砖红色？

4. 酚类色素主要包括几大类？简述各类的主要性质及其在食品加工中的应用。

第二篇　生物化学实验

第一部分　实验室规则与安全
第二部分　实验室操作技能
第三部分　实验项目

第一部分　实验室规则与安全

一、实验前认真预习实验内容，熟悉实验目的、原理和方法。了解所需使用的仪器。

二、实验时自觉遵守课堂纪律，严格按操作规程操作，既要独立操作又要与其他同学配合。

三、精心爱护各种仪器。学期初按仪器清单认领一套常规器材，并使用保管至实验课全部结束。每次完成实验后应将仪器清洗干净并归放原处。实验所需的其他仪器按规定借还。如有损坏或遗失需要说明原因，经辅导老师签名后方可补领，并按规定赔偿。精密贵重仪器每次使用后应登记姓名并记录仪器使用情况。要随时保持仪器的清洁。如发生故障，应立即停止使用并报告辅导教师。

四、实验数据和现象应随时记录在实验本上（不要记在纸上!）。实验结束后，实验记录必须送辅导教师审阅后才能写实验报告或离开实验室。

五、注意节约。按需要量取用药品、试剂及蒸馏水等各种物品。

六、公用仪器、药品用后放回原处。不要用个人的吸管量取公用药品，多余的药品不得倾入原试剂瓶内。特别注意公用试剂瓶的瓶塞要随开随盖，不要搞错。

七、保存在冰箱或冷室中的任何物品都应加盖并注明保存者的姓名、班级、日期和内容物。

八、保持台面、地面、水槽及室内整洁。含强酸强碱的废液应倒入废液缸中。

九、注意安全。凡发生烟雾、有毒气体和不良气味的实验均应在通风橱内进行，不得将含有易燃溶剂的实验容器接近火焰。漏电的设备一律不得使用。严禁用口吸取有毒药品和试剂，严禁皮肤接触浓酸浓碱及其他有毒物品和试剂。

十、实验室的一切物品，未经教师批准严禁携出室外，借物必须办理登记手续。

十一、由学生轮流值日，值日生要负责当天实验室的卫生、安全和服务性工作。

第二部分 实验室操作技能

一、分光光度计的使用

分光光度法是利用物质对某一波长的光有选择性吸收的特性，来确定物质性质和含量的分析方法。由于各种物质分子结构不同，其吸收光谱也不同，所以又分为紫外分光光度法、可见光分光光度法、红外分光光度法、微波吸收光谱、核磁共振等方法。常用的分光光度计有721型（为可见光分光光度计，其波长范围为360～800nm）、722型、751型、752型（为可见光和紫外光分光光度计，其波长范围为200～1000nm）等型号。分光光度法已成为近代化学和许多现代科学研究领域中对物质进行定量分析和结构研究的重要手段。分光光度法具有简便、快捷、灵敏度高等特点。

下面仅介绍722型分光光度计的结构组成、实验原理、使用方法及注意事项。

（一）主要组成部件（图1）

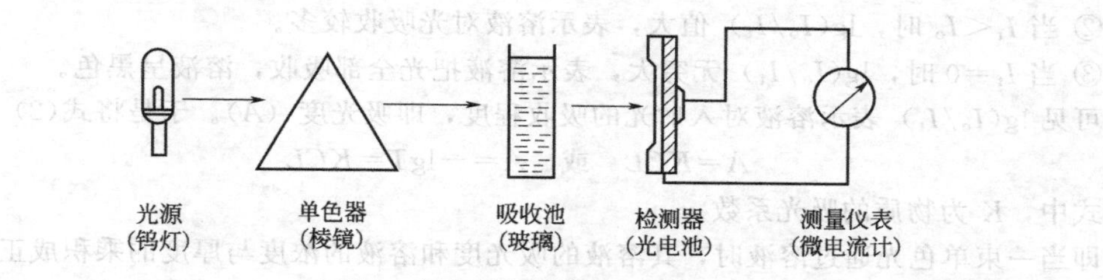

图1 分光光度计的基本结构

① 光源。12V 25W“激励钨丝灯泡”。

② 单色器。玻璃棱镜、光狭缝为弧形固定式。

③ 比色杯。玻璃比色杯（可见光区用玻璃比色杯，紫外光区必须用石英比色杯），比色杯光径愈大，吸收光能愈多，灵敏度愈高。

④ 光电元件。光电管（光电管灵敏度虽比光电池小，但经光电管出来的光电流可以放大，而经光电池出来的光电流不易放大，并且光电池易疲乏）。

⑤ 检测单元。由放大器和读数元件组成，其读数元件为直读型。

（二）实验原理

以12V 25W“激励钨丝灯泡”为光源，经透镜聚光后射入单色光器内，经棱镜色散，反射到准直镜，穿狭缝得到波长范围更窄的光波作为入射光，进入比色杯，透出的光波被受光器光电管接受，产生光电流，再经放大，在微安表上反映出电流的大小，可直接读出比色杯中物质的吸光度。然后，根据物质的吸光度可求取物质含量。

一般来说，自然光通过棱镜可分解为红、橙、黄、绿、青、蓝、紫等各色单色光，它们都具有一定的波长范围（见表1）。有色物质溶液的颜色则与浓度有关，浓度越大，颜色越深，质点越多，吸光度越强。

表1 各单色光的波长范围

光色	紫外	紫	蓝	青	绿	黄	橙	红	红外
波长/nm	400	430	480	500	560	590	620	760	

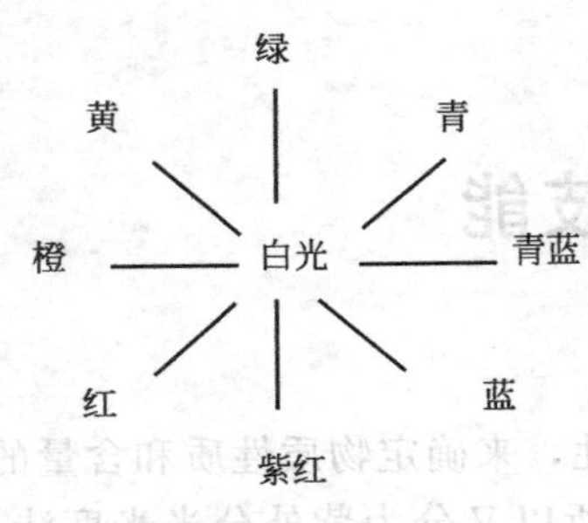

图2 光色互补关系

由于物质分子的结构不同，所表现的吸收光谱也不同。含有共轭双键的化合物对紫外光有较强的吸收作用；而有色物质则对物质颜色的互补色有显著的吸收作用。例如，$CuSO_4$ 溶液呈蓝色，则对其互补的黄色有较强的吸收。光色互补关系见图2。

物质的吸收强度与物质含量的关系符合 Lambert-Beer 定律，当一束单色光通过溶液时，入射光（I_o）一部分被溶液吸收（I_a），另一部分则透过溶液（I_t）。其关系：$I_o=I_a+I_t$

透过光大小常用 I_t/I_o 表示，透光度用 T 表示。显然，透光度与溶液的浓度（C）、厚度（L）有关。当入射光强度一定时，溶液浓度越大、厚度越大，则透过的光越少。其数学表达式为：

$$\lg(I_t/I_o)=-KCL \tag{1}$$

整理式(1) 得

$$\lg(I_o/I_t)=KCL \tag{2}$$

$\lg(I_o/I_t)$ 的物理意义如下：

① 当 $I_t=I_o$ 时，$\lg(I_o/I_t)=0$，表示溶液不吸收光，溶液呈无色透光。

② 当 $I_t<I_o$ 时，$\lg(I_o/I_t)$ 值大，表示溶液对光吸收较多。

③ 当 $I_t=0$ 时，$\lg(I_o/I_t)$ 无穷大，表示溶液把光全部吸收，溶液呈黑色。

可见 $\lg(I_o/I_t)$ 表示溶液对入射光的吸收程度，即吸光度（A）。于是将式(2) 改写为：

$$A=KCL \quad 或 \quad A=-\lg T=KCL \tag{3}$$

式中，K 为物质的吸光系数。

即当一束单色光通过溶液时，其溶液的吸光度和溶液的浓度与厚度的乘积成正比。

在实际工作中，两种不同浓度的同种溶液，一种是已知浓度的标准液，另一种是未知浓度的待测液，在相同条件下测定二者的吸光度。

$$A_s=K_sC_sL_s \tag{4}$$

$$A_x=K_xC_xL_x \tag{5}$$

因为比色杯厚度相同，所以 $L_s=L_x$。

测定为同种物质，所以 $K_s=K_x$。

将式(4)、式(5) 两式相除得 C_x：

$$C_x=\frac{A_xC_s}{A_s}$$

此式为分光光度法计算待测物含量的基本公式。

（三）使用方法

① 将灵敏度旋钮调至“1”挡（放大倍率最小）。

② 开启电源，指示灯亮。将选择开关置于“T”。将波长调至测试波长。仪器预热 20min。

③ 将装有溶液的比色杯放入比色杯槽中，令参比溶液（空白对照）置入光路。

④ 打开样品室盖（光门自动关闭），调节“0”旋钮，使数字显示为“00.0”。

⑤ 盖上样品室盖，调节透光率“100%”旋钮，使数字显示为“100.0”。如调不到“100.0”数值，则将灵敏度旋钮调高一挡后，重复上述“0”与“100”旋钮的调节。

⑥ 连续重复3次上述“0”与“100”调整步骤。

⑦ 将被测样品置于光路中，数字表上直接显示出被测溶液的透光率（T）值。

⑧ 吸光度A的测量 仪器调T为0和100%后，将选择开关转换至“A”，旋动调零旋钮使数字显示为“.000”。然后移入被测溶液，数字显示值即为试样的吸光度A值。

⑨ 浓度C的测量 将选择开关由“A”旋至“C”，将标定浓度的样品溶液移入光路，调节浓度旋钮，使数字显示为标定值。再将被测样液移入光路，显示值即可读出相应的浓度值。

⑩ 测定完毕，关闭电源。

（四）注意事项

① 每台仪器所配套的比色杯，不能与其他仪器上的比色杯单个调换。

② 可见光范围用玻璃比色杯。比色杯由两个面组成，即透光面和毛玻璃面，在使用时要将透光面对准光路，勿用手触摸比色杯的透光面，比色杯盛液约2/3左右。

③ 每次测试完毕或更换样品液时必须打开样品室盖，以防光照过久使光电管疲劳。

④ 仪器在使用前先检查一下放大器暗盖的硅胶干燥筒（在仪器的左侧），如受潮变色，应更换干燥的蓝色硅胶，或者倒出原硅胶，烘干后再用。

二、标准曲线的绘制

用比色分析法和分光光度法进行定量测定时，要根据测得的吸光度快速求出溶液浓度。其方法有标准曲线法、标准单列法、等色法、差示法、催化比色法、比色滴定法等，但最常用的是标准曲线法，介绍如下。

1. 标准曲线的种类

标准曲线有两类3种，即A-C标准曲线和T-C标准曲线，其中T-C标准曲线有两种，分别为方格坐标纸和半对数坐标纸（如图3所示）。

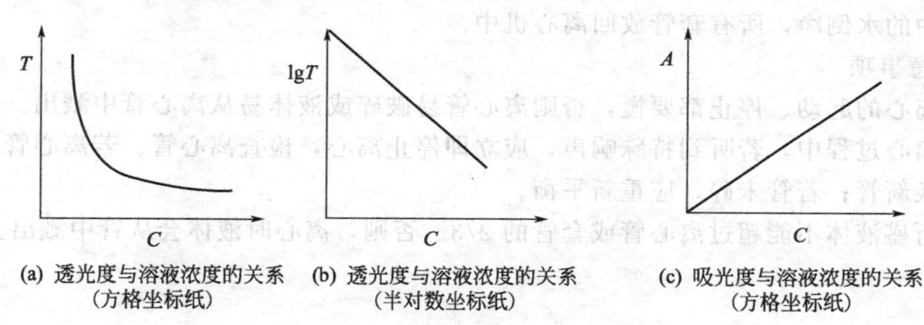

(a) 透光度与溶液浓度的关系（方格坐标纸） (b) 透光度与溶液浓度的关系（半对数坐标纸） (c) 吸光度与溶液浓度的关系（方格坐标纸）

图3 标准曲线的绘制模式图

2. 标准曲线的绘制及注意事项

（1）系列标准溶液的配制。配制待测物质（用分析纯或光谱纯）的标准溶液，并稀释成不同的倍数，使之成为一系列已知准确浓度的溶液（一般5～7份）。并且浓度应在光度计的测定范围之内。

（2）标准溶液吸光度（或透光度）的测定。在与样品同样的条件下（包括显色剂用量、测定温度、仪器、人员等）和待测物最大吸收波长下，依次测定系列标准溶液的吸光度。

（3）标准曲线的绘制。以吸光度为纵坐标、溶液浓度为横坐标，在方格坐标纸上描出各点；或以透光度为纵坐标、以溶液浓度为横坐标，在半对数坐标纸上描出各点。如果各点正好都在一条直线上，就非常理想。如果不在同一条直线上，则在绘制标准曲线时，应尽可能使各点距标准曲线最近，特别偏离的点应舍去。

（4）测定待测样品时，必须与标准溶液按同条件处理和相同测定环境下进行，以免发生仪器、试剂或人为误差。

（5）标准曲线只能供在同样条件下处理的被测溶液使用，因为测定值与标准曲线之间会因仪器性能、试剂的批号、用量及温度、时间等不同而有所变化，因而过一段时间后或试剂更新后，再使用原来的标准曲线就可能产生误差。

（6）标准曲线的检查校正。配制一份已知浓度的标准溶液（浓度在标准曲线读数范围内），按原标准曲线的条件处理该已知浓度的标准溶液，测其吸光度（或透光度），然后比较由标准曲线查出的浓度与已知浓度的差值，若差值在实验要求的允许范围内，标准曲线仍可使用，超出则需要重新绘制。

（7）标准曲线绘制完毕后，应在坐标纸上注明测定内容的名称、分光光度计的型号和波长、绘制日期等。

三、低速离心机的使用

1. 离心前检查

取出所有套管，起动空载的离心机，观察是否转动平稳；检查套管有无软垫，是否完好，内部有无异物；离心管与套管是否匹配。

2. 离心原则

（1）平衡。将一对离心管放入一对套管中，置于天平两侧，用滴管向较轻一侧的离心管与套管之间滴水至两侧平衡。

（2）对称。将已平衡好的一对管置于离心机中的对称位置。

3. 离心操作

对称放置配平后的一对管后，取出多余的套管，盖严离心机盖。调节转速调节钮，逐渐增加转速至所需值，记时。离心完毕后，缓慢将转速调回零。待离心机停稳后取出离心管，并将套管中的水倒净，所有套管放回离心机中。

4. 注意事项

（1）离心的起动、停止都要慢，否则离心管易破碎或液体易从离心管中溅出。

（2）离心过程中，若听到特殊响声，应立即停止离心，检查离心管。若离心管已碎，应清除并更换新管；若管未碎，应重新平衡。

（3）所盛液体不能超过离心管或套管的2/3。否则，离心时液体会从管中溅出。

第三部分 实验项目

实验一 蛋白质的性质实验

一、蛋白质的沉淀反应

1. 目的

(1) 加深对蛋白质胶体溶液稳定因素的认识。

(2) 了解沉淀蛋白质的几种方法及实用意义。

2. 原理

在水溶液中的蛋白质分子由于表面生成水化层和双电层而成为稳定的亲水胶体颗粒，在一定理化因素影响下，蛋白质颗粒可因失去电荷和脱水而沉淀。

(1) 可逆的沉淀反应 此时蛋白质分子的结构尚未发生显著变化，除去引起沉淀的因素后，沉淀的蛋白质仍能溶解于原来的溶剂中，并保持其天然性质而不变性，如大多数蛋白质的盐析作用或在低温下用乙醇（或丙酮）短时间作用于蛋白质。提纯蛋白质时，常利用此类反应。

(2) 不可逆的沉淀反应 此时蛋白质分子内部结构发生重大改变，蛋白质常变形而沉淀，不再溶于原来溶剂中。加热引起的蛋白质沉淀与重金属离子或某些有机酸的反应都属于此类。

蛋白质变性后，有时由于维持溶液稳定的条件仍然存在（如电荷），并不析出，因此变性蛋白质并不一定都表现为沉淀，而沉淀的蛋白质也未必都已变性。

3. 器材

试管及试管架；吸管；滴管；玻棒；药匙；离心机。

4. 试剂

(1) 卵清蛋白溶液 取 10mL 鸡蛋清加蒸馏水 200mL 顺一个方向搅匀后，用 2～3 层纱布过滤，冷藏备用。加入少量氯化钠可加速球蛋白溶解。

(2) 饱和硫酸铵溶液。

(3) 硫酸铵结晶粉末。

(4) 95％乙醇。

(5) 2％硝酸银溶液。

(6) 0.5％乙酸铅溶液。

(7) 1％$CuSO_4$ 溶液。

(8) 10％三氯乙酸溶液。

(9) 5％磺基水杨酸溶液。

5. 操作步骤

(1) 蛋白质的盐析 无机盐（硫酸铵、硫酸钠、氯化钠等）的浓溶液能析出蛋白质。盐的浓度不同，析出的蛋白质也不同，叫分段盐析。当降低其盐类浓度时，由盐析获得的蛋白质沉淀又能再溶解，故蛋白质的盐析作用是可逆过程。

操作：加 5％卵清蛋白溶液 3mL 于试管 1 中，再加等量饱和硫酸铵溶液，混匀后静置数分钟则析出球蛋白的沉淀。倒出上清液于试管 2 中。取少量浑浊沉淀，加少量水，观察是否溶解。向试管 2 上清液中添加硫酸铵粉末到不再溶解为止，此时析出的沉淀为清蛋白。取出部分清蛋白，加少量蒸馏水，观察沉淀的再溶解。若沉淀现象不明显，可用离心机离心。

（2）酒精沉淀蛋白质　乙醇、丙酮等一类有机溶剂能破坏蛋白质胶体颗粒的水化层，使蛋白质沉淀析出。如果溶液中有少量中性盐（如氯化钠），可加速沉淀。

操作：取蛋白质的氯化钠溶液 1mL，加入 95%乙醇 2mL，混匀，观察沉淀析出和溶解情况。

（3）重金属盐沉淀蛋白质　蛋白质与重金属离子结合成不溶性盐类而沉淀。

操作：取 3 支试管，均加入约 1mL 蛋白质溶液，再分别向 3 支试管逐滴加入 2% $AgNO_3$溶液，0.5%乙酸铅溶液，1%$CuSO_4$ 溶液，观察沉淀生成和再溶解情况。

（4）有机酸沉淀蛋白质　有机酸负离子与蛋白质正离子反应生成沉淀。这是从溶液中沉淀蛋白质的常用方法。此方法可检验尿液中是否有蛋白质存在。

操作：取 2 支试管，均加入蛋白质溶液约 1mL，然后分别滴加 10%三氯乙酸和 5%磺基水杨酸溶液 3 滴，蛋白质即沉淀析出。摇匀后，放置片刻，倾去上清液，向沉淀中加入少量水，观察沉淀是否溶解。

二、蛋白质及氨基酸的呈色反应

1. 目的

（1）了解构成蛋白质的基本结构单位及主要连接方式。

（2）了解蛋白质和某些氨基酸的呈色反应原理。

2. 器材

试管及试管架、试管夹；吸管；滴管；玻棒；药匙；酒精灯；头发或指甲。

3. 试剂

（1）2%卵清蛋白溶液。

（2）尿素。

（3）10%氢氧化钠溶液。

（4）1%硫酸铜溶液。

（5）0.5%甘氨酸溶液。

（6）0.1%茚三酮水溶液。

（7）0.1%茚三酮乙醇溶液。

（8）浓硝酸。

（9）0.3%酪氨酸溶液。

4. 操作步骤

（1）双缩脲反应

① 原理　尿素加热至 180℃左右，生成双缩脲并放出一分子氨。双缩脲在碱性环境中能与铜离子结合生成紫红色化合物，此反应称为双缩脲反应。蛋白质分子中有肽键，其结构与双缩脲相似，也能发生此反应。可用于蛋白质的定性或定量测定。

② 操作　取少量尿素结晶，放在干燥试管中。用微火加热时尿素熔化。熔化的尿素开始硬化时，停止加热，尿素放氨，形成双缩脲。冷后，加 10%氢氧化钠溶液约 1mL，振荡混匀，再加 1%硫酸铜溶液 1 滴，再振荡。观察出现的粉红颜色。要避免添加过量硫酸铜，否则，生成的蓝色氢氧化铜能掩盖粉红色。

向另一试管加 2%卵清蛋白溶液约 1mL 和 10%氢氧化钠溶液约 2mL，摇匀，再加 1%硫酸铜溶液 2 滴，随加随摇。观察紫玫瑰色的出现。

（2）茚三酮反应

① 原理　除脯氨酸、羟脯氨酸和茚三酮反应产生黄色物质外，所有 α-氨基酸以及一切蛋白质都能和茚三酮反应生成蓝紫色物质。

茚三酮反应分为两步，第一步是氨基酸与水合茚三酮作用，氨基酸被氧化形成 CO_2、NH_3 和醛，同时水合茚三酮被还原成还原型茚三酮；第二步是所形成的还原型茚三酮同另一个水合茚三酮分子和氨缩合生成有色物质。

该反应十分灵敏，1∶1500000 浓度的氨基酸水溶液即能给出反应，是一种常用的氨基酸定量测定方法。

② 操作　取 2 支试管分别加入蛋白质溶液和甘氨酸溶液 1mL，再各加 0.5mL 0.1%茚三酮水溶液，混匀，在沸水浴中加热 1～2min，观察颜色由粉色变成紫红色再变蓝。

在一小块滤纸上滴一滴 0.5%甘氨酸溶液，风干后，再在原处滴一滴 0.1%茚三酮乙醇溶液，在微火旁烘干显色，观察紫红色斑点的出现。

（3）黄色反应

① 原理　含有苯环结构的氨基酸，如酪氨酸和色氨酸，遇硝酸后，可被硝化成黄色物质，该化合物在碱性溶液中进一步形成深橙色的硝醌钠。多数蛋白质含有酪氨酸和色氨酸，所以也可产生黄色反应。

② 操作　向 3 个试管中分别按表 2 加入试剂，观察各管出现的现象，有的试管反应慢，可放置或用微火加热。待各管出现黄色后，于室温下逐滴加入 10%氢氧化钠溶液至碱性，观察颜色变化。

表 2　蛋白质的黄色反应实验

项　目	管　号		
	1	2	3
材料	鸡蛋清溶液 4 滴	头发或指甲少许	0.3%酪氨酸 4 滴
浓硝酸	2 滴	2mL	4 滴
现象			

三、思考题

什么叫盐析？为什么中性盐会使蛋白质沉淀？

实验二　氨基酸纸色谱

一、实验目的

1. 进一步熟悉氨基酸的性质。
2. 学会单向色谱法的原理及操作技术。

二、实验原理

分配色谱是利用不同的物质在两种互不混溶的溶剂中的分配系数不同而使物质分离的一种方法。

纸色谱法是用滤纸为支持物的分配色谱法。纸色谱的扩展剂大多由水和有机溶剂组成。滤纸纤维与水的亲和力强，与有机溶剂的亲和力弱，在扩展时，水是固定相，滤纸是固定相的支持物，有机溶剂是流动相，它沿滤纸移动。

将氨基酸溶液点在滤纸的一端（此点称为原点），由扩展剂经上行法进行扩展，推动氨基酸在两相溶剂中不断进行分配。由于各氨基酸在两相中的分配系数不同，因此移动速度也

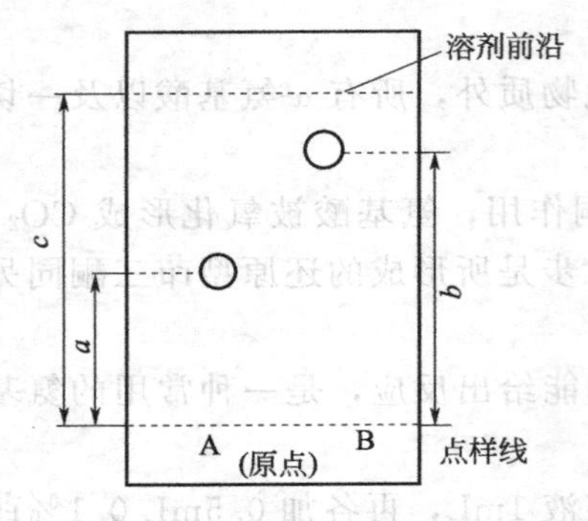

图4 氨基酸的纸色谱示意

不同。在固定相中分配趋势较大的溶质随流动相移动得慢，反之在流动相中分配趋势较大的溶质移动速度快。于是在流动相移动一定距离后，形成了离原点距离不等的色谱点。

氨基酸是无色的，利用茚三酮反应，可将氨基酸显色，在滤纸上得到紫色的色谱点（图4）。脯氨酸和羟脯氨酸为黄色色谱点。每个色谱点代表一种氨基酸，各氨基酸在图谱上的位置常用迁移率 R_f 表示。

$$R_f=\frac{\text{原点到色谱点中心的距离}}{\text{原点到溶剂前沿的距离}}$$

例如，样品 A 的 $R_f=\frac{a}{c}$，样品 B 的 $R_f=\frac{b}{c}$。

在一定的条件下，氨基酸的 R_f 值是一常数，不同的氨基酸有不同的 R_f 值。在同样条件下，作标准氨基酸图谱与未知样品氨基酸图谱进行对照，便可确定样品中的氨基酸类型。

三、实验器材

展开槽；毛细管；喷雾器；培养皿；色谱滤纸（新华一号）；吹风机或干燥箱；直尺、针、线、铅笔。

四、实验试剂

(1) 扩展剂　将4份正丁醇和1份冰醋酸放入分液漏斗中，与3份水混合，充分振荡，静置后分层。放出下层水层，漏斗内的即为扩展剂。如此制取扩展剂600mL。

(2) 氨基酸溶液　0.5%的赖氨酸、甘氨酸、谷氨酸溶液及它们的混合液（各组分浓度均为0.5%）各5mL。

(3) 显色剂　0.1%水合茚三酮正丁醇溶液100mL。

五、操作步骤

(1) 将盛有平衡溶剂的小烧杯置于密闭的展开槽中。

(2) 取色谱纸（长22cm、宽14cm）一张。在纸的一端距边缘2～3cm处用铅笔划一条直线，在此直线上每间隔2cm作一记号（如图5）。

(3) 点样　用毛细管将各氨基酸样品分别点在这4个位置上，干后再点一次。每点在纸上扩散的直径最大不超过3mm。

(4) 扩展　用线将滤纸缝成筒状，纸的两边不能接触。将盛有约20mL扩展剂的培养皿迅速置于密闭的展开槽中，并将滤纸直立于培养皿中（点样的一端在下，扩展剂的液面需低于点样线1cm）。待溶剂上升15～20cm时即取出滤纸，用铅笔描出溶剂前沿界线，自然干燥或用吹风机热风吹干。

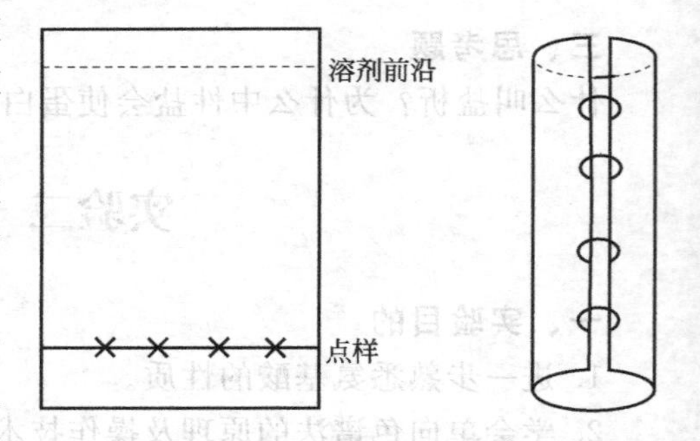

图5 氨基酸纸色谱操作示意

(5) 显色　用喷雾器均匀喷上0.1%茚三酮正丁醇溶液，然后置烘箱中烘烤5min（100℃）或用热风吹干即可显出各色谱斑点。

(6) 计算各种氨基酸的 R_f 值。

六、思考题

1. 何谓纸色谱法？

2. 何谓 R_f 值？影响 R_f 值的主要因素是什么？

3. 怎样制备扩展剂？

4. 展开槽中平衡溶剂的作用是什么？

实验三　蛋白质等电点的测定

一、实验目的

1. 了解蛋白质的两性解离性质。

2. 学会测定蛋白质等电点的方法。

二、实验原理

蛋白质由许多氨基酸组成，虽然绝大多数的氨基与羧基成肽键组合，但是总有一定数量自由的氨基与羧基，以及酚基、巯基、胍基、咪唑基等酸碱基团，因此蛋白质和氨基酸一样是两性电解质。调节溶液的酸碱度达到一定的 pH 值时，蛋白质分子所带的正电荷和负电荷相等，以兼性离子状态出现，净电荷为零，在电场内既不向阴极移动，也不向阳极移动，这时溶液的 pH 值称为该蛋白质的等电点（p*I*）。

在等电点时蛋白质的溶解度最小，容易沉淀析出。

本实验借助观察在不同 pH 溶液中的溶解度以测定酪蛋白的等电点。用乙酸与乙酸钠（乙酸钠混合在酪蛋白溶液中）配制成各种不同 pH 值的缓冲液。向诸缓冲溶液中加入酪蛋白后，沉淀出现最多的缓冲液的 pH 值即为酪蛋白的等电点。

三、实验器材

试管及试管架；滴管；吸量管（1mL、2mL、5mL）。

四、实验试剂

（1）乙酸溶液　1.00mol/L；0.10mol/L；0.01mol/L。

（2）盐酸溶液　0.02mol/L。

（3）酪蛋白乙酸钠溶液　称取纯酪蛋白 0.25g，加蒸馏水 20mL 及 1.00mol/L 氢氧化钠溶液 5mL（必须准确），摇荡使酪蛋白溶解。然后加 1.00mol/L 乙酸 5mL（必须准确），倒入 50mL 容量瓶内，用蒸馏水稀释至刻度，混匀，结果是酪蛋白溶于 0.01mol/L 乙酸钠溶液内，酪蛋白的浓度为 0.5%。

五、操作步骤

取 9 支洁净、干燥的试管，编号后按表 3 顺序在各管中加入蛋白质胶液，并准确地加入蒸馏水和各种浓度的乙酸溶液，加入每种试剂后立即摇匀。

表 3　酪蛋白等电点测定实验　　单位：mL

项目 \ 试管编号		1	2	3	4	5	6	7	8	9
加入的试剂	蒸馏水	2.4	3.2	—	2.0	3.0	3.5	1.5	2.75	3.38
	1.00mol/L 乙酸溶液	1.6	0.8	—	—	—	—	—	—	—
	0.10mol/L 乙酸溶液	—	—	4.0	2.0	1.0	0.5	—	—	—
	0.01mol/L 乙酸溶液	—	—	—	—	—	—	2.5	1.25	0.62
	酪蛋白乙酸钠溶液	1.0	1.0	1.0	1.0	1.0	1.0	1.0	1.0	1.0
溶液的最终 pH		3.5	3.8	4.1	4.4	4.7	5.0	5.3	5.6	5.9
沉淀出现的情况										

六、结果处理

静置约 20min，观察各管产生的浑浊程度，并根据浑浊度来判断酪蛋白的等电点。观察时可用“+”、“++”、“+++”表示浑浊度。

七、思考题

1. 何谓蛋白质的等电点？

2. 在等电点时蛋白质的溶解度为什么最低？请结合实验结果和蛋白质的胶体性质加以说明。

3. 在本试验中，酪蛋白处于等电点时则从溶液中沉淀析出，所以说凡是蛋白质在等电点时必然沉淀出来。上面这种结论对吗？为什么？请举例说明。

说明：该实验要求各种试剂的浓度和加入量必须十分准确，实验中要精心配制各种试剂溶液并严格按照定量分析的操作进行。

实验四　血清蛋白醋酸纤维薄膜电泳

一、实验目的

1. 了解电泳技术的一般原理。

2. 学习醋酸纤维薄膜电泳的操作技术。

二、实验原理

蛋白质是两性电解质。在 pH 值小于等电点的溶液中，蛋白质带正电荷，为阳离子，在电场中向阴极移动；反之，在 pH 大于等电点的溶液中，蛋白质带负电荷，为阴离子，在电场中向阳极移动。在同一 pH 的溶液中，不同蛋白质分子大小不同，所带电荷的性质和数目不同，在电场中移动的速度不同，故可利用电泳法把它们分离。

$$\mathrm{P}\begin{matrix}\mathrm{COO^-}\\ \mathrm{NH_2}\end{matrix} \underset{+\mathrm{OH^-}}{\overset{+\mathrm{H^+}}{\rightleftharpoons}} \mathrm{P}\begin{matrix}\mathrm{COO^-}\\ \mathrm{\overset{+}{N}H_3}\end{matrix} \underset{+\mathrm{OH^-}}{\overset{+\mathrm{H^+}}{\rightleftharpoons}} \mathrm{P}\begin{matrix}\mathrm{COOH}\\ \mathrm{\overset{+}{N}H_3}\end{matrix}$$

	阴离子	兼性离子	阳离子
	$pH > pI$	$pH = pI$	$pH < pI$
电场中：	移向阳极	不移动	移向阴极

醋酸纤维薄膜电泳是用醋酸纤维薄膜作为支持物的电泳方法。

醋酸纤维薄膜由二乙酸纤维素制成，它具有均一的泡沫样的结构，厚度仅 120μm，有强渗透性，对分子移动无阻力，作为区带电泳的支持物进行蛋白质电泳有简便、快速、样品用量少、应用范围广、分离清晰、没有吸附现象等优点。目前已广泛用于血清蛋白、脂蛋白、血红蛋白、糖蛋白和同工酶的分离及用在免疫电泳中。

本实验是在 pH 为 8.6 的溶液中，血清各蛋白都带负电荷，电泳时都向正极移动。

三、实验器材

醋酸纤维薄膜（2cm×8cm）；常压电泳仪及电泳槽；点样器（市售或自制）；培养皿（染色及漂洗用）；粗滤纸；玻璃板；竹镊；白磁反应板。

四、实验试剂

（1）巴比妥缓冲液（pH8.6）　称取巴比妥 2.76g，巴比妥钠 15.45g，加水至 1000mL。用酸度计校测后使用。

（2）染色液　按氨基黑 10B 0.5g、甲醇 50mL、冰醋酸 10mL、水 40mL 的比例配制。

可重复使用。

(3) 漂洗液 按甲醇或乙醇 45mL、冰醋酸 5mL、水 50mL 的比例配制。

(4) 新鲜血清 无溶血现象。

五、操作步骤

(1) 浸泡 用镊子取醋酸纤维薄膜1张（识别出光泽面与无光泽面，并在无光泽面角上用铅笔做上记号）放在缓冲液中浸泡 20min。

(2) 点样 把膜条从缓冲液中取出，夹在两层粗滤纸内吸去多余的液体，然后平铺在玻璃板上（无光泽面朝上），将点样器先在放置在白磁反应板上的血清中蘸一下，再在膜条一端 2～3cm 处轻轻地水平落下并随即提起，这样即在膜条上点上了细条状的血清样品（图 6）。

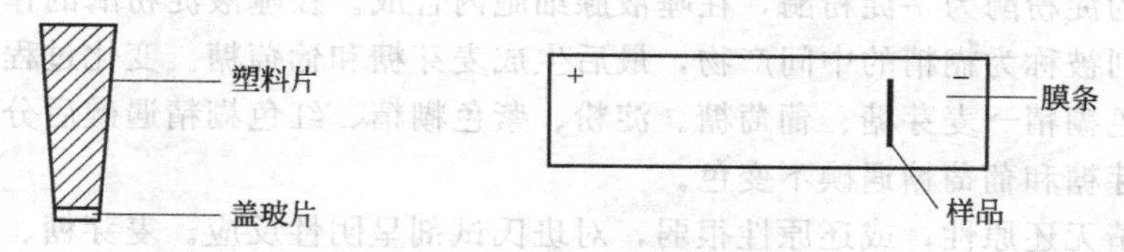

图 6 血清样品点样示意

(3) 电泳 先剪取尺寸合适的双层滤纸条，将滤纸条附着在电泳槽的支架上，使它的一端与支架的前沿对齐，而另一端浸入电极槽的缓冲液内。用缓冲液将滤纸全部润湿并驱除气泡，使滤纸紧贴在支架上，即为滤纸桥（它是联系醋酸纤维薄膜和两极缓冲液之间的“桥梁”）。然后，在电泳槽内加入缓冲液，使两个电极槽内的液面等高。将膜条平悬于电泳槽支架的滤纸桥上，膜的无光泽面朝下，点样端靠近负极，血清样不能与滤纸桥接触（图 7）。盖严电泳室，平衡 10min，让缓冲液湿润薄膜后通电。调节电压至 160V，电流强度 0.4～0.7mA/cm 膜宽，电泳时间约为 50min。

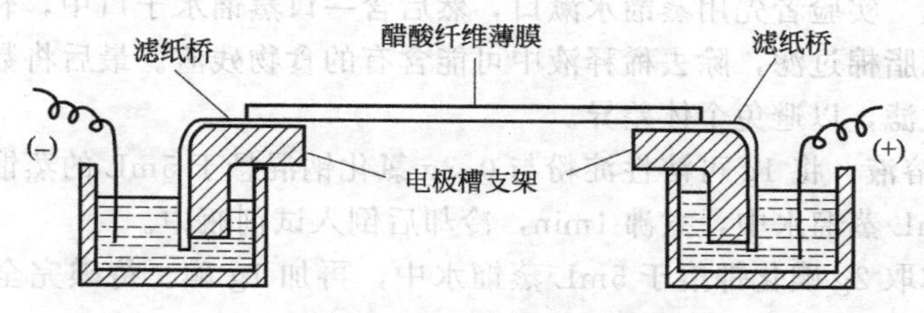

图 7 醋酸纤维薄膜电泳装置示意图

(4) 染色 电泳完毕后，将膜条取下并放入培养皿的染色液里浸泡 10min。

(5) 漂洗 将膜条从染色液中取出后移置到培养皿的漂洗液中，每隔几分钟换一次漂洗液，漂洗数次至背景无色为止，可得色带清晰的蛋白质电泳图谱（图 8）。

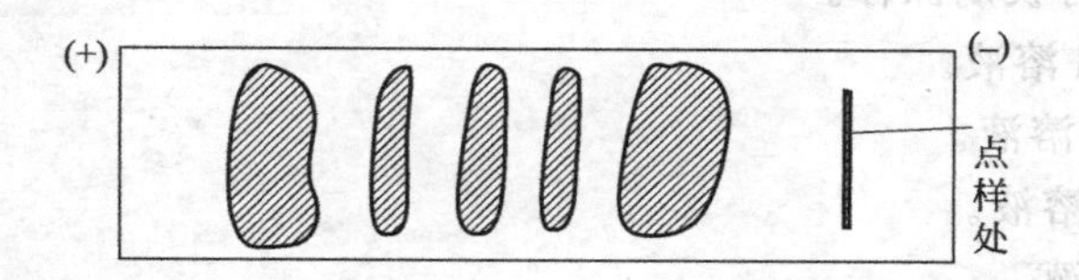

图 8 醋酸纤维薄膜血清蛋白电泳图谱

从左至右依次为：血清清蛋白、α_1-球蛋白、α_2-球蛋白、β-球蛋白、γ-球蛋白

六、结果处理

指出每条电泳图谱各代表哪种蛋白质。

七、思考题

1. 电泳时，点样端置于电场的正极还是负极？为什么？

2. 电泳实验中应该注意什么事项？

实验五 影响酶活性的因素

一、实验目的

加深温度、pH、激活剂与抑制剂等因素对酶活性影响的理解。

二、实验原理

人唾液中的淀粉酶为α-淀粉酶，在唾液腺细胞内合成。在唾液淀粉酶的作用下，淀粉水解，经过一系列被称为糊精的中间产物，最后生成麦芽糖和葡萄糖。变化过程如下：淀粉→紫色糊精→红色糊精→麦芽糖、葡萄糖。淀粉、紫色糊精、红色糊精遇碘后分别呈蓝色、紫色与红色。麦芽糖和葡萄糖遇碘不变色。

淀粉与糊精无还原性，或还原性很弱，对班氏试剂呈阴性反应。麦芽糖、葡萄糖是还原糖，与班氏试剂共热后生成红棕色氧化亚铜沉淀。

唾液淀粉酶的最适温度为37～40℃，最适pH为6.8。偏离此最适环境时，酶的活性减弱。

低浓度的Cl^-能增加淀粉酶的活性，是它的激活剂；Cu^{2+}等金属离子能降低该酶的活性，是它的抑制剂。

三、实验器材

试管；烧杯；量筒；玻璃棒；白瓷板；铁三角架；酒精灯；恒温水浴；冰浴；试管夹；试管架。

四、实验试剂

(1) 淀粉酶液　实验者先用蒸馏水漱口，然后含一口蒸馏水于口中，轻漱1～2min，吐入小烧杯中，用脱脂棉过滤，除去稀释液中可能含有的食物残渣。最后将数人的稀释液混合在一起，再进行过滤，以避免个体差异。

(2) 1%淀粉溶液　将1g可溶性淀粉与0.3g氯化钠混悬于5mL的蒸馏水中，搅动后缓慢倒入沸腾的95mL蒸馏水中，煮沸1min，冷却后倒入试剂瓶中。

(3) 碘液　称取2g碘化钾溶于5mL蒸馏水中，再加1g碘。待碘完全溶解后，加蒸馏水295mL，混合均匀后贮于棕色瓶内。

(4) 班氏试剂　将17.3g硫酸铜晶体溶入100mL蒸馏水中，然后加入100mL蒸馏水。取柠檬酸钠173g及碳酸钠100g，加蒸馏水600mL，加热使之溶解。冷却后，再加蒸馏水200mL，最后，把硫酸铜溶液缓慢地倾入柠檬酸钠-碳酸钠溶液中，边加边搅拌，如有沉淀可过滤除去。此试剂可长期保存。

(5) 0.4%的HCl溶液。

(6) 0.1%的乳酸溶液。

(7) 1% Na_2CO_3 溶液。

(8) 1% NaCl溶液。

(9) 1% $CuSO_4$ 溶液。

(10) 0.1%淀粉溶液。

五、操作步骤

(1) 淀粉酶活性的检测　取一支试管，注入1%淀粉溶液3mL与稀释的唾液2mL。混匀后插入 1 支玻璃棒，将试管连同玻璃棒置于 37℃的水浴中。2min 后，不时地用玻璃棒从试管中取出 1 滴溶液，滴加在白瓷板上，随即加 1 滴碘液，观察溶液呈现的颜色。此实验延续至溶液仅表现碘被稀释后的微黄色为止。记录淀粉在水解过程中遇碘后溶液颜色的变化。

（2）pH 对酶活性的影响　取 4 支试管，分别加入 0.4%盐酸、0.1%乳酸、蒸馏水与 1%碳酸钠各 2mL，再向以上 4 支试管中各加 2mL 淀粉溶液及 2mL 淀粉酶液。混合摇匀后置于 37℃水浴中，保温 15min。先用碘液在白瓷板上检查 4 支试管中淀粉水解的状况，最后再向 4 支试管中各加 2mL 班氏试剂，在沸水浴上加热，根据生成红棕色沉淀的多少，说明淀粉水解的强弱。

综合以上结果，说明 pH 对酶活性的影响。

（3）温度对酶活性的影响　取 3 支试管，各加 3mL 1%淀粉溶液；另取 3 支试管，各加 1mL 淀粉酶液。将此 6 支试管分为 3 组，每组中盛淀粉溶液与淀粉酶液的试管各 1 支。3 组试管分别置入 0℃、37℃、70℃的水浴中。5min 后，将各组中的淀粉溶液倒入淀粉酶液中，继续保温 10min。冷却后立即滴加 2 滴碘液，观察溶液颜色的变化。

（4）激活剂与抑制剂对酶活性的影响　取 3 支试管，按表 4 中的规定加入各种试剂。混匀后，置于 37℃水浴中保温。2min 后，从 1 号试管中用玻璃棒取出 1 滴溶液，置于白瓷板上，用碘液检查淀粉的水解程度。待 1 号试管内的溶液遇碘不再变色后，取出所有的试管，各加碘液 2 滴，观察溶液颜色的变化，并解释之。

表 4　激活剂与抑制剂对酶活性的影响

项　　目	管　号		
	1	2	3
1%NaCl/mL	1	—	—
1%$CuSO_4$/mL	—	1	—
蒸馏水/mL	—	—	1
淀粉酶液/mL	1	1	1
0.1%淀粉酶液/mL	3	3	3

六、思考题

1. 酶的本质是什么？有哪些特性？
2. 本实验中，为什么温度的控制是实验成败的关键？

实验六　维生素 C 的含量测定

一、实验目的

学习和掌握用 2,6-二氯酚靛酚滴定法测定植物材料中维生素 C 含量的原理与方法。

二、实验原理

维生素 C 是人类营养中最重要的维生素之一，它与体内其他还原剂共同维持细胞正常的氧化还原电势和有关酶系统的活性。维生素 C 能促进细胞间质的合成，如果人体缺乏维生素 C，则会出现坏血病，因而维生素 C 又称为抗坏血酸。水果和蔬菜是人体抗坏血酸的主要来源。不同栽培条件、不同成熟度和不同的加工贮藏方法，都可以影响水果、蔬菜中的抗坏血酸含量。测定抗坏血酸含量是了解果蔬品质高低及其加工工艺成效的重要指标。

2,6-二氯酚靛酚是一种染料，在碱性溶液中呈蓝色，在酸性溶液中呈红色。抗坏血酸具有强还原性，能使 2,6-二氯酚靛酚还原褪色，其反应如下：

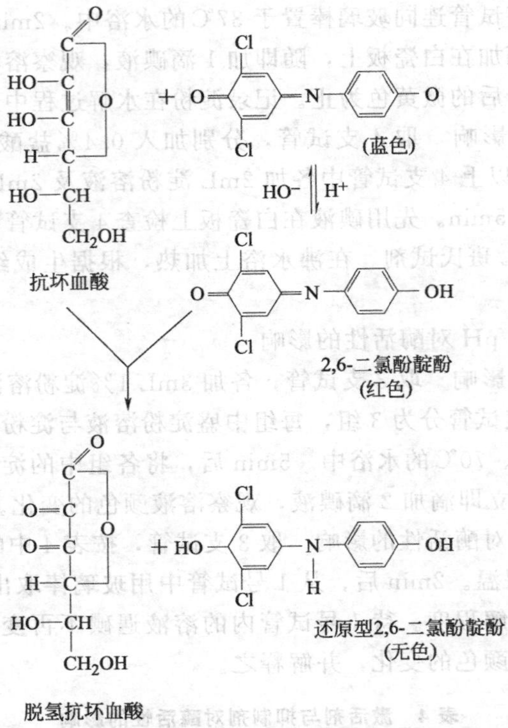

抗坏血酸 + 2,6-二氯酚靛酚（蓝色）

HO^- ⇌ H^+

2,6-二氯酚靛酚（红色）

→ 脱氢抗坏血酸 + 还原型2,6-二氯酚靛酚（无色）

当用2,6-二氯酚靛酚滴定含有抗坏血酸的酸性溶液时，滴下的2,6-二氯酚靛酚被还原成无色；当溶液中的抗坏血酸全部被氧化成脱氢抗坏血酸时，滴入的2,6-二氯酚靛酚立即使溶液呈现红色。因此，用这种染料滴定抗坏血酸至溶液呈淡红色即为滴定终点，根据染料消耗量即可计算出样品中还原型抗坏血酸的含量。

三、实验器材

新鲜蔬菜（辣椒、青菜、西红柿等）或新鲜水果（橘子、柑、橙、柚等）；天平；组织捣碎机；容量瓶（50mL）；刻度吸管（5mL，10mL）；锥形瓶（100mL）；碱式滴定管（10mL）。

四、实验试剂

（1）2%草酸。

（2）1%草酸。

（3）标准抗坏血酸溶液（0.1mg/mL） 精确称取50.0mg抗坏血酸，用1%草酸溶液溶解并定容至500mL。临用现配。

（4）0.05%的2,6-二氯酚靛酚溶液 500mg 2,6-二氯酚靛酚溶于300mL含104mg碳酸氢钠（AR）的热水中，冷却后再用蒸馏水稀释至1000mL，滤去不溶物，贮棕色瓶内，4℃保存一周有效。滴定样品前用标准抗坏血酸标定。

五、操作步骤

（1）样品液提取 取新鲜水果（蔬菜）样品50g，加100g 2%草酸溶液，用组织捣碎机打成匀浆。称取10g匀浆，移入50mL容量瓶，用2%草酸定容至刻度，摇匀后静置备用。

（2）2,6-二氯酚靛酚溶液的标定 准确吸取4.0mL抗坏血酸标准液（含0.4mg抗坏血酸）于100mL锥形瓶中，加16mL1%草酸溶液，用2,6-二氯酚靛酚滴至淡红色（15s内不褪色即为终点）。记录所用染料溶液的体积（mL），计算出1mL染料溶液所能氧化抗坏血酸的量（mg）（记作 T）。

（3）样品滴定 准确吸取样品提取液（上清液或滤液）两份，每份 20.0mL，分别放入两个 100mL 锥形瓶中，按上面的操作进行滴定并记录所用染料溶液的体积（mL）。

六、结果计算

取两份样品滴定所用染料体积的平均值，代入下式计算 100g 样品中还原型抗坏血酸的含量：

$$\text{抗坏血酸含量(mg/100g 样品)}=\frac{VTGA}{WG_1A_1}\times 100$$

式中，V 为滴定样品提取液消耗染料平均值，mL；T 为 1mL 染料所能氧化抗坏血酸的质量，mg/mL；G 为匀浆总质量，g；G_1 为制备提取液取用匀浆质量，g；A 为样品提取液定容体积，mL；A_1 为滴定时吸取样品提取液体积，mL；W 为样品质量，g。

七、附注

（1）样品提取液定容时若泡沫过多，可加几滴辛醇或丁醇消泡。

（2）市售 2,6-二氯酚靛酚质量不一，以标定 0.4mg 抗坏血酸消耗 2mL 左右的染料为宜，可根据标定结果调整染料溶液的浓度。

（3）样品的提取液制备和滴定过程，要避免阳光照射和与铜、铁器具接触，以免抗坏血酸被破坏。

（4）滴定过程宜迅速，一般不超过 2min。样品滴定消耗染料 1～4mL 为宜，如果超出此范围，应增加或减少样品提取液用量。像番茄、柑橘等维生素 C 含量高的试材，可称取 5g 样品，加少许 2% 草酸研磨，定容到 50mL，再离心或过滤；吸取 20mL 两份，分别滴定，记录消耗的染料量。按下式计算维生素 C 含量。

$$\text{维生素 C 含量(mg/100g 样品)}=\frac{VTA}{WA_1}\times 100$$

式中，V 为滴定样品提取液消耗染料平均值，mL；T 为 1mL 染料所能氧化抗坏血酸的质量，mg/mL；A 为样品提取液定容体积，50mL；A_1 为滴定时吸取样品提取液体积，20mL；W 为样品质量，5g。

八、思考题

1. 该法测定抗坏血酸有何不足？

2. 用 2% 草酸提取样品的目的是什么？

实验七 DNA 的分离制备

一、实验目的

1. 了解用盐溶液法从生物组织中提取 DNA 的原理。

2. 学会从动物组织中提取 DNA 的操作技术。

二、实验原理

在生物体内，核酸和蛋白质往往结合为核蛋白（脱氧核糖核蛋白和核糖核蛋白）的形式存在。要提取核酸必须使核酸和蛋白质解离，并除去蛋白质。已知这两种核蛋白在不同浓度的盐溶液中溶解度不同，如在 0.14mol/LNaCl 溶液中，DNA 核蛋白的溶解度最小，核糖核蛋白的溶解度最大；而在 1mol/LNaCl 溶液中，DNA 核蛋白的溶解度增大，核糖核蛋白的溶解度则明显降低。根据此特性即可把两种核蛋白分开。再利用蛋白质变性剂如氯仿-异戊醇、十二烷基磺酸钠（SDS）处理核蛋白溶液，使蛋白质变性，DNA 与蛋白质分开。最后加入冷的95%乙醇，使DNA（或RNA）沉淀析出。

为防止组织中广泛存在的核酸酶的作用，全部操作应在低温下进行，并在提取时加入酶的抑制剂如柠檬酸盐、乙二胺四乙酸（EDTA）等金属离子配位剂，以抑制酶的活性。

三、实验器材

解剖器具；玻璃匀浆器；普通离心机；培养皿；量筒（50mL、100mL）；烧杯（100mL、250mL）；磨口试剂瓶（150mL）；滴管；玻棒；台秤；真空干燥器；鱼或其他动物（大白鼠、小白鼠、家兔等）肝脏。

四、实验试剂

（1）0.14mol/L氯化钠-0.05mol/L pH7.0柠檬酸钠缓冲液　先配制0.05mol/L pH7.0柠檬酸钠缓冲液，再称取一定量固体氯化钠溶于此缓冲液中，使最终氯化钠浓度为0.14mol/L。

（2）1mol/L氯化钠溶液。

（3）氯仿-异戊醇混合液（9∶1，体积比）。

（4）80%、95%乙醇及无水乙醇。

五、操作步骤

（1）将活鱼或其他动物杀死后，迅速取出肝脏，置于冰浴中的培养皿中，剔除结缔组织，用少量冰冷的0.14mol/L氯化钠-0.05mol/L pH7.0柠檬酸钠缓冲液洗去血污，用滤纸吸干后称重，约取20g剪碎后置玻璃匀浆器中，加入相当于2倍干重的冰冷的0.14mol/L氯化钠-0.05mol/L柠檬酸钠缓冲液，在冰浴中反复研磨，制成细胞匀浆。

（2）将肝细胞匀浆转移到离心管中，在3000r/min下离心15min，弃去上清液，所得沉淀再用2倍质量的上述缓冲液研磨并如前离心。如此重复2次。

（3）将细胞核沉淀转移到100mL烧杯中，加入6倍质量的1mol/L氯化钠溶液，充分搅匀，置于冰箱中过夜（最好放置24～48h），可得到半透明黏稠状液体（下面沉渣弃去），用滴管慢慢滴入11倍体积的冰冷蒸馏水中，此时有白色丝状物（DNA核蛋白）析出，用玻棒搅起，沥干水分，再溶于8倍质量的1mol/L氯化钠溶液中，迅速搅拌以加速溶解。

（4）将上述溶液导入具磨口塞的250mL试剂瓶内，加入等体积的氯仿-异戊醇混合液，剧烈振荡5min，转移到离心管内，在3000r/min下离心15min，这时可见到3层：上层是含有DNA和RNA核蛋白的水层，下层是氯仿-异戊醇有机溶剂层，中间夹着的是变性蛋白质凝胶层。吸出上面的水层，再用氯仿-异戊醇如前进行脱蛋白，直至界面处不再出现蛋白质凝胶为止。量取水层体积后倒入2倍体积的冰冷的95%乙醇中，用玻棒搅起白色丝状物（DNA沉淀），沥干，先用80%乙醇洗涤2次，再用无水乙醇洗涤1次，所得DNA沉淀置真空干燥器内干燥，称重。

六、结果处理

对所得DNA制品用二苯胺法测定DNA含量，计算DNA制品的纯度和得率。

七、思考题

在提取DNA时应注意哪些问题？

实验八　还原糖和总糖的测定——3,5-二硝基水杨酸比色法

一、实验目的

1. 掌握还原糖和总糖测定的基本原理。
2. 学习比色法测定还原糖的操作方法和分光光度计的使用。

二、实验原理

还原糖的测定是糖定量测定的基本方法。还原糖是指含有自由醛基或酮基的糖类。单糖都是还原糖，双糖和多糖不一定是还原糖，其中乳糖和麦芽糖是还原糖，蔗糖和淀粉是非还原糖。利用糖的溶解度不同，可将植物样品中的单糖、双糖和多糖分别提取出来，对没有还原性的双糖和多糖，可用酸水解法使其降解成有还原性的单糖进行测定，再分别求出样品中还原糖和总糖的含量（还原糖以葡萄糖含量计）。

还原糖在碱性条件下加热被氧化成糖酸及其他产物，3,5-二硝基水杨酸则被还原为棕红色的 3-氨基-5-硝基水杨酸。在一定范围内，还原糖的量与棕红色物质颜色的深浅成正比关系，利用分光光度计，在 540nm 波长下测定光密度值，查对标准曲线并计算，便可求出样品中还原糖和总糖的含量。由于多糖水解为单糖时，每断裂一个糖苷键需加入一分子水，所以在计算多糖含量时应乘以 0.9。

COOH、OH、O_2N、NO_2 ＋ 还原糖 $\xrightarrow[\text{碱性}]{\text{加热}}$ COOH、OH、O_2N、NH_2 ＋ 糖酸

3,5-二硝基水杨酸（黄色）　　3-氨基-5-硝基水杨酸（棕红色）

三、实验器材

小麦面粉；精密 pH 试纸；具塞玻璃刻度试管：20mL×11；大离心管：50mL×2；烧杯：100mL×1；三角瓶：100mL×1；容量瓶：100mL×3；刻度吸管：1mL×1，2mL×2，10mL×1；恒温水浴锅；沸水浴；离心机；扭力天平；分光光度计。

四、实验试剂

（1）1mg/mL 葡萄糖标准液　准确称取 80℃烘至恒重的分析纯葡萄糖 100mg，置于小烧杯中，加少量蒸馏水溶解后，转移到 100mL 容量瓶中，用蒸馏水定容至 100mL，混匀，4℃冰箱中保存备用。

（2）3,5-二硝基水杨酸（DNS）试剂　将 6.3g DNS 和 262mL 2mol/L NaOH 溶液，加到 500mL 含有 185g 酒石酸钾钠的热水溶液中，再加 5g 结晶酚和 5g 亚硫酸钠，搅拌溶解，冷却后加蒸馏水定容至 1000mL，贮于棕色瓶中备用。

（3）碘-碘化钾溶液　称取 5g 碘和 10g 碘化钾，溶于 100mL 蒸馏水中。

（4）酚酞指示剂　称取 0.1g 酚酞，溶于 250mL 70%乙醇中。

（5）6mol/L HCl 和 6mol/L NaOH 各 100mL。

五、操作步骤

1. 制作葡萄糖标准曲线

取 7 支 20mL 具塞刻度试管编号，按表 5 分别加入浓度为 1mg/mL 的葡萄糖标准液、蒸馏水和 3,5-二硝基水杨酸（DNS）试剂，配成不同葡萄糖含量的反应液。

表 5　葡萄糖标准曲线制作

管号	1mg/mL 葡萄糖标准液/mL	蒸馏水/mL	DNS/mL	葡萄糖含量/mg	光密度值(OD_{540nm})
0	0	2	1.5	0	
1	0.2	1.8	1.5	0.2	
2	0.4	1.6	1.5	0.4	
3	0.6	1.4	1.5	0.6	
4	0.8	1.2	1.5	0.8	
5	1.0	1.0	1.5	1.0	
6	1.2	0.8	1.5	1.2	

将各管摇匀，在沸水浴中准确加热5min，取出，冷却至室温，用蒸馏水定容至20mL，加塞后颠倒混匀，在分光光度计上进行比色。调波长540nm，用0号管调零点，测出1~6号管的光密度值。以光密度值为纵坐标，葡萄糖含量（mg）为横坐标，在坐标纸上绘出标准曲线。

2. 样品中还原糖和总糖的测定

（1）还原糖的提取　准确称取3.00g食用面粉，放入100mL烧杯中，先用少量蒸馏水调成糊状，然后加入50mL蒸馏水，搅匀，置于50℃恒温水浴中保温20min，使还原糖浸出。将浸出液（含沉淀）转移到50mL离心管中，于4000r/min下离心5min，沉淀可用20mL蒸馏水洗一次，再离心，将二次离心的上清液收集在100mL容量瓶中，用蒸馏水定容至刻度，混匀，作为还原糖待测液。

（2）总糖的水解和提取　准确称取1.00g食用面粉，放入100mL三角瓶中，加15mL蒸馏水及10mL 6mol/L HCl，置沸水浴中加热水解30min（水解是否完全可用碘-碘化钾溶液检查）。待三角瓶中的水解液冷却后，加入1滴酚酞指示剂，用6mol/L NaOH中和至微红色，用蒸馏水定容在100mL容量瓶中，混匀。将定容后的水解液过滤，取滤液10mL，移入另一100mL容量瓶中定容，混匀，作为总糖待测液。

（3）显色和比色　取4支20mL具塞刻度试管，编号，按表6所示分别加入待测液和显色剂，空白调零可使用制作标准曲线的0号管。加热、定容和比色等其余操作与制作标准曲线相同。

表6　样品还原糖测定

管号	还原糖待测液/mL	总糖待测液/mL	蒸馏水/mL	DNS/mL	光密度值（OD_{540nm}）	查曲线葡萄糖量/mg
7	0.5	—	1.5	1.5		
8	0.5	—	1.5	1.5		
9	—	1	1	1.5		
10	—	1	1	1.5		

六、结果与计算

计算出7号、8号管光密度值的平均值和9号、10号管光密度值的平均值，在标准曲线上分别查出相应的还原糖质量（mg），按下式计算出样品中还原糖和总糖的百分含量。

$$还原糖(\%)=\frac{查曲线所得葡萄糖质量(mg)\times\dfrac{提取液总体积}{测定时取用体积}}{样品质量(mg)}\times100$$

$$总糖(\%)=\frac{查曲线所得水解后还原糖质量(mg)\times稀释倍数}{样品质量(mg)}\times0.9\times100$$

七、附注

（1）离心时对称位置的离心管必须配平。

（2）标准曲线制作与样品测定应同时进行显色，并使用同一空白调零点和比色。

（3）面粉中还原糖含量较少，计算总糖时可将其合并入多糖一起考虑。

八、思考题

1. 3,5-二硝基水杨酸比色法是如何对总糖进行测定的？

2. 如何正确绘制和使用标准曲线？

实验九 脂肪碘值的测定

一、实验目的

1. 掌握测定脂肪碘值的原理和操作方法。

2. 了解测定脂肪碘值的意义。

二、实验原理

不饱和脂肪酸碳链上含有不饱和键，可与卤素（Cl_2，Br_2，I_2）进行加成反应。不饱和键数目越多，加成的卤素量也越多，通常以“碘值”表示。在一定条件下，每100g脂肪所吸收碘的质量（g）称为该脂肪的“碘值”。碘值越高，表明不饱和脂肪酸的含量越高，它是鉴定和鉴别油脂的一个重要常数。

碘与脂肪的加成反应速率很慢，而氯及溴与脂肪的加成反应速率快，但常有取代和氧化等副反应。本实验使用IBr进行碘值的测定，这种试剂稳定，测定的结果接近理论值。溴化碘（IBr）的一部分与油脂的不饱和脂肪酸起加成作用，剩余部分与碘化钾作用放出碘，放出的碘用硫代硫酸钠滴定。

加成反应： $—HC{=}CH— + HBr \longrightarrow —\underset{I}{\overset{H}{C}}—\underset{Br}{\overset{H}{C}}—$

释放碘： $IBr + KI \longrightarrow KBr + I_2$

滴定： $I_2 + 2NaS_2O_3 \longrightarrow 2NaI + Na_2S_4O_6$

实验时取样多少决定于油脂样品的碘值。可参考表7与表8。

表7 样品最适量和碘值的关系

碘值/g	样品数/g	作用时间/h
30以下	约1.1	0.5
30～60	0.5～0.6	0.5
60～100	0.3～0.4	0.5
100～140	0.2～0.3	1.0
140～160	0.15～0.26	1.0
160～210	0.13～0.15	1.0

表8 几种油脂的碘值

名称	碘值/g
亚麻子油	175～210
鱼肝油	154～170
棉子油	104～110
花生油	85～100
猪油	48～64
牛油	25～41

三、实验器材

碘瓶（或带玻璃塞的锥形瓶）；棕色、无色滴定管各1支；吸量管；量筒；分析天平。

四、实验试剂

（1）溴化碘溶液　取12.2g碘，放入1500mL锥形瓶内，缓慢加入1000mL冰醋酸（99.5%），边加边摇，同时略温热，使碘溶解。冷却后，加溴约3mL。

注意：所用冰醋酸不应含有还原性物质。检查方法：取2mL冰醋酸，加少许重铬酸钾及硫酸，若呈绿色，则证明有还原性物质存在。

（2）0.1mol/L标准硫代硫酸钠溶液　取结晶硫代硫酸钠50g，溶在经煮沸后冷却的蒸馏水（无CO_2存在）中。添加硼砂7.6g或氢氧化钠1.6g（硫代硫酸钠溶液在pH9～10时最稳定）。稀释到2000mL后，用标准0.1mol/L碘酸钾溶液按下面方法标定。

标定：准确量取0.1mol/L碘酸钾溶液20mL、10%碘化钾溶液10mL和1mol/L硫酸

20mL，混合均匀。以1%淀粉溶液作指示剂，用硫代硫酸钠溶液进行标定。按下面所列反应式计算硫代硫酸钠溶液浓度后，用水稀释至0.1mol/L。

$$KIO_3 + 5KI + 3H_2SO_4 \longrightarrow 3K_2SO_4 + 3I_2 + 3H_2O$$

$$I_2 + 2Na_2S_2O_3 \longrightarrow 2NaI + Na_2S_4O_6$$

(3) 纯四氯化碳。

(4) 1%淀粉溶液（溶于饱和氯化钠溶液中）。

(5) 10%碘化钾溶液。

(6) 花生油或猪油。

五、操作步骤

(1) 准确称取0.3～0.4g花生油2份，置于两个干燥的碘瓶内，切勿使油粘在瓶颈或壁上。加入10mL四氯化碳，轻轻摇动，使油全部溶解。用滴定管仔细地加入25mL溴化碘溶液，勿使溶液接触瓶颈，塞好瓶塞，在玻璃塞与瓶口之间加数滴10%碘化钾溶液封闭缝隙，以免碘的挥发损失。在20～30℃暗处放置30min，并不时轻轻摇动。油吸收的碘量不应超过溴化碘溶液所含碘量的一半，若瓶内混合物的颜色很浅，表示花生油用量过多，改称较少量花生油，重作。

(2) 放置30min后，立刻小心地打开玻璃塞，使塞旁碘化钾溶液流入瓶内，切勿丢失。用新配制的10%碘化钾10mL和蒸馏水50mL把玻璃塞和瓶颈上的液体冲洗入瓶内，混匀。用0.1mol/L硫代硫酸钠溶液迅速滴定至浅黄色。加入1%淀粉溶液约1mL，继续滴定，将近终点时，用力振荡，使碘由四氯化碳全部进入水溶液内。再滴定至蓝色消失为止，即达滴定终点。

另做2份空白对照，除不加油样品外，其余操作同上。滴定后，将废液倒入废液缸内，以便回收四氯化碳。计算碘值。

六、结果计算

碘值表示100g脂肪所能吸收碘的质量（g），因此样品碘值的计算如下：

$$碘值(g/100g) = \frac{(A-B)\times T\times 100}{C}$$

式中，A为滴定空白用去的$Na_2S_2O_3$溶液的平均体积，mL；B为滴定碘化后样品用去的$Na_2S_2O_3$溶液的平均体积，mL；C为样品的质量，g；T为1mL 0.1mol/L硫代硫酸钠溶液相当的碘的质量，g/mL。

七、附注

(1) 碘瓶必须洁净、干燥，否则油中含有水分，可引起反应不完全。

(2) 加碘试剂后，如发现碘瓶中颜色变为浅褐色，表明试剂不够，必须再添加10～15mL试剂。

(3) 如加入碘试剂后，液体变浊，这表明油脂在CCl_4中溶解不完全，可再加些CCl_4。

(4) 将近滴定终点时，用力振荡是本滴定成败的关键之一，否则容易滴加过头或不足。如振荡不够，CCl_4层会出现紫色或红色，此时应用力振荡，使碘进入水层。

(5) 淀粉溶液不宜加得过早，否则滴定值偏高。

八、思考题

1. 测定碘值有何意义？液体油和固体脂碘值间有何区别？

2. 滴定过程中，淀粉溶液为何不能过早加入？

3. 滴定完毕放置一些时间后，溶液应返回蓝色，否则表示滴定过量，为什么？

实验十 血液中转氨酶活力的测定

一、实验目的

1. 了解转氨酶在代谢过程中的重要作用及其在临床诊断中的意义。

2. 学习转氨酶活力测定的原理和方法。

二、实验原理

生物体内广泛存在的氨基移换酶也称转氨酶，能催化α-氨基酸的α-氨基与α-酮基酸的α-酮基互换，在氨基酸的合成和分解、尿素和嘌呤的合成等中间代谢过程中有重要作用。转氨酶的最适 pH 接近 7.4，它的种类甚多，其中以谷氨酸-草酰乙酸转氨酶（简称谷草转氨酶）和谷氨酸-丙酮酸转氨酶（简称谷丙转氨酶）的活力最强。它们催化的反应如下。

$$\underset{\alpha\text{-酮戊二酸}}{HOOC-CH_2-CH_2-C(=O)-COOH} + \underset{\text{天冬氨酸}}{HOOC-CH_2-CH(NH_2)-COOH} \xrightleftharpoons[\text{(GOT)}]{\text{谷草转氨酶}} \underset{\text{谷氨酸}}{HOOC-CH_2-CH_2-CH(NH_2)-COOH} + \underset{\text{草酰乙酸}}{HOOC-CH_2-C(=O)-COOH}$$

$$\underset{\alpha\text{-酮戊二酸}}{HOOC-CH_2-CH_2-C(=O)-COOH} + \underset{\text{丙氨酸}}{CH_3-CH(NH_2)-COOH} \xrightleftharpoons[\text{(GPT)}]{\text{谷丙转氨酶}} \underset{\text{谷氨酸}}{HOOC-CH_2-CH_2-CH(NH_2)-COOH} + \underset{\text{丙酮酸}}{CH_3-C(=O)-COOH}$$

正常人血清中只含有少量转氨酶。当发生肝炎、心肌梗死等病患时，血清中转氨酶活力常显著增加，所以在临床诊断上转氨酶活力的测定有重要意义。

测定转氨酶活力的方法很多，本实验采用分光光度法。谷丙转氨酶作用于丙氨酸和α-酮戊二酸后，生成的丙酮酸与2,4-二硝基苯肼作用生成丙酮酸-2,4-二硝基苯腙，反应式如下。

$$CH_3-C(=O)-COOH + H_2N-NH-C_6H_3(NO_2)_2 \longrightarrow CH_3-C(=N-NH-C_6H_3(NO_2)_2)-COOH + H_2O$$

丙酮酸-2,4-二硝基苯腙加碱处理后呈棕色，可用分光光度法测定。从丙酮酸-2,4-二硝基苯腙的生成量，可以计算酶的活力。

三、实验器材

试管及试管架；吸管；恒温水浴；分光光度计。

四、实验试剂

（1）0.1mol/L 磷酸缓冲液（pH7.4）250mL。

（2）2.0mmol/L 丙酮酸钠标准溶液：取分析纯丙酮酸钠 11mg 溶解于 50mL 磷酸缓冲液内（当日配制）。

（3）谷丙转氨酶底物：取分析纯α-酮戊二酸 29.2mg，DL-丙氨酸 1.78g 置于小烧杯内，加 1mol/L 氢氧化钠溶液约 10mL 使完全溶解。用 1mol/L 氢氧化钠溶液或 1mol/L 盐酸调整 pH 至 7.4 后，加磷酸缓冲液至 100mL。然后加氯仿数滴防腐。此溶液每毫升含 α-酮戊二酸 2.0μmol，丙氨酸 200μmol。在冰箱内可保存 1 周。

（4）2,4-二硝基苯肼溶液：在 200mL 锥形瓶内放入分析纯 2,4-二硝基苯肼 19.8mg，加 100mL 1mol/L 盐酸。把锥形瓶放在暗处并不时摇动，待 2,4-二硝基苯肼全部溶解后，滤入棕色玻璃瓶内，置冰箱内保存。

（5）0.4mol/L 氢氧化钠溶液 1200mL。

（6）人血清。

五、操作步骤

（1）标准曲线的绘制：取 6 支试管，分别标上 0、1、2、3、4、5 六个号。按表 9 所列的次序添加各试剂。

表 9 血液中转氨酶活力测定试验　　单位：mL

试　剂	试管号					
	0	1	2	3	4	5
丙酮酸钠标准液	—	0.05	0.10	0.15	0.20	0.25
谷丙转氨酶底物	0.50	0.45	0.40	0.35	0.30	0.25
磷酸缓冲液(0.1mol/L,pH7.4)	0.10	0.10	0.10	0.10	0.10	0.10

2,4-二硝基苯肼可与有酮基的化合物作用形成苯腙。底物中的 α-酮戊二酸与 2,4-二硝基苯肼反应，生成 α-酮戊二酸苯腙。因此，在制作标准曲线时，须加入一定量的底物（内含 α-酮戊二酸）以抵消由 α-酮戊二酸产生的消光影响。

先将试管置于 37℃恒温水浴中保温 10min 以平衡内外温度。向各管内加入 0.5mL 2,4-二硝基苯肼溶液后再保温 20min，最后分别向各管内加入 0.4mol/L 氢氧化钠溶液 5mL。在室温下静置 30min，以 0 号管作空白，测定 520nm 的光吸收值。用丙酮酸的微摩尔数为横坐标，光吸收值为纵坐标，做出标准曲线。

（2）酶活力的测定：取 2 支试管并标号，用第 1 号试管作为未知管，第 2 号试管作为空白对照管。各加入谷丙转氨酶底物 0.5mL，置于 37℃水浴内 10min，使管内外温度平衡。取血清 0.1mL 加到第 1 号试管内，继续保温 60min。到 60min 时，向两支试管内各加入 2,4-二硝基苯肼试剂 0.5mL，然后再向第 2 号试管中加入 0.4mol/L 氢氧化钠溶液 5mL。在室温下静置 30min 后，测定未知管的 520nm 波长的光吸收值（显色后 30min～2h 内其色度稳定）。在标准曲线上查出丙酮酸的物质的量（μmol）（用 1μmol 丙酮酸代表 1.0U 酶活力）。

六、结果处理

计算每 100mL 血清中转氨酶的活力单位数。

七、思考题

转氨酶在代谢过程中的重要作用及在临床诊断中的意义是什么？

参 考 文 献

[1] 王镜岩等主编. 生物化学：上、下册. 第3版. 北京：高等教育出版社，2003.
[2] 郑集等主编. 生物化学. 第3版. 北京：高等教育出版社，1998.
[3] 罗盛纪等主编. 生物化学简明教程. 第3版. 北京：高等教育出版社，2002.
[4] 张楚富主编. 生物化学原理. 北京：高等教育出版社，2004.
[5] 郭蔼光主编. 基础生物化学. 北京：高等教育出版社，2004.
[6] 李丽娅主编. 食品生物化学. 北京：高等教育出版社，2005.
[7] 张国珍主编. 食品生物化学. 北京：中国农业出版社，2000.
[8] 周爱儒主编. 生物化学. 第5版. 北京：人民卫生出版社，2001.
[9] 周顺伍主编. 动物生物化学. 第3版. 北京：中国农业出版社，2004.
[10] 张曼夫主编. 生物化学. 北京：中国农业出版社，2003.
[11] 谢达平主编. 食品生物化学. 北京：中国农业出版社，2004.
[12] 吴显荣主编. 基础生物化学. 第2版. 北京：中国农业出版社，2003.